全国普通高校电子信息与电气学科基础规划教材

# 单片机原理及应用

主编　胡玲艳

副主编　陈波　魏庆涛

参编　刘春玲　张然　王运明　王新屏

清华大学出版社

北　京

## 内容简介

本书以51系列单片机技术和应用为主线，系统分析了单片机的结构、指令系统、汇编程序设计、内部标准功能单元、硬件电路接口扩展等内容，并以汇编和C两种语言精心设计了大量例题与典型应用案例。本书教学结构规范，系统性、实用性强，既注重基础知识的讲解和训练，又突出工程实践和实际应用。书中内容阐述由浅入深，便于自学。

本书可作为高等院校自动化、电气工程、电子信息、通信以及机电一体化等专业的教材，也可作为电子设计、产品开发者的参考书。



**图书在版编目(CIP)数据**

单片机原理及应用/胡玲艳主编. —北京：清华大学出版社，2020.4 (2025.3重印)
全国普通高校电子信息与电气学科基础规划教材
ISBN 978-7-302-54541-5

Ⅰ. ①单… Ⅱ. ①胡… Ⅲ. ①单片微型计算机—高等学校—教材 Ⅳ. ①TP368.1

中国版本图书馆CIP数据核字(2019)第290372号

**责任编辑**：王　芳
**封面设计**：傅瑞学
**责任校对**：焦丽丽
**责任印制**：杨　艳

**出版发行**：清华大学出版社
**网　　址**：https://www.tup.com.cn，https://www.wqxuetang.com
**地　　址**：北京清华大学学研大厦A座　　**邮　　编**：100084
**社 总 机**：010-83470000　　**邮　　购**：010-62786544
**投稿与读者服务**：010-62776969，c-service@tup.tsinghua.edu.cn
**质量反馈**：010-62772015，zhiliang@tup.tsinghua.edu.cn
**课件下载**：https://www.tup.com.cn，010-83470236
**印 装 者**：三河市龙大印装有限公司
**经　　销**：全国新华书店
**开　　本**：185mm×260mm　　**印　张**：19.5　　**字　　数**：473千字
**版　　次**：2020年7月第1版　　**印　　次**：2025年3月第5次印刷
**定　　价**：59.00元

产品编号：075838-01

# 前言

本书是为电子信息类及其他工科类专业课程“单片机原理及应用”的教学而编写，目的是使学生掌握51系列单片机的工作原理、基本接口技术与典型应用，使学生具有汇编语言、C语言编程能力，并针对实际工艺需求，能够进行单片机硬件接口电路设计，具备单片机应用系统设计的能力，并以此为基础，扩展至对其他芯片的灵活应用。

通过原理分析与实践练习的紧密结合，注重理论联系实践，本书前面部分重点分析单片机内部构成及各模块工作原理，分析过程中，增设典型例题，边学边练，提高学生实际操作能力，同时在最后一章给出综合应用案例，使学生真正学以致用。注重汇编语言与C语言两种编程语言的综合训练。所有例题大都以汇编和C语言两种形式给出，汇编语言编程加深学生对硬件的理解，C语言实现学生对单片机系统设计的实际应用。

本书主要内容包括：51系列单片机基本结构及原理、汇编语言程序设计、C语言程序设计、中断模块、定时器模块、串口模块、系统扩展应用、AD和DA转换接口设计、应用系统设计、典型案例应用等。

本书作为辽宁省普通高等教育本科教学改革研究项目“新工科建设背景下应用型自动化工程人才培养方案改革与探索”（编号：2018660）和教育部产学合作协同育人“移动智慧实验平台新工科建设项目”（编号：201901021005）研究成果的一部分，注重引导学生开展创新实践、专题研究活动，在理论学习基础上，以项目驱动、任务引领的方式培养学生操作能力，并达到对知识的灵活应用，提高学生分析问题、解决问题的能力。

参加本书编写的作者均为具有多年教学和实践经验的一线教师及企业工程师，在嵌入式电子系统设计等方面经验丰富。其中，胡玲艳编写了前言、第2章、第5章、第6章、第7章及第11章部分内容；刘春玲编写了第3章内容；张然编写了第4章内容。王运明、王新屏编写了第1章内容；魏庆涛编写了第8章、第9章以及第10章部分内容；陈波编写了第11章及附录A部分内容，并组织审稿；北京杰创永恒科技有限公司郝晓斌工程师编写了本书第10章以及附录B部分内容；沈阳华清公司工程师杨文刚编写了本书第11章部分内容。

全书由胡玲艳统稿、定稿，并任主编，陈波、魏庆涛任副主编。同时，付劭东、赵琳、任红红、成莹瑞等参加了本书部分材料的整理工作。在本书的编写过程中得到了全国高等学校计算机教育研究会、清华大学出版社和大连大学教务处的大力支持，在此一并表示诚挚的谢意。

由于作者水平有限，书中难免有错误和不妥之处，恳请广大读者批评指正。

编　者

2020年1月

# 目　录

# 第1章　单片机基础知识

【思政融入】

——芯片是信息时代的基石，为智能世界注入无限可能。

## 1.1　单片机概述

单片机是在一片集成电路芯片上集成微处理器、存储器、I/O 接口电路等计算机功能部件的数字处理系统。

现代电子系统的基本核心是嵌入式计算机应用系统（简称嵌入式系统，Embedded System），而单片机就是最典型、最广泛、最普及的嵌入式计算机应用系统，可以称为基本嵌入式系统。

### 1.1.1　单片机组成

单片机是把中央处理器（Central Processing Unit，CPU）、随机存取存储器（Random Access Memory，RAM，一般用于存储数据）、只读存储器（Read-Only Memory，ROM，一般用于存储程序）、中断系统、定时器/计数器以及 I/O 接口电路（可能还包括显示驱动电路、脉宽调制电路、模拟多路转换器、A/D 转换器、D/A 转换器等电路）等集成在一块芯片上的微型计算机。换一种说法，单片机就是不包括输入/输出设备、不带外部设备的微型计算机。虽然单片机只是一个芯片，但从组成和功能上看，它已具有了计算机系统的属性，因此称它为单片微型计算机（Single Chip Micro-Computer，SCMC），简称单片机。

目前，单片机已有几十个系列，上千个品种。图 1.1 为某些型号的单片机。在众多产品中，20 世纪 80 年代 Intel 公司推出的 MCS-51 系列单片机应用最为广泛。

图 1.1　不同型号的单片机

虽然单片机型号各异，但其基本组成部分相似。图 1.2 为单片机的典型结构框图。

单片机在应用时通常处于被控系统的核心地位并融入其中，即以嵌入的方式使用。为了强调其“嵌入”的特点，也常常将单片机称为嵌入式微控制器（Embedded Micro-Controller Unit，EMCU），在单片机的电路和结构中有许多嵌入式应用的特点。

### 1.1.2　单片机特点

单片机是一种集成电路芯片，在工业控制领域得到了广泛应用，其特点一般包括以下几方面。

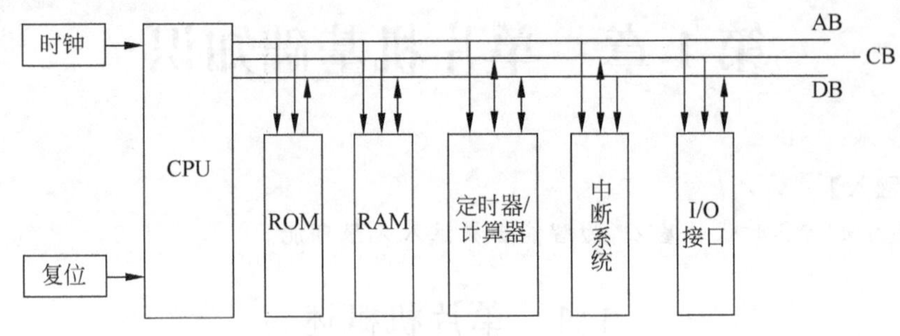


图 1.2　单片机的典型结构框图

1. **集成度高,体积小,可靠性高**

单片机将各功能部件集成在一块集成电路芯片上,所以集成度很高,体积自然也很小。芯片本身是按工业测控环境要求设计的,内部布线很短,数据在传送时受干扰的影响较小,其抗工业噪声性能优于一般通用的 CPU。单片机程序指令、常数及表格等固化在 ROM 中不易被损坏,许多信号通道均在一个芯片内,故可靠性高。

2. **控制功能强**

为了满足实际控制要求,各类单片机的指令系统均有极丰富的条件分支转移能力,I/O 接口的逻辑操作及位处理能力,单片机的位操作能力更是其他计算机无法比拟的。实时控制功能特别强,非常适用于专门的控制系统。

3. **低电压,低功耗,便于生产便携式产品**

为了满足广泛使用的便携式产品的开发,许多低功耗单片机的工作电压仅为 1.8～3.6V,工作电流仅为数百微安培,能够使系统在低功耗状态下运行。

4. **易扩展**

单片机芯片内具有计算机正常运行所必需的部件,芯片外部有供扩展用的三种总线及并行、串行输入/输出引脚,很容易构成各种规模的单片机应用系统。

5. **优异的性能价格比**

为了提高运行速度和工作效率,高端单片机已开始使用精简指令集(Reduced Instruction Set Computer,RISC)流水线和数字信号处理(Digital Signal Processing,DSP)等技术。寻址能力也已突破 64KB(B 为 Byte,字节,8 位二进制码)的限制,有的已可达到 16MB,片内 RAM 容量则可达 2MB。由于单片机的广泛使用,因而销量极大。各大公司的商业竞争更使其价格十分低廉,其性能价格比极高。

### 1.1.3　单片机系统

初学者在学习单片机时,应注意区别单片机和单片机系统、单片机应用系统和单片机开发系统、单片机的程序设计语言和程序。

1. **单片机和单片机系统**

单片机只是一个芯片,而单片机系统则是在单片机芯片的基础上扩展其他电路或芯片构成的具有一定应用功能的计算机系统。

通常所说的单片机系统都是为实现某一应用需要而由开发人员设计的,是一个围绕单片机芯片而组建的计算机应用系统。在单片机系统中,单片机处于核心地位,是构成单片机系统的硬件和软件基础。

2. 单片机应用系统和单片机开发系统

单片机应用系统(简称单片机系统)主要是为应用而设计开发的,该系统与控制对象结合在一起工作,是单片机开发应用的成果。单片机系统的设计开发包括:硬件设计和软件编程两部分工作。由于软硬件资源所限,单片机与微型计算机不同,单片机系统本身不能实现自我开发,要进行系统设计开发,必须使用专门的单片机开发系统。

单片机开发系统是单片机应用系统开发调试工具的总称,其中在线仿真器(In Circuit Emulator,ICE)是单片机开发系统的核心部分。在单片机系统的设计中,仿真器应用的范围主要集中在对程序的仿真上。因为,在单片机的开发过程中,程序设计是最重要的,但也是难度最大的。一种最简单和原始的开发流程是:编写程序→烧写芯片→验证功能,这种方法对于简单系统是可以应付的,但在复杂系统中使用这种方法则是完全不可能的,所以需要使用单片机开发系统来支持开发工作。

### 1.1.4 单片机的程序设计语言

程序实际上是一系列计算机指令的有序集合。把利用计算机指令系统来合理地编写出解决某个问题的程序的过程,称为程序设计。这也是学习这门课程的主要目的之一。

单片机程序设计语言,主要是指在开发系统中使用的语言。在单片机开发系统中主要使用汇编语言和高级语言,而单片机应用系统运行时使用机器语言。

1. 汇编语言

汇编语言是用助记符表示的机器指令。汇编语言是对机器语言的改进,是单片机最常用的程序设计语言之一。汇编指令和机器指令一一对应,所以用汇编语言编写的程序效率高,占用存储空间小,运行速度快,因此汇编语言能编写出最优化的程序。虽然汇编语言是高效的计算机语言,但它是面向机器的低级语言,不便于记忆和使用,且与单片机硬件关系密切,这就要求程序设计人员必须精通单片机的硬件系统和指令系统。每一类单片机都有自己的汇编语言,且指令系统是各不相同的,也就是说,不同的单片机有不同的指令系统。尽管目前已有不少程序设计人员使用C语言来进行单片机的应用程序开发,但是在对程序运行空间和时间要求很高的场合,汇编语言仍是必不可少的。

2. C语言

单片机开发也可以使用高级语言,最常用的是C语言。单片机开发用的C语言是在标准C基础上经过扩充的C语言,也称为C51语言。与汇编语言相比,C语言不受具体“硬件”的限制,具有通用性强、直观、易懂、易学、可读性好等优点。目前多数单片机开发者使用C语言来进行程序设计。C语言已经成为人们公认的高级语言中高效、简洁而又贴近单片机硬件的编程语言。用C语言进行单片机的软件开发,可大大缩短开发周期,且明显地增加软件的可读性,便于改进和补充。

## 1.2 单片机的历史和发展

单片机作为一种面向测控的微控制器,应用极为广泛。自20世纪70年代以来历经4位机、8位机、16位机、32位机等发展过程,现已有50多个系列,上千个品种,新的系列和型号还在不断出现,但 8 位通用单片机一直是市场上的主流。

### 1.2.1 单片机发展历史

1. 单片机形成阶段

1976 年,Intel 公司推出了 MCS-48 系列单片机,这是第一个 8 位单片机。它是 8 位 CPU、1KB ROM、64B RAM、27 根 I/O 接口线和 1 个 8 位定时器/计数器等集成于一块半导体芯片上的单片结构。

其特点是:存储器容量较小,寻址范围小(不大于 4KB),无串行接口,指令系统功能不强。

这一时代的单片机产品还有 Motorola 公司的 6801 系列和 Zilog 公司的 Z8 系列。

2. 性能完善提高阶段

1980 年,Intel 公司又推出了内部功能单元集成度更高的 8 位机——MCS-51 系列产品。其性能大大超过了 MCS-48 系列产品,一经问世便显示出其强大的生命力,广泛应用于电子信息、工业控制、仪器仪表等领域。

其特点是:结构体系完善,性能卓越,面向控制的特点进一步突出。现在,MCS-51 已成为公认的单片机经典机种。

3. 微控制器化形成阶段

1982 年,Intel 公司推出 MCS-96 系列单片机。芯片内集成有 16 位 CPU、8KB ROM、232B RAM、5 个 8 位并行接口、1 个全双工串行接口、2 个 16 位定时器/计数器。寻址范围 64KB。片上还有 8 路 10 位 ADC、1 路 PWM 输出及高速 I/O 接口等。

其特点是:片内增强了面向测控系统外围电路,使单片机可以方便灵活地用于复杂的自动测控系统及设备。

这一阶段,“微控制器”(MCU)的称谓更能反映单片机的本质。

4. 微控制器化完善阶段

近期推出的单片机产品,内部集成有高速 I/O 接口、ADC、PWM、WDT 等部件,并在低电压、低功耗、串行扩展总线、控制网络总线和开发方式(在系统可编程 ISP)等方面都有了进一步的增强。

其特点是:适合不同领域要求的各种通用单片机系列和专用型单片机得到了大力发展,单片机的综合品质(如成本、性能、体系结构、开发环境、供应状态)有了长足的进步。

从 1976 年公布至今,8 位单片机技术已有了很大的发展,目前乃至将来仍是单片机的主流机型之一。

### 1.2.2 单片机发展趋势

1. 低功耗

HCMOS( High-speed CMOS)工艺出现后,HCMOS 器件得到了飞速的发展。如今,数字逻辑电路、外围器件都已普遍 CMOS 化。采用 CMOS 工艺后,单片机具有极佳的低功耗和功耗管理功能。现在新的单片机的功耗越来越低,特别是很多单片机都设置了多种工作方式,包括等待、暂停、睡眠、空闲、节电等工作方式。MCS-51 系列的 8031 单片机推出时的功耗达630mW,而现在的单片机功耗普遍都在100mW左右,有的只有几十微瓦。

MSP430系列单片机是低功耗单片机的典型代表。

2. RISC体系结构的发展

早期单片机大多是复杂指令集(Complex Instruction Set Computer,CISC)结构体系,即所谓的冯·诺依曼结构,如MCS-51系列单片机。采用CISC结构的单片机数据线和指令线分时复用,其指令丰富,功能较强,但取指令和取数据不能同时进行,速度受限。由于指令复杂,指令代码、周期数不统一,指令运行很难实现流水线操作,大大阻碍了运行速度的提高。传统的MCS-51系列单片机,时钟频率为12MHz时,单周期指令速度仅1MIPS。虽然单片机对运行速度要求远不如通用计算机系统或数字信号处理器(DSP芯片)对运行速度的要求高,但速度的提高仍会带来许多好处,能拓宽单片机的应用领域。

采用RISC体系结构的单片机,数据线和指令线分离,即所谓的哈佛结构,这使得取指令和取数据可以同时进行,其指令较同类CISC单片机指令包含更多的处理信息,执行效率更高,速度也更快。

Microchip公司的PIC系列、Atmel公司的AT90S系列、SAMSUNG公司的KS57C系列、义隆公司的EM-78系列等多采用RISC结构。

3. ISP及基于ISP的开发应用

目前,片内带$E^2$PROM单片机的广泛使用,推动了“在系统可编程”(In System Programmable,ISP)技术的发展。在ISP技术基础上,首先实现了目标程序的串行下载,促使模拟仿真开发方式的兴起。在单时钟、单指令运行的RISC结构单片机中,可实现PC通过串行电缆对目标系统的仿真调试。基于上述仿真技术,使远程调试(即对原有系统方便地更新软件、修改软件和对软件进行远程诊断)成为现实。

现在很多单片机的程序存储器和数据存储器都采用Flash存储器件,可以在线电擦写,并且断电后数据不会丢失,在系统开发阶段使用十分方便,在小批量应用系统中得到了广泛应用。

## 1.3 典型单片机简介

### 1.3.1 MCS-51系列单片机

MCS-51是Intel公司生产的8051单片机系列名称。

MCS-51系列单片机以其良好的开放式结构,种类众多的支持芯片,丰富的软件资源,在我国应用十分广泛。其技术特点是完善的外部总线,确立了单片机的控制功能。外部并行总线规范化为16位地址总线,以寻址外部64KB程序存储器和数据存储器空间,8位数据总线和相应的控制总线,形成完整的并行三总线结构。

MCS-51系列单片机采用两种生产工艺。一是高密度短沟道MOS工艺(HMOS);二是互补金属氧化物的HMOS工艺(CHMOS)。CHMOS是CMOS和HMOS的结合,既保持了HMOS高速度和高密度的特点,还具有CMOS的低功耗特点。在产品型号中凡带有字母“C”的即为CHMOS芯片(如80C51等),CHMOS芯片的电平既与TTL电平兼容,又与CMOS电平兼容。

8031是最早、最基本的产品，该系列的其他单片机都是在8031的基础上进行功能增加而来的。

80C51是MCS-51系列中CHMOS工艺的一个典型品种。其他厂商以8051为基核开发的基于CMOS工艺的单片机产品统称为80C51系列，而MCS-51系列和80C51系列统称为51系列单片机(本书在后面的章节中一般会用MCS-51单片机来表述)。当前常用的51系列单片机主要产品有：

(1) Intel公司的80C31、80C51、87C51，80C32、80C52、87C52等。

(2) Atmel公司的AT89C51、AT89C52、AT89C2051、AT89S51等。

另外还有Philips、华邦、Dallas、Siemens(Infineon)等公司的许多产品，在此不一一列举。

表1.1中列出了51系列单片机的主要芯片型号以及它们的性能指标。

表1.1　51系列单片机分类及性能指标

| 分　类 | | 芯片型号 | 存储器类型及字节数 | | 片内其他功能单元数量 | | | |
|---|---|---|---|---|---|---|---|---|
| | | | ROM | RAM | 并行接口 | 串行接口 | 定时器/计数器 | 中断源 |
| 总线型 | 基本型 | 80C31 | 无 | 128B | 4个 | 1个 | 2个 | 5个 |
| | | 80C51 | 4KB掩模 | 128B | 4个 | 1个 | 2个 | 5个 |
| | | 87C51 | 4KB EPROM | 128B | 4个 | 1个 | 2个 | 5个 |
| | | 89C51/89S51 | 4KB Flash ROM | 128B | 4个 | 1个 | 2个 | 5个 |
| | 增强型 | 80C32 | 无 | 256B | 4个 | 1个 | 3个 | 6个 |
| | | 80C52 | 8KB掩模 | 256B | 4个 | 1个 | 3个 | 6个 |
| | | 87C52 | 8KB EPROM | 256B | 4个 | 1个 | 3个 | 6个 |
| | | 89C52/89S52 | 8KB Flash ROM | 256B | 4个 | 1个 | 3个 | 6个 |
| 非总线型 | | 89C2051 | 2KB Flash ROM | 128B | 2个 | 1个 | 2个 | 5个 |
| | | 89C4051 | 4KB Flash ROM | 128B | 2个 | 1个 | 2个 | 5个 |

### 1.3.2　AT89系列单片机

AT89系列单片机是Atmel公司的8位Flash单片机系列。这个系列单片机的最大特点是在片内含有Flash存储器，开发十分便捷，是80C51系列的主流单片机。AT89系列单片机是以8051核为基础构成的，所以，它和MCS-51系列单片机是完全兼容的，可以替代以MCS-51为基础的单片机系统。对于熟悉8051的用户来说，用Atmel公司的89系列的AT89C51(或AT89S51)取代8051的系统设计，是轻而易举的事。本书许多案例中的单片机就是以AT89C51为例的(但我们在书中还是统一称为MCS-51单片机)。

AT89系列单片机的主要型号有：AT89C51、AT89C52、AT89C2051、AT89S51、AT89S52等。

89S51是89C51的升级版本，89SXX可以向下兼容89CXX等51系列芯片。89S51有ISP在线编程功能；最高工作频率为33MHz；内部集成看门狗计时器；带有全新的加密算法，程序的保密性大大加强；电源范围宽达4～5.5V。

AT89系列单片机具有以下优点。

1. 内部含 Flash ROM

在系统的开发过程中,可以十分容易地进行程序的修改,这就大大缩短了系统的开发周期,同时在系统工作过程中能有效地保存一些数据信息,即使外部电源损坏也不会影响到信息的保存。

2. 和 MCS-51 系列单片机引脚兼容

由于 AT89 系列单片机的引脚是和 MCS-51 系列单片机的引脚完全一样的,所以可以用 AT89 系列单片机替代 MCS-51 系列单片机。这时不管采用 40 引脚或是 44 引脚的产品,只要用相同封装的直接取代即可。

3. 静态时钟方式

AT89 系列单片机采用静态时钟方式,可以节省电能,这对于降低便携式产品的功耗十分有用。

### 1.3.3 PIC 系列单片机

PIC(Peripheral Interface Controller)单片机是一种用来控制外围设备的可编程集成电路,是由美国 Microchip 公司推出的单片机系列产品。首先采用了 RISC 结构,其高速度、低电压、低功耗、大电流液晶显示器(Liquid Crystal Display,LCD)驱动能力和低价位一次性编程(One Time Programmable,OTP)技术等都体现出单片机产业的新趋势。PIC 单片机在计算机外设、家电、通信设备、智能仪器、汽车电子等各个领域得到了广泛应用,现今的 PIC 系列单片机已经是世界上最有影响力的嵌入式微控制器之一。如 PIC10XX、PIC16XX、PIC24XX、dsPIC30XX、PIC32XX 等。

PIC 系列单片机具有以下优点。

1. 适用性广

PIC 系列单片机最大的特点是从实际出发,重视产品的性能与价格比,靠发展多种型号来满足不同层次的应用要求。PIC 系列单片机从低到高有几十个型号,可以满足各种需要。其中,PIC12C508 单片机仅有 8 个引脚,是世界上最小的单片机。

2. 运行效率高

PIC 系列的 RISC 使其执行效率大为提高。PIC 系列 8 位 CMOS 单片机具有独特的 RISC 结构,使指令具有单字长的特性,且允许指令码的位数可多于 8 位的数据位数。这与传统的采用 CISC 结构的 8 位单片机相比,可以达到 2∶1 的代码压缩,速度提高 4 倍。

3. 开发环境优越

单片机开发系统的实时性是一个重要指标,MCS-51 系列单片机的开发系统大都采用高档型号仿真低档型号,实时性不尽理想。PIC 单片机在推出一款新型号的同时推出相应的仿真芯片,所有的开发系统由专用的仿真芯片支持,实时性非常好。

4. 可靠性高

PIC 系列单片机的引脚具有防瞬态能力,通过限流电阻可以接至 220V 交流电源,可直接与继电器控制电路相连,无须光电耦合器隔离,给应用带来极大方便。自带看门狗定时器,可以用来提高程序运行的可靠性。

5. 保密性好

PIC系列单片机以保密熔丝来保护代码，用户在烧入代码后熔断熔丝，别人再也无法读出，除非恢复熔丝。目前，PIC系列单片机采用熔丝深埋工艺，恢复熔丝的可能性极小。

### 1.3.4 MSP430系列单片机

MSP430系列单片机是美国TI公司1996年开始推向市场的一种16位超低功耗、具有精简指令集的混合信号处理器(Mixed Signal Processor)。之所以称为混合信号处理器，是由于其针对实际应用需求，将多个不同功能的模拟电路、数字电路模块和微处理器集成在一个芯片上，以提供“单片”解决方案。该系列单片机多应用于需要电池供电的便携式装置中。MSP430系列单片机具有以下优点。

1. 处理能力强

MSP430系列单片机是一个16位的单片机，采用了RISC，具有丰富的寻址方式(7种源操作数寻址、4种目的操作数寻址)、简洁的27条内核指令以及大量的模拟指令；寄存器以及片内数据存储器都可参与多种运算；还有高效的查表处理指令。这些特点保证了可编制出高效率的源程序。

2. 运算速度快

MSP430系列单片机能在25MHz晶振的驱动下，实现40ns的指令周期。16位的数据宽度、40ns的指令周期以及多功能的硬件乘法器(能实现乘法运算)相配合，能实现数字信号处理的某些算法(如FFT等)。

3. 超低功耗

MSP430系列单片机的电源电压采用的是1.8～3.6V电压，使芯片整体上处于较低功耗运行状态。独特的时钟系统设计，在MSP430系列中有不同的时钟系统：基本时钟系统、锁频环时钟系统和数字控制振荡器(Digitally Controlled Oscillator，DCO)时钟系统。单片机可以只使用一个晶体振荡器，也可以使用两个晶体振荡器。由系统时钟系统产生CPU和各功能所需的时钟。这些时钟可以在指令的控制下打开和关闭，从而实现对总体功耗的控制。在实时时钟模式下，电流可低到0.3～2.5μA；而在RAM保持模式下，最低可达到0.1μA。

4. 片内资源丰富

MSP430系列单片机都集成了较丰富的片内外设。它们分别是看门狗(Watchdog Timer，WDT)、模拟比较器A、定时器A0、定时器A1、定时器B0、UART、SPI、$I^2C$、硬件乘法器、液晶驱动器、10位/12位ADC、16位Σ-Δ ADC、DMA、I/O接口、基本定时器(Basic Timer)、实时时钟(Real-Time Clock，RTC)和USB控制器等若干外围模块的不同组合。这些片内外设为系统的单片解决方案提供了极大的便利。

5. 方便高效的开发环境

MSP430系列有OTP型、Flash型和ROM型三种类型的器件，这些器件的开发手段不同。OTP型和ROM型的器件使用仿真器开发，开发成功之后烧写或掩模芯片。Flash型器件则有十分方便的开发调试环境，因为器件片内有JTAG调试接口，还有可电擦写的Flash存储器，因此采用先下载程序到Flash存储器内，再在器件内通过软件控制程序的运行，由JTAG接口读取片内信息供开发者调试使用。Flash型器件的调试方式只需要一台PC和一个JTAG调试器，不需要仿真器和编程器。

## 1.4　单片机的应用

单片机技术的发展速度十分惊人。时至今日，单片机技术已经发展得相当成熟，成为计算机技术一个独特而又重要的分支。单片机的应用领域也日益广泛，特别是在工业控制、仪器仪表、汽车电子、家用电器等领域的智能化方面，扮演着极其重要的角色。

### 1.4.1　单片机的应用特点

单片机的特点很多，这里仅从应用的角度介绍以下几个方面。

**1. 控制系统在线应用**

在线控制应用中，由于单片机与控制对象联系密切，所以不但对单片机的性能要求高，而且对开发者的要求也很高，开发者不但要熟悉单片机，而且还要了解控制对象，懂得传感技术，具有一定的控制理论知识等。

**2. 软硬件结合**

虽然单片机的引入使控制系统大大"软化"，但与其他计算机应用系统相比，单片机控制应用中的硬件内容仍然较多，所以说单片机控制应用具有软硬件相结合的特点。为此，在单片机的应用设计中需要软硬件统筹考虑，开发者不但要熟练掌握软件编程技术，而且还要具备较扎实的单片机外围硬件电路设计方面的理论和实践知识。

**3. 应用现场环境恶劣**

通常，单片机应用现场的环境比较恶劣，电磁干扰、电源波动、冲击震动、高低温等因素都会影响系统工作的稳定性。此外，无人值守环境也对单片机系统的稳定性和可靠性提出了更高的要求，所以稳定性和可靠性在单片机应用系统中具有十分重要的意义。

### 1.4.2　单片机的应用领域

提到单片机的应用，有人会这样说："凡是能想到的地方，单片机都可以用得上。"这并不夸张。由于全世界单片机的年产量以亿计，应用范围之广，品种之多，一时难以详述，下面仅列举一些典型的应用领域或场合。

**1. 智能仪器仪表**

单片机用于各种仪器仪表，既提高了仪器仪表的使用功能和精度，也使得仪器仪表更加智能化，同时还简化了仪器仪表的硬件结构，从而可以方便地完成仪器仪表产品的升级换代。典型应用包括各种智能测量仪表、智能传感器等。

**2. 机电一体化产品**

机电一体化产品是集机械技术、微电子技术、自动化技术和计算机技术于一体，具有智能化特征的各种机电产品。单片机在机电一体化产品的开发中可以发挥巨大的作用。典型产品包括机器人、数控机床、自动包装机、医疗设备等。

3. 实时工业控制

单片机还可以用于各种物理量的采集与控制。电流、电压、温度、液位、流量等物理参数的采集和控制均可以利用单片机方便地实现。在这类系统中，利用单片机作为系统控制器，可以根据被控对象的不同特征采用不同的智能算法，实现期望的控制目标，从而提高生产效率和产品质量。典型应用包括电机转速控制、温度控制、自动生产线等。

4. 分布式系统的前端模块

在较复杂的工业系统中，经常要采用分布式测控系统完成大量的分布参数的采集。在这类系统中，采用单片机作为分布式系统的前端采集模块，具有运行可靠，数据采集方便灵活，成本低廉等一系列优点。

5. 家用电器

家用电器是单片机的又一重要应用领域，前景十分广阔。典型应用包括空调器、电冰箱、洗衣机、电饭煲等。这类应用常常采用专用单片机，以达到降低成本的目的。

另外，在电信设备、计算机外围设备、办公自动化设备、汽车、军用装备等均有单片机的广泛应用，如汽车自动驾驶系统、航天测控系统、通信系统等。

## 1.5 单片机应用系统开发工具

由于单片机自身软硬件的限制，本身无开发能力，必须借助开发工具来开发应用软件以及对硬件系统进行诊断。另外，由于研制单片机应用系统时，常选用片内无 ROM 的供应状态芯片，即使构成最小系统也必须在外部配置 EPROM 电路。应用系统较复杂时，还要进行系统的扩展与配置。

因此，用户要研制一个较完整的单片机产品时，必须完成以下工作：

(1) 硬件电路设计、组装、调试；

(2) 应用软件的编制、调试；

(3) 应用软件的链接调试、程序固化、脱机(脱离开发装置)运行。

### 1.5.1 单片机应用系统的开发过程

单片机应用系统的开发过程应包括 4 部分内容，即系统硬件设计、系统软件设计、系统仿真调试和脱机运行调试。各部分的详细内容如图 1.3 所示。

方案调研包括查找资料，分析研究，并解决以下问题。

(1) 了解国内相似课题的开发水平，器材、设备技术水平，供应状态；接收委托研制项目，还应充分了解系统的技术要求、环境状况、技术水平，以确定课题的技术难度。

(2) 了解可移植的软硬件技术。能够移植的尽量移植，防止大量的低水平重复劳动。

(3) 摸清软硬件技术的关键，明确技术主攻方向。

(4) 综合考虑软硬件分工与配合。单片机应用系统设计中，软硬件工作有其密切的相关性。

通过调查研究，确定应用系统的功能技术指标，软硬件指令性方案及分工。系统的硬件设计与软件设计可同时进行。

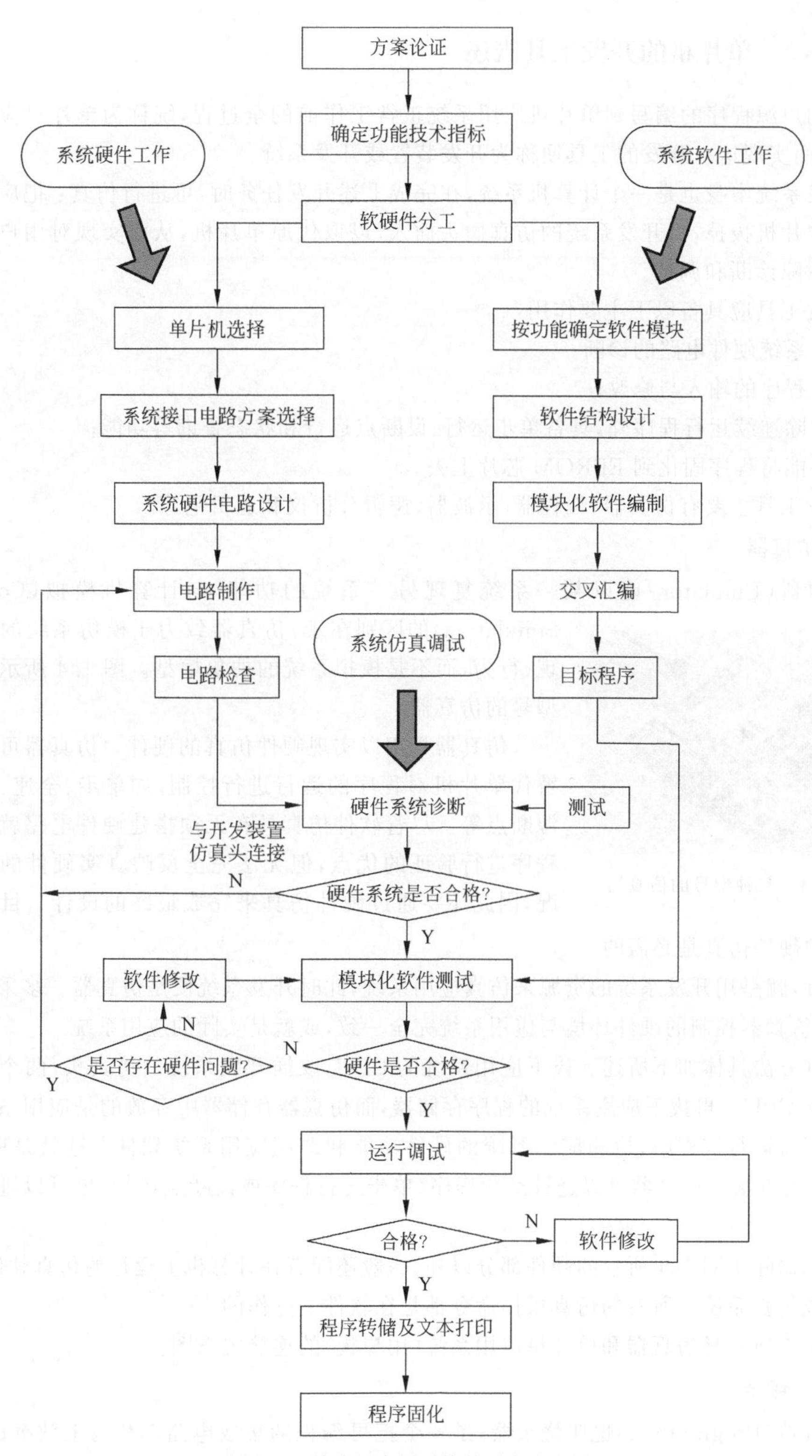


图 1.3　单片机应用系统的开发流程图

### 1.5.2　单片机的开发工具概述

从用户源程序的编写到单片机应用系统正常工作前的全过程,统称为单片机应用系统的开发,而实现这一开发的工具便称为开发装置或开发系统。

开发系统本身也是一个计算机系统,在完成上述开发任务时,可进行仿真:把应用系统自身的单片机拔掉,将开发系统的仿真插头插入,以取代原单片机,从而实现对用户样机软硬件的故障诊断和调试。

开发工具应具备以下主要作用:

(1) 系统硬件电路的诊断;

(2) 程序的输入与修改;

(3) 除连续运行程序外,具备单步运行、设断点运行和状态查询等功能;

(4) 能将程序固化到 EPROM 芯片上去。

开发工具主要有仿真器、编程器、示波器、逻辑分析仪和逻辑笔等。

**1. 仿真器**

仿真器(Emulator)能以某一系统复现另一系统的功能,与计算机模拟(Computer Simulation)的区别在于,仿真器致力于模仿系统的外在表现、行为,而不是模拟系统的抽象模型。图 1.4 所示为某种型号的仿真器。

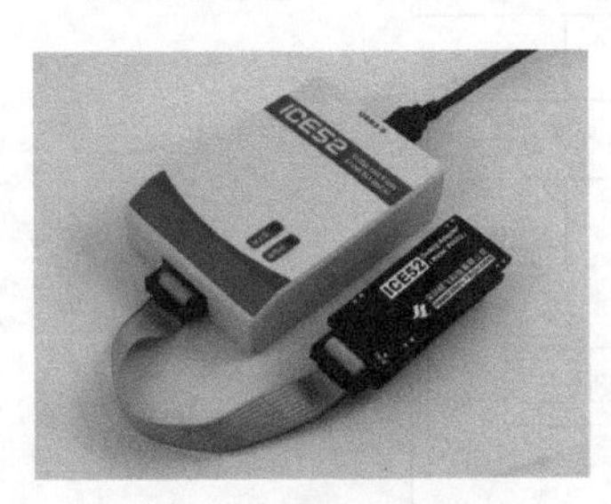


图 1.4　某种型号的仿真器

仿真器是用以实现硬件仿真的硬件。仿真器可以实现替代单片机对程序的运行进行控制,如单步、全速、查看资源断点等。尽管软件仿真具有无须搭建硬件电路就可以对程序进行验证的优点,但无法完全反映真实硬件的运行状况,因此还要通过硬件仿真来完成最终的设计。目前的开发过程中硬件仿真是必需的。

仿真,就是用开发系统的资源来仿真应用系统,此时开发系统便是仿真器。多采用在线仿真,即仿真器控制的硬件环境与应用系统完全一致,或就是实际的应用系统。

仿真方法具体如下所述。拔下应用系统的 CPU,改插开发系统的仿真头,两个系统便共用一个 CPU。再拔下应用系统的程序存储器,而仿真器存储器中存放的是应用系统的程序。仿真器运行该程序,检测应用系统的硬件功能和调试应用系统软件。这就是所谓“出借”CPU 的方法。仿真器可以连续运行程序、单步运行程序或设断点运行,也可以进行状态查询等。

仿真器除了图 1.4 所示的硬件部分以外,一般还配有在计算机上运行的仿真软件,两者共同组成仿真系统。所有的仿真操作命令都是在软件上操作的。

图 1.5 所示是仿真器和单片机应用系统(用户板)的连接关系图。

**2. 编程器**

编程器(Programmer)也叫烧录器,是一个把可编程的集成电路芯片写上数据的工具,编程器主要用于单片机(含嵌入式)/存储器(含 BIOS)之类的芯片的编程(或称为刷写)。当程序调试完成后,需要将调试好的程序(汇编语言格式或 C 语言格式)通过汇编软件工具

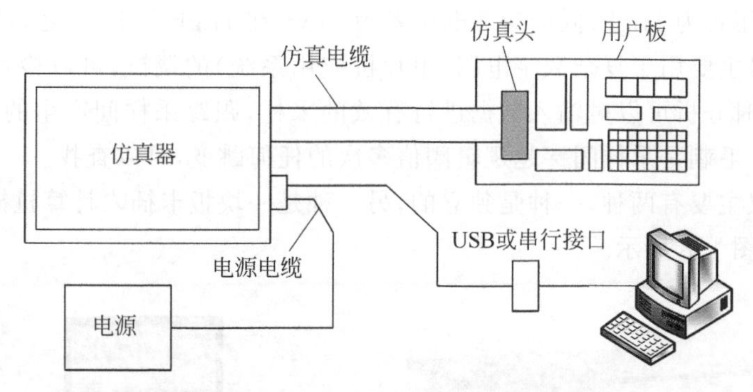


图 1.5　仿真器和单片机应用系统的连接关系

或编译软件工具变成二进制代码，写入相应的芯片中，使得开发的单片机应用系统可以脱离仿真器独立运行，变成"成品"。

编程器在功能上可分通用编程器和专用编程器。专用型编程器价格较低，适用芯片种类较少，适合某一种或者某一类专用芯片编程的需要，例如仅仅需要对 PIC 系列编程。某种型号的编程器如图 1.6 所示。全功能通用型编程器一般能够涵盖几乎(不是全部)所有当前需要编程的芯片，由于设计麻烦，成本较高，限制了销量，最终售价较高，适合需要对很多种芯片进行编程的情况。

### 3. 示波器

示波器(Oscilloscope)是一种用途十分广泛的电子测量仪器，如图 1.7 所示。它能把肉眼看不见的电信号变换成看得见的图像，便于人们研究各种电现象的变化过程。利用示波器能观察各种不同信号幅度随时间变化的波形曲线，还可以用它测试各种不同的电量，如电压、电流、频率、相位差、幅度等。

可以用示波器来观察单片机应用系统的相关测试点的电压波形，来判断工作是否正常。

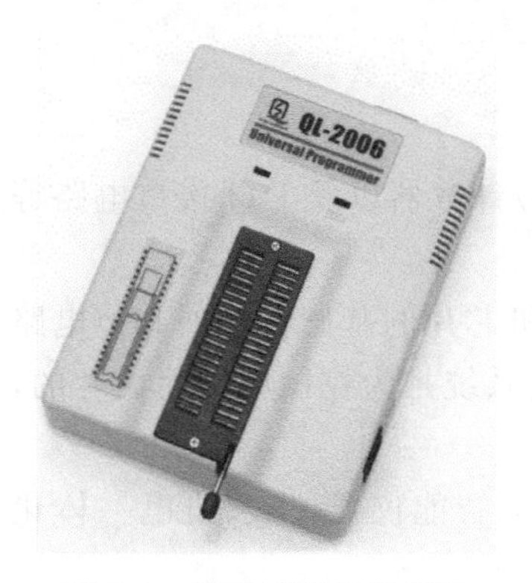


图 1.6　某种型号的编程器

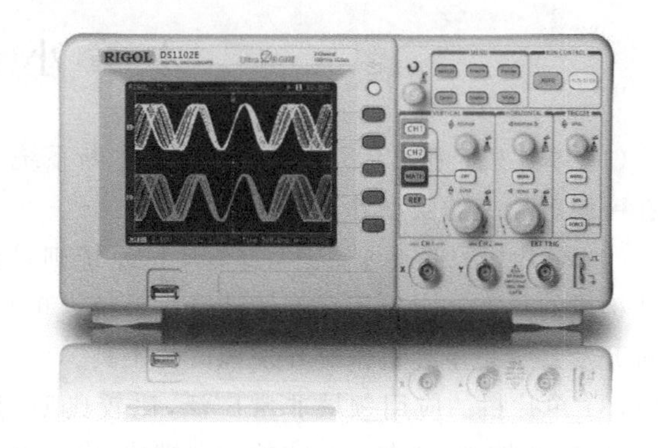


图 1.7　示波器

### 4. 逻辑分析仪

逻辑分析仪(Logic Analyzer)是利用时钟从测试设备上采集和显示数字信号的仪器，最主要的作用在于时序判定。由于逻辑分析仪不像示波器那样有许多电压等级，通常只显示两个电压(逻辑 1 和 0)，因此设定了参考电压后，逻辑分析仪将被测信号通过比较器进行判定，高于参考电压者为 High，低于参考电压者为 Low，在 High 与 Low 之间形成数字波形。

逻辑分析仪主要用于复杂数字电路(单片机应用系统)的调试，可以检查多路时序之间的关系，这种定时分析可以对输入数据进行有效的采样，跟踪采样间产生的任何跳变，从而容易识别毛刺。毛刺是采样间穿越逻辑阈值多次的任何跳变，难以查找。

逻辑分析仪主要有两种，一种是独立的，另一种是一块板卡插入计算机插槽中和计算机配合使用的，如图 1.8 所示。

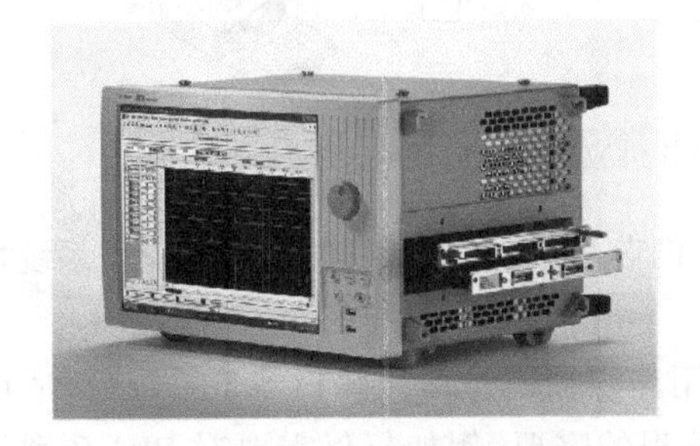

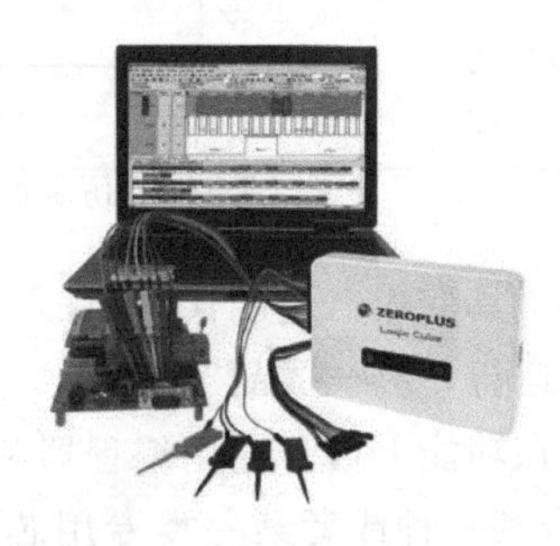


图 1.8　两种类型的逻辑分析仪

5. 逻辑笔

逻辑笔(Logic Test Pen)是采用不同颜色的指示灯来表示数字电平高低的仪器，如图 1.9 所示。它是测量数字电路中较简便的工具。使用逻辑笔可快速测量出数字电路中有故障的芯片。逻辑笔上一般有 2～3 只信号指示灯，红灯一般表示高电平，绿灯一般表示低电平，黄灯表示所测信号为脉冲信号。

图 1.9　逻辑笔

对于简单的单片机应用系统，或进行一般的电平判断，采用逻辑笔比较方便。

## 本 章 小 结

(1) 单片机是把 CPU、RAM、ROM、中断系统、定时器/计数器以及 I/O 接口电路等集成在一块芯片上的微型计算机。

(2) 单片机只是一个芯片，而单片机系统则是在单片机芯片的基础上扩展其他电路或芯片构成的具有一定应用功能的计算机系统。单片机应用系统是为控制应用而设计的，单片机开发系统是单片机系统开发调试的工具。

(3) 单片机的应用领域非常广泛，比较典型的领域有：智能仪器仪表、机电一体化产品、实时工业控制、分布式系统的前端模块、家用电器等。

## 本 章 习 题

1. 什么是单片机？单片机由哪些基本部件组成？
2. 为什么说单片机是典型的嵌入式系统？

3. 单片机有什么特点？
4. 什么是单片机应用系统？什么是单片机开发系统？二者的关系是怎样的？
5. 单片机的主要发展方向是什么？主要应用领域有哪些？
6. AT89 系列单片机有什么优点？

# 第2章　51系列单片机内部结构

【思政融入】

——“求木之长者，必固其根本；欲流之远者，必浚其泉源。”深根固柢，方能参天。求学亦如是，唯有透析原理、筑牢根基，方能使知识脉络贯通，抵达真知远方。

本章主要分析51系列单片机内部结构及工作原理，给出单片机存储器组织分配、引脚封装及基本系统电路接线方式等，并分析单片机并行口内部结构及工作特性，给出简单应用实例。

【本章目标】

- 理解单片机内部构成及工作原理；
- 掌握51系列单片机内部存储器组织分配，理解堆栈的概念；
- 理解并行接口工作特性，掌握单片机最小系统构成并应用。

## 2.1　单片机内部模块构成

51系列单片机的芯片有多种类型，但是它们的基本结构相同。51系列单片机内部的基本构造如图2.1所示。

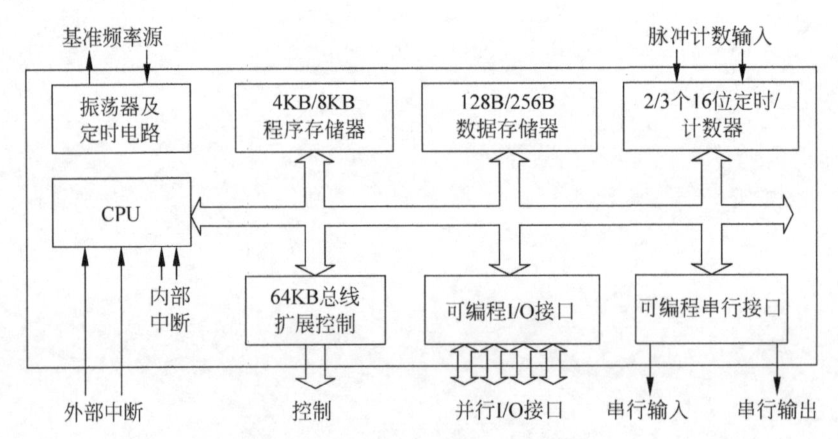


图2.1　51系列单片机的内部结构

单片机把控制应用所必需的基本部件都集成在一个尺寸有限的集成电路芯片上。它们通过内部总线紧密地联系在一起。如果按照功能划分，单片机主要由如下功能部件组成：

(1) 微处理器(CPU)；

(2) 数据存储器(RAM)；

(3) 程序存储器(ROM/EPROM)；

(4) 4个8位并行I/O接口(P0口、P1口、P2口、P3口)；

(5) 1个串行接口；

(6) 2个16位定时器/计数器；

(7) 中断系统；

(8) 特殊功能寄存器(Special Functional Register，SFR)。

单片机的总体结构是通用CPU加上外围芯片的总线结构。只是在功能部件的控制上与一般的微机通用寄存器加上接口寄存器控制不同,CPU 与外设的控制不再分开,采用了特殊功能寄存器集中控制,使用更方便。内部还集成了时钟电路,只需外接石英晶体就可形成振荡电路。其内部工作过程如图 2.2 所示。

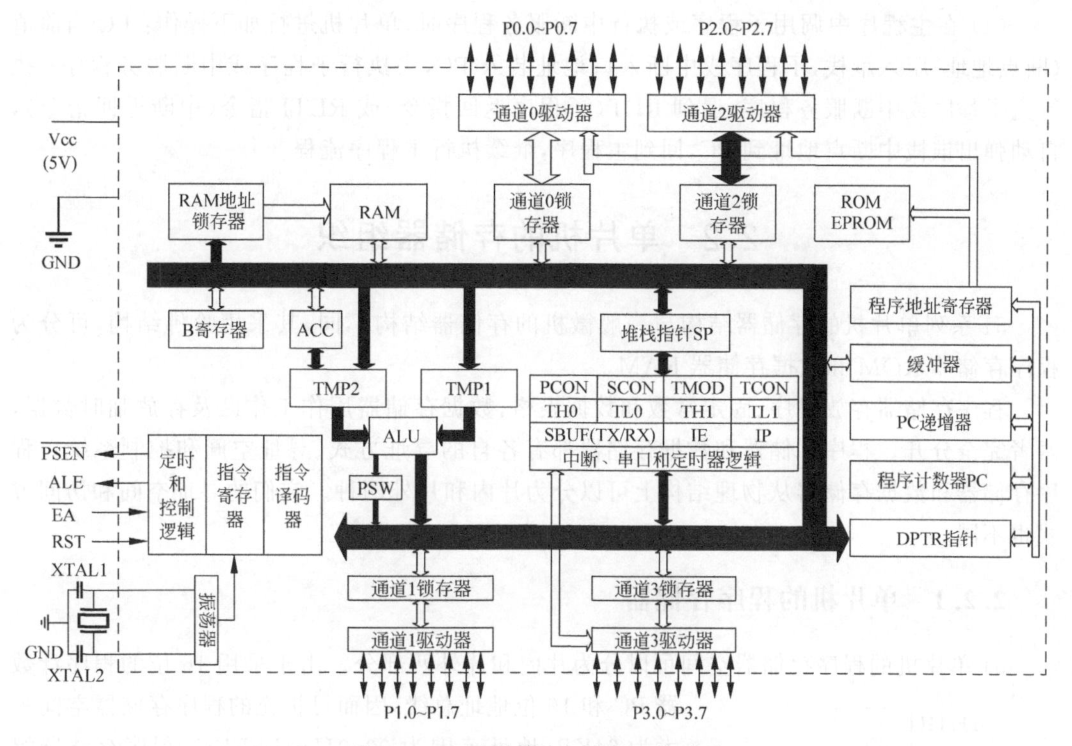


图 2.2 51系列单片机内部工作过程

结合图 2.2,下面针对核心控制部件工作过程进行分析。

### 1. 中央处理器

单片机的 CPU 由运算器和控制器组成。运算器主要用来对操作数进行算数、逻辑运算和位操作。主要包括算数逻辑运算单元 ALU、累加器 A、位处理器、程序状态字寄存器(Program Status Word,PSW)以及 BCD 码修整电路等。

控制器主要包括程序计数器、程序地址寄存器、指令寄存器 IR、指令译码器、条件转移逻辑电路及时序控制逻辑电路。控制器是单片机的指挥控制部件,控制器的主要任务是识别指令,并根据指令的性质控制单片机各功能部件,从而保证单片机各部分能自动而协调地工作。单片机执行指令是在控制器的控制下进行的。首先从程序存储器中读出指令,送入指令寄存器保存,然后送到指令译码器对指令进行译码,译码结果送入定时控制逻辑电路由定时控制逻辑电路产生各种定时信号和控制信号,再送到单片机的各个部件去进行相应的操作。这就是执行一条指令的全过程,

### 2. 程序计数器

程序计数器(Program Counter,PC)为 16 位寄存器,始终用于存放即将要执行的下一条指令码所在程序存储器的地址。其工作特点如下:

(1) 单片机复位后 PC 的值为 0000H,故系统初始化时,是从 0000H 单元开始取指令,执行程序。

(2) 自动加1：根据PC寄存器内的值在ROM中取指令，之后PC寄存器中存储的值将自动加1。

(3) 在主程序中执行转移指令时，PC将放入转移目标地址值。

(4) 在主程序中调用子程序或执行中断服务程序时，单片机进行如下操作：PC当前值(断点地址)压入堆栈，子程序或中断入口地址装入PC，去执行子程序或中断服务程序；执行完子程序或中断服务程序，遇到RET(子程序返回指令)或RETI指令(中断返回指令)，自动弹出堆栈中断点地址到PC，回到主程序，继续执行主程序流程。

# 2.2 单片机的存储器组织

51系列单片机的存储器结构与一般微机的存储器结构不同，其采用哈佛结构，可分为程序存储器ROM和数据存储器RAM。

程序存储器存放程序、固定常数和数据表格，数据存储器用作工作区及存放临时数据，两者完全分开。程序存储器和数据存储器都有各自的寻址方式、寻址空间和控制系统。程序存储器和数据存储器从物理结构上可以分为片内和片外两种。它们的寻址空间和访问方式也不同。

## 2.2.1 单片机的程序存储器

51单片机的程序存储器空间可以分为片内和片外两部分。由于采用16位的程序计数器PC和16位地址总线，因而可扩充的程序存储器空间最大为64KB，地址范围为0000H～FFFFH，程序存储器组织如图2.3所示。

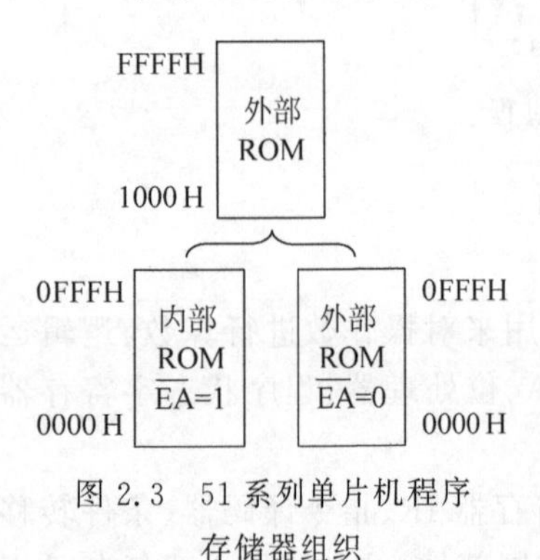


图2.3 51系列单片机程序存储器组织

### 1. 片内-片外程序存储器资源的访问

单片机在执行指令时，从片内程序存储器取指令，还是从片外程序储器读取指令，是根据单片机芯片上的片外程序存储器选用引脚$\overline{EA}$电平的高低来决定的。$\overline{EA}$接低电平，则直接从片外程序存储器取指令，不论是否有内部程序存储器，$\overline{EA}$接高电平，则从片内程序存储器读取指令，但在PC值超过0FFFH时，即超出片内程序存储器的4KB地址范围时，将自动转向外部程序存储器取指令，无论从片内或片外程序存储器读取指令，其操作运行的速度相同。程序存储器可存放表格数据，在使用时可通过专门的查表指令MOVC A,@A+DPTR或MOVC A,@A+PC取出。

### 2. 程序存储器的特殊地址单元

在64KB的程序存储器中，有7个单元有特殊用途。第一个为0000H单元。51单片机复位后程序计数器的内容为0000H，故系统必须从0000H单元开始取指令，执行程序。一般在该单元存放一条绝对跳转指令，跳向主程序的入口地址。

另外6个单元对应于6个中断向量地址(51系列为5个)，分别对应中断服务程序的入口地址，具体情况见表2.1，表中定时器/计数器T2仅52系列单片机有。表2.1中所示的6

个地址之间相隔 8 个字节单元，用于存放中断服务程序往往不够用，这里通常存放一条绝对跳转指令，跳转到真正的中断服务程序存放处。这 6 个地址之后是用户程序区，用户可以把用户程序存放在用户程序区的任意位置。

表 2.1　中断服务程序的入口地址

| 中　断　源 | 入 口 地 址 | 中　断　源 | 入 口 地 址 |
|---|---|---|---|
| 外部中断 0($\overline{\mathrm{INT0}}$) | 0003H | 定时器/计数器 1(T1) | 001BH |
| 定时器/计数器 0(T0) | 000BH | 串行口 | 0023H |
| 外部中断 1($\overline{\mathrm{INT1}}$) | 0013H | 定时器/计数器 2(T2) | 002BH |

## 2.2.2　单片机的数据存储器

数据存储器在单片机中用于存取程序执行过程中所暂存的数据，它从物理结构上分为片内数据存储器和片外数据存储器两部分。这两个部分在编址和访问方式上各不相同，其中片内数据存储器又可分为几个功能区，具体分析如下。

### 1. 片内数据存储器

片内数据存储器(RAM)单元共有 128 个，地址为 00H～7FH，内部 RAM 有丰富的操作指令，从而使得用户在设计程序时非常方便。51 系列单片机的片内数据存储器除 RAM 外还有特殊功能寄存器区。其中，前者 128B，编址为 00H～7FH；后者占 128B，编址为 80H～FFH；二者连续不重叠。对 52 系列单片机而言，前者有 256B，编址为 00H～FFH；后者也有 128B，编址为 80H～FFH；前者与后者的后 128B 编址重叠。片内数据存储器按功能可分为以下几部分：工作寄存器区、位寻址区、用户堆栈区和特殊功能寄存器区。具体分配情况可见图 2.4。

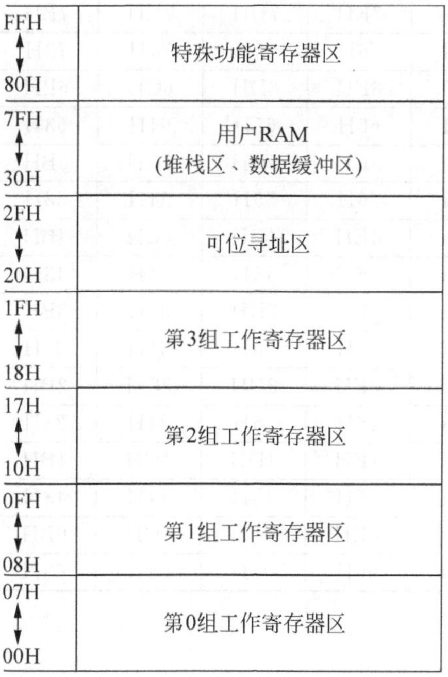

|  |  |
|---|---|
| FFH～80H | 特殊功能寄存器区 |
| 7FH～30H | 用户RAM<br>(堆栈区、数据缓冲区) |
| 2FH～20H | 可位寻址区 |
| 1FH～18H | 第3组工作寄存器区 |
| 17H～10H | 第2组工作寄存器区 |
| 0FH～08H | 第1组工作寄存器区 |
| 07H～00H | 第0组工作寄存器区 |

图 2.4　片内数据存储器结构

1）工作寄存器区

00H 到 1FH 单元为工作寄存器区，共 32B。工作寄存器也被称为通用寄存器。工作寄存器共有四组，称为 0 组、1 组、2 组和 3 组。每组 8 个寄存器，依次用 R0 到 R7 表示。也就是说，R0 可能会表示 0 组第一个寄存器（地址为 00H），也可能表示 1 组第一个寄存器（地址为 08H），还有可能表示 2 组、3 组的第一个寄存器（地址分别为 10H 和 18H）。使用哪一组的寄存器由状态字 PSW 中的 RS0 与 RS1 两位来选择。具体对应关系可见表 2.2，用户可以通过指令改变 PSW 中 RS0、RS1 这两位来切换当前的工作寄存器区，这种功能给软件设计带来极大的方便，特别是在中断嵌套时，为实现工作寄存器现场内容保护提供了极大的方便。

**表 2.2　工作寄存器组的选择**

| RS1 | RS0 | 工作寄存器组 |
| --- | --- | --- |
| 0 | 0 | 0 组（00H～07H） |
| 0 | 1 | 1 组（08H～0FH） |
| 1 | 0 | 2 组（10H～17H） |
| 1 | 1 | 3 组（18H～1FH） |

2）位寻址区

20H～2FH 单元为位寻址区，共 16 个可以进行字节寻址的字节单元，128 位。这 128 位之中的每一位都可以按位方式使用，每一位都有一个位地址，位地址的范围为 00H～7FH，具体情况可见表 2.3。

**表 2.3　位寻址区**

| RAM 地址 | 位地址 | | | | | | | |
| --- | --- | --- | --- | --- | --- | --- | --- | --- |
| | D7 | D6 | D5 | D4 | D3 | D2 | D1 | D0 |
| 2FH | 7FH | 7EH | 7DH | 7CH | 7BH | 7AH | 79H | 78H |
| 2EH | 77H | 76H | 75H | 74H | 73H | 72H | 71H | 70H |
| 2DH | 6FH | 6EH | 6DH | 6CH | 6BH | 6AH | 69H | 68H |
| 2CH | 67H | 66H | 65H | 64H | 63H | 62H | 61H | 60H |
| 2BH | 5FH | 5EH | 5DH | 5CH | 5BH | 5AH | 59H | 58H |
| 2AH | 57H | 56H | 55H | 54H | 53H | 52H | 51H | 50H |
| 29H | 4FH | 4EH | 4DH | 4CH | 4BH | 4AH | 49H | 48H |
| 28H | 47H | 46H | 45H | 44H | 43H | 42H | 41H | 40H |
| 27H | 3FH | 3EH | 3DH | 34H | 3BH | 3AH | 39H | 38H |
| 26H | 37H | 36H | 35H | 34H | 33H | 32H | 31H | 30H |
| 25H | 2FH | 2EH | 2DH | 2CH | 2BH | 2AH | 29H | 28H |
| 24H | 27H | 26H | 25H | 24H | 23H | 22H | 21H | 20H |
| 23H | 1FH | 1EH | 1DH | 1CH | 1BH | 1AH | 19H | 18H |
| 22H | 17H | 16H | 15H | 14H | 13H | 12H | 11H | 10H |
| 21H | 0FH | 0EH | 0DH | 0CH | 0BH | 0AH | 09H | 08H |
| 20H | 07H | 06H | 05H | 04H | 03H | 02H | 01H | 00H |

3）用户堆栈区

片内 RAM 的 30H～7FH 单元为用户堆栈区。该区可暂存数据可作为堆栈区，堆栈是按先入后出、后入先出的原则进行管理的一段存储区域。在51系列单片机中，堆栈占用片内数据存储器的一段区域，在具体使用时应避开工作寄存器、位寻址区，一般设在2FH以后的单元，如果工作寄存器和位寻址区未用，也可开辟为堆栈。堆栈主要是为子程序调用和中断调用而设立的。它的具体功能有两个：保护断点和保护现场。无论是子程序调用还是中断调用，调用完后都要返回调用位置。因此调用时，在转移到目的位置前，应先把当前的断点位置入栈以保存，以便以后返回时使用。对于嵌套调用，先调用的后返回，后调用的先返回。因而先入栈保存的后送出，后入栈保存的先送出。51系列单片机的堆栈是向上生长型的，存入数据是从地址低端向高端延伸，取出数据是从地址高端向低端延伸。入栈和出栈数据是以字节为单位的。

2. **特殊功能寄存器区**

特殊功能寄存器分布在80H～FFH的地址空间，采用直接寻址方式访问，也被称为专用寄存器，专门用于控制、管理片内算术逻辑部件、并行I/O接口、串行接口、定时器/计数器、中断系统等功能模块的工作。用户在编程时可以给其设定值，但不能移作他用。特殊功能寄存器与片内数据存储器统一编址。除PC外，51系列单片机有18个特殊功能寄存器，其中3个为双字节，共占用21个字节；52系列单片机有21个特殊寄存器，其中5个为双字节，共占用26个字节。特殊功能寄存器的名称、表示符及地址如表2.4所示。

**表2.4　特殊功能寄存器的名称、表示符及地址**

| 特殊功能寄存器名称 | 符号 | 地址 | 地址与位名称 | | | | | | | |
|---|---|---|---|---|---|---|---|---|---|---|
| | | | **D7** | **D6** | **D5** | **D4** | **D3** | **D2** | **D1** | **D0** |
| P0口 | P0 | 80H | 87 | 86 | 85 | 84 | 83 | 82 | 81 | 80 |
| 堆栈指针 | SP | 81H | | | | | | | | |
| 数据指针低字节 | DPL | 82H | | | | | | | | |
| 数据指针高字节 | DPH | 83H | | | | | | | | |
| 定时器/计数器控制 | TCON | 88H | TF1 | TR1 | TF0 | TR0 | IE1 | IT1 | IE0 | IT0 |
| 定时器/计数器方式 | TMOD | 89H | GATE | C/$\overline{T}$ | M1 | M0 | GAME | C/T | M1 | M0 |
| 定时器/计数器0低字节 | TL0 | 8AH | | | | | | | | |
| 定时器/计数器0高字节 | TH0 | 8CH | | | | | | | | |
| 定时器/计数器1低字节 | TL1 | 8BH | | | | | | | | |
| 定时器/计数器1高字节 | TH1 | 8DH | | | | | | | | |
| PI接口 | P1 | 90H | 97 | 96 | 95 | 94 | 93 | 92 | 91 | 90 |
| 电源控制 | PCON | 97H | SMOD | | | | GF1 | GF0 | PD | IDL |
| 串行口控制 | SCON | 98H | SM2 | SM1 | SM0 | REN | TB8 | RB8 | TI | RI |
| 串行接口数据 | SBUF | 99H | | | | | | | | |

续表

| 特殊功能寄存器名称 | 符号 | 地址 | 地址与位名称 | | | | | | | |
|---|---|---|---|---|---|---|---|---|---|---|
| | | | **D7** | **D6** | **D5** | **D4** | **D3** | **D2** | **D1** | **D0** |
| P2 口 | P2 | A0H | A7 | A6 | A5 | A4 | A3 | A2 | A1 | A0 |
| 中断允许控制 | IE | A8H | EA | | ET2 | ES | ET1 | EX1 | ET0 | EX0 |
| P3 口 | P3 | B0H | B7 | B6 | B5 | B4 | B3 | B2 | B1 | B0 |
| 中断优先级控制 | IP | B8H | | | PT2 | PS | PT1 | PX1 | PT0 | PX0 |
| 定时器/计数器 2 控制 | T2CON | C8H | TF2 | EXF2 | RCLK | TCLK | EXEN | TR2 | C/T2 | CP/RL2 |
| 定时器/计数器 2 重装低字节 | RLDL | CAH | | | | | | | | |
| 定时器/计数器 2 重装高字节 | RLDH | CBH | | | | | | | | |
| 定时器/计数器 2 低字节 | TL2 | CCH | | | | | | | | |
| 定时器/计数器 2 高字节 | TH2 | CDH | | | | | | | | |
| 程序状态寄存器 | PSW | D0H | C | AC | F0 | RS1 | RS0 | OV | | P |
| 累加器 | A | E0H | E7 | E6 | E5 | E4 | E3 | E2 | E1 | E0 |
| 寄存器 B | B | F0H | F7 | F6 | F5 | F4 | F3 | F2 | F1 | F0 |

### 3. 常用特殊功能寄存器

1）累加器 A

累加器 A 是一个具有特殊用途的二进制 8 位寄存器，专门用来存放操作数或运算结果。在 CPU 执行某种运算前，两个操作数中的一个通常应放在累加器 A 中，运算完成后累加器 A 中便可得到运算结果。累加器自带一个全零标志位 Z，当 A 内容为零时，Z 会自动置 1。

2）寄存器 B

寄存器也叫通用寄存器 B，用来放运算前的乘数、除数，运算后的积的低 8 位、余数等，一般可当作通用寄存器或 RAM 单元使用。

3）程序状态寄存器 PSW

程序状态寄存器又称状态寄存器，主要用于反映处理器的状态及某些计算结果以及控制指令的执行，PSW 共有八位，如表 2.5 所示。

**表 2.5　PSW 状态字**

| 位 | D7 | D6 | D5 | D4 | D3 | D2 | D1 | D0 |
|---|---|---|---|---|---|---|---|---|
| **地址：D0H** | CY | AC | F0 | RS1 | RS0 | OV | — | P |

下面从高位到低位详细讲解每一位的含义。

第 8 位：进位/借位标志位 CY。若累加器 A 在运算过程中发生了进位或借位，则

CY=1；否则 CY=0。它也是布尔处理器的位累加器，可用于布尔操作。

第 7 位：半进位/借位标志位 AC。该位表示当进行加法或减法运算时，低半字节向高半字节是否有进位或借位。若累加器 A 在运算过程中，D3 位向 D4 位发生了进位或借位，则 AC=1，否则 AC=0。机器在执行"DA　A"指令时，自动要判断这一位。

第 6 位：可由用户定义的标志位 F0。F0 是一个用户可以自己设置的状态位，比如在两片单片机之间进行通信时，可以用这一位的状态来判断是否准备好接收或是发送。因此可以作为个人设置的标志位，程序可以根据需要对此位进行置位或者清零，或者对这个位进行测试。

第 5 位与第 4 位：工作寄存器组选择位 RS1、RS0。具体用途及其用法已在 2.2.3 节详细讲述，这里不再重复。

第 3 位：溢出标志位 OV。该位表示在进行有符号数的加减法时是否发生溢出；当 OV=1 时，表示有符号数运算结果发生了溢出，OV=0 时，表示有符号数运算结果没有溢出。

第 2 位：空。

第 1 位：奇偶标志位 P。P=1 时表示累加器 A 中"1"的个数为奇数，P=0 表示累加器 A 中"1"的个数为偶数。特别注意，CPU 随时监视着累加器 A 中的"1"的个数，并反映在 PSW 中。

4）堆栈指针 SP

为实现堆栈的先入后出、后入先出的数据处理，单片机中专门设置了一个堆栈指针(Stack Pointer，SP)。SP 是一个 8 位的特殊功能寄存器。SP 的内容指示出堆栈顶部在内部 RAM 块中的位置，用户可以通过给 SP 赋值来改变堆栈的初始位置。

入栈时，SP 指针的内容先自动加 1，然后再把数据存入到 SP 指针指向的单元，仍指着栈顶，如图 2.5 所示。

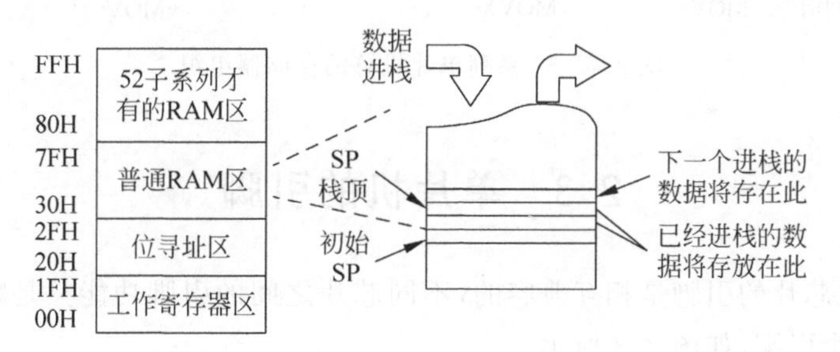


图 2.5　数据入栈过程

从堆栈取出数据时，取出的数据是最近放进去的一个数据，也就是当前栈顶的数据。然后 SP 再自动减 1，仍指着栈顶，如图 2.6 所示。

51 系列单片机的这种堆栈结构属于向上生长型的堆栈(另一种属于向下生长型的堆栈)。复位时，SP=07H，数据进栈时，首先 SP+1 指向 08H 单元，故第一个放进堆栈的数据将放进 08H 单元，然后 SP 再自动增 1。考虑到 08H～1FH 单元分别属于 1～3 组的工作寄存器区，若在程序设计中要用到这些工作寄存器区，则最好把 SP 值改置为 1FH 或更大的值。

5）数据指针 DPTR

数据指针(Data Pointer，DPTR)是 8051 单片机中一个功能比较特殊的寄存器，也是唯

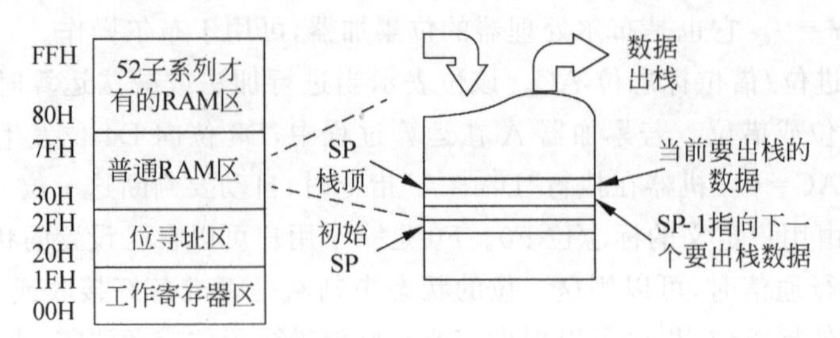


图 2.6　数据出栈过程

一的 16 位寄存器。其高位字节寄存器用 DPH 表示，低位字节寄存器用 DPL 表示，DPTR 既可以作为一个 16 位寄存器来用，也可作为两个独立的 8 位寄存器来使用。DPTR 主要功能是存放 16 位地址，以便用间接寻址或变址寻址的方式对片外数据 RAM 或程序存储器作 64KB 范围内的数据操作，故称数据指针。

综上所述，51 系列单片机总的存储器组织结构如图 2.7 所示。

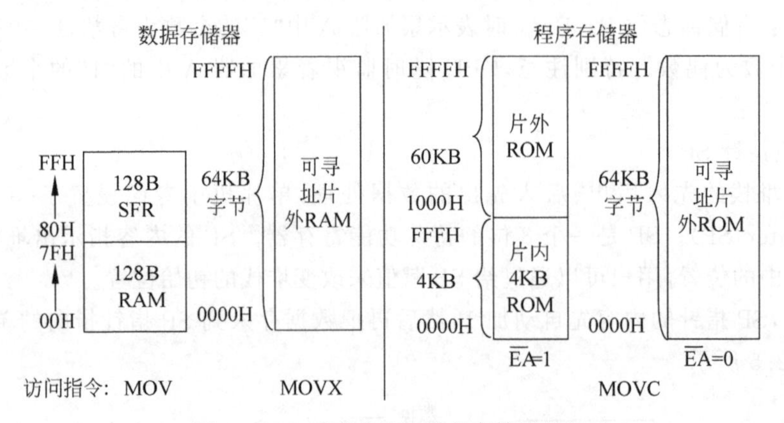


图 2.7　51 系列单片机总的存储器组织

## 2.3　单片机的引脚

各种单片机芯片的引脚是相互兼容的，不同芯片之间的引脚功能只是略有差异。8051 单片机共有 40 个引脚，如图 2.8 所示。

### 2.3.1　单片机的封装

用 HMOS 工艺制造的芯片采用双列直插式封装，如图 2.9 所示。采用 CHMOS 工艺制造的芯片（在型号中间加一个“C”作为标识，如 80C51、80C31 等）部分采用方形封装结构。

#### 1. 双列直插封装

双列直插封装（Dual In-line Package，DIP）是指采用双列直插形式封装的集成电路芯片，绝大多数中小规模集成电路均采用这种封装形式，其引脚数一般不超过 100 个。采用 DIP 的 CPU 芯片有两排引脚，需要插入到具有 DIP 结构的芯片插座上。当然，也可以直接插在有相同焊孔数和几何排列的电路板上进行焊接。实物如图 2.9(a)所示。

| 引脚名称 | 引脚 | 引脚 | 引脚名称 |
|---|---|---|---|
| P1.0 | 1 | 40 | Vcc |
| P1.1 | 2 | 39 | P0.0 |
| P1.2 | 3 | 38 | P0.1 |
| P1.3 | 4 | 37 | P0.2 |
| P1.4 | 5 | 36 | P0.3 |
| P1.5 | 6 | 35 | P0.4 |
| P1.6 | 7 | 34 | P0.5 |
| P1.7 | 8 | 33 | P0.6 |
| RST/ Vpd | 9 | 32 | P0.7 |
| RXD P3.0 | 10 | 31 | $\overline{\text{EA}}$/Vpp |
| TXD P3.1 | 11 | 30 | ALE/$\overline{\text{PROG}}$ |
| $\overline{\text{INT0}}$ P3.2 | 12 | 29 | $\overline{\text{PSEN}}$ |
| $\overline{\text{INT1}}$ P3.3 | 13 | 28 | P2.7 |
| T0 P3.4 | 14 | 27 | P2.6 |
| T1 P3.5 | 15 | 26 | P2.5 |
| $\overline{\text{WR}}$ P3.6 | 16 | 25 | P2.4 |
| $\overline{\text{RD}}$ P3.7 | 17 | 24 | P2.3 |
| XTAL2 | 18 | 23 | P2.2 |
| XTAL1 | 19 | 22 | P2.1 |
| Vss | 20 | 21 | P2.0 |

8051

图 2.8　单片机的引脚

### 2. 带引线的塑料芯片封装

带引线的塑料芯片封装(Plastic Leaded Chip Package,PLCC)指带引线的塑料芯片封装载体,它是表面贴型封装之一,外形呈正方形,引脚从封装的四个侧面引出,呈丁字形,是塑料制品,外形尺寸比 DIP 封装小得多。PLCC 封装适合用 SMT 表面安装技术在 PCB 上安装布线,具有外形尺寸小、可靠性高的优点,实物如图 2.9(b)所示。

### 3. 方形扁平式封装和塑料扁平组件式封装

方形扁平式封装(Quad Flat Package,QFP)与塑料扁平组件式封装(Plastic Flat Package,PFP)两者可统一为 PQFP,QFP 封装的芯片引脚之间距离很小,引脚很细,一般大规模或超大型集成电路都采用这种封装形式,其引脚数一般在 100 个以上。用这种形式封装的芯片必须采用 SMD(表面安装设备技术)将芯片与主板焊接起来。采用 SMD 安装的芯片不必在主板上打孔,一般在主板表面上有设计好的相应引脚的焊点。PFP 封装的芯片与 QFP 方式基本相同,它们唯一的区别是 QFP 一般为正方形,而 PFP 既可以是正方形,也可以是长方形,实物如图 2.9(c)所示。

### 4. 插针网格阵列封装

插针网格阵列封装(Pin Grid Array Package,PGA)芯片封装形式在芯片的内外有多个方阵形的插针,每个方阵形插针沿芯片的四周间隔一定距离排列,根据引脚数目的多少,可以围成 2～5 圈。安装时,将芯片插入专门的 PGA 插座,能够更方便地安装和拆卸 CPU,如图 2.9(d)所示。

## 2.3.2　单片机的主要功能引脚

### 1. 电源引脚

(1) $V$cc(40 引脚):接+5V 电源正端;

(a) (b)

(c) (d)

图 2.9 单片机的几种封装形式

(2) Vss(20引脚)：接+5V 电源地端。

2. 晶振引脚

XTAL1、XTAL2(19、18引脚)：当使用单片机内部振荡电路时，这两个引脚用来外接石英晶体和微调电容。具体电路接法将在 2.4 节中详细讲解。

3. 控制引脚

(1) ALE/$\overline{\text{PROG}}$(30 引脚)：地址锁存信号输出端。ALE 在每个机器周期内输出两个脉冲。在访问片外程序存储器期间，脉冲下降沿用于控制锁存 P0 输出的低 8 位地址；在不访问片外程序存储器期间，可作为对外输出的时钟脉冲。单片机上电后会在 ALE 引脚以 1/6 时钟频率输出脉冲信号，也可用于测试单片机是否正常工作。需注意，在访问片外程序存储器期间，ALE 脉冲会跳空一个周期，此时不合适作为时钟输出。对 8751 单片机内 EPROM 编程时，编程脉冲由该引脚引入。

(2) $\overline{\text{PSEN}}$(26 引脚，低电平有效)：片外程序存储器读选通信号输出端。在从外部程序存储器读取指令或常数期间，每个机器周期该信号有效两次，通过数据总线 P0 口读回指令或常数，在访问片外数据存储器期间，$\overline{\text{PSEN}}$ 信号不出现。

(3) RST/Vpd(9 引脚)：RST 即为 RESET，Vpd 为备用电源。该引脚为单片机的上电复位或掉电保护端。当单片机振荡器工作时，该引脚上出现持续两个周期的高电平，就可实现复位操作，使单片机恢复到初始状态。上电时，考虑到振荡器有一定的起振时间，该引脚上高电平必需持续 10ms 以上才能保证有效复位。该引脚可接上备用电源，当 Vcc 发生故障，降低到低电平规定值或掉电时，该备用电源为内部 RAM 供电，以保证 RAM 中的数据不会丢失。

(4) $\overline{EA}$/Vpp(31引脚,低电平有效)：$\overline{EA}$为片外程序存储器选用端。该引脚为低电平时,选用片外程序存储器；高电平或悬空时,选用片内程序存储器。对于片内含有EPROM的机型,在编程期间,此引脚用作21V电源编程Vpp的输入端。

4. P0～P3并行口引脚

51系列单片机有4个8位的并行I/O接口：P0、P1、P2和P3。这4个接口,既可以作输入,也可以作输出,既可以按照8位处理,也可按位方式使用。输出时具有锁存能力,输入时具有缓冲功能,每个接口的具体功能将在2.6节分析。

## 2.4　时钟电路与时序

时钟电路用于产生单片机工作时所必需的时钟控制信号,单片机内部电路在时钟信号控制下,严格地按时序执行指令进行工作。时序研究的是指令执行中各个信号在时间上的先后关系。

单片机执行程序的流程为：在执行指令时,CPU首先到程序存储器中取出需要执行的指令操作码,然后译码,并由时序电路产生一系列的控制信号去完成指令所规定的操作。CPU发出的时序信号有两大类：用于片内各个功能部件的控制与用于片外存储器或I/O接口的控制。

### 2.4.1　单片机的时钟电路

51单片机各个功能部件都是以时钟信号为基准,有条不紊地一拍一拍地工作。因此时钟频率直接影响单片机的运行速度,时钟电路的质量也直接影响单片机系统的稳定性。如图2.10所示,常用的时钟电路设计有两种方式,一种是内部时钟方式,另一种是外部时钟方式。

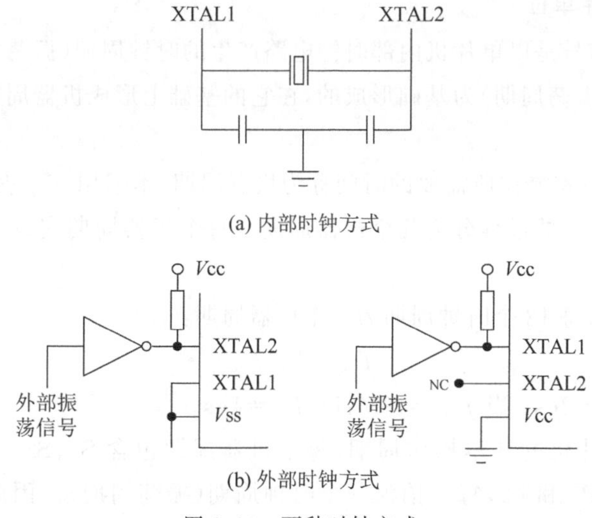


图2.10　两种时钟方式

1. 内部时钟方式

在单片机内部,它是一个反向放大器的输入端,这个放大器构成片内振荡器。外接晶振电路可构成自激振荡器。电路中电容典型值通常为30pF左右。外接电容值虽然没有严格要求,但电容的大小会影响振荡器频率的高低、振荡器的稳定性和起振的快速性。

晶振的振荡频率的范围通常是1.2～12MHz。晶振的额定频率越高则系统的时钟频率也就越高,单片机的运行速度就越快。但反过来运行速度越快对存储器的速度要求就越高,对PCB(印制电路板)的要求就越高,即要求线间的寄生电容越小;晶振和电容应尽可能安装得与单片机芯片靠近,以减少寄生电容,更好地保证振荡器稳定可靠的工作。为了提高温度稳定性,采用温度稳定性能较好的电容。

51系列单片机晶振一般选择振荡频率6MHz或12MHz的石英晶体。随着集成电路制造工艺的发展,单片机的时钟频率也在逐步提高,现在的某些高速单片机时钟频率可高达上百兆赫兹。

2. 外部时钟方式

当采用外部时钟时,对于HMOS单片机,XTAL1引脚接地,XTAL2引脚接片外振荡脉冲输入(带上拉电阻);对于CHMOS单片机,XTAL2引脚接地,XTAL1引脚接片外振荡脉冲输入(带上拉电阻)。

外部时钟方式是使用外部振荡脉冲信号,常用于多片51系列单片机同时工作,以便于多片51单片机之间同步,一般为低于12MHz的方波。由于XTAL上的逻辑电平不是TTL的,所以建议接一个4.7～10kΩ的上拉电阻。

### 2.4.2 周期与时序

单片机执行的指令均是在CPU控制器的时序电路控制下进行的,各种时序均与时钟周期有关。

1. 单片机的时序单位

单片机的时序信号是以单片机内部时钟电路产生的时钟周期(振荡周期)或外部时钟电路送入的时钟周期(振荡周期)为基础形成的,在它的基础上形成机器周期、指令周期和各种时序信号。

CPU完成一个基本操作所需要的时间称为机器周期,本书用$T_{cy}$表示机器周期。单片机中常把执行一条指令的过程分为几个机器周期。每个机器周期完成一个基本操作,如取指令、读写数据等。

对于51单片机,每12个时钟周期为1个机器周期:

$$T_{cy}=12/f_{osc}$$

当$f_{osc}=6MHz, T_{cy}=2\mu s$;当$f_{osc}=12MHz, T_{cy}=1\mu s$。

机器周期是单片机的基本操作周期,每个机器周期包含S1、S2、…、S6共6个状态,每个状态包含两拍P1和P2,每一拍为一个时钟周期(振荡周期)。因此,一个机器周期包含12个时钟周期。依次可表示为S1P1、S1P2、S2P1、S2P2、…、S6P1、S6P2,如图2.11所示。

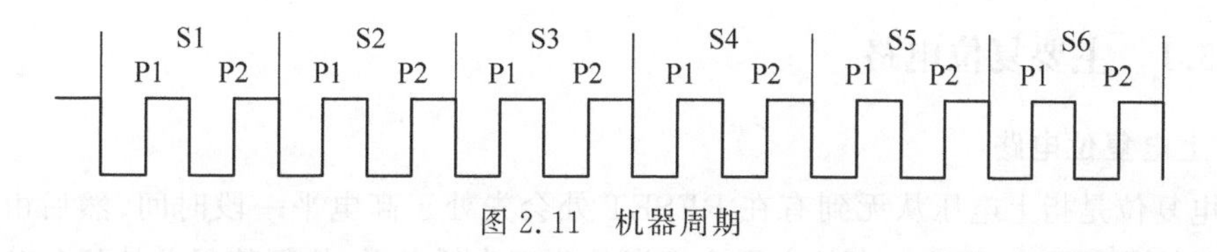

图 2.11 机器周期

计算机工作时不断地取指令和执行指令。计算机取一条指令至执行完该指令所需要的时间称为指令周期，不同的指令，指令周期不同。单片机的指令周期以机器周期为单位。8051 单片机中，大多数指令的指令周期由一个机器周期或两个机器周期组成，只有乘法、除法指令需要 4 个机器周期。

**2. 指令的执行时序**

执行指令周期的时序如图 2.12 所示，上为单字节指令，下为双字节指令。单字节指令和双字节指令都在 S1P1 期间由 CPU 取指令，将指令码读入指令寄存器，同时 PC 加 1。在 S4P2 再读出一个字节，单字节指令获得的是下一条指令，故读后丢弃不用，PC 不加 1。

双字节指令读出第二个字节后，送给当前指令使用，并使 PC 加 1，两种指令都在 S6P2 结束时完成。

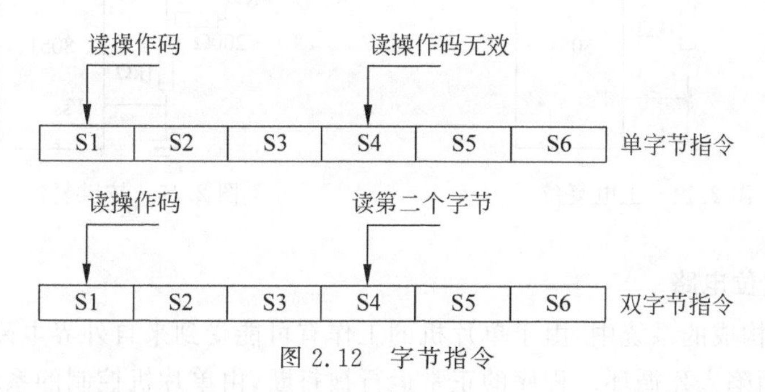

图 2.12 字节指令

执行单字节、双机器周期指令的时序如图 2.13 所示，它在两个机器周期中发生了 4 次读操作码的操作，第一次读出的为操作码，读出后 PC 加 1，后 3 次读操作是无效的，自然丢失，PC 的值也不会改变。

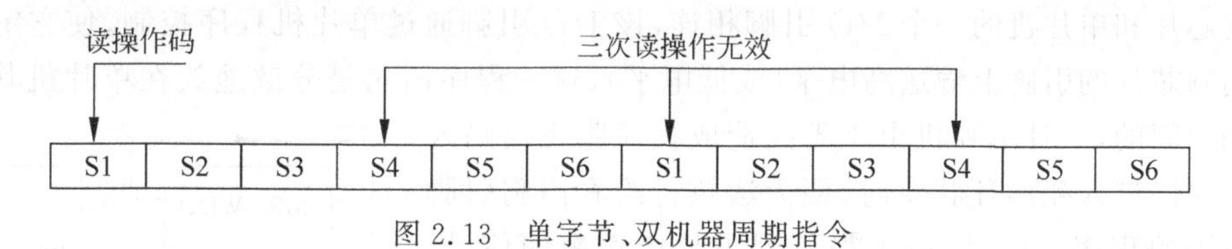

图 2.13 单字节、双机器周期指令

## 2.5 单片机的复位电路

复位是单片机的初始化操作，只需要给 51 单片机的复位引脚 RST 上加上大于 2 个机器周期(即 24 个时钟振荡周期)的高电平就可以使单片机复位，复位后单片机从头开始执行程序。

### 2.5.1 主要复位电路

**1. 上电复位电路**

上电复位是指上电压从无到有在 RESET 处会先处于高电平一段时间，然后由于该点通过电阻接地，则 RESET 该点的电平会逐渐的改变为低电平，从而使得单片机复位口电平从 1 转到 0，达到给单片机复位功能的一种复位方式。其原理为：通电时，电容两端相当于是短路，于是 RST 引脚上为高电平，然后电源通过电阻对电容充电，RST 端电压慢慢下降，降到一定程度，即为低电平，单片机开始正常工作。电路如图 2.14 所示。

**2. 按键复位电路**

首先经过上电复位，当按下按键时，RST 通过一个小阻值电阻与 $V_{cc}$ 相连，为高电平形成复位，同时电解电容被短路放电；按键松开时，$V_{cc}$ 对电容充电，充电电流在电阻上，RST 依然为高电平，仍然是复位，充电完成后，电容相当于开路，RST 为低电平，正常工作。电路如图 2.15 所示。

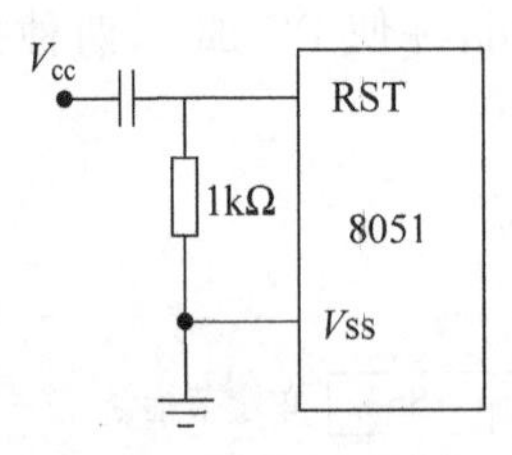


图 2.14 上电复位

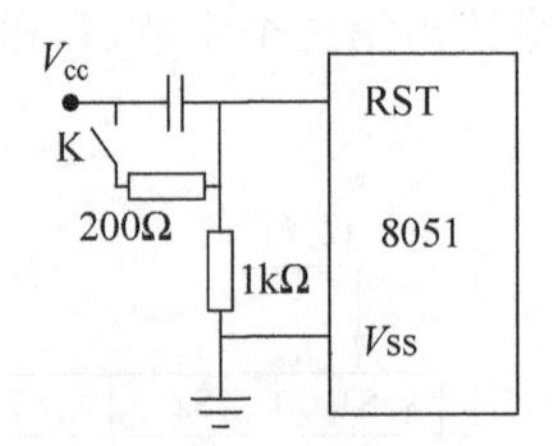


图 2.15 按键复位

**3. 看门狗复位电路**

在由单片机构成的系统中，由于单片机的工作有可能受到来自外界电磁场的干扰，造成程序的跑飞，从而陷入死循环。程序的正常运行被打断，由单片机控制的系统便无法继续工作，造成整个系统陷入停滞状态，发生不可预料的后果。出于对单片机运行状态进行实时监测的考虑，便产生了一种专门用于监测单片机程序运行状态的芯片，俗称"看门狗"(Watch Dog)。

加入看门狗电路的目的是使单片机可以在无人状态下实现连续工作，其工作过程如下：看门狗芯片和单片机的一个 I/O 引脚相连，该 I/O 引脚通过单片机程序控制，使它定时地往看门狗芯片的引脚上输送高电平(或低电平)，这一程序语句是分散地放在单片机其他控制语句中间的，一旦单片机由于干扰造成程序跑飞而陷入某一程序段进入死循环状态时，便无法执行给看门狗引脚输送电平的程序。这时，由于得不到单片机送来的信号，看门狗电路便向与单片机复位引脚相连的引脚送出一个复位信号，使单片机复位，从而使单片机从程序存储器的起始位置重新开始执行程序，实现了单片机的自动复位。电路如图 2.16 所示。

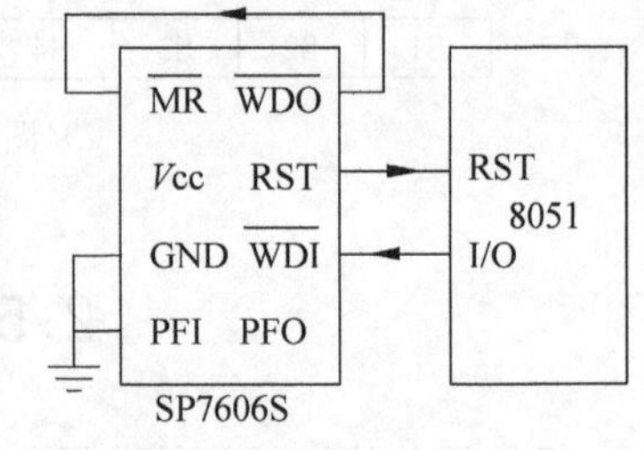


图 2.16 看门狗复位电路

### 2.5.2 单片机复位后内部寄存器状态

单片机复位期间，ALE、PSEN 输出高电平。RST 从高电平变为低电平后，PC 指针变为0000H,使单片机从程序存储器地址为0000H的单元开始执行程序。复位后,内部各个寄存器的初始内容如表2.6所示。

表2.6 复位后寄存器的初始内容

| 特殊功能寄存器 | 初始内容 | 特殊功能寄存器 | 初始内容 |
|---|---|---|---|
| A | 00H | TCON | 00H |
| PC | 0000H | TL0 | 00H |
| B | 00H | TH0 | 00H |
| PSW | 00H | TL1 | 00H |
| SP | 07H | TH1 | 00H |
| DPTR | 0000H | SCON | 00H |
| P0～P3 | FFH | SBUF | XXXXXXXXB |
| IP | 00H | PCON | 0XXX0000B |
| IE | 0X000000B | TMOD | 00H |

## 2.6 单片机的并行接口及其应用

### 2.6.1 4个并行接口基本功能

8051单片机有4个并行I/O接口,实际使用中,其分工有所不同。

(1) P0口:可作为通用I/O接口使用,在系统扩展时,P0口作为地址/数据分时复用口,即作为访问外设端口的低八位地址线和八位数据线的分时复用口;通过ALE引脚实现对P0输出的低8位地址锁存,P0口再做数据线使用。

(2) P1口:结构最简单,用途也单一,仅作为数据输入/输出端口使用。输出的信息有锁存,输入有读引脚和读锁存器之分。

(3) P2口:可作为通用I/O接口使用,在系统扩展时,P2口作为高8位地址线输出口,与P0口配合产生访问外部存储器或I/O接口的16位地址线。

(4) P3口:是一个双功能口,它除了可以作为通用I/O接口外,还具有第二功能,第二功能每一位接口线的功能如表2.7所示。

表2.7 P3口第二功能

| 接口线 | 第二功能 | 信号名称 |
|---|---|---|
| P3.0 | RXD | 串行数据接收 |
| P3.1 | TXD | 串行数据发送 |
| P3.2 | INT0 | 外部中断0申请 |
| P3.3 | INT1 | 外部中断1申请 |
| P3.4 | T0 | 定时器/计数器0计数输入 |
| P3.5 | T1 | 定时器/计数器1计数输入 |
| P3.6 | $\overline{WR}$ | 外部RAM写选通 |
| P3.7 | $\overline{RD}$ | 外部RAM读选通 |

## 2.6.2 并行口内部结构

如前面所述，单片机的 4 个并行接口功能特性有所不同，本质上，各接口功能的不同，取决于内部硬件电路结构的设计，下面通过分析各端口内部结构进一步理解各接口所具备的功能。

1. P0 口

P0 口是一个三态（高电平、低电平和高阻抗）双向接口，既可作为地址/数据接口，也可作为通用 I/O 接口。P0 口由一个输出锁存器、两个三态缓冲器、输出驱动电路和输出控制电路组成，它的 1 位结构如图 2.17 所示。

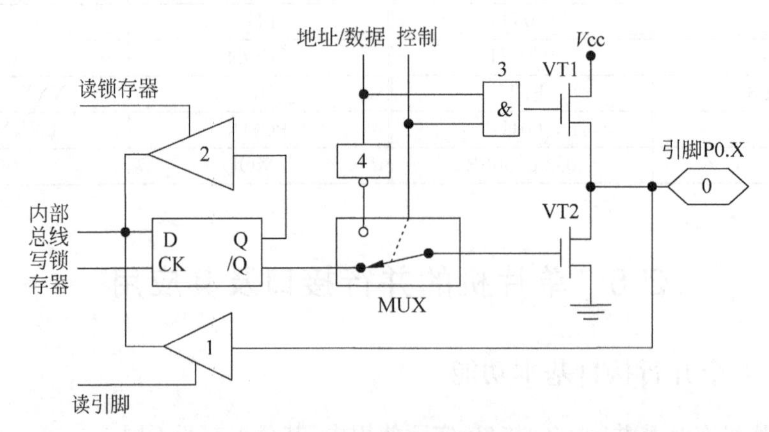


图 2.17　P0 口结构

当控制信号为高电平“1”，P0 口作为地址/数据分时复用总线用时，存在两种情况：从 P0 口输出地址或数据；从 P0 口输入数据。控制信号为高电平“1”，转换开关 MUX 把反相器 4 的输出端与场效应管 VT2 接通，同时打开与门 3。如果从 P0 口输出地址或数据信号，当地址或数据为“1”时，经反相器 4 使 VT2 截止，而经与门 3 使 VT1 导通，P0. X 引脚上出现相应的高电平“1”；当地址或数据为“0”时，经反相器 4 使 VT2 导通而 VT1 截止，引脚上出现相应的低电平“0”，这样就将地址/数据的信号输出。从 P0 口输入数据，输入数据从引脚下方的三态输入缓冲器进入内部总线。

当控制信号为低电平“0”时，P0 口作为通用 I/O 接口使用时，控制信号为“0”，转换开关 MUX 把输出级与锁存器 $\overline{Q}$ 端接通，在 CPU 向端口输出数据时，因与门 3 输出为“0”，使 VT1 截止，此时，输出级是漏极开路电路。当写入脉冲加在锁存器时钟端 CLK 上时，与内部总线相连的 D 端数据取反后出现在 $\overline{Q}$ 端，又经输出 T1 反相，在 P0 引脚上出现的数据正好是内部总线的数据。当要从 P0 口输入数据时，引脚信号仍经输入缓冲器进入内部总线。

但当 P0 口作通用 I/O 接口时，应注意以下两点：

(1) 在输出数据时，由于 VT1 截止，输出级是漏极开路电路，要使“1”信号正常输出，必须外接上拉电阻。

(2) P0 口作为通用 I/O 接口输入使用时，在输入数据前，应先向 P0 口写“1”，此时锁存器的 $\overline{Q}$ 端口为“0”，使输出级的两个场效应管 VT1、VT2 均截止，引脚处于悬浮状态，才可作高阻输入。因为从 P0 口引脚输入数据时，VT1 一直处于截止状态，引脚上的外部信号既加在三态缓冲器 1 的输入端，又加在 VT2 的漏极。假定在此之前曾经输出数据“0”，则

VT2 是导通的，这样引脚上的电位就始终被箝位在低电平，使输入高电平无法读入。因此，在输入数据时，应人为地先向 P0 口写“1”，使 VT1、VT2 均截止，方可高阻输入。

另外，P0 口的输出级具有驱动 8 个 LSTTL 负载的能力，输出电流不大于 800μA。

2. P1 口

P1 口是准双向口，它只能作通用 I/O 接口。P1 口的结构与 P0 口不同，它的输出只由一个场效应管 VT1 与内部上拉电阻组成，如图 2.18 所示。其输入/输出原理特性与 P0 口作为通用 I/O 接口使用时一样，当其输出时，可以提供电流负载，不必像 P0 口那样需要外接上拉电阻。P1 口具有驱动 4 个 LSTTL 负载的能力。

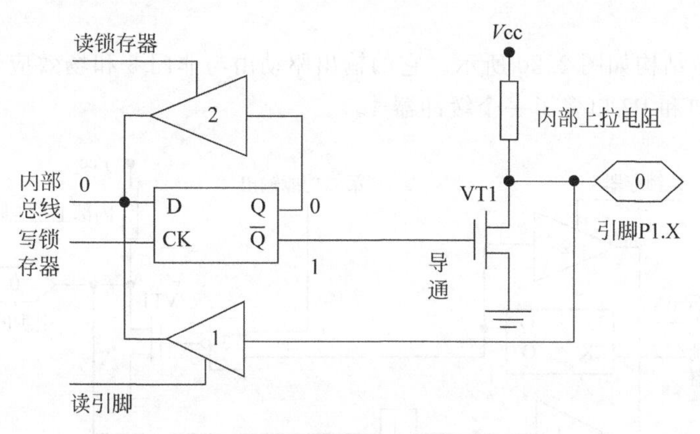


图 2.18　P1 口结构

3. P2 口

P2 口也是准双向口，它有两种用途：通用 I/O 接口和高 8 位地址线。它的一位结构如图 2.19 所示。与 P1 口相比，它只在输出驱动电路上比 P1 口多了一个模拟转换开关 MUX 和反相器 3。

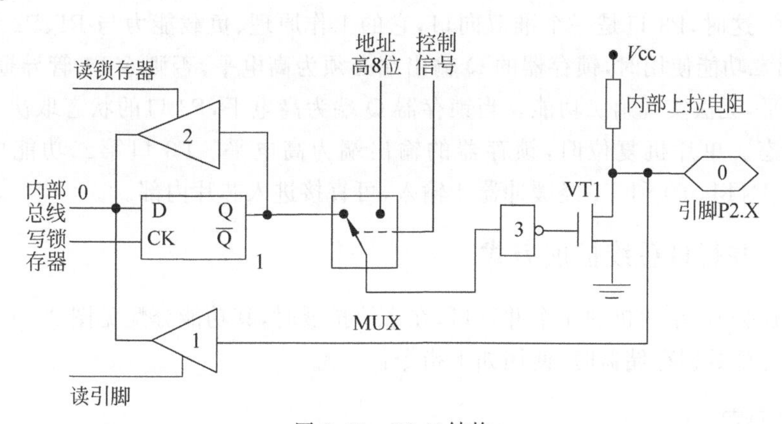


图 2.19　P2 口结构

当控制信号为高电平“1”，转换开关接上方，P2 口作高 8 位地址总线使用时，访问片外存储器的高 8 位地址 A8～A15 由 P2 口输出。如果系统扩展了 ROM，由于单片机工作时一直不断地取指令，因而 P2 口将不断地送出高 8 位地址，P2 口将不能作通用 I/O 接口用。

如果系统仅仅扩展 RAM，这时分为两种情况：

(1) 当片外 RAM 容量不超过 256B,在访问 RAM 时,只需 P0 口送出低 8 位地址即可,P2 口仍可作为通用 I/O 接口使用;

(2) 当片外 RAM 容量大于 256B 时,需要 P2 口提供高 8 位地址,这时 P2 口就不能作通用 I/O 接口使用。

当控制信号为高电平"0",转换开关接下方,P2 口用作准双向通用 I/O 接口时,控制信号使转换开关接左侧,其工作原理与 P1 口相同,只是 P1 口输出端由锁存器 $\overline{Q}$ 端接 VT1,而 P2 口是由锁存器 Q 端经反相器 3 接 VT1。此外 P2 口也具有输入、输出、端口操作三种工作方式,负载能力也与 P1 口相同。

4. P3 口

P3 口的一位结构如图 2.20 所示。它的输出驱动由与非门 3 和场效应管 VT1 组成,输入比 P0 口、P1 口和 P2 口多了一个缓冲器 4。

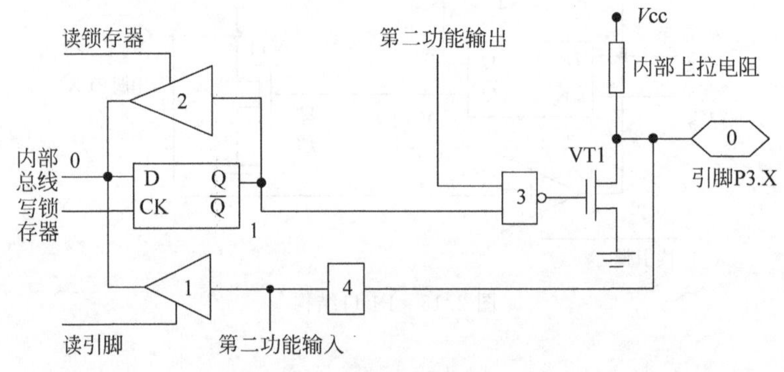


图 2.20 P3 口结构

P3 口除了作为准双向通用 I/O 接口使用外,它的每一根线还具有第二种功能,如表 2.7。P3 口作为通用 I/O 接口时,第二功能输出线为高电平,与非门 3 的输出取决于锁存器的状态。这时,P3 口是一个准双向口,它的工作原理、负载能力与 P1、P2 口相同。当 P3 口作为第二功能使用时,锁存器的 Q 输出端必须为高电平,否则 VT1 管导通,引脚将被钳位在低电平,无法实现第二功能。当锁存器 Q 端为高电平,P3 口的状态取决于第二功能输出线的状态。单片机复位时,锁存器的输出端为高电平。P3 口第二功能中输入信号 RXD、INT0、INT1、T0 和 T1 经缓冲器 4 输入,可直接进入芯片内部。

## 2.6.3 并行口总线扩展方式

基于上述分析,单片机的 4 个并行口,在系统扩展时,其功能分配见图 2.21 所示。

当访问片外数据存储器时,使用如下指令:

```
MOVX A,@DPTR   读
MOVX @DPTR,A   写
```

指令以 16 位 DPTR 为间址寄存器读片外 RAM,可以寻址整个 64KB 的片外空间。指令执行时,在 DPH 中的高八位地址由 P2 口输出,在 DPL 中的低 8 位地址由 P0 口分时输出,并由 ALE 信号锁存在地址锁存器中。

当访问程序存储器,利用查表指令。如:以 DPTR 为基址寄存器,将 DPTR 的内容与

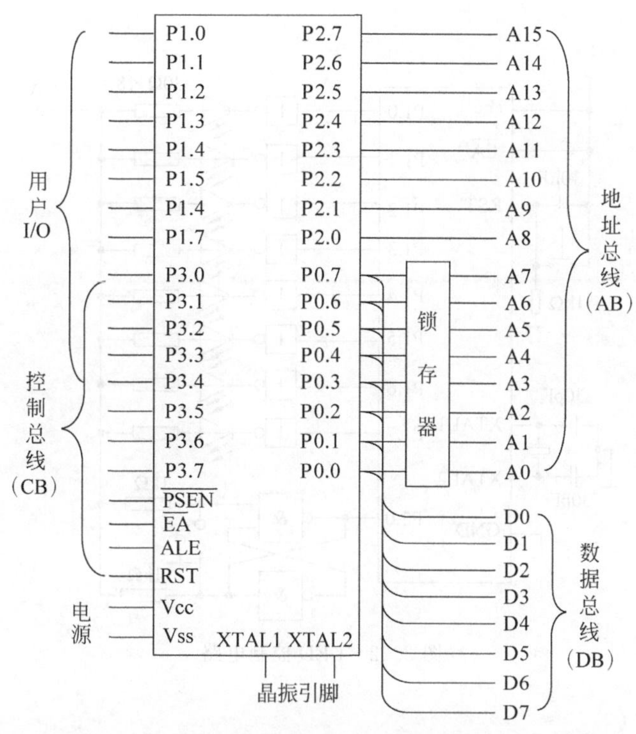


图 2.21　并行口总线扩展方式

累加器 A 的内容相加得到变址地址，同样由 P2 口输出，在 DPL 中的低 8 位地址由 P0 口分时输出。

汇编指令为：

```
MOVC A, @A + DPTR
```

### 2.6.4　第一个单片机应用小程序

熟悉了单片机基本工作原理及引脚特性，下面通过一个开关控制发光二极管的例子说明单片机的基本应用方法。

**【例 2-1】**　设计电路如图 2.22 所示，当检测到消抖开关 K 的电平为低电平时，P1 口所接发光二极管全灭，当波动开关打到另一端高电平时，发光二极管灯亮。

C 语言与汇编语言的源代码分别如下。

C 语言程序：

```
#include<reg52.h>
sbit p2_0 = P2^0;
void main()
{
    while(1){
    if(p2_0 == 0)P1 = 0;
    else P1 = 0xff;
    }
}
```

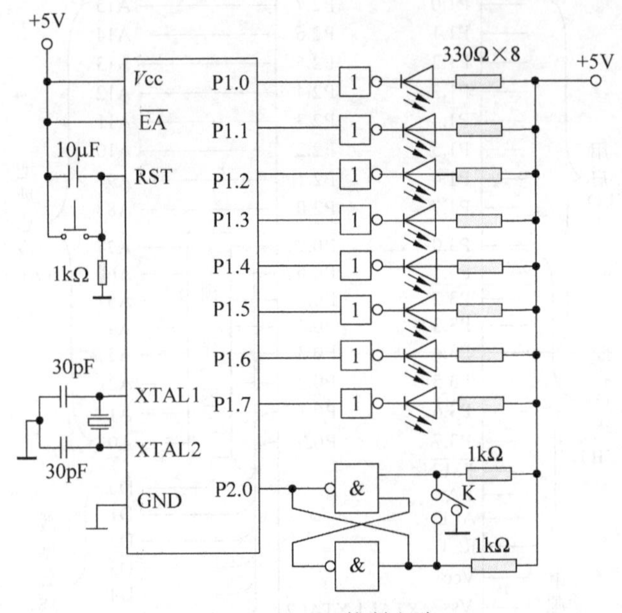


图 2.22　LED 控制电路

汇编语言程序：

```
        ORG  0000H
LOOP:   SETB P2.0
        JB   P2.0,LED
        MOV  P1,#00H
        SJMP LOOP
LED:    MOV  P1,#0FFH
        SJMP LOOP
        END
```

C 语言源代码包含头文件保证并行口名称的有效；汇编语言源代码指定从 0000H 地址单元开始存放、执行程序；拨动开关经过消抖电路，实现灯的亮灭状态的切换。

## 本章小结

本章主要分析 51 系列单片机内部构成及基本硬件特性，具体如下：

(1) 51 系列单片机片内主要功能部件，基于程序计数器 PC 的工作特性，明确程序自动执行流程。

(2) 存储器组织结构，程序存储器片内 4KB，片外可扩展到 64KB，程序存储器设有几个固定的中断入口地址，程序执行的起始地址 0000H 单元，5 个中断源的入口地址：0003H、000BH、0013H、001BH、0023H 单元。数据存储器片上为 128B，分为工作寄存器区、位寻址区和用户堆栈区，片上数据区还有 128B 的特殊功能寄存器区 SFR，重点理解 PSW 状态字的各位功能。

(3) 单片机的引脚：引脚封装、引脚功能分配及 4 个并行口内部结构，4 个并行口功能特性。

(4) 单片机最小系统的工作条件,晶振电路与复位电路的接法,掌握常用的时钟周期、机器周期、指令周期等时序单位。

## 本章习题

1. 51系列单片机片内由哪几个部件组成?各个部件的最主要功能是什么?

2. 试说明51系列单片机中 $\overline{EA}$ 引脚接高电平与低电平时对单片机系统有什么影响?程序存储器、数据存储器具有相同的地址空间,为何不会产生冲突?

3. AT89S51单片机的机器周期与时钟周期之间有何关系?

4. 对于AT89S51单片机,如果采用12MHz的晶振,一个机器周期为(　　)μs;如果采用6MHz的晶振,一个机器周期为(　　)μs。

5. 51系列单片机的程序存储器的地址空间里有5个特殊单元,对应5个中断源的入口地址,写出这些单元的地址以及对应的中断源。

6. 当AT89S51单片机复位后,寄存器R1的地址为(　　);当(PSW)=15H时,R1的地址为(　　)。

7. 当(A)=8DH,(30H)=21H,执行完ADD A,30H后,P的状态为(　　)。

8. 通过堆栈操作实现子程序的调用,首先就要把(　　)的内容压入堆栈,以进行断点保护。子程序返回时,再进行出栈操作,把保护的断点弹出到(　　)。AT89S51单片机的堆栈通常设置在(　　)存储区,通过寄存器(　　)设置栈顶地址。

9. 判断下列说法是否正确。

(1) 程序计数器PC可以看成是单片机程序存储器的地址指针,它是一个不可寻址和修改的特殊功能寄存器。(　　)

(2) 51系列单片机复位后从0单元开始执行程序。(　　)

(3) 51系列单片机系统中,一个机器周期是1μs。(　　)

(4) 调用子程序及返回指令与堆栈有关但与PC无关。(　　)

(5) 某特殊功能寄存器地址为80H,该寄存器既能字节寻址,也能位寻址。(　　)

10. 试画出AT89S51单片机最小系统接线图。

# 第3章 51系列单片机的汇编指令系统

【思政融入】

——汇编语言是程序员的初心,它让你回归编程的本质。

单片机所能执行的命令的集合就是它的指令系统。凡是具有8051内核的单片机均使用51系列单片机的汇编语言指令系统。指令常用英文名称或其缩写来作为助记符。

【本章目标】

- 理解汇编指令的寻址方式;
- 掌握51系列单片机汇编指令、伪指令;
- 掌握单片机程序设计的基本方法;
- 能够运用汇编语言进行程序设计。

## 3.1 指令系统概述

### 3.1.1 51系列单片机的汇编语言指令及分类

51系列单片机汇编语言,包含两类不同性质的指令。

(1) 基本指令:即指令系统中的指令。它们都是机器能够执行的指令,每一条指令都有对应的机器代码,该机器代码对应着一种操作。

(2) 伪指令:汇编时用于控制汇编的指令。它们都是机器不能执行的指令,编译后无机器码生成。

下面所讲的汇编语言指令是指基本指令,伪指令有特定的说明。51系列单片机的基本汇编语言指令共有111条。可根据所占字节数、执行时间以及指令功能的不同进行分类。

1. 按照编译后指令在存储器中所占的字节数分类

(1) 单字节指令(49条):指令格式由8位二进制编码表示,例如:

```
CLR   A→E4H
```

(2) 双字节指令(45条):指令格式由两个字节组成,例如:

```
MOV   A, ＃10H→74H  10H
```

(3) 三字节指令(17条):指令格式由三个字节组成,例如:

```
MOV   40H, ＃30H→75H 40H 30H
```

2. 按指令的执行时间分类

(1) 1个机器周期指令(单周期指令)64条;

(2) 2个机器周期指令(双周期指令)45条;

(3) 4个机器周期指令(四周期指令)2条。

3. 按功能分类

(1) 算术操作类24条;

(2) 数据传送类 28 条；
(3) 逻辑运算类 25 条；
(4) 控制转移类 17 条；
(5) 位操作类 17 条。

### 3.1.2 汇编语言指令格式

#### 1. 汇编指令的格式

指令格式就是指令的表示方法，指令格式通常包括操作码和操作数。

操作码表示该指令的操作功能，即指令进行什么操作（又被称作操作符、助记符），操作码是指令的功能部分，不能省略。

操作数是指令要操作的数据信息。操作数是指对什么数进行操作，即指令操作的对象。操作数可能是具体的数或数存放的地址。根据指令的不同功能，操作数的个数有 3、2、1 或没有操作数。

51 系列单片机指令中有单字节、双字节、三字节这些不同长度的指令，指令长度不同，指令的格式也不同：

(1) 单字节指令，指令只有 1 个字节，操作码和操作数都在同一个字节中；
(2) 双字节指令，第一个字节为操作码，第二个字节为操作数；
(3) 三字节指令，第一个字节为操作码，第二、第三个字节为操作数。

#### 2. 汇编语言的语句格式

汇编语言源程序是由汇编语句（即指令）组成的。汇编语言一般由 4 部分组成。每条语句占有一行，典型的汇编语句格式如下：

```
标号:      操作码     操作数      ;注释
START:     MOV        A,30H       ;A←(30H)
```

汇编语句需要注意以下几点：

(1) 标号字段和操作码字段之间要有冒号“：”分隔；
(2) 操作码字段和操作数字段间的分界符是空格；
(3) 双操作数之间用逗号相隔；
(4) 操作数字段和注释字段之间的分界符用分号“;”，
(5) 任何语句都必须有操作码字段，其余各字段为任选项。

1) 标号

标号是指用符号表示的指令地址，即本条语句机器码的第一个字节所在的地址。在程序中可以引用这个标号代表这个地址。标号的基本要求如下：

(1) 必须以“：”结束；
(2) 由 1～8 个英文字母或数字组成，但第一个符号必须是英文字母；
(3) 同一个标号在一个程序中不能重复定义；
(4) 各种寄存器名、指令助记符、伪指令不能用作标号；
(5) 可以没有标号，一般只有被其他语句引用的才赋予标号。

2) 操作码

操作码字段规定了语句执行的操作，操作码是汇编语言指令中唯一不能空缺的部分。

操作码可以是指令助记符,也可以是伪指令。

3) 操作数

操作数的个数可以是0~3个,可以是数字、标号、寄存器名称,中间用“,”分开,操作数有如下几种格式。

(1) 可以是二进制数,例如:

```
MOV   A,  #00100001B
```

(2) 可以是十进制数,例如:

```
MOV   A,  #33
```

(3) 可以是十六进制数,例如:

```
MOV   A,  #21H
```

以A~F开头的十六进制数必须在其前面加上数字0,即:

```
MOV   A,  #0F8H
```

(4) 可以是当前指令地址,常用$表示PC当前值,例如:

```
HERE: SJMP   HERE   或   SJMP   $
```

(5) 可以是标号,例如:

```
LJMP   NEXT
```

(6) 可以是寄存器名,也可以是其地址,例如:

```
MOV   A,P0   或  MOV   A,80H
```

4) 注释

注释字段是对注释程序的说明,用“;”开头;不产生任何指令代码。长度不限,一行写不下可以换行,换行后也需要用“;”开头。

## 3.2 单片机的寻址方式

所谓寻址方式就是如何寻找操作数或操作数存放的地址。或者说通过什么方式找到操作数。由寻址方式指定参与运算的操作数或操作数所在单元的地址。寻址方式越多,计算机寻址能力越强,但指令系统也越复杂。

51系列单片机有7种寻址方式。

### 1. 立即数寻址

立即数寻址方式是操作数直接在指令中给出,指令操作码后面字节的内容就是操作数本身,为了与直接寻址相区别,立即数前面要加#。立即数只能作为源操作数,不能当作目的操作数。图3.1所示的立即数寻址包括以下操作:

```
MOV  A,      #40H          ;指令代码74H,40H,把常数40H送到累加器A中
MOV  DPTR,   #5678H        ;指令代码90H,56H,78H,把常数5678H送到寄存器DPTR中
```

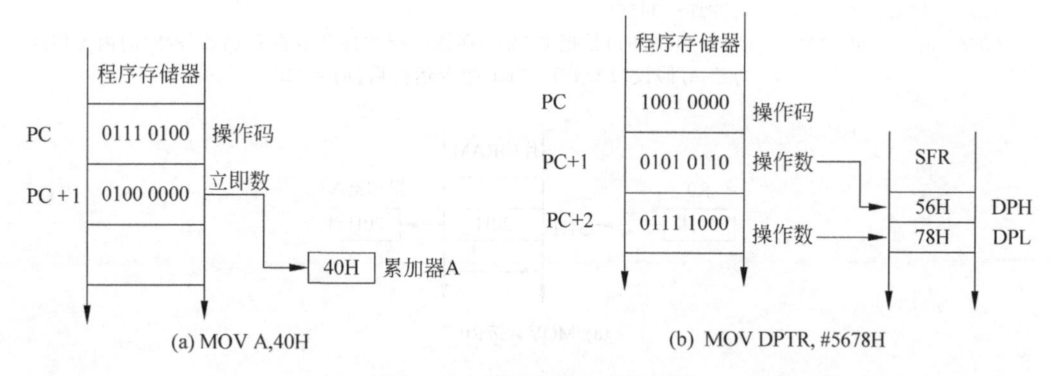


图 3.1　立即数寻址方式示意图

### 2. 直接寻址

直接寻址方式中操作数是直接以单元地址的形式给出，该地址中的数为操作数。

由于操作数是以存储单元地址的形式给出，因此是 8 位二进制数表示的字节地址。直接寻址的区域为：

(1) 片内 RAM 的 128 个单元

(2) 特殊功能寄存器，可以用单元地址的形式也可以用寄存器符号的形式给出，例如：

```
MOV  A, 40H;   E540H      ;把片内 RAM 字节地址 40H 单元的内容送到累加器 A 中
MOV  40H,A;    F540H      ;把累加器 A 中内容送到片内 RAM 字节地址为 40H 的单元
MOV  50H,60H;  855060H    ;把片内 RAM 字节地址 60H 单元的内容送到 50H 单元中
INC   60H                 ;将地址 60H 单元中的内容自加 1。
```

### 3. 寄存器寻址

寄存器中存放的是操作数，即寄存器中的内容是操作数，因此指定了寄存器就能得到操作数。例如：

```
MOV  A,Rn              ;n 为 0～7,Rn 是当前工作寄存器.把寄存器 Rn 中的内容送到累加器 A 中
MOV  Rn,A              ;把累加器 A 中的内容送到寄存器 Rn 中
```

寄存器寻址范围：

(1) 当前工作寄存器区的 8 个工作寄存器，R0～R7；

(2) 特殊功能寄存器，如 A、B、DPTR 等。

### 4. 寄存器间接寻址方式

指令中的寄存器中存放的是操作数地址，该地址单元的内容是所需的操作数，这种寻址方式称为寄存器间接寻址，即先通过寄存器找到地址，然后从地址中取出操作数。寄存器间接寻址用符号“@”表示：

```
MOV  A,     @Ri
```

其中，Ri 只能是寄存器 R0 或 R1，例如，根据图 3.2 所示，可有以下指令：

```
MOV   R0,    #31H      ;R0←31H
MOV   A,     @R0       ;A←((R0))
MOV   @R1,  A          ;((R1))←A
```

```
MOV   DPTR,  ＃1234H     ;DPTR←3456H
MOVX  A,     @DPTR       ;A←((DPTR))是把 DPTR 寄存器所指的外部数据存储器(RAM)的内容传送
                         ;给 A,假设(1234H) = 7EH,指令运行后(A) = 7EH
```

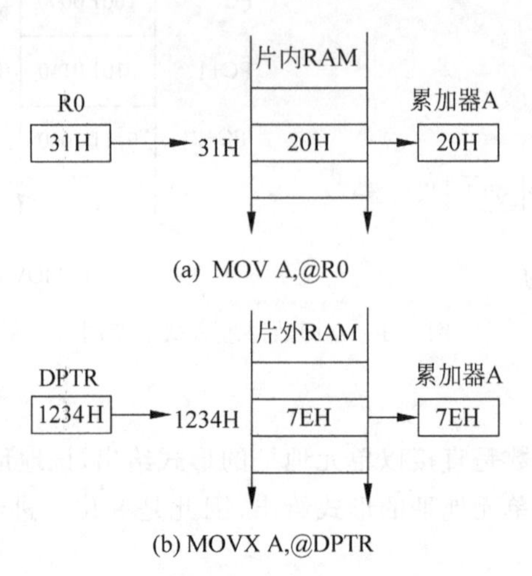


(a) MOV A,@R0

(b) MOVX A,@DPTR

图 3.2　寄存器间接寻址方式示意图

寄存器间接寻址的范围：

(1) 片内 RAM 的 128B(或 256B)中的数据；

(2) 适用于访问外部 RAM,可使用 R0、R1 访问片外 RAM 的低 256 字节；

(3) DPTR 作为地址指针可以访问外部 RAM 的 64KB。

堆栈区 PUSH、POP 相当于以指针 SP 作为间接寄存器的间接寻址方式。

```
SP = 07H
PUSH   ACC              ;SP←SP + 1,08H←(ACC)
POP    ACC              ;ACC←(08H),SP←SP - 1
```

### 5. 变址寻址

变址寻址也称为基址寄存器＋变址寄存器间接寻址。

这种寻址方式可以读出程序存储器中的数据并送到寄存器 A 中,一般用于访问程序存储器中的常数表格。如图 3.3 所示,它以基址寄存器(DPTR 或 PC)的内容为基本地址,以寄存器 A 为变址寄存器,以两者相加的内容形成的 16 位地址作为操作数地址,访问程序存储器中的数据表格。其基本格式为：

```
MOVC  A, @A + DPTR
```

变址寻址是专门针对程序存储器的寻址方式,范围达 64KB,该寻址方式只有 3 条指令：

```
MOVC  A,    @A + DPTR
MOVC  A,    @A + PC
JMP   @A + DPTR
```

这 3 条指令都是单字节指令。

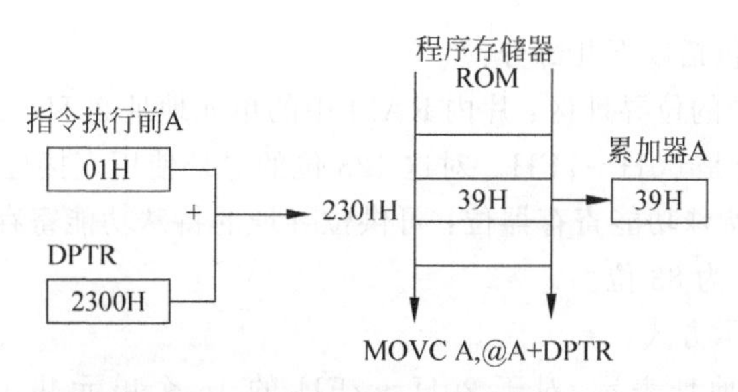


图 3.3　变址寻址方式示意图

### 6. 相对寻址

指令中给出的操作数为程序转移的偏移量。相对寻址只出现在相对转移指令中，相对转移指令执行时，是以当前的PC值加上指令中规定的偏移量rel形成实际的转移地址。这里所说的PC的当前值是执行完相对转移指令后的PC值，一般将相对转移指令操作码所在的地址称为源地址，转移后的地址称为目的地址。

目的地址＝转移指令所在地址＋转移指令字节数＋rel

在8051的指令系统中，有许多条相对转移指令，这些指令多数均为两字节指令，只有个别的是三字节的指令。偏移量rel是一个带符号的8位二进制补码数，所能表示的数的范围是－128～＋127。因此，以相对转移指令的所在地址为基点，向前最大可转移(127＋转移指令字节数)个单元地址，向后最大可转移(128－转移指令字节数)个单元地址。

以当前PC的内容为基础，加上指令给出的一字节补码数(偏移量)形成新的PC值的寻址方式。相对寻址用于修改PC值，主要用于实现程序的分支转移。图3.4所示的相对寻址指令为：

```
SJMP   15H                    ;PC←PC + 2 + 15H
```

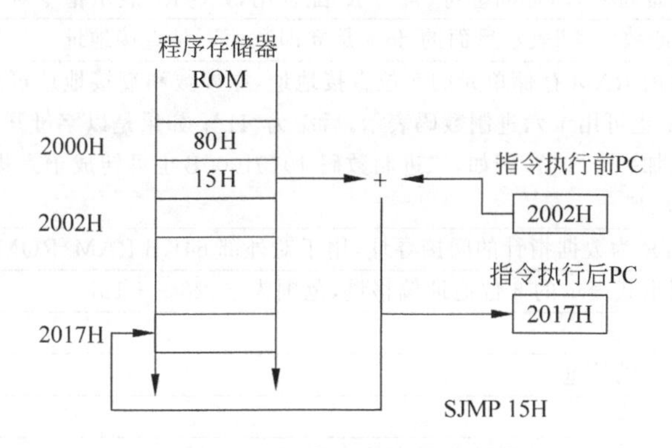


图 3.4　相对寻址方式示意图

### 7. 位寻址

采用位寻址方式的指令，操作数是8位二进制数中的某一位。指令中给出的是位地址，是片内RAM某个单元中的某一位的地址。位地址在指令中用bit表示。例如：

```
CLR     P1.0                  ;(P1.0) ← 0
SETB    ACC.7                 ;(ACC.7)← 1
CPL     C                     ;( C )← NOT( C )
```

可位寻址的区域包括以下几部分：

(1) 片内 RAM 中的位寻址区：片内 RAM 中的单元地址 20H～2FH，共 16 个单元 128 位为位寻址区，位地址是 00H～7FH。对这 128 位的寻址使用直接位地址表示；

(2) 可位寻址的特殊功能寄存器位：可供位寻址的特殊功能寄存器共有 11 个，有 5 位没有定义，因此寻址位为 83 位。

位地址有 3 种表示方式：

(1) 直接使用位地址表示，对于 20H～2FH 的 16 个单元共 128 位，位地址分布是 00H～7FH。

(2) 对于特殊功能寄存器，可以直接用寄存器名字加位数表示，如 PSW.3 和 ACC.5 等；也可以用单元地址加位的表示方法，例如 PSW 的字节地址为 D0H，PSW 的 bit5 表示为(0D0H).5；或者直接使用位地址表示方法(直接表示为 0D5H)。

(3) 对于定义了位名字的特殊位，可以直接用其位名表示，例如：CY、AC 等。

## 3.3 51 单片机指令系统分类介绍

在分类介绍指令前，先简单介绍描述指令的一些符号的意义，如表 3.1 所示。

**表 3.1 指令符号及意义**

| 符号 | 意义 |
|---|---|
| A | 累加器 ACC。常用 ACC 表示其地址，用 A 表示其名称 |
| AB | 累加器 ACC 和寄存器 B 组成的寄存器对。通常在乘、除法指令中出现 |
| Rn | 选定的当前工作寄存器，范围为 R0～R7(n=0～7) |
| Ri | 工作寄存器 R0 或 R1(i=0 或 1) |
| @ | 间接寻址符号，简称间址符，常与 Ri 配合用，如@Rl，表示指令对 R1 寄存器间接寻址 |
| ＃data | 8 位立即数，"＃"表示后面的 data 是立即数而不是直接地址 |
| direct | 表示片内 RAM 存储单元的 8 位直接地址，立即数和直接地址可用二进制码表示，后缀为"B"；也可用十六进制数码表示，后缀为"H"；如果是以字母开头的十六进制数，在其前面应加一个"0"。例如，二进制数码 10101000B 也可转成十六进制码 A8H，但必须写成"0A8H" |
| @DPTR | 以 DPTR 为数据指针的间接寻址，用于对外部 64KB RAM/ROM 寻址 |
| rel | 以补码形式表示的 8 位地址偏移量，范围为－128～＋127 |
| Bit | 位地址 |
| $ | 当前指令的地址 |
| ←→ | 取代或替换 |
| (X) | 表示 X 寄存器或 X 地址单元中的内容 |
| ((X)) | 表示以 X 寄存器或 X 地址单元中的内容为地址的存储单元中的内容 |

**【例 3-1】** 已知数据存储器各单元内容如图 3.5 所示，说明(50H)、(A)、((50H))各为多少？

**解**：(50H)：表示地址为 50H 存储单元里的内容 01110000B。

(A)：表示累加器 A 中的内容，因 A 的地址为 0E0H，所以(A)为 0010 0001B。

((50H))：以 50H 存储单元的内容 70H 为地址的存储单元内的内容，为 00111001B。

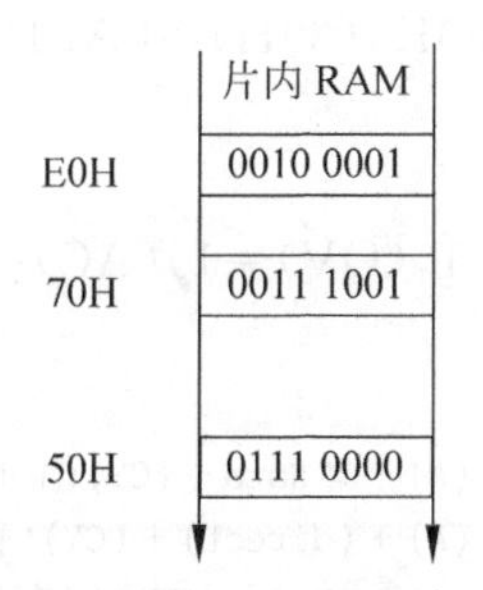


图 3.5　数据表示方式示意图

## 3.3.1　算术运算类指令

算术运算类指令都是通过算术逻辑运算单元 ALU 进行数据运算处理的指令。它包括各种算术操作，其中有加、减、乘、除四则运算。80C51 单片机还有带借位减法、比较指令。加法类指令包括加法、带进位的加法、加 1 以及二-十进制调整。但 ALU 仅执行无符号二进制整数的算术运算。对于带符号数则要进行其他处理。

除了加 1 和减 1 指令之外，算术运算结果将使进位标志(CY)、半进位标志(AC)、溢出标志(OV)置位或复位。

### 1. 加法指令

```
ADD   A,#data            ;(A) + data→(A)  (立即数寻址)
ADD   A,direct           ;(A) + (direct)→(A)(直接寻址)
ADD   A,Rn               ;(A) + (Rn)→(A)(寄存器寻址)
ADD   A,@Ri              ;(A) + ((Ri))→(A)(寄存器间接寻址)
```

这组指令的功能是将立即数、片内 RAM 单元中的内容、工作寄存器 Rn 中的内容、间接地址存储器中的 8 位无符号二进制数及与累加器 A 中的内容相加，相加的结果仍存放在 A 中。

这类指令将影响标志位 AC、CY、OV、P。

(1) 当和的第 3 位有进位时，将 AC 标志置位，否则为 0；

(2) 当和的第 7 位有进位时，将 CY 标志置位，否则为 0；

(3) 当和的第 7 位与第 6 位中有一位进位而另一位不产生进位时，溢出标志 OV 置位，否则为 0。

溢出标志位 OV 的状态，只有带符号数加法运算时才有意义。当两个带符号数相加时，OV=1，表示两个正数相加，和为负数；或两个负数相加而和为正数的错误结果。表示加法运算超出了累加器 A 所能表示的带符号数的有效范围(−128～+127)，即产生了溢出，表示运算结果是错误的，否则运算是正确的，即无溢出产生。

**【例 3-2】** 设(A)=74H。(30H)=9CH，执行指令：

```
ADD   A, 30H
```

执行结果：(A)=10H，(CY)=1，(OV)=0，(AC)=1。

【例 3-3】 (A)＝85H,(R0)＝30H,(30H)＝0AFH,执行指令：

```
ADD  A,  @R0
```

执行结果：(A)＝34H,(CY)＝1,(OV)＝1,(AC)＝1。

2. 带进位位加法指令

```
ADDC   A,#data          ;(A)←(A) + #data + (CY)(立即数寻址)
ADDC   A,direct         ;(A)←(A) + (direct) + (CY)(直接寻址)
ADDC   A,Rn             ;(A)←(A) + (Rn) + (CY)(寄存器寻址)
ADDC   A,@Ri            ;(A)←(A) + ((Ri)) + (CY)(寄存器间接寻址)
```

这组指令的功能是将立即数、片内 RAM 单元中的内容、工作寄存器 Rn 中的内容、间接地址存储器中的 8 位无符号二进制数及与累加器 A 中的内容相加,再加上进位标志位的内容,相加的结果仍存放在 A 中。这类指令影响标志位 AC、CY、OV、P,同 ADD 指令。

【例 3-4】 (A)＝87H, CY＝1。执行指令：

```
ADDC  A,  #0FCH
```

执行结果：(A)＝84H,(CY)＝1,(OV)＝0,(AC)＝1。

3. 带借位减法指令

```
SUBB   A,#dala          ;(A) - data - (CY)→(A)
SUBB   A,drect          ;(A) - (direct) - (CY)→(A)
SUBB   A,Rn             ;(A) - (Rn) - (CY)→(A)
SUBB   A,@Ri            ;(A) - ((Ri)) - (CY)→(A)
```

这组指令的功能是从 A 中减去进位位 CY 和指定的变量,结果(差)存入 A 中。这类指令影响标志位 AC、CY、OV、P。

(1) 若第 7 位有借位则 CY 置 1,否则 CY 清 0;

(2) 若第 3 位有借位,则 AC 置 1,否则 AC 清 0;

(3) 若第 7 位和第 6 位中有一位需借位而另一位不借位,则 OV 置 1。

OV 位用于带符号的整数减法,OV＝1,则表示正数减负数结果为负数,或负数减正数结果为正数的错误结果。

需要注意的是,在 80C51 指令系统中没有不带借位的减法。如果需要的话,可以在 SUBB 指令前,用 CLR C 指令将 CY 先清零。

【例 3-5】 设(A)＝0C1H,(R0)＝40H,CY＝1。执行指令：

```
SUBB  A,  R0
```

执行结果：(A)＝80H,(CY)＝0,(OV)＝1(位 7 无借位,位 6 有借位),(AC)＝0。

4. 增 1 指令

```
INC  direct             ;(direct)←(direct) + 1
INC    Rn               ;(Rn)←(Rn) + 1
INC  @Ri                ;((Ri))←((Ri)) + 1
INC     A               ;(A)←(A) + 1
INC  DPTR               ;(DPTR)←(DPTR) + 1
```

这组指令是把源操作数加1,当用本指令修改输出口P0～P3时,原始数据的值将从锁存器读入,而不是从引脚读入。这类指令不影响各个标志位。

指令INC DPTR,16位数增1指令。DPTR寄存器是由DPH和DPL组成的,首先对低8位指针DPL执行加1,当溢出时,就对DPH的内容进行加1,不影响标志CY。

**【例3-6】** (DPH)=23H,(DPL)=0FFH。执行指令:

```
INC  DPTR
```

执行结果:(DPH)=24H,(DPL)=0。

**5. 减1指令**

```
DEC  Rn                       ;(Rn) - 1→(Rn)
DEC  direct                   ;(direct) - 1→(direct)
DEC  @Ri                      ;((Ri)) - 1→((Ri))
DEC    A                      ;(A) - 1→(A)
```

这组指令的功能是将工作寄存器Rn、片内RAM单元中的内容、间接地址存储器中的8位无符号二进制数和累加器A的内容减1,相减的结果仍存放在原单元中。

这类指令位不影响各个标志。

**【例3-7】** (6FH)=30H。执行指令:

```
DEC  6FH
```

执行结果:(6FH)=2FH。

**6. 乘法指令**

```
MUL  AB
```

乘法指令的功能是将A和B中两个无符号8位二进制数相乘,所得的16位积的低8位存于A中,高8位存于B中。如果乘积大于255时,即高位B不为0时,OV置位;否则OV置0。CY总是清0。

**【例3-8】** 设(A)=55H(85D),(B)=17H(23D)。执行指令:

```
MUL  AB
```

即85×23=1955=7A3H。

执行结果:(A)=0A3H,(B)=07H,(OV)=1,(CY)=0。

**7. 除法指令**

```
DIV  AB
```

除法指令的功能是将A中无符号8位二进制数除以B中的无符号8位二进制数,所得商的二进制数部分存于A,余数部分存于B中,并将CY和OV置0。当除数(B)=0时,结果不定,则OV置1。CY总是清0。

**【例3-9】** 设(A)=5CH(92D),(B)=05H(5)。执行指令:

```
DIV  AB
```

执行结果:(A)=12H(商为18),(B)=2H(余数为2),(OV)=0,(CY)=0。

### 8. 十进制调整指令

```
DA  A
```

BCD码采用4位二进制数编码，并且只采用了其中的十个编码，即0000～1001，分别代表BCD码0～9，而1010～1111为无效码。当相加结果大于9，说明已进入无效编码区；当相加结果有进位，说明已跳过无效编码区。凡结果进入或跳过无效编码区时，结果是错误的，相加结果均比正确结果小于6(差6个无效编码)。

十进制调整的修正方法为：

(1) 当累加器低4位大于9或半进位标志AC=1时，则进行低4位加6修正

(A0～3)+6→(A0～3)，即(A)=(A) +06

(2) 当累加器高4位大于9或进位标志CY=1时，进行高4位加6修正

(A4～7)+6→(A4～7)，即(A) =(A) +60H

**【例3-10】** 设(A)=0101 0110=56 BCD，(R3)= 0110 0111=67 BCD，(CY)=1。执行下述二条指令：

```
ADDC    A, R3
DA      A
```

执行：ADDC A,R3

```
        0 1 0 1 0 1 1 0   (56 BCD)
        0 1 1 0 0 1 1 1   (67 BCD)
                      1
       ------------------
        1 0 1 1 1 1 1 0   (高、低4位均大于9)，
```

再执行：DA  A

```
        0 1 1 0 0 1 1 0   (加66H操作)
       ------------------
 CY=1   0 0 1 0 0 1 0 0   (124 BCD)
```

即BCD码数56+67+1=124。经十进制调整指令校正后，答案正确。

## 3.3.2 逻辑运算类指令

### 1. 逻辑“与”运算指令

```
ANL  A,#data          ;(A)←(A)∧#data
ANL  A,direct         ;(A)←(A)∧(direct)
ANL  A,Rn             ;(A)←(A)∧(Rn)
ANL  A,@Ri            ;(A)←(A)∧((Ri))
ANL  direct,A         ;(direct)←(direct)∧(A)
ANL  direct,#data     ;(direct)←(drect)∧#data
```

这条指令对源操作数和目的操作数按位执行逻辑与操作，并将结果存在目的操作数中，结果不影响PSW中的标志位。

**【例3-11】** 设(A)=D3H (11010011B)，(R2)=75H(01110101B)。执行指令：

```
ANL  A, R2
```

执行结果：(A)=51H(01010001B)。

【例 3-12】 设 P1=0FFH。执行指令：

```
ANL  P1,  #10111001B
```

执行结果：P1=0B9H(10111001B)。

该指令将 P1 口的 bit5，bit2 和 bit1 清零，其余位保持不变，逻辑"与"运算指令用做清除或屏蔽某些位。

2. 逻辑"或"运算指令

```
ORL     A,Rn              ;(A)←(A)∨(Rn)
ORL     A,direct          ;(A)←(A)∨(direct)
ORL     A,@Ri             ;(A)←(A)∨((Ri))
ORL     A,#data           ;(A) ←(A) ∨#data
ORL     direct,A          ;(direct)←(direct)∨(A)
ORL     direct,#data      ;(direct)←(direct)∨#data
```

这条指令对源操作数和目的操作数按位执行逻辑或操作，并将结果存在目的操作数中，结果不影响 PSW 中的标志位。

【例 3-13】 设(A)=D3H (11010011B),(R2B)=75H(01110101B)。执行指令：

```
ORL  A,  R2
```

执行结果：(A)=0F7H(11110111B)。

【例 3-14】 设 P1=0FH。执行指令：

```
ORL  P1,    #11000010B
```

执行结果：P1=OCFH(11001111B)。

这条指令将 P1 口的 bit7，bit6 和 bit1 置 1，其他位保持不变。

3. 逻辑"异或"运算指令

```
XRL  A,#data              ;(A)←(A)⊕#data
XRL  A,drect              ;(A)←(A)⊕(direct)
XRL  A,Rn                 ;(A)←(A)⊕(Rn)
XRL  A,@Ri                ;(A)←(A)⊕((Ri))
XRL  direct,A             ;(direct)←(direct)⊕(A)
XRL  direct,#data         ;(direct)←(direct)⊕#data
```

该指令功能是将目的地址单元中的数和源地址单元中的数按"位"相"异或"(相同为零，相异为 1)，其结果放回目的地址单元中。

【例 3-15】 设(A)=C3H(1100 0011B),(R0)= AAH(1010 1010B)。执行指令：

```
XRL  A,  R0
```

```
   1 1 0 0 0 0 1 1
⊕  1 0 1 0 1 0 1 0
-------------------
   0 1 1 0 1 0 0 1
```

执行结果：(A)=69H(01101001B)。

逻辑异或指令用于对目的操作数的某些位取反，也可以判两个数是否相等，若相等则结果为 0。

**4. 累加器清零与取反操作指令**

1）累加器清零指令

```
CLR  A
```

该指令对累加器 ACC 进行清 0,此操作不影响标志位。

**【例 3-16】** 设(A)＝0C3H,执行指令：

```
CLR  A
```

执行结果：(A)＝ 00H。

2）累加器按位取反指令

```
CPL  A
```

该指令对进行累加器 ACC 的内容逐位取反,结果仍存在 A 中。此操作不影响标志位。

**【例 3-17】** 设(A)＝C1H(1100 0001B),执行指令：

```
CPL  A
```

执行结果：(A)＝3EH (0011 1110B)。

**5. 循环左移指令**

```
RL  A
```

该指令将累加器 A 的内容逐位循环左移一位,并且 A7 的内容移到 A0,此操作不影响标志位,如图 3.6 所示。

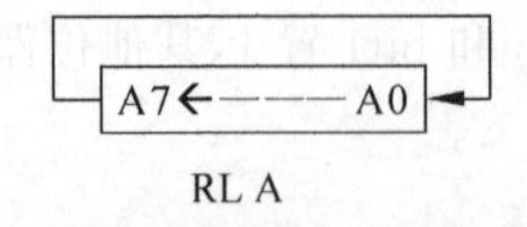


图 3.6　循环左移操作示意图

**【例 3-18】** 设(A)＝43H(01000011B),执行指令：

```
RL  A
```

执行结果：(A)＝86H(10000110B)。

**6. 带进位循环左移指令**

```
RLC  A
```

该指令将累加器 A 的内容和进位位一起循环左移一位,并且 A7 移入进位位 CY,CY 的内容移到 A0,此操作不影响 CY 之外的标志位,如图 3.7 所示。

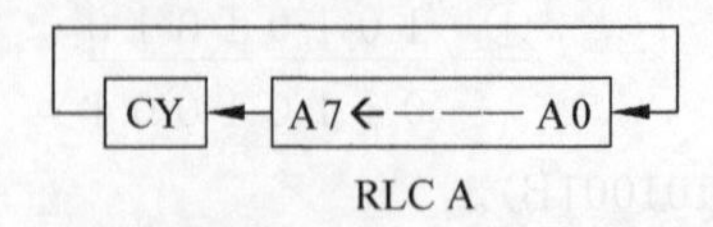


图 3.7　带进位循环左移指令操作示意图

【例 3-19】 设(A)=43H(01000011B),C=1。执行指令：

```
RLC  A
```

执行结果：(A)=87H(10000111B),C=0。

7. 循环右移指令

```
RR  A
```

该指令功能是将累加器 A 的内容逐位循环右移一位,并且 A0 的内容移到 A7,此操作不影响标志位。

【例 3-20】 设(A)=C3H(11000011B)。执行指令：

```
RR  A
```

执行结果：(A)=E1H(11100001B)。

8. 带进位循环右移指令

```
RRC  A
```

功能是将累加器 A 的内容和进位位一起循环右移一位,并且 A0 移入进位位 CY,CY 的内容移到 A7,此操作不影响 CY 之外的标志位。

【例 3-21】 设(A)=43H(01000011B),C=1。执行指令：

```
RRC  A
```

执行结果：(A)=A1H(10100001B),C=1。

9. 累加器半字节交换指令

```
SWAP  A
```

功能是将累加器 A 的高半字节(ACC.7～ACC.4)和低半字节(ACC.3～ACC.0)互换。

【例 3-22】 设(A)=43H(01000011B)。执行指令：

```
SWAP  A
```

执行结果：(A)=34H(00110100B)。

### 3.3.3 数据传送类指令

数据传送类指令用到的助记符有：MOV、MOVX、MOVC、XCH、XCHD、PUSH、POP、SWAP。指令助记符不分大小写。一般数据传送指令的助记符用 MOV 表示。

(1) 格式：MOV [目的操作数],[源操作数]；

(2) 功能：(目的操作数)←(源操作数中的数据)；

(3) 源操作数可以是：A、#data、direct、Rn 、@Ri；

(4) 目的操作数可以是：A、direct、Rn、@Ri。

数据传送类指令是把源操作数传送到目的操作数。指令执行之后,源操作数不改变,目的操作数修改为源操作数,所以数据传送类操作属“复制”性质,而不是“搬家”。

本类指令不影响程序状态字 PSW 标志位：CY、AC 和 OV，但影响奇偶标志位 P。

1．内部 RAM 单元之间的数据传送

1）以累加器为目的操作数的指令

```
MOV   A,#dat              ;#data→A
MOV   A,direct            ;(direct)→A
MOV   A,Rn                ;(Rn)→A,n = 0～7
MOV   A,@ Ri              ;((Ri))→A   i = 0,1
```

该指令把源操作数内容送到累加器 A，源操作数有立即数寻址、直接寻址、寄存器寻址和寄存器间接寻址方式。

**【例 3-23】** (R7)=(38H)，(R0)=40H，(30H)=00H，(40H)=0FFH，执行下列指令及执行结果如下：

```
MOV   A,   R7             ;(A) = 38H 寄存器寻址
MOV   A,   30H            ;(A) = 00H 直接寻址
MOV   A,   @R0            ;(A) = 0FFH 寄存器间接寻址
MOV   A,   #30H           ;(A) = 30H 立即数寻址
```

2）以 Rn 为目的操作数的指令

```
MOV   Rn,#data            ;#data→Rn,n = 0～7
MOV   Rn,direct           ;RAM(direct)→Rn,n = 0～7
MOV   Rn,A                ;(A)→Rn,n = 0～7
```

该指令把源操作数送入当前寄存器区的 R0～R7 中的某一寄存器。

**【例 3-24】** 执行下列指令及执行结果如下：

```
MOV   R1,#53H             ;(R1) = 53H,    立即数寻址
MOV   R3,40H              ;R2←(40H),     直接寻址
MOV   R7,A                ;R7←(A),       寄存器寻址
```

3）以直接地址为目的操作数的指令

```
MOV   direct,  A          ;(direct)←(A)
MOV   direct,  #data      ;(direct)←#data
MOV   direct,  direct     ;(direct)←(direct)
MOV   direct,             ;(direct)←(Rn)
MOV   direct,  @Ri        ;(direct)←(Ri)
```

该指令把源操作数送入直接地址指定的存储单元。direct 指的是内部 RAM 或 SFR 地址。

4）以寄存器间接地址为目的操作数的指令

```
MOV   @Ri,#data           ;i = 0,1; ((Ri))←#data
MOV   @Ri,direct          ;((Ri))←(A)
MOV   @Ri,A               ;((Ri))←(A)
```

该指令把源操作数送入寄存器间接寻址指定的存储单元中。

【例 3-25】 若(30H)=35H,(R1)=70H,执行指令:

```
MOV  @R1,30H
```

执行结果:RAM(70H)=35H,同时(30H)=35H,(R1)=70H 不变。

5) 16 位数传送指令

```
MOV   DPTR,#data16          ;(DPTR)←#data16
```

该指令是把 16 位立即数送入 DPTR,用来设置数据存储器的地址指针。

【例 3-26】 执行指令:

```
MOV   DPTR,#1234H
```

执行结果:(DPH)=12H,(DPL)=34H。

6) 堆栈操作指令

在 51 系列单片机内部 RAM 中可以设定一个后进先出的堆栈,地址为 30H~7FH 或 30H~0FFH 中,堆栈指针 SP 中的内容总是堆栈区中最后一个进栈数据所在的存储单元地址。堆栈操作包括进栈和出栈两种。

(1) 压栈指令:

```
PUSH   direct;    SP←SP+1(SP)←(direct)
```

这条指令首先将堆栈指针 SP+1,然后把直接地址里的内容传送到堆栈指针 SP 指出的内部 RAM 存储单元中。

(2) 出栈指令:

```
POP   direct;  ((SP))→direct  SP←SP-1
```

这条指令的功能是将堆栈指针 SP 指出的内部 RAM 单元的内容送入直接地址指出的存储单元中,堆栈指针 SP 减 1。出栈指令用于恢复 CPU 现场。

【例 3-27】 设(SP)=30H,(ACC)=60H,(B)=70H,执行下列指令后结果怎样?

```
PUSH  ACC
PUSH  B
```

操作过程如下:

```
PUSH  ACC                   ;(SP)+1,31H→SP,(ACC)→31H
PUSH  B                     ;(SP)+1,32H→SP,(B)→32H
```

执行结果:(31H)=60H,(32H)=70H,(SP)=32H。

【例 3-28】 设(SP)=32H,(32H)=70H,(31H)=60H,执行下述指令:

```
POP DPH                     ;((SP))→DPH,(SP)-1→SP
POP DPL                     ;((SP))→DPL,(SP)-1→SP
```

执行结果:(DPH)=70H,(DPL)=60H,所以,DPTR=7060H,(SP)=30H。

片内 RAM 的数据传输指令源操作数、目的操作数操作示意图如图 3.8 所示。

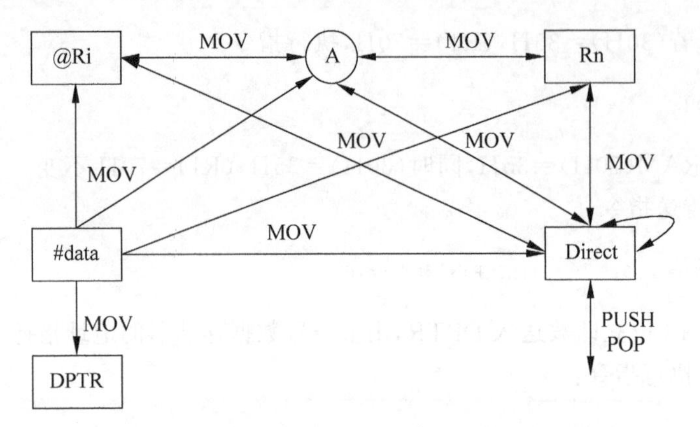


图 3.8　片内 RAM 的数据传输操作示意图

### 2. 累加器 A 与外部 RAM 单元之间的数据传送

1) 读外部 RAM 单元

```
MOVX    A,@DPTR          ;((DPTR))→A,读外部 RAM/IO
MOVX    A,@Ri            ;((Ri))→A,读外部 RAM/IO
```

2) 写外部 RAM 单元

```
MOVX    @DPTR,A          ;(A)→((DPTR)),写外部 RAM/IO
MOVX    @Ri,A            ;(A)→((Ri)),写外部 RAM/IO
```

MOV 的后面加“X”,表示访问的是片外 RAM 或 I/O 接口,在执行前读片外 RAM 指令,(P3.7)有效；后两条指令,(P3.6)有效。采用 16 位的 DPTR 间接寻址,可寻址整个 64KB 片外数据存储器空间,高 8 位地址(DPH)由 P2 口输出,低 8 位地址(DPL)由 P0 口输出。采用 Ri(i=0,1)进行间接寻址,可寻址片外 256 个单元的数据存储器。8 位地址由 P0 口输出。

**【例 3-29】** (R0)=30H,(R1)=31H,(30H)=12H,(31H)=34H。执行指令：

```
MOVX  A,    @R1
MOVX  @R0,  A
```

执行结果：(A)=34H,(30H)=34H,(31H)=34H。

### 3. 查表指令

查表指令有两条,指令的助记符都是在 MOVC,“C”是 CODE 的第一个字母,即表示程序存储器中的代码。

1) 以 PC 为基地址查表

```
MOVC  A,@A+PC
```

该指令以 PC 作为基址寄存器,A 的内容(无符号数)和 PC 的当前值(下一条指令的起始地址)相加后得到一个新的 16 位地址,把该地址的内容送到 A。

**【例 3-30】** (A)=50H,程序区(1051)=5AH,执行地址 1000H 处的指令。执行指令：

```
1000H: MOVC  A,@A+PC
```

执行结果：(A)=5AH,(PC)=1001H。

该指令占用一个字节，下一条指令的地址为1001H，(PC)＝1001H再加上A中的50H，得1051H，结果把程序存储器中1051H的内容送入累加器A。

此指令的优点是不改变特殊功能寄存器及PC的状态，根据A的内容就可以取出表格中的常数。

此指令的缺点是表格只能存放在该指令所在地址的＋256个单元之内，表格大小受到限制，且表格只能被一段程序所用。

2）以DPTR为基地址查表

```
MOVC  A,@A + DPTR
```

DPTR为基址寄存器，A的内容(无符号数)和DPTR的内容相加得到一个16位地址，把由该地址指定的程序存储器单元的内容送到累加器A。

**【例3-31】** (A)＝50H，(DPTR)＝1000H程序区(1050)＝12H。执行指令：

```
1000H: MOVC  A,@A + DPTR
```

执行结果：(A)＝12H，(PC)＝1001H。

将程序存储器中1050H单元内容送入A中。

本指令执行结果只与指针DPTR及累加器A的内容有关，与该指令存放的地址及常数表格存放的地址无关，因此表格的大小和位置可以在64KB程序存储器空间中任意安排，一个表格可以为各个程序块公用。

**4. 数据交换指令**

1）字节交换指令

```
XCH   A,Rn              ;(A) ←→( Rn),n = 0～7
XCH   A,direct          ;(A) ←→(direct)
XCH   A,@Ri             ;(A) ←→(( Ri)),i = 0,1
```

这类指令的功能是将累加器A与源操作数的字节内容互换。

**【例3-32】** 设(A)＝80H，(R7)＝09H，(40H)＝0F0H，(R0)＝30H，(30H)＝0FEH。求连续执行下列指令后的结果：

执行下列指令　　　　　　执行结果：

```
XCH  A,R7               ;(A) = 09H,(R7) = 80H
XCH  A,40H              ;(A) = 0F0H,(40H) = 09H
XCH  A,@R0              ;(A)  = 0FEH,(30H) = 0F0H
```

2）半字交换

```
XCHD  A,@Ri
```

累加器的低4位与Ri间接寻址指定的内部RAM的低4位交换，而它们的高4位内容均不变。

**【例3-33】** 设(R0)＝20H，(A)＝36H(00110110B)，内部RAM中(20H)＝75H(0111010lB)。执行指令：

```
XCHD  A,@R0
```

执行结果：(20H)＝01110110B＝76H，(A)＝00110101B＝35H。

### 3.3.4 控制转移类指令

**1. 无条件转移指令**

1) 绝对转移指令

```
AJMP    addr11
```

这是 2KB 范围内的无条件跳转指令，指令构造转移目的地址，功能：PC 加 2，然后把指令中的 11 位无符号整数地址 addr11(A10～A0)送入 PC.10～PC.0，PC.15～PC.11 保持不变，形成新的 16 位转移目的地址。

指令提供 11 位地址 A10～A0(即 addr11)，其中 A10～A8 则位于第 1 字节的高 3 位，A7～A0 在第 2 字节。操作码只占第 1 字节的低 5 位。

| 第 1 字节 | A10 | A9 | A8 | 0 | 0 | 0 | 0 | 1 |
|---|---|---|---|---|---|---|---|---|
| 第 2 字节 | A7 | A6 | A5 | A4 | A3 | A2 | A1 | A0 |

需注意，目标地址必须与 AJMP 指令的下一条指令首地址的高 5 位地址码 A15～A11 相同，否则将混乱。所以是 2KB 范围内的无条件跳转指令。

该指令的操作过程可表示为：PC←(PC)+2；PC10～0←addr11。例如：

```
9A00H    AJMP  LOOP                        ;指令代码：1030H,PC = 9A30H
9A02H
         …
9A30H    LOOP: ADD  A,  #30H
9A32H    …
```

2) 相对转移指令

```
SJMP  rel
```

该指令先将 PC+2，再把指令中带符号的偏移量加到 PC 上，得到跳转的目标地址送入 PC

$$目标地址=源地址+2+rel$$

该指令为无条件转移，rel 为相对偏移量，是一个字节的带符号 8 位二进制补码数，因此程序转移是双向的。rel 如为正，向地址增大的方向转移；rel 如为负，向地址减小的方向转移。

编程时，只需写上目的地址标号，相对偏移量由汇编程序自动计算。例如：

```
1000H    LOOP: MOV   A,R6
1002H    …
1030H    SJMP  LOOP
         …
```

汇编时，跳到 LOOP 处的偏移量由汇编程序自动计算和填入。例如：

```
START:   SJMP  START  等价于 SJMP   $
```

$ 等价于当前语句的地址。

3）长跳转指令

```
LJMP    addr16              ;PC←addr16
```

执行该指令，可以将 16 位目标地址 addr16 装入 PC，程序无条件转向指定的目标地址。转移指令的目标地址可在 64KB 程序存储器地址空间的任何地方，不影响任何标志。

4）间接转移指令（散转指令）

```
JMP   @A + DPTR             ;PC←(A) + (DPTR)
```

这是单字节转移指令，目的地址由 A 中 8 位无符号数与 DPTR 的 16 位无符号数内容之和来确定。以 DPTR 内容为基址，A 的内容作为变址。给 A 赋予不同值，即可实现多分支转移。

**【例 3-34】** 执行下列指令组后的 PC 值为多少？执行指令：

```
MOV   A,    #20H
MOV   DPTR, #1000H
JMP   @A + DPTR
```

执行结果：顺序执行完这 3 条指令后，PC＝1020H。

**2. 条件转移指令**

执行指令时，如条件满足，则转移；不满足，则顺序执行下一指令。转移目的地址在以下一条指令首地址为中心的 256B 范围内（－128～＋127）。

```
JZ   rel                    ;(A) = 0 转移，否则顺序执行
JNZ     rel                 ;(A)≠0 转移，否则顺序执行
```

**3. 比较转移指令**

在 MCS-51 中没有专门的比较指令，但提供了下面 4 条比较不相等转移指令；数值比较转移指令是三字节指令：

```
CJNE  A,   direct,rel
CJNE  A,    #data,rel
CJNE  Rn, # data,rel
CJNE  @Ri,#data,rel
```

这组指令的功能是对指定的两操作数进行比较，即（操作数 1）－（操作数 2），但比较结果均不改变两个操作数的值，仅影响标志位 CY。

若不等，程序转移到（（PC）＋3）加上第三字节带符号的 8 位偏移量（rel）所指向的目标地址；

若（操作数 1）＞（操作数 2），清进位标志（CY）。

若（操作数 1）＜（操作数 2），则置位进位标志（CY）。

程序转移的范围是从（（PC）＋3）为起始的＋127～－128B 的单元地址。

**4. 减 1 不为 0 转移指令**

```
DJNZ  Rn,    rel            ;n = 0～7,Rn←(Rn) - 1≠0 转移
DJNZ  direct, rel           ;direct←(direct) - 1≠0 转移
```

该指令用于控制程序循环。Rn 或 direct 预先装入循环次数，执行该条指令，首先将 Rn 或 direct 里的内容减 1，然后判断 Rn 或 direct 里的内容是否为“0”作为转移条件，为“0”则转移，即实现按次数控制循环。例如：

```
START: MOV    A, #0FFH     ;(A)←0FFH
DL:    MOV    30H, #0AH    ;0AH→(30H)
DL1:   DJNZ   30H,  DL1    ;(30H) - 1→(30H),(30H)不为 0 重复执行
       CPL    A            ;A 取反
       MOV    P1,   A      ;送入 P1
       AJMP   DL           ;转 DL
```

5. 调用及返回指令

1）绝对调用指令

```
ACALL   addr11             ;(PC) ← (PC) + 2, (SP) ← (SP) + 1,
                           ;((SP)) ← (PC7～0), (SP) ← (SP) + 1 ,
                           ;((SP)) ← (PC15～8) ,(PC10～0) ← addr10～0
```

与 AJMP 指令类似，此指令为兼容 MCS-48 的 CALL 指令而设，不影响标志位。格式如下：

| 第 1 字节 | A10 | A9 | A8 | 0 | 1 | 0 | 0 | 1 |
|---|---|---|---|---|---|---|---|---|
| 第 2 字节 | A7 | A6 | A5 | A4 | A3 | A2 | A1 | A0 |

2KB 范围内的调用子程序的指令。子程序地址必须与 ACALL 指令下一条指令的 16 位首地址中的高 5 位地址相同，否则将混乱。

**【例 3-35】** 若(SP)＝60H，在程序存储器地址 0123H 处有程序 ACALL SUBRTN，子程序 SUBRTN 位于 0345H，执行指令：

```
ACALL  SUBRTN
```

执行结果：(SP) = 62H，内部 RAM 中堆栈区内(61H) = 25H，(62H) = 01H，(PC)＝0345H。

2）长调用指令

```
LCALL  addr16              ;(PC) ← (PC) + 3 (SP) ← (SP) + 1
                           ;((SP)) ← (PC7～0) (SP) ← (SP) + 1
                           ;((SP)) ← (PC15～8) (PC) ← addr15～0
```

这条指令实现无条件调用程序存储器 16 位地址(64KB 范围内)的任何一个子程序。

功能先把 PC 加 3 获得下一条指令的地址(断点地址)，并压入堆栈(先低位字节，后高位字节)，堆栈指针加 2。接着把指令的第二和第三字节(A15～A8，A7～A0)分别装入 PC 的高位和低位字节中，然后从 PC 指定的地址开始执行程序。执行后不影响任何标志位。

**【例 3-36】** 若(SP)＝60H，标号 STRT 所在位置为 0100H，标号 DIR 所在位置为 8100H，执行指令：

```
STRT: LCALL  DIR
```

执行结果：(SP)=62H,(61H)=03H,(62H)=01H,(PC)=8100H。

3）子程序返回指令

```
RET                         ;((SP))→(PC15～8),然后(SP)-1→SP
                            ;((SP))→(PCL7～0),然后(SP)-1→SP
```

子程序返回指令是把栈顶相邻两个单元的内容弹出送到PC,SP的内容减2,程序返回PC值所指的指令处执行。RET指令通常安排在子程序的末尾,使程序能从子程序返回到主程序。

4）中断返回指令

```
RETI                        ;((SP))→(PC15～8),然后(SP)-1→SP
                            ;((SP))→(PCL7～0),然后(SP)-1→SP
```

这时指令的功能与RET指令相类似,不同之处为该指令恢复了中断逻辑,可以接收与正在进行的中断响应相同优先级的其他中断,其他相同。通常安排在中断服务程序的最后。

5）空操作指令

```
NOP                         ;PC←PC+1
```

空操作也是CPU控制指令,它不进行任何操作,只消耗一个机器周期的时间,不影响标志位。常用于程序的等待或时间的延迟。例如：

```
CLR P2.7                    ;P2.7引脚设为低电平
NOP                         ;消耗1个机器周期的时间
NOP                         ;消耗1个机器周期的时间
NOP                         ;消耗1个机器周期的时间
NOP                         ;消耗1个机器周期的时间
SETB P2.7                   ;P2.7引脚设为高电平的时间
```

### 3.3.5　位操作指令

**1. 位数据传送指令**

1）位送进位标志位：

```
MOV  C,  bit
```

2）进位标志位送：

```
MOV  bit,  C
```

这两条指令是把源操作数指定的位变量送到目的操作数指定处。一个操作数必须为进位标志,另一个可以是任何直接寻址位。不影响其他寄存器或标志位。

```
MOV    C,06H               ;(20H).6→CY
```

06H是位地址,20H是内部RAM字节地址。06H是内部RAM 20H字节D6的位地址。

```
MOV   P1.0,C                 ;CY→P1.0
```

**2. 位变量修改指令**

1）进位标志位清零

```
CLR  C                       ;CY←0
```

功能：进位标志位CY清零。

2）位清零

```
CLR  bit                     ;bit ←0
```

功能：bit位清零。

3）进位标志位取反

```
CPL  C                       ;CY←(/CY)
```

功能：进位标志位CY取反。

4）位取反

```
CPL  bit                     ;bit ←(/bit)
```

功能：bit位取反。

5）进位标志位置1

```
SETB  C                      ;CY←1
```

功能：进位标志位CY置位。

6）位置1

```
SETB  bit                    ;bit←1
```

功能：bit位置位。

这组指令将操作数指定的位清0、求反或置1，不影响其他标志位。例如：

```
CLR  C                       ;CY位清0
CLR   03H                    ;0→(20H).3位
CPL   09H                    ;0→(21H).1位
SETB  P1.0                   ;P1.0 = 1
```

**3. 位变量逻辑与指令**

1）进位标志位与位逻辑与

```
ANL    C,  bit               ;bit∧CY→CY
```

功能：指令先对直接寻址位与进位标志位CY进行"逻辑与"运算，结果送回进位标志位中。

2）进位标志位与位的非逻辑与

```
ANL    C,   /bit            ;/bit∧CY→CY
```

功能：指令先对直接寻址位求反，然后与进位标志位CY进行“逻辑与”运算，结果送回到进位标志位中。

**4. 位变量逻辑或指令**

1）进位标志位与位逻辑或

```
ORL  C,bit                  ;bit∨CY→CY
```

指令直接寻址位与进位标志位CY(位累加器)进行“逻辑或”运算，结果送回到进位标志位中。

2）进位标志位与位的非逻辑或

```
ORL  C,/bit                 ;/bit∨CY→CY
```

指令先对直接寻址位求反，然后与位累加器(进位标志位)进行“逻辑或”运算，结果送回到进位标志位中。

**5. 位变量条件转移指令**

1）C置位转移

```
JC     rel                  ;如进位标志位CY=1,则转移PC←(PC)+2+rel,否则顺序执行
```

2）C清零转移

```
JNC     rel                 ;如进位标志位CY=0,则转移PC←(PC)+2+rel,否则顺序执行
```

3）位置位转移

```
JB     bit,rel              ;如直接寻址位=1,则转移PC←(PC)+3+rel,否则顺序执行
```

4）位清零转移

```
JNB     bit,rel             ;如直接寻址位=0,则转移PC←(PC)+3+rel,否则顺序执行
```

5）判位转移并清零

```
JBC     bit,rel             ;如直接寻址位=1,转移,并把寻址位清零,否则顺序执行
                            ;PC←(PC)+3+rel,bit←0
```

## 3.4　MCS-51系列单片机指令汇总

### 3.4.1　51系列单片机指令表

3.3节按功能介绍了51系列单片机的指令，下面给出全部的指令助记符及功能简要说明，以及指令长度、执行时间和指令代码(机器代码)，如表3.2所示。

表 3.2　51 系列单片机指令表

| 助记符 | | 说明 | 字节数 | 执行时间（机器周期） | 指令代码（机器代码） |
|---|---|---|---|---|---|
| 1. 算术运算类 | | | | | |
| ADD | A,＃data | 立即数加到累加器 | 2 | 1 | 24H，data |
| ADD | A,direct | 直接寻址字节内容加到累加器 | 2 | 1 | 25H,direct |
| ADD | A,Rn | 寄存器内容加到累加器 | 1 | 1 | 28H～2FH |
| ADD | A,@Ri | 间接寻址 RAM 内容加到累加器 | 1 | 1 | 26H～27H |
| ADDC | A,＃data | 立即数加到累加器(带进位) | 2 | 1 | 34H,data |
| ADDC | A,direct | 直接寻址加到累加器(带进位) | 2 | 1 | 35H,direct |
| ADDC | A,Rn | 寄存器加到累加器(带进位) | 1 | 1 | 38H～3FH |
| ADDC | A,@Ri | 间接寻址 RAM 加到累加器(带进位) | 1 | 1 | 36H～37H |
| SUBB | A,＃data | 累加器减去立即数(带借位) | 2 | 1 | 94H,data |
| SUBB | A,direct | 累加器内容减去直接寻址字节(带借位) | 2 | 1 | 95H,direct |
| SUBB | A,Rn | 累加器内容减去寄存器内容(带借位) | 1 | 1 | 98H～9FH |
| SUBB | A,@Ri | 累加器内容减去间接寻址 RAM(带借位) | 1 | 1 | 96H～97H |
| INC | A | 累加器增 1 | 1 | 1 | 04H |
| INC | Rn | 寄存器增 1 | 1 | 1 | 08H～0FH |
| INC | direct | 直接寻址字节增 1 | 2 | 1 | 05H,direct |
| INC | @Ri | 间接寻址 RAM 增 1 | 1 | 1 | 06H～07H |
| INC | DPTR | 数据指针增 1 | 1 | 2 | A3H |
| DEC | A | 累加器减 1 | 1 | 1 | 14H |
| DEC | Rn | 寄存器减 1 | 1 | 1 | 18H～1FH |
| DEC | direct | 直接寻址字节减 1 | 2 | 1 | 15H，direct |
| DEC | @Ri | 间接寻址字节 RAM 减 1 | 1 | 1 | 16H～17H |
| MUL | AB | 累加器和寄存器 B 相乘 | 1 | 4 | A4H |
| DIV | AB | 累加器除以寄存器 B | 1 | 4 | 84H |
| DA | A | 累加器十进制调整 | 1 | 1 | D4H |
| 2. 逻辑操作类 | | | | | |
| ANL | A，Rn | 寄存器“逻辑与”到累加器 | 1 | 1 | 58H～5FH |
| ANL | A,direct | 直接寻址字节“逻辑与”到累加器 | 2 | 1 | 55H,direct |
| ANL | A,@Ri | 间接寻址 RAM“逻辑与”到累加器 | 1 | 1 | 56H～57H |
| ANL | A,＃data | 立即数“逻辑与”到累加器 | 2 | 1 | 54H,data |
| ANL | direct,A | 累加器“逻辑与”到直接寻址字节 | 2 | 1 | 52H,direct |
| ANL | direct，＃data | 立即数“逻辑与”到直接寻址字节 | 3 | 2 | 53H,direct,data |
| ORL | A,Rn | 寄存器“逻辑或”到累加器 | 1 | 2 | 48H～5FH |
| ORL | A,direct | 直接寻址字节“逻辑或”到累加器 | 2 | 1 | 45H,direct |
| ORL | A,@Ri | 间接寻址 RAM“逻辑或”到累加器 | 1 | 1 | 46H～47H |
| ORL | A,＃data | 立即数“逻辑或”到累加器 | 2 | 1 | 44H,data |
| ORL | direct,A | 累加器“逻辑或”到直接寻址字节 | 2 | 1 | 42H,data |
| ORL | direct，＃data | 立即数“逻辑或”到直接寻址字节 | 3 | 2 | 43H,direct,data |
| XRL | A,Rn | 寄存器“逻辑异或”到累加器 | 1 | 2 | 68H～6FH |

续表

| 助记符 | | 说　明 | 字节数 | 执行时间(机器周期) | 指令代码(机器代码) |
|---|---|---|---|---|---|
| **2. 逻辑操作类** | | | | | |
| XRL | A,direct | 直接寻址字节“逻辑异或”到累加器 | 2 | 1 | 65H,direct |
| XRL | A,@Ri | 间接寻址RAM“逻辑异或”到累加器 | 1 | 1 | 66H～67H |
| XRL | A,＃data | 立即数“逻辑异或”到累加器 | 2 | 1 | 64H,dataH |
| XRL | direct,A | 累加器“逻辑异或”到直接寻址字节 | 2 | 1 | 62H,direct |
| XRL | direct,＃data | 立即数“逻辑异或”到直接寻址字节 | 3 | 2 | 63H,direct,data |
| CLR | A | 累加器清零 | 1 | 2 | E4H |
| CPL | A | 累加器求反 | 1 | 1 | F4H |
| RL | A | 累加器循环左移 | 1 | 1 | 23H |
| RLC | A | 经过进位标志的累加器循环左移 | 1 | 1 | 33H |
| RR | A | 累加器循环右移 | 1 | 1 | 03H |
| RRC | A | 经过进位标志的累加器循环右移 | 1 | 1 | 13H |
| **3. 数据传送类** | | | | | |
| MOV | A,＃data | 立即数传送到累加器 | 2 | 1 | 74H, data |
| MOV | A,direct | 直接寻址字节传到累加器 | 2 | 1 | E5H, direct |
| MOV | A,Rn | 寄存器内容传到累加器A | 1 | 1 | E8H～EFH |
| MOV | A,@Ri | 间接寻址RAM传到累加器 | 1 | 1 | E6H～E7H |
| MOV | Rn,＃data | 立即数传送到Rn | 2 | 1 | 78H～7FH, data |
| MOV | Rn,direct | 直接地址内容传送到Rn | 2 | 2 | A8H～AFH,direct |
| MOV | Rn,A | 累加器内容送到寄存器 | 1 | 1 | F8H～FFH |
| MOV | direct,A | 累加器内容传送到直接寻址字节 | 2 | 1 | F5H, direct |
| MOV | direct,＃data | 立即数传送到直接寻址字节 | 3 | 2 | 75H～E7H |
| MOV | direct1,direct2 | 直接寻址字节2传送到直接寻址字节1 | 3 | 2 | 85H,direct1,direct2 |
| MOV | direct,Rn | 寄存器内容传送到直接寻址字节 | 2 | 2 | 88H～8FH, direct |
| MOV | direct,@Ri | 间接寻址RAM传送到直接寻址字节 | 2 | 2 | 86H～87H, direct |
| MOV | @Ri,＃data | 立即数传送到间接寻址RAM | 2 | 1 | 76H～77H,data |
| MOV | @Ri,direct | 直接地址传传送到间接寻址RAM | 2 | 2 | A6H～A7H,direct |
| MOV | @Ri,A | 累加器传送到间接寻址RAM | 1 | 1 | F6H～F7H |
| MOV | DPTR,＃data16 | 16位常数装入到数据指针 | 3 | 2 | 90H,dataH,dataL |
| MOVC | A,@A＋DPTR | 程序存储器代码字节传送到累加器 | 1 | 2 | 93H |
| MOVC | A,@A＋PC | 程序存储器代码字节传送到累加器 | 1 | 2 | 83H |
| MOVX | A,@Ri | 外部RAM(8地址)传送到A | 1 | 2 | E2H～E3H |
| MOVX | A,@DPTR | 外部RAM(16地址)传送到A | 1 | 2 | E0H |
| MOVX | @Ri,A | 累加器传送到外部RAM(8地址) | 1 | 2 | F2H～F3H |
| MOVX | @DPTR,A | 累加器传送到外部RAM(16地址) | 1 | 2 | F0H |
| PUSH | direct | 直接寻址字节压入栈顶 | 2 | 2 | C0H,direct |
| POP | direct | 栈字节弹到直接寻址字节 | 2 | 2 | D0H,direct |
| XCH | A,Rn | 寄存器和累加器交换 | 1 | 1 | C8H～CFH |
| XCH | A, direct | 直接寻址字节和累加器交换 | 2 | 1 | C5H, direct |

续表

| 助记符 | | 说明 | 字节数 | 执行时间（机器周期） | 指令代码（机器代码） |
|---|---|---|---|---|---|
| **3. 数据传送类** | | | | | |
| XCH | A，@Ri | 间接寻址 RAM 和累加器交换 | 1 | 1 | C6H～C7H |
| XCHD | A，@Ri | 间接寻址 RAM 和累加器交换低半字节 | 1 | 1 | D6H～D7H |
| SWAP | A | 累加器内高低半字节交换 | 1 | 1 | C4H |
| **4. 控制转移类** | | | | | |
| ACALL | addr11 | 绝对调用子程序 | 2 | 2 | a10a9a810001，addr(7～0) |
| LCALL | addr16 | 长调用子程序 | 3 | 2 | 12H，addr(15～8)，addr(7～0) |
| RET | | 子程序返回 | 1 | 2 | 22H |
| RETI | | 中断返回 | 1 | 2 | 32H |
| AJMP | addr11 | 绝对转移 | 2 | 2 | a10a9a810001，addr(7～0) |
| LJMP | addr16 | 长转移 | 3 | 2 | 12H，addr(15～8)，addr(7～0) |
| SJMP | rel | 短转移(相对偏移) | 2 | 2 | 80H，rel |
| JMP | @A+DPTR | 相对 DPTR 的间接转移 | 1 | 2 | 73H |
| JZ | rel | 累加器为零则转移 | 2 | 2 | 60H，rel |
| JNZ | rel | 累加器为非零则转移 | 2 | 2 | 70H，rel |
| CJNE | A，direct，rel | 比较直接寻址和 A，不相等则转移 | 3 | 2 | B5H，direct，rel |
| CJNE | A，#data，rel | 比较立即数和 A，不相等则转移 | 3 | 2 | B4H，data，rel |
| CJNE | Rn，#data，rel | 比较寄存器和立即数，不相等则转移 | 3 | 2 | B8H～BFH，data，rel |
| CJNE | @Ri，#data，rel | 比较立即数和间接寻址 RAM，不相等则转移 | 3 | 2 | B6H～B7H，data，rel |
| DJNZ | Rn，rel | 寄存器减 1，不为零则转移 | 2 | 2 | D8H～DFH，rel |
| DJNZ | direct，rel | 地址字节减 1，不为零则转移 | 3 | 2 | D5H，direct，rel |
| NOP | | 空操作 | 1 | 1 | 00H |
| **5. 位操作类** | | | | | |
| CLR | C | 进位标志位清“0” | 1 | 1 | C3H |
| CLR | bit | 直接寻址位清“0” | 2 | 1 | C2H，bit |
| SETB | C | 进位标志位置“1” | 1 | 1 | D3H |
| SETB | bit | 直接寻址位置“1” | 2 | 1 | D2H，bit |
| CPL | C | 进位标志位取反 | 1 | 1 | B3H |
| CPL | bit | 直接寻址位取反 | 2 | 1 | B2H，bit |
| ANL | C，bit | 直接寻址位“逻辑与”到进位标志位 | 2 | 2 | 82H，bit |
| ANL | C，/bit | 直接寻址位的反码“逻辑与”到进位标志位 | 2 | 2 | B0H，bit |
| ORL | C，bit | 直接寻址位“逻辑或”到进位标志位 | 2 | 2 | 72H，bit |

续表

| 助 记 符 | | 说 明 | 字节数 | 执行时间（机器周期） | 指令代码（机器代码） |
|---|---|---|---|---|---|
| 5. 位操作类 | | | | | |
| ORL | C,/bit | 直接寻址位的反码"逻辑或"到进位标志位 | 2 | 2 | A0H,bit |
| MOV | C,bit | 直接寻址位传送到进位标志位 | 2 | 1 | A2H,bit |
| MOV | bit, C | 进位标志位传送到直接寻址标志位 | 2 | 2 | 92H,bit |
| JC | rel | 进位标志位为1则转移 | 2 | 2 | 40H,rel |
| JNC | rel | 进位标志位为零则转移 | 2 | 2 | 50H,rel |
| JB | bit,rel | 直接寻址位为1则转移 | 3 | 2 | 20H,bit,rel |
| JNB | bit,rel | 直接寻址位为零则转移 | 3 | 2 | 30H,bit,rel |
| JBC | bit,rel | 直接寻址位为1则转移,并清除该位 | 3 | 2 | 10H,bit,rel |

## 3.4.2 指令中关于累加器A与ACC的区别

累加器可写成A或ACC,区别是什么?

A代表寄存器寻址的一个特殊功能寄存器；而ACC代表直接寻址方式中的ACC的地址是E0H，A汇编后则隐含在指令操作码中,ACC汇编后地址是E0H,例如：

```
INC    A              ;指令代码 04H
INC    ACC            ;相当于 INC direct,指令代码 05H、E0H
MOV    A,    30H      ;指令代码 E5H、30H,目的操作数是寄存器寻址
MOV    ACC,  30H      ;指令代码 85H、E0H、30H 目的操作数是直接寻址
```

因此,在对累加器A直接寻址和累加器A的某一位寻址要用ACC,不能写成A。如压栈和出栈指令是PUSH Direct和POP Direct,因此要对累加器进行压栈和出栈时要用以下指令：

```
PUSH   ACC
POP    ACC
```

而不能用

```
PUSH   A
POP    A
```

## 3.4.3 指令中关于字节地址和位地址的区分

如何区别指令中出现的字节变量和位变量？例如以下指令：

```
MOV  20H,C
MOV  20H, A
```

这两条指令中的目的操作数20H都是以直接地址形式给出的,20H是字节地址还是位地址,由于前一条指令中的C是位变量,因此指令中的20H是位地址,后一条指令的一个操

作数是 A 寄存器,是字节变量,所以该条指令中的 20H 为字节地址。

## 3.5 汇编语言程序设计基础

程序是指令的有序集合。单片机运行就是执行指令序列的过程。编写这一指令序列的过程称为程序设计。本节介绍采用汇编语言进行程序设计。

### 3.5.1 汇编语言程序设计概述

**1. 程序设计语言**

常用的编程语言是汇编语言和高级语言。

1) 汇编语言

在汇编语言中,可以用于代替机器语言的英文字符被称为助记符。汇编语言就是用助记符表示的指令;汇编语言源程序是指用汇编语言编写的程序。

汇编语言是一种低级语言,它依赖于机器,要求必须对硬件有相当深的了解。它有机器语言的优点,占用内存少,执行速度快,适合于实时控制。但离不开具体的硬件,是面向"硬件"的语言,通用性差。因此,用汇编语言编写程序效率高,占用存储空间小,运行速度快,能编写出最优化的程序,但可读性差,

汇编语言具有以下几个特点:

(1) 助记符指令与机器指令是一一对应的,所以用汇编语言编写的程序效率高,占用存储空间小,运行速度快,而且能反映计算机的实际运行情况,所以用汇编语言能编写出最优化的程序。

(2) 汇编语言能直接访问存储器、输入与输出接口及扩展的各种芯片(比如 A/D、D/A 等),也可直接处理中断,因此汇编语言能直接管理和控制硬件设备。

(3) 汇编语言与机器语言一样,脱离不开具体的机器硬件,都是面向机器的语言,缺乏通用性。

2) 高级语言

高级语言采用更接近人类语言和习惯的数学表达式及直接命令的方法来描述算法和过程。高级语言是接近于人的自然语言,面向过程而独立于机器的通用语言。如 C 语言(C51)PL/M 语言用于进行 MCS-51 的程序设计。高级语言易学,通用性强;但程序质量较差,内存占用多,运行速度慢,适用于科学计算和信息管理。

**2. 汇编语言源程序的汇编**

单片机硬件能够识别的是由"0""1"代码形式表示的二进制的机器语言,因为机器语言是计算机唯一能理解和执行的语言。汇编语言源程序需转换(翻译)成为二进制代码表示的机器语言程序,才能被识别和执行。因此,将汇编语言转换(翻译)为机器代码的程序称为汇编程序。经汇编程序"汇编"得到的以"0""1"代码形式表示的机器语言程序称为目标程序。汇编就是把汇编语言翻译成机器代码的过程,汇编分为手工汇编和机器汇编。

通常把人工查表翻译指令的方法称为"手工汇编"。例如

```
MOV A,#80H 对应着 74H,80H
```

用计算机代替手工汇编称作机器汇编。首先将汇编语言源程序输入到编辑软件中，生成了一个 ASC 码文件，扩展名为“.asm”，通过编译后生成机器语言文件“.hex”。

由一台计算机完成汇编后得到的机器代码在另一台计算机(这里是单片机)上运行，称这种机器汇编为交叉汇编。

在分析现成产品 ROM/EPROM 中的程序时，要将二进制数的机器代码语言程序翻译成汇编语言源程序，该过程称为反汇编。

### 3.5.2　汇编伪指令

在 3.3 节中介绍了基本的汇编语言指令，每条汇编语言指令都有机器代码与之对应。

在汇编语言源程序中应有向汇编程序发出的指示信息，告诉它如何完成汇编工作，这是通过伪指令来实现。伪指令不属于指令系统中的汇编语言指令，它是程序员发给汇编程序的命令，也称为汇编程序控制命令。只有在汇编前的源程序中才有伪指令。“伪”体现在汇编后，伪指令没有相应的机器代码产生。伪指令具有控制汇编程序的输入/输出、定义数据和符号、条件汇编、分配存储空间等功能。

**1. 汇编起始地址命令：ORG**

起始地址命令用来说明以下程序段在存储器中存放的起始地址。如果不规定程序存放的起始地址，默认的程序从地址 0 开始存放。例如：

```
ORG     1000H                  ;该条语句放在程序存储器地址 1000H 处
START:  MOV  A,#10H
        MOV  B,R0
```

在一个程序中可多次用到 ORG 伪指令，但规定由小到大顺序排列，且不应使程序有交叉和重叠。例如：

```
ORG  00H
…
ORG  03H
…
ORG  0BH
…
```

这种顺序是正确的。若按下面顺序的排列则是错误的，因为地址出现了交叉。

```
ORG  00H
…
ORG  0BH
…
ORG  03H
…
```

**2. 汇编结束命令：END**

END 是汇编语言源程序的结束标志。

汇编时遇到 END 就停止汇编，故该伪指令放在源程序结尾。如果 END 出现在程序中间，其后的源程序，将不进行汇编处理。

3. 赋值,等值指令:EQU

EQU 用于给标号赋值。赋值后,标号值在整个程序有效。

格式:字符 EQU 数值

这个命令使指令中的字符名称等价于给定的数。例如:

```
TAB     EQU    1200H
        MOV    DPTR,#TAB
```

相当于

```
        MOV    DPTR,#1200H
```

EQU 伪指令只能对某标号赋值一次,该标号在同一个程序中不能再一次赋值。

4. 定义数据字节:DB

DB 命令把数据以字节数的形式存放在存储器单元中,通常用于从指定的地址开始,在程序存储器连续单元中定义字节数据。例如:

```
ORG     500H
DB      20H,  'AB',  15
```

汇编后

(500H)=20H

(501H)=41H(字符"A"的 ASCII 码)

(502H)=42H(字符"B"的 ASCII 码)

(503H)=0EH(十进制的 15)

5. 定义数据字:DW

DW 命令按字的形式把数据存放在存储单元中。与 DB 相似,但 DW 定义的是 16 位数据,占用 2 个字节,汇编时 DW 按高字节在前存放,低字节在后存放。标号也可以,但事先必须赋值。例如:

```
ORG     1000H
DATA    EQU  2316H
TAB:    DW    2104H, 10
        DW    DATA
(1000H) = 21H                  ;第 1 个字
(1001H) = 04H
(1002H) = 00H                  ;第 2 个字
(1003H) = 0AH
(1004H) = 23H                  ;第 3 个字
(1005H) = 16H
```

需要注意这里第 2 个字是 10,它的高字节为 0。

6. 定义存储区:DS

DS 命令从 ROM 的指定地址开始,保留若干个字节作备用。例如:

```
ORG     1000H
DS      05
```

```
DB      88H
```

则1000H～1004H这5个单元保留，而1005H中存放88H。

7. 位定义：BIT

位定义是指把位地址赋给字符名称。例如：

```
A1      BIT     P1.0
A2      BIT     0H
CLR     A1                      ;P1.0 = 0;
SETB    A2                      ;(20H).0 = 1
```

### 3.5.3 汇编语言源程序的汇编

汇编是将汇编语言源程序翻译成机器代码的过程，可分为手工汇编和机器汇编两类。

1. 手工汇编

通过查指令的机器代码表(表3.2)，逐个把助记符指令"翻译"成机器代码，再进行调试和运行。

手工汇编遇到相对转移偏移量的计算时，较麻烦，易出错，只有小程序或受条件限制时才使用。实际中，多采用"汇编程序"来自动完成汇编。

2. 机器汇编

用微型计算机上的软件(汇编程序)来代替手工汇编。在微机上用编辑软件进行源程序编辑，然后生成一个ASCII码文件，扩展名为".ASM"。在微机上运行汇编程序，译成机器码。机器码通过微机的串口(或并口)传送到用户样机(或在线仿真器)，进行程序的调试和运行。有时，在分析某些产品的程序的机器代码时，需将机器代码翻译成汇编语言源程序，称为"反汇编"。

## 3.6 汇编语言程序设计的基本方法

在单片机的应用程序设计中，要尽量采用模块化的编程方法，把具有相同功能的程序设计成子程序，这种采用子程序和主程序的设计方法便于程序设计和调试，利于程序的优化和分工，提供程序的可读性和可靠性。

功能复杂的程序结构常采用以下几种基本结构：顺序结构、分支结构和循环结构等。这样可以使程序具有结构清晰、可读性好、可移植性强等优点。

### 3.6.1 顺序结构

顺序结构程序是一种最简单、最基本的程序。特点是程序按编写的顺序依次往下执行每一条指令，直到最后一条，无分支，无循环，不调用子程序，程序流向不变。

**【例3-37】** 编写16位数加法，一个加数放在R1(高位)，R0(低位)中，另一个加数放在R3(高位)，R2(低位)中，和放在R1(高位)，R0(低位)中。

分析：加法指令是在累加器A中完成的，其中一个加数及和都放在A中，因此要将一个加数取到A，加法指令是ADD，在高位相加的时候要加上低位的进位位，因此用ADDC。

参考程序如下：

```
        ORG   00H                  ;单片机复位时 PC=0,程序从地址 0 开始执行,
        LJMP  START                ;跳过中断入口区
        ORG   100H                 ;实际程序存放的地址
START:  MOV   SP,  #60H            ;堆栈默认为 07H,重新设置堆栈指针,避开寄存器区
        MOV   A,R0                 ;取出 R0 中的低位数据
        ADD   A,R2                 ;与另一个数据的低位相加
        MOV   R0,A                 ;将和存在 R0 中
        MOV   A,R1                 ;取出 R1 中的高位数据
        ADDC  A,R3                 ;与另一个数据的高位相加
        MOV   R1,A                 ;存高位数据
        SJMP $                     ;程序必须是一个循环,防止程序一直运行
        END                        ;汇编结束。
```

**【例 3-38】** 编写 16 位二进制负数求补程序，数据放在 31H30H 中，结果放在 33H32H 中。

二进制数的求补可归结为“求反加 1”的过程，求反可用 CPL 指令实现；加 1 时应注意，加 1 只能加在低 8 位的最低位上。因为现在是 16 位数，有两个字节，因此要考虑进位问题，即低 8 位取反加 1，高 8 位取反后应加上低 8 位加 1 时可能产生的进位，还要注意这里的加 1 不能用 INC 指令，因为 INC 指令不影响 CY 标志。参考程序如下：

```
        ORG   00H                  ;单片机复位时 PC=0,程序从地址 0 开始执行
        LJMP  START                ;跳过中断入口区
        ORG   100H                 ;实际程序存放的地址
START:  MOV   SP, #60H             ;堆栈默认为 07H,重新设置堆栈指针,避开寄存器区
        MOV   R0,  #30H            ;设置存放数据的地址指针
        MOV   A,   @R0             ;取出 30H 的低位数据
        CPL   A                    ;取反
        ADD   A, #1                ;加 1
        INC   R0                   ;指向 31H
        INC   RO                   ;指向 32H
        MOV   @R0, A               ;存低位数据
        DEC   R0                   ;指向 31H
        MOV   A,@R0                ;取出 31H 中存放的高位数据
        CPL   A                    ;取反
        ADDC  A,#0                 ;加上低位的进位标志
        INC   R0                   ;指向 32H
        INC   RO                   ;指向 33H
        MOV   @R0, A               ;存高位数据
        SJMP $                     ;程序必须是一个循环,防止程序一直运行
        END                        ;汇编结束。
```

### 3.6.2 分支结构

程序运行过程中可能需要判断某个条件，当条件满足时执行一段程序，不满足时执行另一端程序，这时候就会用到分支结构程序。分支结构程序包含单分支和多分支结构程序，如图 3.9 所示。分支程序的设计要点如下：

(1) 先建立可供条件转移指令测试的条件；

（2）选用合适的条件转移指令；

（3）在转移的目的地址处设定标号。

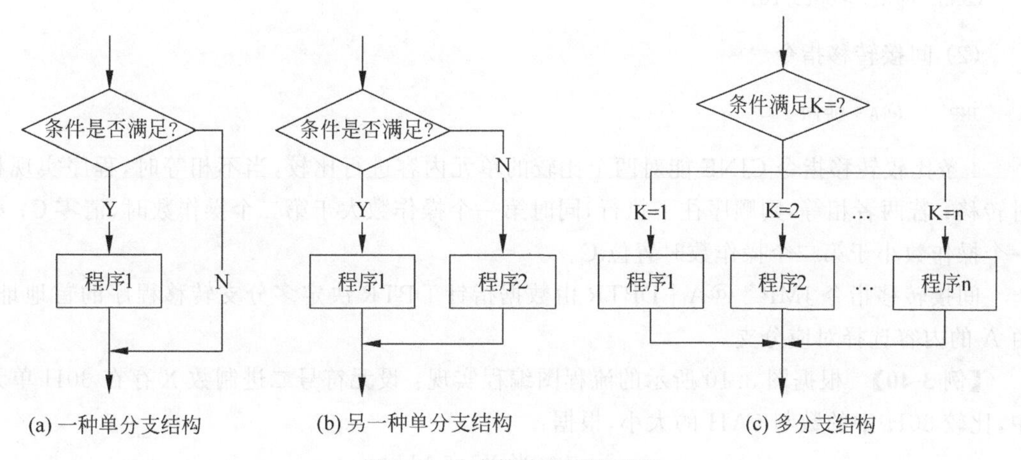


图 3.9　分支结构程序流程图

在 51 指令系统中条件转移指令有：

（1）判 A 转移指令 JZ、JNZ；

（2）判位转移指令 JB、JNB、JBC、JC、JNC；

（3）比较转移指令 CJNE；

（4）减 1 不为 0 转移指令 DJNZ。

### 1．单分支结构

单分支结构仅有两个出口，两者选一。一般根据运算结果的状态标志，用条件判跳指令来选择并转移。

**【例 3-39】**　设内部 RAM 的 30H 和 31H 中各存放一无符号数，比较大小，将大数存放于 RAM40H 中，小数存放于 RAM41H 中，若两个数相等，则分别存放于这两个单元中。

```
        ORG     00H                     ;复位时 PC = 0,程序从地址 0 开始执行
START:  MOV     SP,   #60H              ;堆栈默认 07H,重新设置堆栈指针,避开寄存器区
        MOV     A, 30H                  ;取第一个数
        MOV     41H, 31H                ;默认第二个数是小的数
        CLR     C
        CJNE    A,31H,LOOP              ;两个数不等跳转,相等的话可以随便存
LOOP:   JNC     BIG
        XCH     A,    41H               ;A 小,存小数
BIG:    MOV     40H,   A                ;存大数
        SJMP    $                       ;暂停
        END
```

### 2．多分支选择结构

当程序的判别部分有两个以上的出口时，为多分支选择结构，典型的多分支结构如图 3-9(c)所示。指令系统提供了非常有用的两种多分支选择指令：

（1）比较转移指令

```
CJNE  A,  direct,rel
```

```
CJNE  A,   #data,rel
CJNE  Rn,  #data,rel
CJNE  @Ri, #data,rel
```

(2) 间接转移指令

```
JMP    @A + DPTR
```

4 条比较转移指令 CJNE 能对两个比较的单元内容进行比较，当不相等时，程序实现相对转移；若两者相等，则顺序往下执行，同时第一个操作数大于第二个操作数时，清零 C；第一个操作数小于第二个操作数时置位 C。

间接转移指令 JMP　@A＋DPTR 由数据指针 DPTR 决定多分支转移程序的首地址，由 A 的内容选择对应分支。

**【例 3-40】** 根据图 3.10 所示的流程图编程实现：设无符号二进制数 X 存在 30H 单元中，比较 30H 中的数与 5AH 的大小，根据：

$$
Y=\begin{cases}1 & \text{当 } X>5AH\\ 0 & \text{当 } X=5AH\\ -1 & \text{当 } X<5AH\end{cases}
$$

求出 Y 值，将 Y 值存入 31H 单元。

分析：简单的分支转移程序的设计，常采用逐次比较法，就是把所有不同的情况一个一个地进行比较，发现符合就转向对应的处理程序。在编程之前画出程序流程图(见图 3.10)，可以分析清楚程序的思路，这道题虽然是三个分支，实际是用两个单分支结构实现了三个分支。

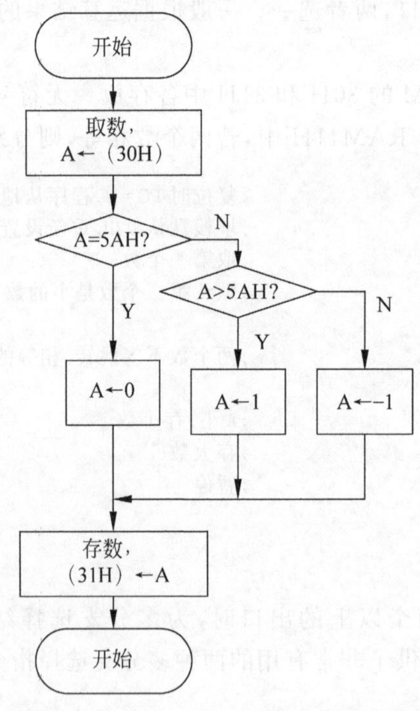


图 3.10　例 3-40 的分支结构程序流程图

```
        ORG     00H                        ;复位时 PC = 0,程序从地址 0 开始执行
START:  MOV     SP,    #60H                ;重新设置堆栈指针,避开寄存器区
        MOV     A,     30H                 ;取数
        CJNE    A,     #5AH,NOT            ;不等跳转,且(A)> 5AH,C = 0, (A)< 5AH,C = 1
        MOV     A,     #0
        JZ      SAVE                       ;为零,转存储
NOT:    JC      NEG                        ;C = 1,表示(A)< 5AH,转 NEG
        MOV     A,#1H                      ;C = 0 ,表示(A)> 5AH,存 1
        AJMP    SAVE                       ;转到 SAVE,保存数据
NEG:    MOV     A,    #81H                 ;Y = -1
SAVE:   MOV     31H,A                      ;保存数据
        SJMP    $                          ;暂停
        END
```

【例 3-41】　设片内变量 x 是一个 0～3 的无符号数,存在于片内 RAM 20H 中,若 x=0,执行 R0=R0+1,同理 x=1,执行 R1=R1+1,x=3,执行 R3=R3+1,程序执行后将 20H 的内容加一,若 20H 的值大于 3,则重新将其置 0。

**解**:利用"JMP @A+DPTR"指令直接给 PC 赋值,实现程序转移,流程图见图 3.11。

```
        ORG     00H
        LJMP    START
START:  ORG     100H
        CLR     A
        MOV     20H,    A
LOOP:   MOV     A,    20H                  ;取数
        MOV     B,       #03H              ;每条 LJMP 语句占 3 个字节
        MUL     AB
        MOV     R6,      A                 ;暂存低位
        MOV     A,       B                 ;取高位
        MOV     DPTR, #TAB                 ;转移指令表首地址
        ADD     A,       DPH               ;高位地址加到 DPH
        MOV     DPH,   A                   ;存高位地址
        MOV     A ,      R6                ;取暂存的低位地址,进行散转
        JMP     @A + DPTR                  ;PC ← A + DPTR
TAB:    LJMP    PRG0                       ;转移指令表
        LJMP    PRG1
        LJMP    PRG2
        LJMP    PRG3
PROG0:  INC     R0
        AJMP    NEXT
PROG1:  INC     R1
        AJMP    NEXT
PROG2:  INC     R2
        AJMP    NEXT
PROG3:  INC     R3
NEXT:   INC     20H
        MOV     A,    20H
        ANL     A,     #3
        MOV     20H,   A
        SJMP    LOOP
        END
```

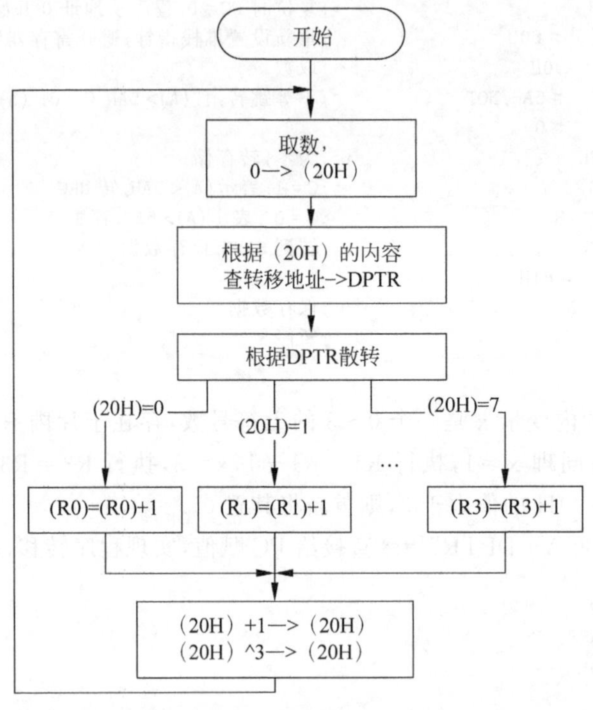


图 3.11　例 3-41 散转程序流程图

### 3.6.3　循环结构程序设计

在程序设计中，经常需要控制一段指令重复执行若干次，以便用简短的程序完成大量的处理任务，这种按照某种规律执行的程序成为循环程序。程序中含有可以反复执行的程序段，称循环体。例如，求 10 个数的累加和，没必要连续安排 10 条加法指令，用一条加法指令使其循环执行 10 次。因此可缩短程序长度和程序所占的内存单元数量更少，使程序结构紧凑。

**1. 循环程序的结构**

循环程序的结构主要由以下 4 部分组成。

(1) 循环初始化：完成循环前的准备工作。例如，循环控制计数初值的设置、地址指针的起始地址的设置、为变量预置初值等。

(2) 循环处理：完成实际处理工作，反复循环执行的部分，故又称循环体。

(3) 循环控制：在重复执行循环体的过程中，不断修改循环控制变量，直到符合结束条件，就结束循环程序的执行。循环结束控制方法分为先执行后判断和先判断后执行两种。

(4) 循环结束：这部分是对循环程序执行的结果进行分析、处理和存放。

**2. 循环结构的控制**

循环结构的控制分为先执行后判断和先判断后执行两种，如图 3.12 和图 3.13 所示。循环程序按结构形式可以分为单重循环与多重循环。循环程序的嵌套形式如图 3.14 所示。

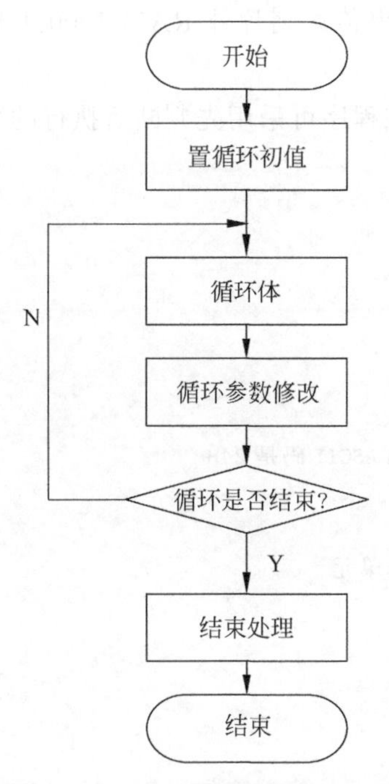


图 3.12　先执行后判断循环结构程序流程图

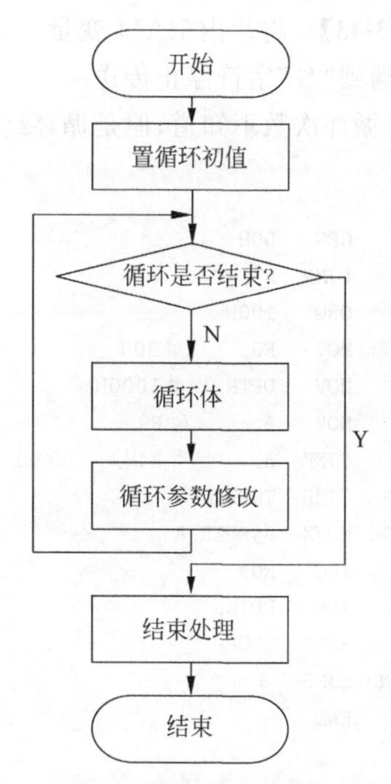


图 3.13　先判断后执行循环结构程序流程图

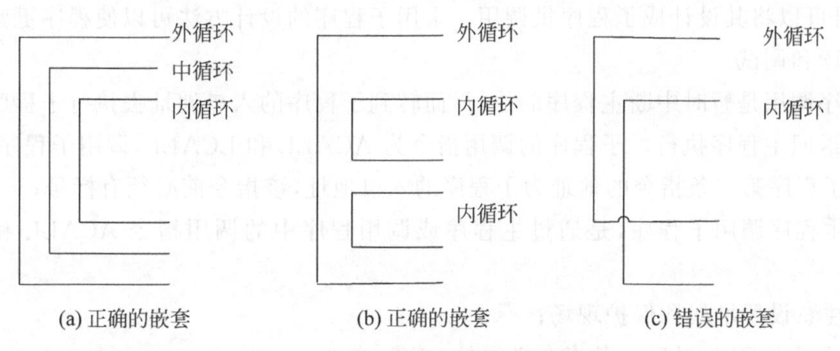


图 3.14　循环结构程序的嵌套形式

**【例 3-42】**　将片内 RAM 变量 20H～7FH 的内容清零，程序如下。

```
        ORG   00H
        LJMP  START
        ORG   100H
START:  MOV   R0,   ＃20H
        MOV   R2,   ＃60H                 ;20H～7FH,共 60H 个单元
        CLR   A
LOOP:   MOV   @R0,  A
        INC   R0
        DJNZ  R2,   LOOP
        SJMP  $
        END
```

【例 3-43】 将片内 RAM 变量 30H 开始的数据串传送到片外 RAM 1000H 开始的地址，直到遇到“$”字符停止传送。

由于循环次数不知道，但是循环终止条件已知，该程序可采用先判断后执行的循环控制结构。

```
        ORG   00H
        LJMP  START
        ORG   100H
START:  MOV   R0,     #30H
        MOV   DPTR,   #1000H
LOOP:   MOV   A,      @R0
        CJNE  A,      #24H,   LOOP1      ;"$"字符的 ASCII 码是 24H
        SJMP  THEEND
LOOP1:  MOVX  @DPTR,A
        INC   R0,                        ;指向下一个单元
        INC   DPTR,
        SJMP  LOOP
THEEND: SJMP  $
        END
```

### 3.6.4 子程序及其调用

在实际应用中，经常会遇到一些通用性的问题，例如数值转换、数值计算等，经常要进行多次，这时可以将其设计成子程序供调用。采用子程序的设计方法可以使程序更紧凑，便于程序的阅读和调试。

子程序调用是暂时中断主程序的执行，而转到子程序的入口地址去执行子程序，子程序执行完再返回主程序执行。子程序的调用指令为 ACALL 和 LCALL，调用子程序应注意：

(1) 子程序第一条指令的地址为子程序的入口地址，该指令前必须有标号；

(2) 主程序调用子程序，是通过主程序或调用程序中的调用指令 ACALL 和 LCALL 实现的；

(3) 注意设置堆栈和保护现场；

(4) 子程序返回，最后一条指令必须是 RET；

(5) 子程序调用时，注意参数传递；

(6) 嵌套调用与递归调用，最多允许 8 层。

#### 1. 现场的保护与恢复

在子程序调用中经常用到寄存器 A、B、DPTR 以及 PSW 等，这些单元主程序也在使用，因此需要进行现场保护，即压栈。在执行完子程序，返回主程序前需要恢复其内容，称为恢复现场，即出栈。保护现场的原则是先进后出，后进先出。保护与恢复现场的方法有两种：

(1) 主程序进行保护与恢复。

```
MAIN:   PUSH  ACC
        PUSH  PSW
        PUSH  B
```

```
        LCALL SUBPROG
        POP    B
        POP    PSW
        POP    ACC
```

(2) 子程序进行保护。

```
SUBPROG: PUSH  ACC
         PUSH  PSW
         PUSH  B
         …
         POP    B
         POP    PSW
         POP    ACC
         RET
```

实际中在子程序中现场保护,程序更规范和清晰,用得较多。

**2. 参数的传递**

参数的传递主要有以下 3 种方式:

(1) 利用 A 或寄存器进行参数传递;

(2) 利用存储器指针进行参数传递;

(3) 利用堆栈进行参数传递。

**【例 3-44】** 设 Xi 为单字节数,并且按照 $i$ 顺序存放在 R0 的内容指向的地址开始的单元中,$N$ 个数求和,$N$ 的数量放在 R2 中,求和放在 R4(高位)和 R3(低位)中。

子程序入口:(R0)存放数据存放的首地址

R2 存放求和数据的长度

子程序出口:R4 存放和的高位,R3 存放和的低位

```
        ORG    00H
        LJMP  MAIN
        ORG    40H
MAIN:   MOV    SP,   ＃70H
        MOV    R0,   ＃30H              ;求和的数据放在 RAM30H 开始的地址
        MOV    R2,   ＃10               ;10 个数求和
        LCALL NSUM                      ;调用子程序
        SJMP   $
NSUM:   PUSH   ACC                      ;子程序入口压栈
        PUSH   PSW
        MOV    R3,   ＃0                ;求和之前清零
        MOV    R4,   ＃0
NEXT:   MOV    A,   @R0                 ;取一个数
        ADD    A,    R3                 ;加到和的低位
        MOV    R3,   A                  ;存低位
        CLR    A                        ;A 清零加进位标志位
        ADDC   A,   R4                  ;加高位
        MOV    R4,   A                  ;存高位
        INC    R0                       ;取下一个数做准备
        DJNZ   R2, NEXT                 ;数据加完了吗
```

```
        POP    PSW                          ;出栈
        POP    ACC
        RET                                 ;子程序返回
        END
```

例 3-44 中,数据长度 R2 是利用寄存器参数传递的,返回值也是用寄存器 R4 和 R3 进行参数传递的,数据存放位置,30H 的地址是利用存储器指针进行参数传递的。

**【例 3-45】** 编写程序,把片内 RAM 中 20H 单元的 1 字节的十六进制数转换成 ASCII 码,存放在 R0 指向的 2 个单元中。

子程序入口：转换数据放在栈顶；子程序出口：转换结果存在堆栈中。

```
MAIN:      MOV    A,   20H
           SWAP   A,                        ;先查高位
           PUSH   ACC
           ACALL  HEXTOASC
           POP    ACC
           MOV    @R0,   A                  ;存转换结果的高位
           INC    R0                        ;修改存储地址
           PUSH   20H                       ;低位字节去转换
           ACALL  HEXTOASC
           POP    ACC
           MOV    @R0,   A
           SJMP   $
HEXTOASC:  MOV    R1, SP
           DEC    R1                        ;跳过返回地址
           DEC    R1
           MOV    A,   @R1                  ;取转换数据
           ANL    A,   #0FH                 ;保留低位
           ADD    A,   #2                   ;表格与查表数据的距离是 2
           MOVC   A,   @A+PC
           XCH    A,   @R1                  ;转换结果存在堆栈
           RET
ASCTAB:    DB     30H,31H,32H,33H,34H,35H,36H,37H,38H,39H
           DB     41H,42H,43H,44H,45H,46H
           END
```

## 3.7 汇编语言程序设计实例

**【例 3-46】** 用查表法编写程序求平方和的程序 $y=a^2+b^2$,$a$ 和 $b$ 存放在 RAM30H 和 31H 中,和存放在 32H 中。

例题中的求平方采用查表法,采用数据指针指向平方表的首地址,优点是平方表可以放置在程序存储器的任何位置,不受 PC 的限制。

```
Start: MOV    A,   30H
       ACALL  SQR
       MOV    R1,  A
       MOV    A,   31H
       ACALL  SQR
```

```
        ADD     A,      R1
        MOV     32H,    A
        SJMP    $
SQR:    MOV     DPTR, #TAB
        MOVC    A,      @A+DPTR
        RET
TAB:    DB      0,1,4,9,16,25,36,49,64,81
```

**【例 3-47】** 编制用软件方法延时 1s 的子程序。

软件延时时间与执行指令的时间有关。如果使用 6MHz 晶振，一个机器周期为 $T_{cy}=2\mu s$。计算出执行每一条指令以及一个循环所需要的时间，根据要求的延时时间确定循环次数，如果单循环时间不够长，可以采用多重循环。程序如下：

```
DEL1S: MOV   R5, #05H          ;1Tcy
DELY0: MOV   R6, #200          ;1Tcy
DELY1: MOV   R7, #248          ;1Tcy
       NOP                     ;1Tcy
DELY2: DJNZ  R7, DELY2         ;2Tcy
       DJNZ  R6, DELY1         ;2Tcy
       DJNZ  R5, DELY0         ;2Tcy
       RET                     ;2Tcy
```

这是一个三重循环程序。前 4 条指令的机器周期数为 1，后 3 条指令的机器周期数为 2。执行内循环所用的机器周期数为 $248\times2=496$，执行中间循环所用的机器周期数为$(496+4)\times200=100000$；执行外循环所用的机器周期数为$(100000+3)\times5=500015$，再加上 1(执行第一条指令)就是执行整段程序所用的机器周期数。因此这段程序的延时时间位$(500015+3)\times2\mu s=1.000036s$。

$$\{1+[1+(1+1+248\times2+2)\times200+2]\times5+2\}\times2\mu s=1.000036s$$

**【例 3-48】** 片内 RAM 中存放一批数据，查出最大值，并存放于首地址中，设 R0 中存放首地址，R2 中存放字节数。R0 为 30H，R2 为 10H。

```
Start:  MOV   R2,     #10H
        MOV   R0,     #30H
        MOV   A,      R0
        MOV   R1,     A
        DEC   R2
        MOV   A,      @R1
LOOP:   MOV   R3,     A
        INC   R1
        CLR   C
        SUBB  A,      @R1
        JNC   LOOP1
        MOV   A,      @R1
        SJMP  LOOP2
LOOP1:  MOV   A,      R3
LOOP2:  DJNZ  R2,     LOOP
        MOV   @R0,    A
        END
```

【例 3-49】 编写一程序,实现图 3.15 中的逻辑运算电路。其中 P3.1、P1.1、P1.0 分别是单片机端口线上的信息,RS0、RS1 是 PSW 寄存器中的两个标志位,30H、31H 是两个位地址,运算结果由 P1.0 输出。

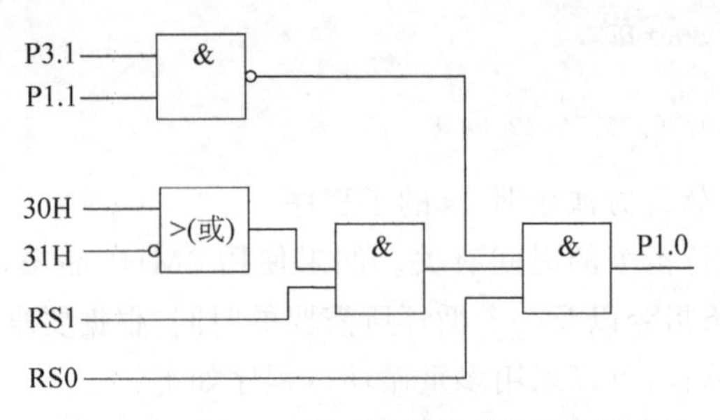


图 3.15 例 3-48 循环结构程序的嵌套形式

程序如下:

```
ORG     0000H
MOV     C,P3.1
ANL     C,P1.1
CPL     C
MOV     20H,C                           ;暂存数据
MOV     C,30H
ORL     C,/31H
ANL     C,RS1
ANL     C,20H
ANL     C,RS0
MOV     P1.0,C                          ;输出结果
SJMP    $
```

## 本章小结

(1) 51 系列单片机的寻址方式有立即数寻址、直接寻址、寄存器寻址、寄存器间接寻址、变址寻址、相对寻址和位寻址七种方式。

(2) 本章分类介绍了 51 系列单片机的指令系统,汇编指令是直接针对硬件的指令,指令效率高,因此要掌握单片机的汇编指令集。

(3) 本章介绍了伪指令,学会伪指令的使用。

(4) 掌握汇编语言程序设计的基本方法。通过采用顺序结构、分支程序、循环程序和子程序的设计方法,提高程序的效率和可读性。子程序设计的过程中注意参数的传递。

## 本章习题

1. 判断下列指令对错。

(1) MOVX A,@R7 ( )　　　　(2) PUSH PSW ( )

(3) CLR A ( )　　　　(4) DEC DPTR ( )

(5) MOVX B,@DPTR　(　　)　　　　(6) MOV R1,＃0D5H　(　　)

(7) ORL A,R1　(　)　　　　(8) XRL P2,＃45H　(　)

(9) MOVC A,@DPTR　(　)　　　　(10) POP TH0　(　)

2. 下列指令中不影响标志位CY的指令有(　　)。

(A) ADD A, 20H　　(B) CLR　　(C) RRC A　　(D) INC A

3. LJMP跳转空间最大可达到(　　)。

(A) 2KB　　(B) 256B　　(C) 128B　　(D) 64KB

4. 设累加器A的内容为0C9H,寄存器R2的内容为54H,CY=1,执行指令SUBB R2后结果为(　　)。

(A) (A)=74H　　(B) (R2)=74H　　(C) (A)=75H　　(D) (R2)=75H

5. 设(A)=0C3H,(R0)=0AAH,执行指令ANL A,R0后,结果(　　)。

(A) (A)=82H　　(B) (A)=6CH　　(C) (R0)=82　　(D) (R0)=6CH

6. 执行如下三条指令后,30H单元的内容是(　　)。

```
MOV  R1, #30H
MOV  40H, #0EH
MOV  @R1,  40H
```

(A) 40H　　(B) 30H　　(C) 0EH　　(D) FFH

7. 有如下程序段:

```
MOV   R0, #30H
SETB  C
CLR   A
ADDC  A, #00H
MOV   @R0, A
```

执行结果是(　　)。

(A) (30H)=00H　　(B) (30H)=01H　　(C) (00H)=00H　　(D) (00H)=01H

8. 从地址2132H开始有一条绝对转移指令AJMP addr11,指令可能实现的转移范围是(　　)。

(A) 2000H～27FFH　　　　(B) 2132H～2832H

(C) 2100H～28FFH　　　　(D) 2000H～3FFFH

9. 对于JBC bit,rel指令,下列说法正确的是(　　)。

(A) bit位状态为1时转移　　　　(B) bit位状态为0时转移

(C) bit位状态为1时不转移　　　　(D) bit位状态为0时不转移

(E) 转移时,同时对该位清零

10. 关于指针DPTR,下列说法正确的是(　　)。

(A) DPTR是CPU和外部存储器进行数据传送的唯一桥梁

(B) DPTR是一个16位寄存器

(C) DPTR不可寻址

(D) DPTR的地址83H

(E) DPTR是由DPH和DPL两个8位寄存器组成的

11. 对程序存储器的读操作，只能使用(　　)。

(A) MOV 指令　(B) PUSH 指令　(C) MOVX 指令　(D) MOVC 指令

12. LCALL 指令操作码地址是 2000H，执行完子程序返回指令后，PC=(　　)。

(A) 2000H　(B) 2001H　(C) 2002H　(D) 2003H

13. 判断下列(　　)说法正确。

(A) 立即寻址方式是被操作的数据本身在指令中，而不是它的地址在指令中

(B) 指令周期是执行一条指令的时间

(C) 指令中直接给出的操作数称为直接寻址

(D) 伪指令汇编后也会产生机器码。

14. 计算下面子程序执行的时间(晶振频率为 12MHz)。

```
     MOV   R3,#15          ;1个机器周期
DL1: MOV   R4,#255         ;1个机器周期
DL2: MOV   P1,R3           ;2个机器周期
     DJNZ  R4, DL2         ;2个机器周期
     DJNZ  R3, DL1         ;2个机器周期
     RET                   ;2个机器周期
```

15. 写一段程序，把片外 RAM 中 1000H～102FH 的内容传送到内部 RAM 的 30H～5FH 中。

16. 写一个程序，将内部 RAM 中 45H 单元的高 4 位清 0，低 4 位置 1。

17. 试编写程序，查找在内部 RAM 的 30H～50H 单元中是否有 0AAH 这一数据。若有，则将 51H 单元置为“01H”；若未找到，则将 51H 单元置为“00H”。

18. 设 $X$ 存在 30H 单元中，根据下式：

$$Y=\begin{cases}X+2 & \text{当 } X>0\\ 100 & \text{当 } X=0\\ |X| & \text{当 } X<0\end{cases}$$

求出 $Y$ 值，将 $Y$ 值存入 31H 单元。

# 第4章　单片机高级语言程序设计

【思政融入】

——C语言是程序员的信仰，它让你相信，代码的力量可以改变世界。

本章主要根据C51与单片机硬件结合的特殊点，介绍C51的基本数据类型、存储器类型、C51对单片机内部部件的定义以及C51的指针，并通过介绍C51的运算符和常用语句，说明运用C语言编写单片机应用程序的思路。

【本章目标】

- 理解C51的数据类型、存储器类型以及C51对单片机内部部件的定义；
- 能够运用C语言编写单片机应用程序。

## 4.1　C51概述

以前的单片机系统主要用汇编语言编写，但是由于汇编程序的可读性和可移植性都较差，采用汇编语言编写单片机应用程序不但周期长，而且调试和排错也比较困难。为了提高单片机应用程序的编写效率，提高程序的可读性和可移植性，采用高级编程语言是很好的选择。

C语言是嵌入式系统中一种通用的程序设计语言，它具有丰富的数据类型、运算符和功能函数，程序结构层次分明，可移植性较好，适用于各种应用的程序设计，是目前嵌入式系统中使用较广的编程语言。嵌入式系统中使用的C语言与标准C语言相比，其语法规则是基本相同的，但由于它控制的是嵌入式系统硬件，而不同的嵌入式系统核心控制部件是不同的，因此，不同的嵌入式系统的C语言需采用不同的C编译器。

51系列单片机采用C51编译器(简称C51)进行C语言编程。由C51产生的目标代码短、运行速度高、所需存储空间小。C51符合C语言的ANSI标准，生成的代码遵循Intel目标文件格式，且可与A51汇编语言或PL/M51语言目标代码混合使用。与汇编语言相比，采用C语言编写单片机应用程序具有以下优点：

(1) 无须了解机器硬件及其指令系统，只需初步了解单片机的存储器结构；

(2) 寄存器的分配和寻址方式由C51管理，无须考虑存储器的寻址和数据类型等细节问题；

(3) 程序由若干函数组成，具有良好的模块化结构，并具有良好的可读性和可维护性；

(4) 拥有丰富的子程序库，可减少编程的工作量，缩短编程与调试时间；

(5) C语言具有良好的可移植性，可以较容易地把其他机器上的C语言程序移植到单片机上。

同标准C语言一样，C51的程序中必须有一个主函数main()，并可以由多个子函数组成。程序的执行从main()函数开始，调用其他子函数后返回主函数，最后在主函数中结束整个程序。这里的子函数和其他语言中的“子程序”或“过程”具有相同的意义。除此之外，C51中的程序头部、格式、运算符等，也均与标准C语言相同。

## 4.2 C51的数据类型

C51中的数据有常量和变量之分。在程序运行中值保持不变的量被称为常量，而值可以改变的量则称为变量。一个变量由变量名和变量值构成，变量名可以用存储单元地址的符号表示，而变量值就是该单元存放的内容。无论何种数据都存放在存储单元中，每一个数据所要占用的单元个数(数据长度)，都需要提供给编译系统，编译系统以此为根据预留存储单元，因此就需要对数据类型进行定义。

C语言的基本数据类型有字符型(char)、整型(int)、短整型(short)、长整型(long)、浮点型(float)和双精度浮点型(double)。在C51中，short型与int型相同，double型与float型相同，且char、int、long型均有有符号型(signed)和无符号型(unsigned)两种。另外，C51还包括了指针型(*)数据。

除此之外，为了更加有效地利用MCS-51系列单片机的结构，C51中还加入了特殊的数据类型：位标量(bit)、可寻址位(sbit)、特殊功能寄存器(sfr)和16位特殊功能寄存器(sfr16)。完整的C51基本数据类型如表4.1所示。

表4.1 C51基本数据类型

| 数据类型 | | 长度 | 值域 |
|---|---|---|---|
| 字符型 | signed char | 1B | −128～+127 |
| | unsigned char | 1B | 0～255 |
| 整型 | signed int | 2B | −32768～+32867 |
| | unsigned int | 2B | 0～65535 |
| 长整型 | signed long | 4B | −2147483648～+2147483647 |
| | unsigned long | 4B | 0～4294967295 |
| 浮点型 | float | 4B | ±1.176E−38～±3.40E+38 |
| 指针型 | * | 1～3B | 对象地址 |
| 位标量 | bit | 1b | 0或1 |
| 特殊功能寄存器 | sfr | 1B | 0～255 |
| 16位特殊功能寄存器 | sfr16 | 2B | 0～65535 |
| 可寻址位 | sbit | 1b | 0或1 |

### 1. 字符型(char)

字符型的长度是一个字节，通常用于定义处理字符数据的变量或常量。字符型分为有符号字符型(signed char)和无符号字符型(unsigned char)，默认值为signed char型。

signed char型用字节的最高位来表示数据的符号，“0”表示正数，“1”表示负数，负数用补码表示，所能表示的数值范围是−128～+127。unsigned char型用字节中所有的位来表示数值，表示的数值范围是0～255。它常用于处理ASCII字符，或用于处理小于或等于255的整型数。

### 2. 整型(int)

整型的长度是两个字节，通常用于存放一个双字节的数据。整型分为有符号整型(signed int)和无符号整型(unsigned int)，默认值为signed int型。

signed int 型用字节的最高位来表示数据的符号，“0”表示正数，“1”表示负数，所表示的数值范围是－32768～＋32767。unsigned int 型表示的数值范围是 0～65535。

### 3．长整型(long)

长整型的长度是 4B，通常用于存放一个 4B 的数据。长整型分为有符号长整型(signed long)和无符号长整型(unsigned long)，默认值为 signed long 型。

signed long 型同样用字节的最高位来表示数据的符号，“0”表示正数，“1”表示负数，所表示的数值范围是－2147483648～＋2147483647。unsigned long 型表示的数值范围是 0～4294967295。

### 4．浮点型(float)

浮点型的长度是 4B(32 位二进制数)，为符合 IEEE 754 标准的单精度浮点型数据，所表示的数值范围是±1.176E－38～±3.40E＋38。

### 5．指针型(＊)

指针型的本身是一个变量，在这个变量中存放着指向另一个数据的地址。指针变量要占据一定的内存单元，对不同的处理器长度也不尽相同，在 C51 中它的长度一般为 1～3B。长度为 1B 的指针型数据存放的是 1B 地址；长度为 2B 的指针型数据存放的是 2B 地址；长度为 3B 的指针型数据，其中 1B 为存储器类型编码，2～3B 为地址偏移量。

### 6．位标量(bit)

位标量是 C51 的一种扩充数据类型，长度为 1 个二进制位，所表示的数值为 0 或 1。它可以用来定义一个位标量，但是不能定指针或位数组。与 51 单片机有关的位操作必须定位在片内 RAM 中的位寻址空间。

### 7．特殊功能寄存器(sfr)

特殊功能寄存器也是一种扩充数据类型，长度为 1B，占用一个内存单元，表示的数值范围是 0～255。也就是说，值域为 0～255 的用户都可以访问 51 单片机内部的所有特殊功能寄存器。例如：

```
sfr P0 = 0x90;
```

这样定义后，P0 标识符代表单片机 P0 端口在片内的寄存器(地址 0x90)，之后可以用 P0＝255(对 P0 端口的所有引脚置高电平)之类的语句来操作特殊功能寄存器。需要注意的是，定义中“＝”号后面的地址必须是常数，且必须在特殊功能寄存器的地址范围内，位于 0x80～0xFF。

### 8．16 位特殊功能寄存器(sfr16)

16 位特殊功能寄存器长度为 2B，占用两个内存单元，表示的数值范围是 0～65535。sfr16 和 sfr 一样，可以用于操作特殊功能寄存器，所不同的是它用于操作占两个字节的寄存器。

### 9．可寻址位(sbit)

可寻址位也是 C51 的一种扩充数据类型，长度为 1 个二进制位，所表示的数值为 0 或 1。它可以用来访问芯片内部 RAM 中的可寻址位或特殊功能寄存器中的可寻址位。例如：

```
sfr P0 = 0x90;                  //定义 P0 口,地址为 90H
```

```
sbit P0_1 = P0^1;              //定义 P0_1 为 P0 中的第 1 位
```

这样定义后,在以后的程序语句中就可以用 P0_1 来对 P0 口的第 1 位引脚进行读写操作了。这里的运算符"^"表示位,其后的最大取值依赖于该位所在的字节寻址变量的定义类型,例如定义为 char 型,最大值智能为 7。

bit、sbit、sfr 和 sfr16 数据类型专门用于 C51 编译器,并不是标准 C 语言的一部分,不能通过指针进行访问。另外,在程序编译时,当结果为不同的数据类型时,C51 可以自动转换数据类型,例如位变量在整数分配中就被转换成一个整型值。除了数据类型的转换之外,带符号变量的符号扩展也是自动完成的。

## 4.3 C51 存储器类型与模式

### 4.3.1 C51 存储器类型

C51 是面向 51 系列单片机的开发语言,它提供对单片机所有存储器的访问。C51 定义的变量必须以一定存储器类型的方式定位在单片机的某一存储区中,否则便没有意义。因此,C51 在定义变量类型时,还必须定义它的存储器类型。

51 单片机的存储器可以分为内部数据存储器、外部数据存储器以及程序存储器。内部数据存储器是可读写的,最多可有 256B,其中低 128B 可直接寻址,高 128B(0x80～0xFF)只能间接寻址,从 20H 开始的 16B 可位寻址。内部数据存储器又可以分成 3 个不同的存储类型: data、bdata 和 idata。外部数据存储器也是可读写的,一般通过数据指针加载地址来间接访问,因此访问外部数据存储器比访问内部数据存储器要慢。外部数据存储器又可以分成 2 个不同的存储类型: pdata 和 xdata。程序存储器是只读的,在 CPU 内部或者外部或者内外都有,具体由硬件决定。C51 具体的存储器类型如表 4.2 所示。

表 4.2　C51 的存储器类型

| 存储器类型 | | 描　述 |
|---|---|---|
| 直接寻址内部数据存储器 | data | 访问变量速度最快(128B) |
| 可位寻址内部数据存储器 | bdata | 允许位与字节混合访问(16B) |
| 间接寻址内部数据存储器 | idata | 可访问全部内部地址空间(256B) |
| 分页外部数据存储器 | pdata | 由操作码 MOVX @Ri 访问(256B) |
| 外部数据存储器 | xdata | 由 MOVX @DPTR 访问(64KB) |
| 程序存储器 | code | 由 MOVC @A+DPTR 访问(64KB) |

1. 直接寻址内部数据存储器(data)

data 存储器声明中的存储类型标识符为 data,通常指低 128B 的内部数据器存储的变量,可直接寻址。

data 存储器的寻址是最快的,一般把常用的变量放在 data 存储器中。但是 data 存储器的空间是有限的,因为除了包含程序变量外,它还包含了堆栈和寄存器组。

2. 可位寻址内部数据存储器(bdata)

bdata 存储器声明中的存储类型标识符为 bdata,指内部可位寻址的 16B 存储区(20H～

2FH)可位寻址变量的数据类型。

bdata存储器实际就是data存储器中的位寻址区,在这个区声明变量就可以进行位寻址。位变量的声明对状态寄存器来说是十分有用的,因为它可能仅仅需要使用某一位,而非整个字节。

3. 间接寻址内部数据存储器(idata)

idata存储器声明中的存储类型标识符为idata,指内部的256B的存储区,但是只能间接寻址,速度比直接寻址慢。

idata存储器也可存放比较常用的变量,使用寄存器作为指针进行寻址,即在寄存器中设置8位地址进行间接寻址。与外部存储器寻址相比,它的指令执行周期和代码长度都比较短。

4. 分页外部数据存储器(pdata)

pdata存储器声明中的存储类型标识符为pdata,仅指定1页或256B的外部数据区。

pdata存储器属于外部存储器,最多可有64KB,当然这些地址不必全部用作存储器。外部存储器一般通过数据指针加载地址来间接访问,因此比访问内部数据存储器要慢。

5. 外部数据存储器(xdata)

xdata存储器声明中的存储类型标识符为xdata,可以指定外部数据区64KB(65536B)之内的任何地址。

对pdata存储器的寻址比对xdata存储器的寻址要快,因为对pdata存储器只需装入8位地址,而对xdata存储器寻址需要装入16位地址,所以要尽量把外部数据存储在pdata存储器中。

6. 程序存储器(code)

code存储器声明中的存储类型标识符为code,可以访问程序存储区。

code存储器的数据是不可改变的,跳转向量和状态表对code存储器的访问和对xdata存储器的访问时间是一样的。编译的时候需要对code存储器的对象进行初始化,否则会产生错误。

如果编程时不对变量的存储器类型进行定义,则C51承认默认的存储器类型,由编译控制命令的存储器的模式部分决定。

下面是使用存储器类型的变量说明举例:

```
char data var;                          //字符变量var定位在直接寻址内部数据存储区
char code text [] = "Enter parameter: "; //字符数组text[]定位在程序存储区
unsigned long xdata array [100];        //无符号长型数组array[100]定位在外部数据存储区
float idata x, y,z;                     //浮点型变量x、y、z定位在间接寻址内部数据存储区
unsigned int pdata dimension;           //无符号整型变量dimension定位在分页外部数据存储区
unsigned char xdata vector [10][4][4];  //无符号字符三维数组定位在外部数据存储区
sfr P0 = 0x80;                          //定义P0口,地址为80H
sbit Rl = 0x98;                         //定义R1,位地址为98H
char bdata flags;                       //字符变量flags定位在可位寻址内部数据存储区
sbit flag0 = flags^1;                   //定义flag0为flags中的第1位
```

### 4.3.2 C51存储器模式

如果省略变量的存储类型说明,C51 则会按照以下存储模式所规定的默认存储类型去指定变量的存储区域。也就是说,存储器模式决定了无明确存储器类型说明的变量、函数参数传递区的存储器类型。C51 通常是在固定的存储器地址传递变量参数。C51 的存储器模式有 SMALL、COMPACT 和 LARGE 三种,具体见表 4.3。

表 4.3 C51 的存储器模式

| 存储器模式 | 描　述 |
| --- | --- |
| SMALL | 参数及局部变量放入可直接寻址的内部数据存储器(最大 128B,默认存储器类型是 data) |
| COMAPCT | 参数及局部变量放入分页外部数据存储器(最大 256B,默认存储器类型是 pdata) |
| LARGE | 参数及局部变量直接放入外部数据存储器(最大 64KB,默认存储器类型是 xdata) |

1. SMALL 模式

使用 SMALL 模式时,所有变量都被默认位于内部数据存储器,参数传递是在内部数据存储器中完成的,这和使用 data 指定存储器类型的方式是一样的。在该模式下,变量访问的效率很高,但所有的数据对象和堆栈必须适合内部存储器。

2. COMPACT 模式

使用 COMPACT 模式时,所有变量都被默认位于外部数据存储器的一页内,参数是在外部存储器中传递的,这和使用 pdata 指定存储器类型的方式是一样的。该存储器类型适用于变量不超过 256B 的情况,此限制是由寻址方式所决定的。与 SMALL 模式相比,该模式的效率比较低,对变量的访问速度也较慢,但比 LARGE 模式快。

3. LARGE 模式

使用 LARGE 模式时,所有变量都被默认位于外部数据存储器,参数在外部存储器中传递,这和使用 xdata 指定存储器类型的方式是一样的,并只用数据指针 DPTR 寻址。通过数据指针访问外部数据存储器的效率较低,该模式要比 SMALL 和 COMPACT 模式产生更多的代码。

同时,C51 也支持混合模式,例如,在 LARGE 模式下的程序可以定义使用以 SMALL 模式传递参数的函数,从而加快执行速度。

## 4.4 C51对单片机内部部件的定义

### 4.4.1 C51对特殊功能寄存器的定义

51 单片机中,除了程序计数器和 4 组通用寄存器组外,其他所有的寄存器均为 SFR,分散在片内 RAM 区的高 128B 中,地址范围为 0x80～0xFF。为了能直接访问这些 SFR,C51 提供了一种自主形式的定义方式,使用特定关键字 sfr 作特殊功能寄存器的定义。定义格式如下:

```
sfr 特殊功能寄存器名 = 绝对地址;
```

其中，特殊功能寄存器名遵循C语言的标识符命名规则，并且被赋予相应的绝对地址值，该地址值必须是0x80～0xFF的地址常量，且不能是任何带运算符的表达式。例如：

```
sfr P0 = 0x80;                    //定义 P0 地址为 80H,代表 51 单片机的端口 0
sfr SCON = 0x98;                  //定义 SCON 地址为 98H,代表串行通信控制寄存器
sfr TMOD = 0x89;                  //定义 TMOD 地址为 89H,代表定时器模式控制寄存器
sfr ACC = 0xE0;                   //定义 ACC 地址为 98H,代表累加器 A
```

定义了以后，在C51程序中就可以直接引用寄存器名。

C51建立了一个头文件reg51.h(增强型为reg52.h)，该头文件对所有的特殊功能寄存器进行了sfr定义。因此，只要用包含语句＃ include<reg51.h>或＃ include<reg52.h>，就可以直接引用特殊功能寄存器的名称。需要注意的是，在引用时，特殊功能寄存器的名称必须大写。

### 4.4.2　C51对特殊功能位的定义

在应用51单片机时，有时需要单独访问特殊功能寄存器中的位，C51使用特定关键字sbit作特殊功能寄存器中的可寻址位的定义。定义的格式有以下三种。

#### 1. 格式1

```
bit 位名 = 特殊功能寄存器名^整型常量;
```

其中，位名为特殊功能位的名字，整型常量为0～7的整数，特殊功能寄存器必须是已经定义好的sfr型名字。例如：

```
sfr PSW = 0xD0;                   //定义 PSW 地址为 D0H
sbit OV = PSW^2;                  //定义 OV 为 PSW 的第 2 位
sbit CY = PSW^7;                  //定义 CY 为 PSW 的第 7 位
```

#### 2. 格式2

```
sbit 位名 = 绝对地址^整型常量;
```

其中，绝对地址必须为0x80～0xFF，且能被8整除，整型常量为0～7的整数。例如：

```
sbit OV = 0xD0^2;
sbit CY = 0xD0^7;
```

#### 3. 格式3

```
sbit 位名 = 位绝对地址;
```

其中，绝对地址必须为0x80～0xFF，且必须是可位寻址的特殊功能位的地址。例如：

```
sbit OV = 0xD2;
sbit CY = 0xD7;
```

同样，在C51建立的头文件reg51.h(增强型为reg52.h)中，对特殊功能寄存器的有位名称的可寻址位也进行了sbit定义。因此，只要用包含语句＃ include<reg51.h>或＃ include<reg52.h>，就可以直接引用位名称，引用时位名称必须大写，例如：

```
# include <reg51.h>
sbit P0_1 = P0^1;                  //定义 P0_1 为 P0 口的第 1 位
sbit sc = SCON^2;                  //定义 sc 为串行通信控制寄存器的第 2 位
```

### 4.4.3 C51 对存储器绝对地址的访问

C51 提供了对存储器绝对地址访问的方法。在程序中，利用语句 # include < absacc. h >，即可通过访问头文件 absacc. h，对不同的存储器的存储单元进行访问。该头文件的函数见表 4.4。

表 4.4 头文件 absacc. h 的函数

| 函　数 | 说　　明 | 函　数 | 说　　明 |
|---|---|---|---|
| CBYTE | 访问 code 区字符型 | CWORD | 访问 code 区 int 型 |
| DBYTE | 访问 data 区字符型 | DWORD | 访问 data 区 int 型 |
| PBYTE | 访问 pdata 或 I/O 区字符型 | PWORD | 访问 pdata 区 int 型 |
| XBYTE | 访问 xdata 或 I/O 区字符型 | XWORD | 访问 xdata 区 int 型 |

需要注意的是，编写程序时必须包含头文件 absacc. h，且引用的函数名称必须大写，例如：

```
# include <absacc.h>
# define com XBYTE[0x07FF];        //com 变量出现的地方即为对地址 07FFH 的外部数据寄存器或
                                   //I/O 接口进行访问
XWORD[0] = 0x9988;                 //将 9988H(int 型)送入外部数据寄存器的 0 号和 1 号单元
val = XBYTE[0x0025];               //将程序存储器 25H 单元的内容送入变量 val
```

### 4.4.4 C51 对 I/O 接口的访问

MCS-51 系列单片机并行 I/O 接口除了芯片上的 4 个 I/O 接口(P0～P3)外，还可以在片外扩展 I/O 接口。51 单片机 I/O 接口与数据存储器统一编址，即把一个 I/O 接口当做数据存储器中的一个单元来看待。

使用 C51 编程时，片内的 I/O 接口与片外扩展的 I/O 接口可以统一在一个头文件中定义，也可以在程序中进行定义。对片内 I/O 接口可按特殊功能寄存器的方法定义，例如：

```
sfr P0 = 0x80;                     //定义 P0 口，地址为 80H
sfr P1 = 0x90;                     //定义 P1 口，地址为 90H
```

对于片外扩展 I/O 接口，则可根据硬件译码地址，将其看作片外数据存储器的一个单元，使用 XBYTE(MOVX @DPTR)或 PBYTE(MOVX @Ri)进行访问，例如：

```
# include <absacc.h>
# define PORTA XBYTE[0xFFC0];      //将 PORTA 定义为外部 I/O 接口，地址为 FFC0H
```

一旦在头文件或程序中对这些片外 I/O 接口进行定义后，在程序中就可以使用变量名与其实际地址的联系，以便用软件模拟 MCS-51 的硬件操作。

# 4.5　C51的指针

C51编译器支持用星号“*”进行指针声明,可以用指针完成在标准C语言中的所有操作。除此之外,基于51单片机的独特结构,C51支持两种不同类型的指针,即通用指针和存储器指针。

## 4.5.1　通用指针

C51通用指针的声明和使用均与标准C语言相同,但它同时还可以说明指针本身的存储类型,例如:

```
long * state;          //long 型指针,state 本身在默认存储器(如不指定编译模式在 data 区)
char * data px;        //char 型指针,px 本身在 data 区
```

通用指针用3B来保存,第1字节表示数据对象的存储器类型编码,第2和第3字节分别存放该数据对象的高位和低位地址偏移量。存储器类型决定了数据对象所在的51单片机存储空间,偏移量为数据对象在特定类型空间的实际地址。通用指针第1字节表示的存储器类型编码见表4.5。

**表4.5　C51通用指针的存储器类型编码**

| 存储器类型 | idata | xdata | pdata | pdata | code |
|---|---|---|---|---|---|
| 编码 | 1 | 2 | 3 | 4 | 5 |

例如,若指针变量px值为0x021202,则表示指针指向xdata区的1202H地址单元。

通用指针可以用来访问位于任意存储器的所有类型的变量,因而许多的库函数都使用通用指针。通过使用通用指针,函数访问数据时无须考虑它具体存储在什么类型的存储器中。但是,通用指针产生的代码比存储器指针代码的执行速度要慢,因为存储器在运行前是未知的,编译器不能优化存储器访问,必须产生可以访问任何存储器的通用代码。如果优先考虑执行速度,应该尽量使用存储器指针,而不用通用指针。

## 4.5.2　存储器指针

C51允许规定指针指向具体的存储器,这种指针叫做存储器指针。存储器指针在定义时包括一个数据对象的存储器类型说明,并且总是指向此说明的特定存储器空间,例如:

```
long xdata * state;        //指针指向 long 型 xdata 区,state 本身在默认存储器
char xdata * data ptr;     //指针指向 char 型 xdata 区,ptr 本身在 data 区
xdata char * data ptr;     //与上例相同
```

由于存储器类型在编译时已经确定,通用指针中用来表示存储器类型的字节就不再需要了,因此存储器指针只需1～2B。指向idata、data、bdata和pdata的存储器指针用1个字节保存,指向code和xdata的存储器指针用2B保存。

使用存储器指针能够节省存储空间,编译器不用为存储器选择和决定争取的存储器操作指令产生代码,它比通用指针效率要高,速度要快。但是使用存储器指针必须保证指针不

指向所声明存储器以外的地方，否则会产生错误。该指针通常在所指向目标的存储空间明确，而且不会变化的情况下使用。

## 4.6 C51的运算符与常用语句

### 4.6.1 C51运算符

C51中常用的运算符主要包括算术运算符、关系运算符、逻辑运算符、位运算符、赋值运算符、条件运算符和指针运算符，如表4.6所示。

**表4.6 C51运算符**

| 类　型 | 运　算　符 |
|---|---|
| 算术运算符 | ＋，－，＊，/，％，＋＋，－－ |
| 关系运算符 | ＜，＞，＜＝，＞＝，＝＝，!＝ |
| 逻辑运算符 | &&，\|\|，! |
| 位运算符 | &，\|，^，～，＜＜，＞＞ |
| 赋值运算符 | ＝，＋＝，－＝，＊＝，/＝，％＝，&＝，\|＝，^＝，＜＜＝，＞＞＝ |
| 指针运算符 | ＝＊，＝& |

#### 1. 算术运算符

常用的算术运算符有加"＋"、减"－"、乘"＊"、除"/"和求余"％"。优先级为先乘除，后加减，先括号内，再括号外。

另外，C语言还提供了自增运算符"＋＋"和自减运算符"－－"，可以使变量自动加1或减1。＋＋i表示在使用i之前，i值加1；i＋＋表示在使用i之后，i值加1。自减运算符的使用与自增运算符相同。

#### 2. 关系运算符

关系运算实际上是比较运算，常用的关系运算符有小于"＜"、大于"＞"、小于或等于"＜＝"、大于或等于"＞＝"、相等"＝＝"和不相等"!＝"。前4种的优先级高于后2种；关系运算符的优先级低于算术运算符。

#### 3. 逻辑运算符

常用的逻辑运算符有逻辑与"&&"、逻辑或"||"和逻辑非"!"。逻辑非的优先级高于算术运算符，逻辑与和逻辑或的优先级低于关系运算符。

#### 4. 位运算符

C语言支持二进制位操作，对字节或位进行设置或移位。常用的位运算符有按位与"&"、按位或"|"、按位异或"^"、位取反"～"、位左移"＜＜"和位右移"＞＞"。例如，a＝1001B、b＝1101B，表达式a&b值为1001B，～a值为0110B，a＜＜2值为1000B。

#### 5. 赋值运算符

赋值运算符"＝"表示将右侧的值赋值给左侧的变量或数组元素。如果"＝"两侧的数据类型不一致，需要将右侧数据转换为左侧数据类型。例如，变量x是int型数据，经过赋值操作a＝3.12后，a的值为3，舍掉了小数部分。

除了“=”之外，C 语言还提供了多种复合赋值运算符，包括复合算术运算符“+=”“-=”“*=”“/=”“%=”以及复合位运算符“&=”“|=”“^=”“<<=”“>>=”。例如，a-=b 相当于 a=a-b，a>>=2 相当于 a=a>>2。

6. **指针运算符**

C 语言提供对指针进行操作的运算符，主要包括取地址“=&”和取内容“=*”。例如，b=&a 表示将 a 的地址送给 b，c=*a 表示将以 a 的内容为地址的单元的内容送给 c。

### 4.6.2 C51 常用语句

同标准 C 语言一样，C51 也由各种语句组成。由于 C51 编译器是针对单片机的，因此标准 C 语言中的 scanf 和 printf 等对计算机的键盘和显示器的输入、输出语句，在 C51 中是无效的。下面按照 C51 程序的 3 种基本结构（顺序结构、分支结构、循环结构），对在程序设计中常用的语句进行简单的描述。

1. **顺序结构语句**

顺序结构是构成结构化程序的一种基本结构。所谓顺序结构，就是将一个复杂的运算分解成若干依次执行的步骤，这些步骤或再分解，或用一个简单语句表达，由它们组合构成的一个不可分割的、顺序执行的语句序列整体。

在顺序结构中比较常用的是表达式语句。所谓表达式，就是用运算符将运算对象连接起来构成的合乎语法规则的式子。所有表达式语句都是由表达式后加分号构成的语句。表达式语句主要实现对数据的处理，例如：

(1) i=1；//i=1 是一个赋值表达式，加分号构成语句；

(2) ++i；//等价于 i=i+1；

(3) x=10；y=20；//合法表达式语句，两个赋值语句在同一行。

一个赋值表达式加分号构成的语句称为赋值表达式语句，简称赋值语句。赋值语句是最基本的和使用频率最高的语句之一。

**【例 4-1】** 完成 19805×24503 的编程，并将乘积存放在外部数据存储器 0 号开始的单元。

**解**：由于两个乘数比较大，乘积更大，因此数据对象采用 unsigned long 型，程序如下。

```
main()
{ unsigned long xdata * p;    //定义指针 p 指向 unsigned long 型的 xdata 区
  p = 0;                      //地址指向 0 号单元
  unsigned long x = 19805;    //定义 x 为 unsigned long 型,并赋初值
  unsigned long y = 24503;    //定义 y 为 unsigned long 型,并赋初值
  unsigned long z;            //定义 z 为 unsigned long 型
  z = x * y;
  * p = z;                    //乘积存入外部数据存储器 0 号单元
}
```

对于复杂的运算也可以采用查表的方法，C51 中的表就是数组。数组的使用同变量一样，要先进行定义，即需要说明数组的名称、维数、数据类型和存储类型。

2. **分支结构语句**

分支是选择结构的一种形式，通常由给定的条件进行判断，决定执行多个分支中的某一

支。常见的分支结构可由 if 语句构成，C51 提供了以下两种形式的 if 语句。

形式 1：

```
if(条件表达式)语句
```

其中，若条件表达式的结果为真（非 0 值），则执行后面的语句；反之，不执行后面的语句，转而执行下一条语句。

形式 2：

```
if(条件表达式)语句 1
else 语句 2
```

其中，若条件表达式的结果为真（非 0 值），则执行语句 1；反之，执行语句 2。这里的 if-else 语句还可以嵌套使用。

**【例 4-2】** 单片机内部数据存储器的 20H 单元存放一个有符号数 $x$，数 $y$ 与 $x$ 的关系如下：

$$y=\begin{cases}x-2 & (x\geqslant 0)\\ x+2 & (x<0)\end{cases}$$

计算 $y$ 的值，并将结果存放在 21H 单元。

**解：**

```
main()
{ char data x, * p, * y;          //定义 x、指针 p、指针 y 指向 char 型的 data 区
  p = 0x20;                       //地址为 20H
  y = 0x21;                       //地址为 21H
  for(;;)                         //为观察执行结果，采用了死循环语句，可按组合键 Ctrl + C 退出
  { if(x >= 0) * y = x - 2;
    if(x < 0) * y = x + 2;
  }
}
```

当分支较多时，采用 if 条件语句会使程序的嵌套层次太多，可读性较差。这时，可以使用由 switch 和 case 构成的开关语句直接处理多分支选择，使程序结构清晰，使用方便，其形式如下。

```
switch(表达式)
{ case 常量条件表达式 1: 语句 1
                        break;
  case 常量条件表达式 2: 语句 2
                        break;
……
  case 常量条件表达式 n: 语句 n
                        break;
  default: 语句 n + 1
  }
```

其中，程序先进行表达式的运算，若表达式的值与某一 case 后面的常量表达式相等，则执行该 case 后面的语句。当 case 语句后面有 break 语句时，执行完这一 case 语句后，跳出

switch 语句；若无 break 语句，则继续执行下一条 case 语句。若表达式的值与所有 case 的常量表达式值均不相等，则执行 default 后面的语句，然后退出 switch 语句。

**【例 4-3】** 根据通用寄存器 R5 内容的不同，数 $z$ 与 $x$、$y$ 的关系如下：

$$z=\begin{cases} x+y & (\mathrm{R5}=0) \\ x-y & (\mathrm{R5}=1) \\ x\times y & (\mathrm{R5}=2) \\ x\div y & (\mathrm{R5}=3) \end{cases}$$

除此之外，$z$ 值为 0。

**解：**

```
# include < absacc.h >
# define R5 DBYTE[0x05]
main()
{ int x,y,z;
  for(;;)
  { switch(R5)
    { case 0: z = x + y; break;
      case 1: z = x - y; break;
      case 2: z = x * y; break;
      case 3: z = x/y; break;
    }
    z = 0;
  }
}
```

### 3. 循环结构语句

C51 中用来构成循环结构的语句主要有 while、do-while 和 for 语句。

在 while 结构中，当条件成立时进入循环体，然后重复执行循环体，直至条件不再满足时退出。其一般形式为：

```
while(条件表达式)  循环语句
```

do-while 结构则是无条件进入循环体，执行一次循环后再判断是否满足条件，若满足则再进入循环体。其一般形式为：

```
do 循环语句 while(条件表达式)
```

**【例 4-4】** 用 do-while 语句完成 1＋2＋…＋10 的累加。

**解：**

```
main()
{ int i = 1,sum = 0;
  do
  { sum += i;
    i++;
  }
  while(i <= 10)
}
```

除此之外，for 结构也常用于构成循环，该结构可以把初始化、改变循环条件、判断写在一起，也可以将初始化写在循环体外，使用起来更方便，功能更强，其形式如下：

```
for(初值设定表达式; 循环条件表达式; 更新表达式) 循环语句
```

程序首先执行初值设定表达式，若满足循环条件，则进入循环体，再按更新表达式修改变量，之后继续判断是否满足循环条件；若不满足循环条件，则退出执行 for 的下一条语句。

**【例 4-5】** 用 for 语句完成 1＋2＋…＋10 的累加。

**解：**

```
main()
{ int sum = 0;
  for(int i = 1; i <= 10; i++)
  sum += i;
}
```

## 4.7 C 语言与汇编语言的混合编程

由于单片机硬件的限制，在有些场合无法用 C 语言，而只能用汇编语言来编写程序。大多数情况下，汇编程序能和 C 语言程序很好地结合在一起。通常用 C 语言编写主程序，用汇编语言编写与硬件相关的子程序。在 Keil C51 中，是将不同的模块分别编译，再通过连接生成一个可执行文件。

### 4.7.1 混合编程的函数声明

在用汇编语言编写的程序中，变量的传递参数所使用的寄存器一般是无规律的，这会导致汇编语言编写的函数之间参数传递比较混乱。如果在编写汇编功能函数时仿照 C51 的参数传递标准，就可以使汇编函数和 C 函数之间的连接变得容易。

在 C 语言程序中调用汇编程序时，为了使汇编程序段和 C 程序能够兼容，必须为汇编程序段指定段名并进行定义。如果要在它们之间传递函数，则必须保证汇编程序用来传递函数的存储器和 C 函数使用的存储器是一样的。被调用的汇编函数不仅要在汇编程序中使用伪指令以使 CODE 选项有效，并声明为可再定位的段类型，而且还要在调用它的 C 语言主程序中进行声明。函数名的转换规律如表 4.7 所示。

**表 4.7 函数名的转换规律**

| 主函数中的声明 | 汇编符号名 | 说　明 |
|---|---|---|
| void func(void) | FUNC | 无参数传递或不含寄存器参数的函数名，不作改变转入目标文件中，名字只是简单地转为大写形式 |
| void func(char) | _FUNC | 带寄存器参数的函数名，前面加"_"字符前缀以示区别，它表明这类函数包含寄存器内的参数传递 |
| void func(void)reentrant | _? FUNC | 重入函数，前面加"_?"字符前缀以示区别，它表明这类函数包含栈内的参数传递 |

### 4.7.2 混合编程的参数传递

在混合编程中，关键解决是入口参数和出口参数的传递问题。对于有传递参数的函数，必须符合参数的传递规则,C51 编译器多使用寄存器或存储器进行参数传递。利用寄存器传递最多只能传递 3 个参数,并选择固定的寄存器,详见表 4.8。

**表 4.8　接收参数的寄存器**

| 参　　数 | char | int | long,float | 通用指针 |
|---|---|---|---|---|
| 参数 1 | R7 | R6,R7 | R4～R7 | R1～R3 |
| 参数 2 | R5 | R4,R5 | — | — |
| 参数 3 | R3 | R2,R3 | — | — |

如果传递参数寄存器不够用,可以使用存储器传送,通过指针取得参数。下面是几个参数传递的例子:

```
func1(int a)                  //"a"是第一个参数,在 R6,R7 中传递,高 8 位在 R6 中,低 8 位在 R7 中
func2(int a, int b, int * c)  //"a"在 R6,R7 中传递,"b"在 R4,R5 中传递,指针变量"d"在 R1,R2,R3
                              //中传递
func3(long a, long b)         //"a"在 R4～R7 中传递,"b"不能在寄存器中传递,只能在局部数据段
                              //中传递
```

当从函数中返回值时,C51 通过转换使用内部存储区,编译器将使用当前寄存器组来传递返回参数。返回参数所使用的寄存器如表 4.9 所示。

**表 4.9　函数返回值的寄存器**

| 返　回　值 | 寄存器 | 说　　明 |
|---|---|---|
| bit | C | 由具体标志位返回 |
| (unsigned)char | R7 | 单字节由 R7 返回 |
| (unsigned)int | R6,R7 | 双字节由 R6 和 R7 返回,高位在 R6 中,低位在 R7 中 |
| (unsigned)long | R4～R7 | 高位在 R4,低位在 R7 中 |
| float | R4～R7 | 32 位 IEEE 格式,指数和符号位在 R7 中 |
| 指针 | R1～R3 | 存储器类型在 R3 中,高位在 R2 中,低位在 R1 中 |

返回表中这些类型的函数可使用相应的寄存器来存储局部变量,直到这些寄存器被用来返回参数。例如,如果函数要返回一个长整型,就可以方便地使用 R4～R7 这 4 个寄存器,而不需要额外声明一个段来存放局部变量,存储区就更加优化了。

**【例 4-6】**　在汇编程序中比较两数 $x$ 和 $y$ 的大小,将大数放到 data 区的 20H 单元,由 C 程序的主函数取出。

**解**:程序分为两个模块,模块 1 为 C 语言主程序,模块 2 为汇编语言子程序。

模块 1:

```
void max(unsigned char x,unsigned char y);        //定义汇编函数
main()
{ unsigned char x = 5,y = 25,z, * p;
  p = 0x20;                                       //p 指针变量指向内部数据存储区 20H 单元
  max(x,y);                                       //调用汇编函数,x 和 y 为传递的参数
  z = * p;                                        //z 存放模块 2 传递过来的参数
}
```

模块 2：

```
        PUBLIC MAX                              ;_MAX 为其他模块调用
        DE SEGMENT CODE                         ;定义 DE 段为再定位程序段
        RSEG   DE                               ;选择 DE 为当前段
_MAX:   MOV    X,    R7                         ;取模块 1 的参数 x
        MOV    20H,   R5                        ;取模块 1 的参数 y
        CJNE   X,20H,TAG1                       ;比较 x 和 y 的大小
TAG1:   JC     EXIT
        MOV    20H,R7                           ;大数存于 20H 单元
EXIT:   RET
        END
```

在上例中，C 语言程序通过 R7 和 R5 传递字符型参数 $x$ 和 $y$ 到汇编语言程序，汇编语言程序将返回值放在固定存储单元，主函数通过指针取出返回值。

## 本章小结

(1) C51 的基本数据类型有 char、int、long、float 和指针型，且 char、int、long 均有 signed 和 unsigned 两种。另外，C51 还包括了特殊的数据类型：bit、sbit、sfr 和 sfr16。

(2) C51 的存储器类型分为内部数据存储器(data、bdata 和 idata)、外部数据存储器(pdata 和 xdata)以及程序存储器(code)。C51 的存储器模式有 SMALL、COMPACT 和 LARGE 三种。

(3) C51 使用 sfr 作特殊功能寄存器的定义，使用 sbit 作特殊功能寄存器中的可寻址位的定义。另外，C51 利用头文件 absacc.h 对存储器绝对地址及 I/O 接口进行访问。

(4) C51 支持两种类型的指针，即通用指针和存储器指针。存储器指针在定义时包括一个数据对象的存储器类型说明，并且总是指向此说明的特定存储器空间。

(5) C51 程序的基本结构有顺序结构、分支结构和循环结构，结合 C51 运算符，利用各结构中的常用语句，可以编写单片机应用程序。除此之外，常用 C 语言编写主程序，用汇编语言编写与硬件相关的子程序。

## 本章习题

1. C51 语言与汇编语言的特点各有哪些？如何实现两者的优势互补？

2. 与标准 C 语言相比，C51 语言的变量定义多了什么因素？为何考虑这些因素？

3. C51 与汇编语言的特点各有哪些？如何实现两者的优势互补？

4. 通用指针与存储器指针主要有哪些区别？

5. 定义变量 $a$、$b$、$c$，其中 $a$ 为直接寻址内部数据存储器的字符变量，$b$ 为外部数据存储器的浮点型变量，$c$ 为指向有符号整型外部数据存储器的指针。

6. 设内部数据存储器的 50H 单元中存放一变量 $x$，试用 C 语言编程计算 $y=ax^2+bx+c$，并将结果放到 51H 单元中。

7. 试用C语言编程，将外部数据存储器0005H单元和0006H单元的内容交换。

8. 试用C语言编程，将8051的内部数据存储器20H单元和30H单元的数据相乘，结果存到外部数据存储器0000H开始的单元中。

9. 设8051的片内数据存储器25H单元中存放有一个0～10的整数，试用C语言编程求其平方(精确到5位有效数字)，并将结果放到31H单元为首址的内部数据存储器中。

# 第5章　51系列单片机的中断系统

**【思政融入】**

——中断是单片机的“任务指挥官”,它通过合理的任务分配和优先级调度,让单片机在多任务之间优雅地切换,实现效率倍增。

本章主要分析51系列单片机中断系统结构及工作原理,给出中断的相关概念、中断控制寄存器以及中断执行过程,并通过实例说明中断程序设计的思路。

**【本章目标】**

- 理解中断及中断嵌套的概念;
- 掌握51系列单片机中断模块结构、工作原理及中断控制寄存器;
- 能够运用汇编及C语言编写中断程序。

## 5.1　中断的概念

### 5.1.1　对中断的理解

中断是单片机或数字计算机为提高工作效率,并行实时处理事件的一种机制,关于中断的几种理解:

理解1:如图5.1所示,CPU正在处理某一事件A时,发生了事件B(中断发生),请求CPU迅速去处理B;CPU暂停(中断)当前的工作,转去处理事件B(响应中断和执行中断服务);待CPU处理完事件B,再回到原事件A被中断的地方继续执行事件A(中断返回),这一过程称为中断。

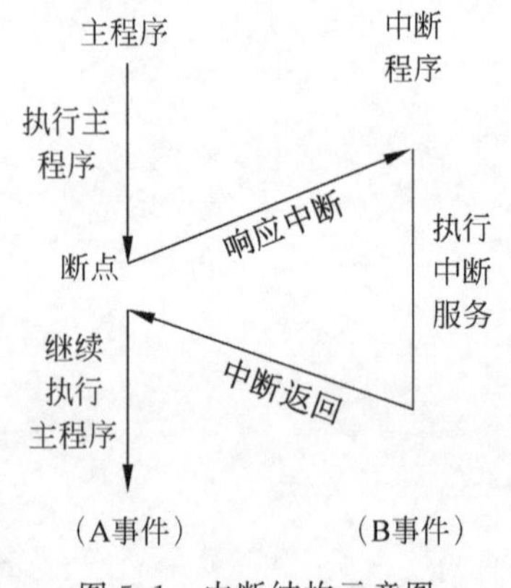

图5.1　中断结构示意图

理解2:处理器和外设交换信息时,存在着快速CPU和慢速外设间的矛盾,处理器内部有时也会出现突发事件,为此,处理器通常用中断技术解决上述问题。CPU和外设并行工作,当外设数据准备好或有某种突发事件发生时,向CPU提出请求,CPU暂停正在执行的主程序转而为外设服务(或处理突发事件),处理完毕再回到主程序断点处继续执行原程序,这个过程称为中断。

### 5.1.2　中断系统

能实现中断任务处理并能对中断过程进行管理的硬件和软件称为中断系统,单片机的中断系统要解决如下问题:

(1) 中断检测:单片机在执行主程序过程中,如何知道有中断请求发生?

(2) 中断的开放和关闭:编程过程中,需要中断是可人为控制的,即如何打开或关闭中断?

(3) 中断的执行:中断请求是在执行程序的过程中随机发生的,那么中断发生时,如何实现正确的转移,以便为中断源服务?

(4) 中断的嵌套及优先级控制：中断源有多个，而CPU只有一个，当有多个中断源同时有中断请求时，如何控制CPU根据自己的需要安排响应顺序？

(5) 中断的返回：中断程序执行完毕，如何正确地返回到原程序断点处？

后面各节将围绕上述问题讨论51系列单片机的中断实现过程。

## 5.2　51系列单片机的中断源

### 5.2.1　中断源

中断源：引起中断的原因和发出中断请求的来源。

8XX51单片机有5个中断源，增强型52系列单片机增加了一个定时器/计数器$T_2$，有6个中断源，其中有两个外部中断源，其余为内部中断源。这些中断源的符号、名称、产生条件及中断服务程序的入口地址见表5.1。

表5.1　8XX51/52的中断源

| 中断源符号 | 名　称 | 引起中断原因 | 中断入口地址 | 中断向量号 |
|---|---|---|---|---|
| $\overline{INT_0}$ | 外部中断0 | P3.2引脚的低电平或下降沿信号 | 0003H | 0 |
| T0 | 定时器0中断 | 定时器/计数器0计数回零溢出 | 000BH | 1 |
| $\overline{INT1}$ | 外部中断1 | P3.3引脚的低电平或下降沿信号 | 0013H | 2 |
| T1 | 定时器1中断 | 定时器/计数器1计数回零溢出 | 001BH | 3 |
| TI/RI | 串行口中断 | 串行通信完成一帧数据发送或接收引起中断 | 0023H | 4 |

中断源可以是外设、紧急事件、定时器或人为设置的实时任务程序。外部中断，在单片机外部引脚上设置触发信号，满足一定条件就引起中断；内部中断是单片机内部中断源产生的中断请求，不需要外部引脚上的中断请求信号。8051单片机各个中断源在程序存储器中均有各自固定的中断程序入口地址(见表5.1)，当CPU响应中断时，硬件自动形成各自的入口地址，由此进入中断服务程序，从而实现正确的转移。这些中断源有两级中断优先级，可行使中断嵌套；三个特殊功能寄存器用于中断控制编程，后面将会具体分析。

### 5.2.2　中断优先级与中断嵌套

当有多个中断源同时向CPU申请中断时，CPU优先响应最需紧急处理的中断请求，处理完毕再去响应优先级别较低的中断请求，这种可预先安排的中断先后响应次序，称为中断优先级。51系列单片机和一般计算机一样，当几个中断源同时向CPU请求中断时，就存在CPU优先响应哪一个中断源的问题。一般CPU应优先响应最需紧急处理的中断请求，为此需要规定各个中断源的优先级，使CPU在多个中断源同时发出中断请求时能找到优先级最高的中断源，及时响应其请求。在优先级高的中断请求处理完后，再响应优先级低的中断请求。

当CPU正在处理一个优先级低的中断请求的时候，如果发生另一个优先级比它高的中断请求，CPU暂停正在处理的中断源的处理程序，转而处理优先级高的中断请求，待处理完之后，再回到原来正在处理的低级中断程序，这种高级中断源中断低级中断源的中断处理过程称为中断嵌套。具有中断嵌套的系统称为多级中断系统，没有中断嵌套的系统称为单级中断系统。

8051单片机中断源提供两个中断优先级，能实现两级中断嵌套。每一个中断源优先级的高低都可以通过编程设定。两级中断嵌套的中断处理过程如图 5.2 所示。

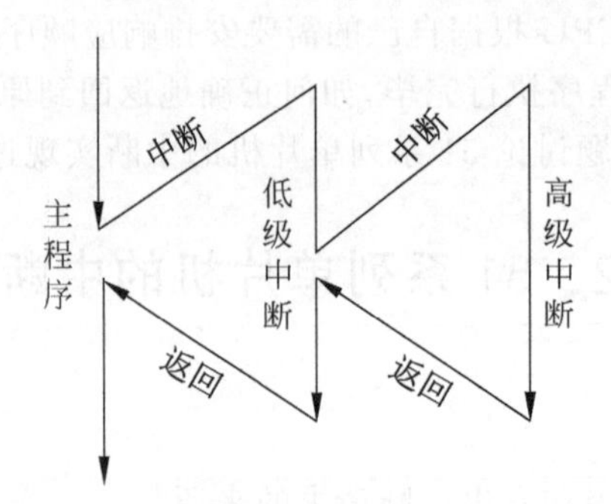


图 5.2　中断嵌套执行流程

当某几个中断源优先级设置相同时，由 CPU 内部查询确定优先级，优先响应先查询的中断请求，称该顺序为自然优先级。CPU 查询的顺序是：

INT0→T0→INT1→T1→TI/RI→T2

## 5.3　中断控制寄存器

单片机有多个中断源，根据前面提出的问题，如何知道是否有相应的中断请求？对于每个中断源，如何允许和关闭其中断请求？每个中断源有两个中断优先级，如何设置其优先级别，这些均通过下面的功能寄存器进行控制。

### 1. 中断标志寄存器 TCON

| **字节地址：88H** | D7 | D6 | D5 | D4 | D3 | D2 | D1 | D0 | TCON |
|---|---|---|---|---|---|---|---|---|---|
| **寻址位** | TF1 | TR1 | TF0 | TR0 | IE1 | IT1 | IE0 | IT0 | |
| | ←定时器使用位→ | | | | ←外部中断使用位→ | | | | |

(1) $IT_x$（$x$=0 或 1）：外部中断 0 或 1 触发方式控制位。

当 $IT_x$=0 时，为低电平触发；

当 $IT_x$=1 时，为下降沿触发。

(2) $IE_x$（$x$=0 或 1）：外部中断 0 或 1 中断请求标志位。

若 $IE_X$=1，中断源有中断请求；$IE_X$=0，无中断请求。

(3) TR0 和 TR1 为定时器 T0 和 T1 启动和停止位。

(4) $TF_x$（$x$=0 或 1）：定时器/计数器 T0 或 T1 溢出中断请求标志位。

若 T0 或 T1 发出溢出中断请求，$TF_X$=1；无中断请求，$TF_X$=0。

### 2. 中断允许寄存器 IE

| **位** | D7 | D6 | D5 | D4 | D3 | D2 | D1 | D0 | IE |
|---|---|---|---|---|---|---|---|---|---|
| **字节地址：A8H** | EA | | | ES | ET1 | EX1 | ET0 | EX0 | |

0 禁止,1 允许

(1) EA:中断总控制位;

(2) ES:串行中断允许位;

(3) ET1:定时器/计数器 T1 中断允许位;

(4) EX1:外部中断 1 允许位;

(5) ET0:定时器/计数器 T0 中断允许位;

(6) EX0:外部中断 0 允许位。

3. 中断优先级寄存器 IP

| 位 | D7 | D6 | D5 | D4 | D3 | D2 | D1 | D0 | IP |
|---|---|---|---|---|---|---|---|---|---|
| 字节地址:B8H | | | PT2 | PS | PT1 | PX1 | PT0 | PX0 | |

各中断优先级控制位设为 0,低优先级;设为 1,高优先级。

当某几个中断源在 IP 寄存器相应位同为“1”或同为“0”时,由内部查询确定优先级。

## 5.4 中断执行过程

### 5.4.1 中断系统结构

如图 5.3 所示,外部中断有下降沿引起和低电平引起的选择;串行中断有发送(TI)和接收(RI)的区别;各个中断源打开与否,受中断自身的允许位和全局允许位的控制,并具有高优先级和低优先级的选择。

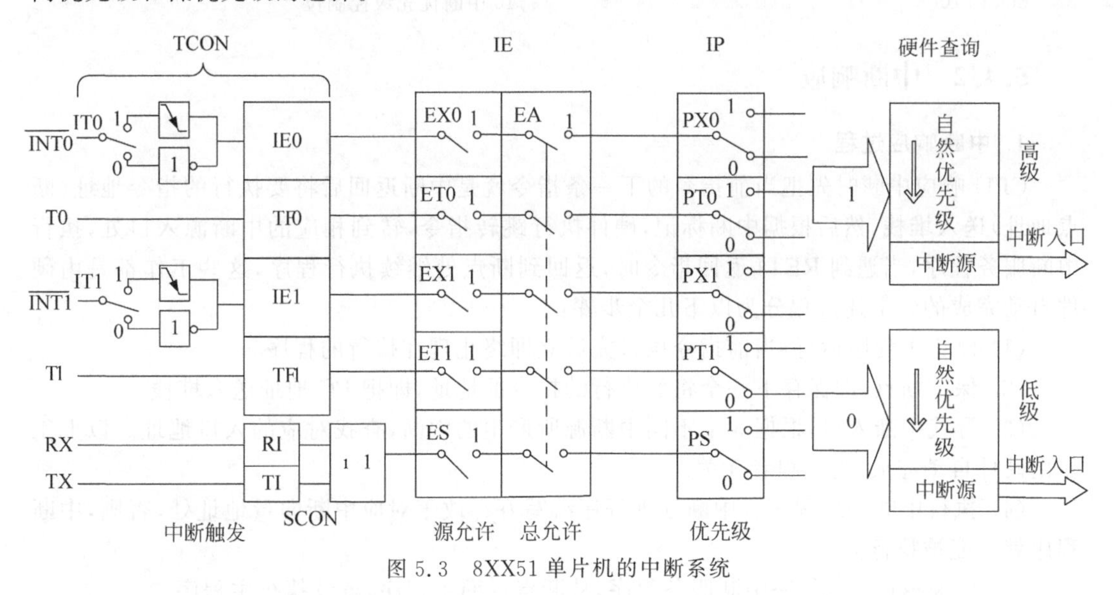


图 5.3 8XX51 单片机的中断系统

1. 中断触发

外部中断 INT0(P3.2)可由 IT0(TCON.0)选择其为低电平触发还是下降沿触发。当 CPU 检测到 P3.2 引脚上出现有效的中断信号时,中断标志 IE0(TCON.1)置 1,向 CPU 申请中断。

外部中断 INT1(P3.3)可由 IT1(TCON.2)选择其为低电平触发还是下降沿触发。当 CPU 检测到 P3.3 引脚上出现有效的中断信号时,中断标志 IE1(TCON.3)置 1,向 CPU 申请中断。

片内定时器/计数器 T0 溢出中断请求标志 TF0(TCON.5)。当定时器/计数器 T0 发生溢出时,置位 TF0,并向 CPU 申请中断。

片内定时器/计数器 T1 溢出中断请求标志 TF1(TCON.7)。当定时器/计数器 T1 发生溢出时,置位 TF1,并向 CPU 申请中断。

串行接口中断请求标志 RI(SCON.0)或 TI(SCON.1)。当串行接口接收完一帧串行数据时置位 RI 或当串行接口发送完一帧串行数据时置位 TI,向 CPU 申请中断。

**2. 中断允许**

8051 单片机中断实行两级控制,允许某中断源的做法是,分别开放其中断控制位和总的中断控制位。例如,允许外部中断 0 响应中断。

```
SETB  EX0                                    ;INT0 中断控制位
SETB  EA                                     ;总的中断控制位
```

**3. 中断优先级设置**

8051 单片机每个中断源有两个中断优先级,通过寄存器 IP 各个位设置优先级,在多个中断源优先级相同时,硬件按自然优先级查询顺序。

例如:设置外部中断 0 位高优先级,设置定时器 T0 为低优先级。

```
SETB PX0                                     ;INT0 中断优先级控制位
CLR  PT0                                     ;T0 中断优先级控制位
```

## 5.4.2 中断响应

**1. 中断响应过程**

CPU 响应中断时先把当前指令的下一条指令就是中断返回后将要执行的指令地址(断点地址)送入堆栈,然后根据中断标记,硬件执行跳转指令,转到相应的中断源入口处,执行中断服务程序,当遇到 RETI 返回指令时,返回到断点处继续执行程序,这些工作都是由硬件自动完成的。上述过程分为以下几个步骤:

(1) 停止主程序运行,当前指令执行完后立即终止现在执行的程序。

(2) 保护断点,即保存下一个将要执行的指令的地址,即把 PC 地址送入堆栈。

(3) 寻找中断入口,根据 5 个不同中断源所产生的中断,查找对应的入口地址。以上工作由硬件自动完成,与编程者无关。

(4) 执行中断处理程序。中断处理程序编写好存放于对应中断向量地址处,否则,中断程序就不能被执行。

(5) 中断返回:执行完中断服务程序,从断点返回主程序,继续执行主程序。

**2. 中断响应条件**

了解了上述中断响应过程,还需明确中断响应的条件。在下列 3 种情况之一时,CPU 将封锁对中断的响应:

(1) CPU 正在处理一个同级或更高级别的中断请求。

(2) 现行的机器周期不是当前正执行指令的最后一个周期。单片机有单周期、双周期、三周期指令,需要等当前整条指令都执行完,才能响应中断,因为中断查询是在每个机器周期都可能查到的。

(3) 当前正执行的指令是访问 IP、IE 寄存器的指令或返回指令 RETI,则 CPU 至少再执行一条指令才能响应中断。这些都是与中断有关的,如果正访问 IP、IE 则可能会开、关中断或改变中断的优先级,而执行中断返回指令则说明本次中断还没有处理完,所以都要等本指令处理结束,再执行一条指令才可以响应中断。在正常情况下,从中断请求信号有效开始,到中断得到响应,通常需要 3~8 个机器周期。

### 5.4.3 中断执行流程

51 系列单片机的中断过程流程如图 5.4 所示。中断处理过程主要分为 4 个阶段: 中断请求、中断响应、中断服务和中断返回。

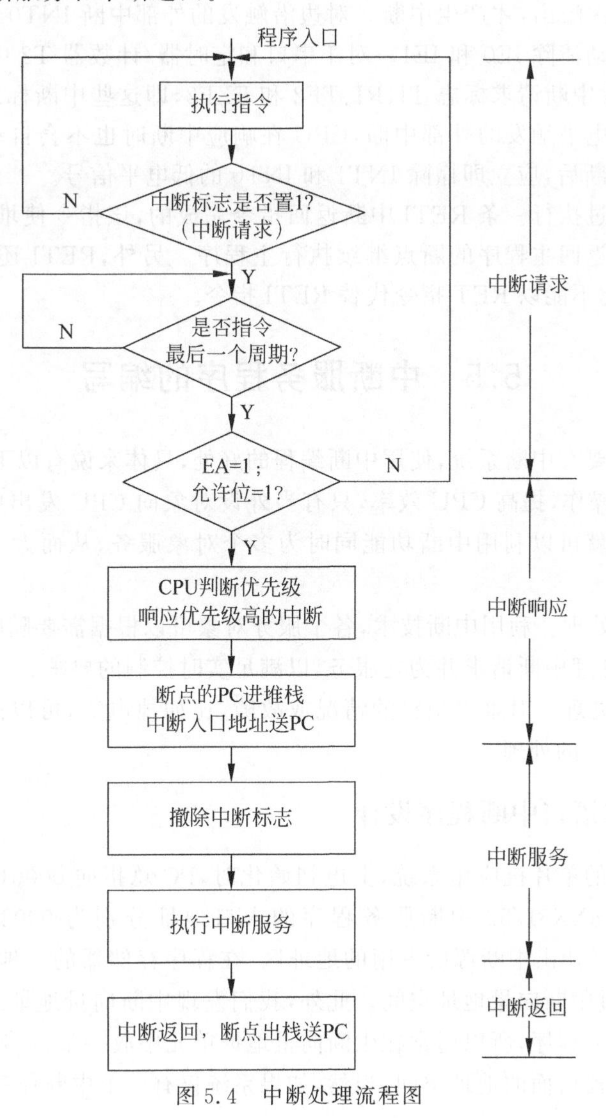


图 5.4 中断处理流程图

(1) 中断请求,CPU 执行程序时,在每一个指令周期的最后一个周期都检查是否有中断请求,如果有中断请求,寄存器 TCON 的相应位置"1",CPU 查到"1"标志后,如果允许中断,进入中断响应阶段,如果中断被禁止或没有中断请求,继续执行下一条指令。

(2) 中断响应阶段,如果有多个中断源,CPU 判断哪个的优先级高,优先响应优先级高的中断请求。阻断同级或低级的中断,硬件自动将断点 PC 压入堆栈,将所响应的中断源的入口地址送到 PC,转到中断服务程序执行。

中断服务是完成中断要处理的工作任务,程序员根据任务需要编写中断服务程序,让单片机借助中断实时处理特定事件。但要注意 51 单片机响应中断,不会自动保护标志寄存器 PSW,不会自动关中断,编写中断服务程序要注意将主程序中需要保护的寄存器内容进行自我保护,中断服务执行完毕再恢复寄存器内容,即保护现场,这些可以通过堆栈操作来完成。

CPU 响应中断后,应及时撤除中断请求,否则会引起再次中断。对定时器/计数器 T0、T1 的溢出中断,CPU 响应中断后,硬件清除中断请求标志 TF0 和 TF1,即自动撤除中断请求,除非 T0、T1 再次溢出,才产生中断。对边沿触发的外部中断 INT0 和 INT1,也是 CPU 响应中断后硬件自动清除 IE0 和 IE1。对于串口和定时器/计数器 T2 中断,CPU 响应中断后,没有用硬件清除中断请求标志 TI、RI、TF2 和 EXF2,即这些中断标志不会自动清除,必须用软件清除。对电平触发的外部中断,CPU 在响应中断时也不会自动清除中断标志,因此,在 CPU 响应中断后,应立即撤除 INT1 和 INT0 的低电平信号。

中断返回是通过执行一条 RETI 中断返回指令完成的,该指令使堆栈中被压入的断点地址弹到 PC,从而返回主程序的断点继续执行主程序。另外,RETI 还有恢复优先级状态触发器的作用,因此不能以 RET 指令代替 RETI 指令。

## 5.5 中断服务程序的编写

单片机为什么要有中断系统,使用中断编程的好处,具体来说有以下几点:

(1) 实行分时操作,提高 CPU 效率,只有当外设对象向 CPU 发出中断申请时,才去为它服务,这样,我们就可以利用中断功能同时为多个对象服务,从而大大提高 CPU 的工作效率。

(2) 实现实时处理。利用中断技术,各个服务对象可以根据需要随时向 CPU 发出中断申请,及时发现和处理中断请求并为之服务,以满足实时控制的要求。

(3) 进行故障处理。对难以预料的情况或故障,比如掉电等,可以向 CPU 发出请求中断,由 CPU 作出相应的处理。

### 5.5.1 汇编语言中断程序设计

对于一个独立的单片机应用系统,上电初始化时,PC 总指向 0000H 单元,从 0 单元开始执行程序,由于 8XX51/52 中断服务程序的入口地址分别为 0003H、000BH、0013H、001BH、0023H,为了让出中断源所占用的地址区,在程序存储器的 0 地址单元通常安排一条转移指令,以绕过中断向量地址空间。此外,我们发现中断向量地址之间相距很近,往往放不下一个中断服务程序,所以通常在中断向量地址单元中放一条转移指令,将中断服务程序安排在程序存储器后面的地址空间,当然,如果系统仅有一个中断任务且处理较少中断服务程序可直接存放于中断向量地址处。一个完整的主程序如下：

```
        ORG     0000H
        LJMP    MAIN
        ORG     0003H
        LJMP    SER0                                ;转外部中断 0 服务程序
        ORG     000BH
        RETI                                        ;没有用定时器 0 中断,在此放一条 RETI
        ORG     0013H
        RETI                                        ;没有用外部中断 1 中断,在此放一条 RETI
        …
        ORG     0030H
MAIN:   …
        …
        SJMP    MAIN
        ORG     0100H
SER0:   …                                           ;外部中断 0 服务程序
        …
        RETI
        END
```

中断程序处理完成后,一定要执行一条 RETI 指令,执行这条指令后 CPU 将会把堆栈中保存着的断点地址取出,送回程序计数器 PC 中,那么程序就会根据 PC 中的值,从主程序的中断处继续往下执行了。

对中断模块的使用,实际就是对中断系统各特殊功能寄存器的设置和操作,即对中断的功能寄存器 TCON、IE、IP 的管理。编写中断服务程序,执行特定任务,必须根据需要先对这几个寄存器的有关位进行设置。中断程序编制基本思路：

(1) 初始化 IE、IP,开中断,设置中断优先级；

(2) 对外部中断,设置 ITx 位,选择中断触发方式,是低电平触发还是下降沿触发；

(3) 确定中断入口地址或中断号,编写中断服务程序。

## 5.5.2　C51 中断程序设计

C51 使用户能编写高效的中断服务程序,编译器在规定的中断源的矢量地址中放入无条件转移指令,使 CPU 响应中断后自动地从矢量地址跳转到中断服务程序的实际地址,而无须用户去安排。中断服务程序定义为函数,函数的完整定义如下。

```
返回值  函数名([参数])[再入]interrupt n[using m]
```

其中,interrupt　n 表示将函数声明为中断服务函数,n 为中断源编号,可以是 0～31 的整数,不允许是带运算符的表达式,n 通常取以下值：

0　外部中断 0；

1　定时器/计数器 T0 溢出中断；

2　外部中断 1；

3　定时器/计数器 T1 溢出中断；

4　串行口发送与接收中断；

5　定时器/计数器 T2 中断。

using m 定义函数使用的工作寄存器组，m 的取值范围为 0～3，可缺省，它对目标代码的影响是：函数入口处将当前寄存器保存，使用 m 指定的寄存器组，函数退出时原寄存器组恢复。选不同的工作寄存器组，可方便实现寄存器组的现场保护。

再入：属性关键字 reentrant 将函数定义为再入的，在 C51 中，普通函数（非再入的）不能递归调用，只有再入函数才可被递归调用。

以外部中断 0 为例，主程序中需要有以下代码：

```
EA = 1;                                      //打开总中断开关
EX0 = 1;                                     //开外部中断 0
IT0 = 1;                                     //设置外部中断的触发方式
```

中断服务函数：

```
void ser_int0( ) interrupt 0 using 0
{
    Do anything that you want
}
```

## 5.6 中断服务程序设计

**【例 5-1】** 如图 5.5 所示，P1 口接 8 个发光二极管，利用消抖电路产生中断请求信号，来回拨动一次开关 K，产生一次中断申请，实现下移一个灯亮。

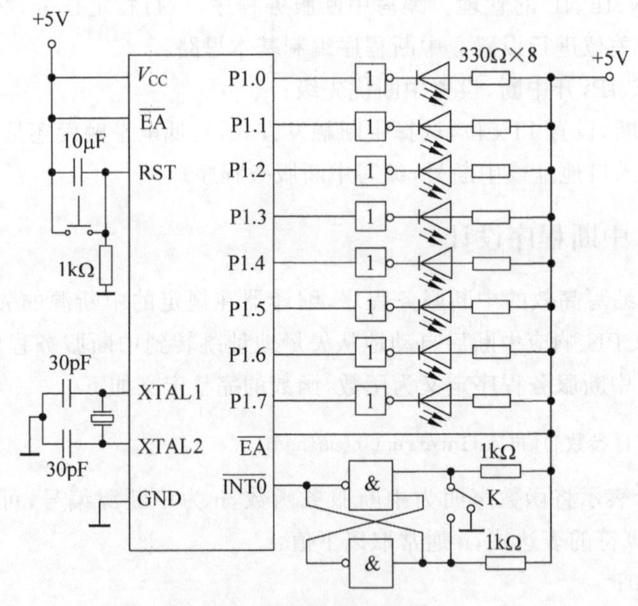


图 5.5　中断控制灯显示

**解：**

(1) C 程序。

```
#include <reg52.h>
```

```
typedef unsigned int u16;                     //对数据类型进行声明定义
typedef unsigned char u8;
u8 j;
sbit K = P3^2;                                //定义按键
void delay(u16 i)                             //定义延时函数
{
    while(i--);
}
void main( )
{
    IT0 = 1;                                  //跳变沿出发方式(下降沿)
    EX0 = 1;                                  //打开 INT0 的中断允许.
    EA = 1;                                   //打开总中断
    while(1);
}
void Ser_Int0( ) interrupt 0                  //INT0 的中断函数
{
    delay(1000);                              //延时消抖
    if(K == 0)
    {
     P2 = 0x01 << j;                          //将 1 左移 j 位,然后将结果取反赋值到 P2 口
     j++;
    }
     if(j > 7) j = 0;
}
```

(2) 汇编程序。

```
      ORG    0000H
      AJMP   MAIN
      ORG    0003H                ;INT0 中断入口
      AJMP   SER0                 ;转中断服务程序
      ORG    0030H                ;主程序
MAIN: MOV    P1,#01H              ;灯初始状态设置
      MOV    A,P1
      SETB   IT0                  ;边沿触发中断
      SETB   EX0                  ;允许外部中断 0 中断
      SETB   EA                   ;开总中断
HERE: SJMP   HERE                 ;等中断
SER0: RL     A
      MOV    P1,A                 ;灯状态输出到 P1
      RETI
      END
```

以上通过中断方式分别用C语言和汇编语言控制灯的输出状态。如果不用中断,可否控制灯状态的切换？其实,与中断对应还有一种编程思路,即查询方式,上面例子也可以通过查询方式编写程序：

```
      …
      SETB   IT0
LOOP: JNB    IE0, $               ;查询标志位
```

```
RL      A
MOV     P1,A
CLR     IE0                          ;清零标志位
ACALL   DELAY                        ;延时函数
SJMP    LOOP
…
```

采用查询方式编程，系统需反复循环查询事件是否发生，同时需注意对标志位的软件清零操作。

**【例 5-2】** 如图 5.6 所示的单片机 AT89S51，其 P1 口接一个共阴极的数码管，消抖开关接到外部中断 0 引脚，产生中断请求信号，每来回拨动一次开关 K，产生一次中断，数码管显示中断的次数，设不超过 15 次。

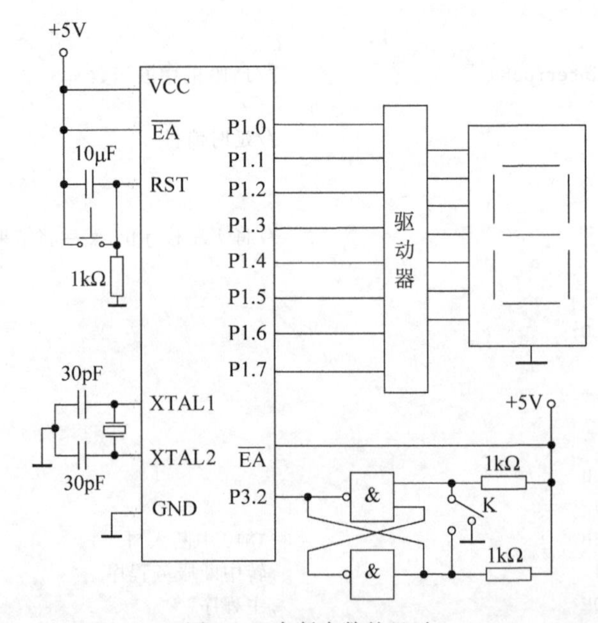


图 5.6　中断次数的显示

**解：**

(1) C 程序。

```
#include<reg52.h>
char i;
code char tab[16] = {0x3f,0x06,0x5b,0x4F,0x66,0x6d,0x7d,0x07, 0x7f,0x6f,0x77,0x7c,0x39,
0x5e,0x79,0x71};
main( )
{
EA = 1;
EX0 = 1;
IT0 = 1;
P2 = 0x3f;
while(1);                                  //等待中断
}
int0( ) interrupt 0                        //中断程序
```

```
  {  i++;
     if(i<16)
     {
     P1 = tab[i];
     }
     else
     {
     i = 0;
     P1 = 0x3f;
     }
  }
```

(2) 汇编程序。

```
        ORG    0000H
        AJMP   MAIN
        ORG    0003H                       ;INT0 中断入口
        AJMP   SER0                        ;转中断服务程序
        ORG    0030H
MAIN:   SETB   IT0                         ;边沿触发中断
        SETB   EX0                         ;允许 INT0 中断
        SETB   EA                          ;开中断开关
        MOV    R0,   #0                    ;计数初值为 0
        MOV    A,    #3FH                  ;"0"的字形码送 A
        MOV    DPTR, #TAB                  ;指向字形码表
WAIT:   SJMP   WAIT                        ;等待中断
SER0:   INC    R0                          ;中断次数加 1
        MOV    A,  R0
        MOVC   A,   @A + DPTR              ;查字形码表
        MOV    P1,  A                      ;显示
        CJNE   R0,   #0FH,  RE             ;15 次中断未到转 RE
        MOV    R0,   #0                    ;15 次到重新开始
 RE: RETI
TAB: DB 3FH,06H,5BH,4FH,66H,6DH,7DH,07H,
    DB 7FH,6FH,77H,7CH,39H,5EH,79H,71H
END
```

## 本章小结

(1) 51 系列单片机有 5 个中断源,每个中断源有对应固定的中断入口地址,分别为 0003H、000BH、0013H、001BH、0023H,每个中断向量地址间隔 8B。

(2) 在软件上通过特殊功能寄存器实现对中断模块的管理和使用,用于单片机中断管理的寄存器有中断标志寄存器 TCON、中断允许寄存器 IE、中断优先级寄存器 IP。

(3) 本章主要介绍了两个外部中断 INT0 和 INT1,两个外部中断对应有两个外部引脚：P3.2 和 P3.3；两个外部中断标志位：IE0、IE1；6 个外部中断控制位：触发方式控制位 IT0、IT1,中断使能控制位 EX0、EX1,优先级设置位 PX0、PX1。

(4) 掌握对中断过程的理解。可以通过 C 语言或汇编语言编写中断程序,采用 C 语言

注意对应的中断号,汇编语言注意中断服务程序要放到对应入口地址处；此外也可根据标志位采用查询方式编程,但中断编程效率更高。

## 本章习题

1. 什么是中断？采用中断方式编程的好处有哪些？

2. MCS-51 系列单片机有几个中断源？各中断入口地址分别是多少？

3. MCS-51 系列单片机外部中断有几个？对应标志位是什么？外部中断触发方式如何修改？

4. MCS-51 系列单片机的各中断源有几个优先级？如何设置优先级？如果两个以上中断优先级相同,单片机如何处理其查询顺序？

5. 参照图 5.5,让 8051 单片机的 P1 口接 8 个发光二极管,由外部中断引脚 P3.2 接一消抖开关,实现每中断一次,各发光管状态取反,分别采用汇编和 C 语言编制程序。

6. 在图 5.6 电路基础上,要求实现每中断一次,8 个发光二极管亮、灭变换 3 次,编写程序。

# 第6章 单片机的定时器/计数器

**【思政融入】**

——定时器是嵌入式开发中的'魔术师',它将时间的连续性转化为离散的计数,为系统带来精确的时间控制。精准不是一切,但一切始于精准。

本章主要分析51系列单片机的定时器/计数器,分析其结构、定时和计数原理,对应的控制功能寄存器,4种不同的工作方式与特点,不同工作方式下定时、计数编程思路与方法,并给出汇编语言与C语言相应的编程实例。

**【本章目标】**

- 了解定时器/计数器内部结构及工作流程;
- 掌握定时器、计数器工作模式的不同,寄存器TMOD、TCON设置方法;
- 掌握定时器四种工作方式及特点,能够编写定时器应用程序。

## 6.1 定时器/计数器概述

8051单片机内部设有两个16位的可编程定时器/计数器。可编程是指其功能(如工作模式、工作方式、定时时间、启动方式等)均可由指令来设定和改变。在定时器/计数器中除了有两个16位的计数器之外,还有两个特殊功能寄存器:控制寄存器TCON和方式寄存器TMOD,如图6.1所示。

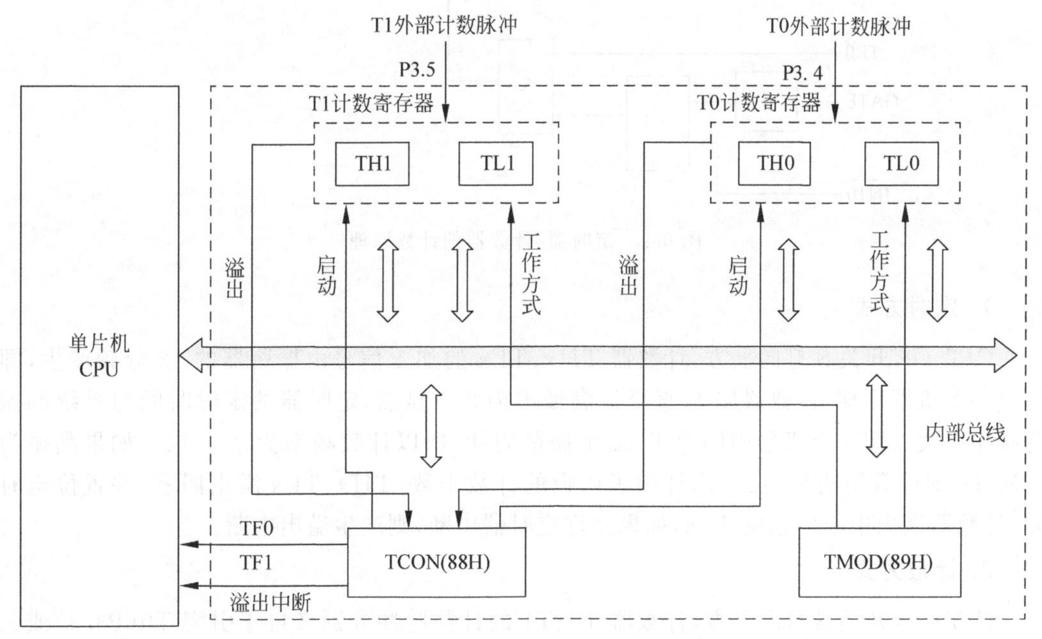


图6.1 定时器/计数器内部结构框图

从图6.1可看出,16位的定时器/计数器分别由两个8位计数寄存器组成,即:T0由TH0和TL0构成;T1由TH1和TL1构成。每个寄存器均可单独访问。这些寄存器用于存放定时或计数初值。此外,其内部还有一个8位的定时器方式寄存器TMOD和一个8位的定时控制寄存器TCON。这些寄存器之间是通过内部总线和控制逻辑电路连接起来的。TMOD主要用于选定定时器的工作模式和工作方式；TCON主要是用于控制定时器的启动停止，此外TCON还可以保存T0、T1的溢出和中断标志。当定时器工作在计数方式时，外部事件通过引脚T0(P3.4)和T1(P3.5)输入。

## 6.2 定时器/计数器工作原理

单片机内部的定时器/计数器实质上是一个加1计数器，它可以工作于定时模式，也可以工作于计数模式。两种工作模式实际都是对脉冲计数，只不过所计脉冲的来源不同。

T0(或T1)作为定时器使用时，输入的时钟脉冲是由晶体振荡器的输出经12分频后得到的，所以定时器可看作是对单片机机器周期的计数，因此它的计数频率为晶体振荡器频率的1/12。若晶体振荡器频率为12MHz，则定时器每接收一个计数脉冲的时间间隔为1μs。

当T0(或T1)用作计数器时，则相应的外部计数信号输入端为引脚P3.4(或P3.5)。在这种情况下，当CPU检测到输入端的电平由高跳变到低时，计数器就加1。定时器/计数器的控制信号如图6.2所示。为方便描述，下面用$x$($x$=0或1)代表T0或T1。

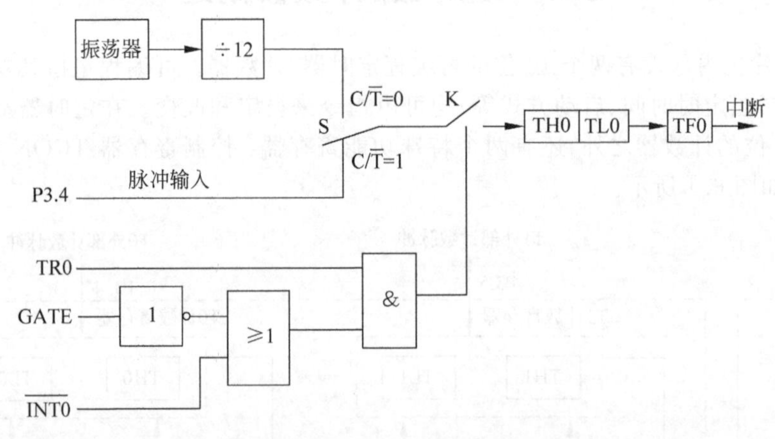


图6.2 定时器/计数器的计数原理

### 1. 定时方式

C/$\overline{T}$=0，开关S打向上方，计数器THx、TLx的加1信号由振荡器的12分频产生，即每过一个机器周期，计数器加1，直至计满溢出为止。显然，定时器的定时时间与系统的振荡频率有关。因一个机器周期等于12个振荡周期，所以计数频率为$f_{osc}/12$。如果晶振为12MHz，则计数周期为1μs。当计满了所设的计数个数，THx、TLx溢出回零，并置位定时器/计数器溢出中断标志位TFx，如果允许定时器中断，则产生溢出中断。

### 2. 计数方式

C/$\overline{T}$=1，开关S打向下方，计数器T0、T1的计数脉冲分别来自于引脚T0(P3.4)或引脚T1(P3.5)上的外部脉冲。外部脉冲的下降沿将触发计数。计数器在每个机器周期的S5P2期间采样引脚输入电平。若一个机器周期采样值为1，下一个机器周期采样值为0，则计数器加1，新的计数值装入计数器。所以检测一个由1至0的跳变需要两个机器周期，故外部事件的最高计数频率为振荡频率的1/24。例如，如果选用12MHz晶振，则最高计数频率为 0.5MHz。虽然对外部输入信号的占空比无特殊要求，但为了确保某给定电平在变化前至少被采样一次，外部计数脉冲的高电平与低电平保持时间均需在一个机器周期以上。当计满预设值计数器溢出回零，置位定时器/计数器中断标志位 TFx，如允许中断，产生溢出中断。

**3．启停控制**

如图 6.3 所示，当 K 受控合上时，计数器启动计数。当 GATE＝0 时，这时只需将 TR0 置 1 即可启动计数，这样的启动方式为软启动；当 GATE＝1 时，不仅需要满足 TR0＝1，而且还需满足 $\overline{\text{INT0}}$＝1(即 P3.2＝1)，这样即可启动计数，这样的启动方式为硬启动。

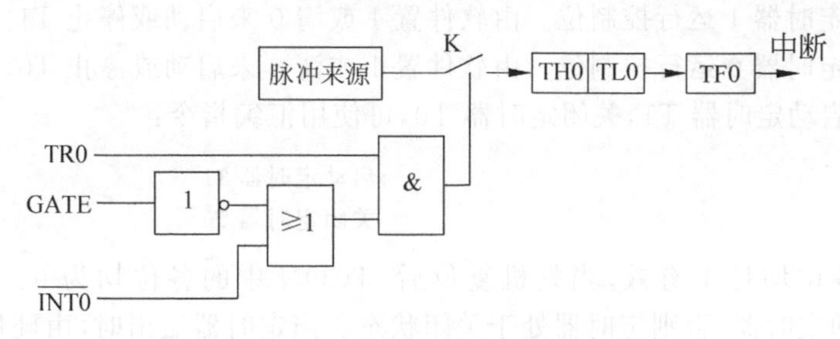


图 6.3　定时器/计数器启停控制

**4．计数初值的计算**

8XX51 单片机的加法计数器是加 1 计数，计满溢出时才申请中断，即计数器 THx 和 TLx 计数计到 FFH，FFH 时，再计一个数将产生溢出。所以在给计数器赋初值时，不能直接输入所需的计数值，而应输入计数器计数最大值与所需计数值的差值，即采用补码的概念计算计数初值。

设所需计数值为 $N$，计数器最大值为 $Y$，初值为 $X$，则 $X$ 的计算方法如下。

(1) 计数工作模式时初值：$X=Y-N$；

(2) 定时工作模式时初值：$X=Y-$定时时间$/T_{cy}$；

(3) $T_{cy}=12/$晶体振荡器频率。

## 6.3　定时器/计数器功能寄存器

8XX51 单片机的定时器/计数器为可编程定时器/计数器。从上一节我们已经知道，单片机中的定时器/计数器可以有两种工作模式，那么我们怎样才能让它们工作于我们所需要的模式呢，这就需要通过定时器/计数器的方式控制字，实际上就是与定时器/计数器有关的特殊功能寄存器来设置，在单片机中有两个特殊功能寄存器与定时器/计数器有关，它们是 TMOD 和 TCON。在定时器/计数器工作之前，必须将控制命令写入定时器/计数器的控制寄存器，即进行初始化。下面介绍定时器/计数器的方式寄存器 TMOD 及控制寄存器 TCON。

### 6.3.1　定时器/计数器控制寄存器 TCON

定时器控制寄存器 TCON 除了可字节寻址外，各位还可以位寻址。TCON 的字节地址为 88H，位地址为 88H～8FH。在 TCON 寄存器当中，定时器/计数器的控制位仅用了其中的高 4 位。各位的定义及格式如表 6.1 所示。

表 6.1 定时器/计数器控制寄存器 TCON

| TF1 | TR1 | TF0 | TR0 | IE1 | IT1 | IE0 | IT0 |
|---|---|---|---|---|---|---|---|
| T1 溢出有/无 | T1 工作启/停 | T0 溢出有/无 | T0 工作启/停 | 外部中断用 | | | |

高 4 位各位功能如下所述。

(1) TF1：定时器 1 溢出标志位。T1 溢出时由硬件置 1，并申请中断，CPU 响应中断，又由硬件清 0，TF1 也可由软件清 0。

(2) TF0：定时器 0 溢出标志位。功能与 TF1 相同。

(3) TR1：定时器 1 运行控制位。由软件置 1 或清 0 来启动或停止 T1。

(4) TR0：定时器 0 运行控制位。由软件置 1 或清 0 来启动或停止 T0。

例如，软件启动定时器 T1，关闭定时器 T0，可使用汇编指令：

```
SETB TR1                                ;启动定时器 T1
CLR  TR0                                ;关闭定时器 T0
```

TCON 中各位均是 1 有效，当整机复位后，TCON 中的各位均为 0。如利用程序把 TRx 置 1 则启动定时器，否则定时器处于关闭状态。当定时器溢出时，由硬件把 TFx 置 1，作为溢出标志。TCON 中的低 4 位 IE1、IT1、IE0、IT0 用于中断控制位，这方面内容在前面章节已详细讨论。

### 6.3.2 定时器/计数器方式寄存器 TMOD

特殊功能寄存器 TMOD 的地址为 89H，它不能进行位寻址，在设置时需一次字节写入，该寄存器为 8 位寄存器，其高 4 位用于设置 T1 的工作状态，低 4 位用于设置 T0 的工作状态，TMOD 寄存器格式见表 6.2。

表 6.2 定时器/计数器方式控制寄存器 TMOD

| GATE | $C/\overline{T}$ | M1 | M0 | GATE | $C/\overline{T}$ | M1 | M0 |
|---|---|---|---|---|---|---|---|
| 门控开/关 | 计数/定时 | 方式选择 | | 门控开/关 | 计数/定时 | 方式选择 | |
| T1 | | | | T0 | | | |

GATE：门控信号。当 GATE=0 时，只要 TR$x$ 置 1，定时器启动；当 GATE=1 时，除 TR$x$ 置 1 外，还必须等待外部脉冲输入端 $\overline{\text{INT0}}$(P3.2)或 $\overline{\text{INT1}}$(P3.3)高电平到，定时器才能启动。若外部输入低电平则定时器关闭，这样可实现由外部硬件控制定时器的启动、停止。

C/T：定时、计数工作模式选择。C/T=1，为计数方式；C/T=0，为定时方式。

M1M0：工作方式选择位，定时器/计数器有四种工作方式，由 M1M0 设定。M1M0 控制的工作方式见表 6.3。

表 6.3 M1M0 控制的工作方式

| M1M0 | 工 作 方 式 | 说　明 |
|---|---|---|
| 0　0 | 0 | 13 位计数器 |
| 0　1 | 1 | 16 位计数器 |
| 1　0 | 2 | 8 位自动装入计数器 |
| 1　1 | 3 | T0 分为两个 8 位计数器，T1 停止计数 |

例如：方式 1，设置 T0 工作于计数、自启动；方式 2，设置 T1 工作于定时、外启动。方式 1 的汇编指令：MOV TMOD，#96H。

## 6.4　定时器/计数器的工作方式

MCS-51 系列单片机的定时器/计数器 T0 和 T1 可由软件对特殊功能寄存器 TMOD 中控制位 C/$\overline{\text{T}}$ 进行设置，以选择定时或计数功能。对 M1 和 M0 位的设置对应于 4 种不同的工作方式，即方式 0、方式 1、方式 2、方式 3。在方式 0、方式 1 和方式 2 时，T0 和 T1 的工作情况相同，在方式 3 时，则情况不同。

### 1. 工作方式 0

当 TMOD 中的 M1 M0＝00 时，定时器/计数器工作于方式 0。方式 0 是 13 位定时/计数方式，由 THx 提供高 8 位、TLx 提供低 5 位的计数初值（TLx 的高 3 位无效），最大计数初值为 $2^{13}$（8192 个脉冲），其逻辑框图如图 6.4 所示。

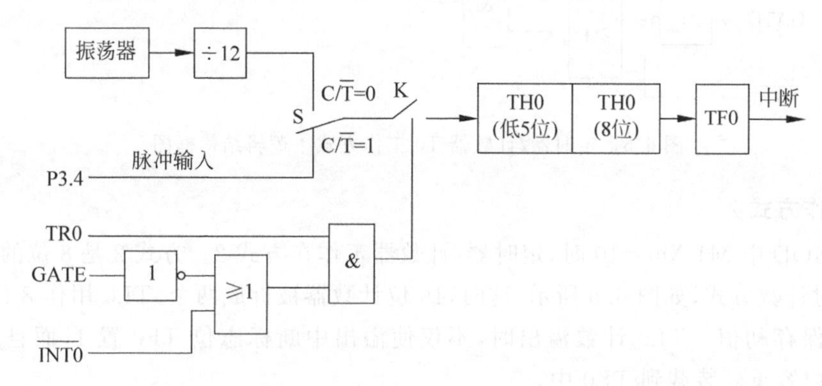


图 6.4　定时器/计数器 T0 工作方式 0 逻辑结构框图

在这种工作方式下，16 位寄存器只用了 13 位。其中，TL0 的高 3 位未用，其余位为整个 13 位的低 5 位，TH0 占高 8 位。当 TL0 的低 5 位溢出时，向 TH0 进位；TH0 溢出时，向中断标志位 TF0 硬件置位，并申请中断。T0 是否溢出可查询 TF0 是否被置位，以产生 T0 中断。在图 6.4 中，定时方式下，控制开关接通振荡器 12 分频输出端，T0 对机器周期计数，其定时时间为

$$t=(2^{13}-\text{T0 初值})\times\text{机器周期}$$

当 C/$\overline{\text{T}}$＝1 时，内部控制开关使引脚 T0(P3.4)与 13 位计数器相连，外部计数脉冲由引脚 T0(P3.4)输入，当外部信号电平发生由 1 到 0 跳变时，计数器加 1。这时，T0 成为外部事件计数器，即计数工作方式。计数值 $N$ 为

$$N=2^{13}-\text{T0 初值}$$

### 2. 工作方式 1

当 TMOD 中 M1 M0＝01 时，定时器/计数器工作在方式 1。方式 1 是 16 位定时器/计数方式，其逻辑框图如图 6.5 所示。其结构和操作几乎与方式 0 完全相同，唯一的差别是：由 TH0 和 TL0 提供 8 位的计数初值，当 TL0 低 8 位计数满归零向 TH0 进位，当 TH0 也计数满归零时置位 TF0。

方式 1 最大计数初值为 $2^{16}$(65536 个脉冲),是几种方式中计数值最大的方式。用于定时工作方式时,定时时间为

$$t=(2^{16}-\text{T0 初值})\times\text{机器周期}$$

当晶振频率 12MHz,机器周期为 1μs,最大定时时间为 65.536ms。当晶振频率 6MHz,机器周期为 2μs,最大定时时间为 131.072ms。

当工作于计数方式时,计数值 $N$ 为

$$N=2^{16}-\text{T0 初值}$$

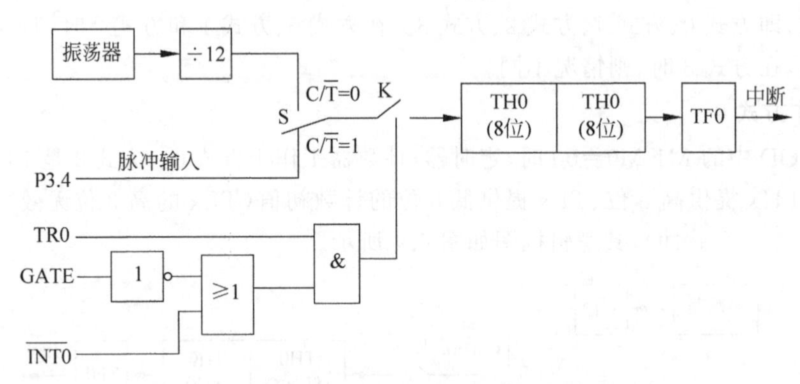


图 6.5　定时器/计数器 T0 工作方式 1 逻辑结构框图

### 3. 工作方式 2

当 TMOD 中 M1 M0=10 时,定时器/计数器工作在方式 2。方式 2 是 8 位的可自动重装载的定时计数方式,如图 6.6 所示,这时,16 位计数器被拆成两个,TL0 用作 8 位计数器,TH0 用以保存初值。TL0 计数溢出时,不仅使溢出中断标志位 TF0 置 1,而且还自动把 TH0 中的内容重新装载到 TL0 中。

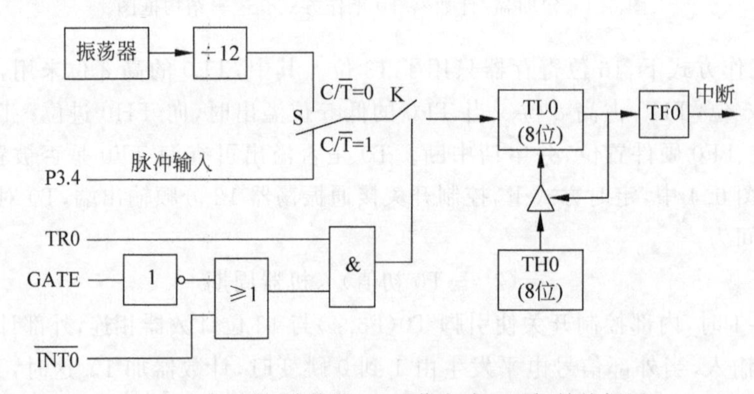


图 6.6　定时器/计数器 T0 工作方式 2 逻辑结构框图

在程序初始化时,TL0 和 TH0 由软件赋予相同的初值。一旦 TL0 计数溢出,便置位 TF0,并将 TH0 中的初值再自动装入 TL0,继续计数,循环往复。

用于定时工作方式时,其定时时间(TF0 溢出周期)为

$$t=(2^{8}-\text{T0 初值})\times\text{机器周期}$$

用于计数工作方式时,最大计数值为 $2^8$(256 个脉冲)。计数值 $N$ 为:

$$N=2^{8}-\text{T0 初值}$$

这种工作方式可省去用户软件中重新装入常数的指令,并可产生相当精确的定时时间。特别适用于串行接口波特率发生器。但定时时间相对较短,当晶振选择 12MHz 时,其最大定时时间为 256μs;当系统晶振选择 6MHz 时,其最大定时时间为 512μs。

4. 工作方式 3

工作方式 3 只适合于定时器/计数器 T0。当定时器/计数器工作在方式 3 时,TL0 和 TH0 成为两个独立的 8 位计数器。这时 TL0 可做定时器/计数器,占用 T0 在 TCON 和 TMOD 寄存器中的控制位和标志位;而 TH0 只能做定时器使用,占用 T1 的资源 TR1 和 TF1,即 T1 的中断标志位和运行控制位。在这种情况下,T1 仍可用于方式 0、1、2,但不能使用中断方式。

1）方式 3 下的 T0

当 TMOD 的 M1 M0＝11 时,T0 的工作方式被选为方式 3,各引脚与 T0 的逻辑关系如图 6.7 所示。

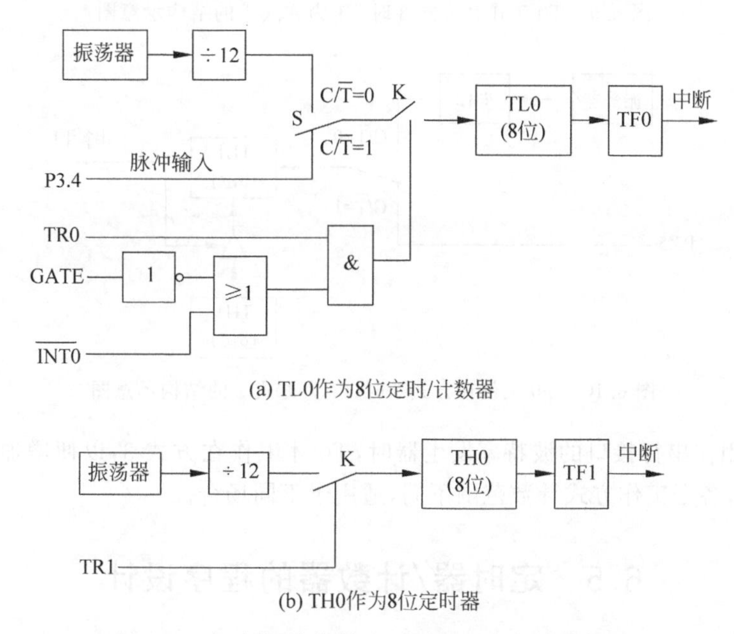


图 6.7　定时器/计数器 T0 方式 3 的逻辑结构框图

定时器/计数器 T0 分为两个独立的 8 位计数器 TL0 和 TH0,TL0 使用 T0 的状态控制位 C/$\overline{T}$、GATE、TR0、$\overline{INT0}$,而 TH0 被固定为一个 8 位定时器(不能作为外部计数模式),并使用定时器 T1 的状态控制位 TR1,同时占用定时器 T1 的中断请求源 TF1。

2）T0 工作在方式 3 时 T1 的各种工作方式

T0 处于工作方式 3 时,T1 可定为方式 0、方式 1 和方式 2,用作串行器口波特率发生器,或不需中断的场合。

T1 工作在方式 0。当 T1 控制字中 M1M0＝00 时,工作示意图如图 6.8。

T1 工作在方式 1。当 T1 控制字中 M1M0＝01 时,工作示意图如图 6.9。

T1 工作在方式 2。当 T1 控制字中 M1M0＝10 时,工作示意图如图 6.10。

T1 工作在方式 3。当 T0 设置成方式 3,再把 T1 也设置成方式 3,此时 T1 停止计数。

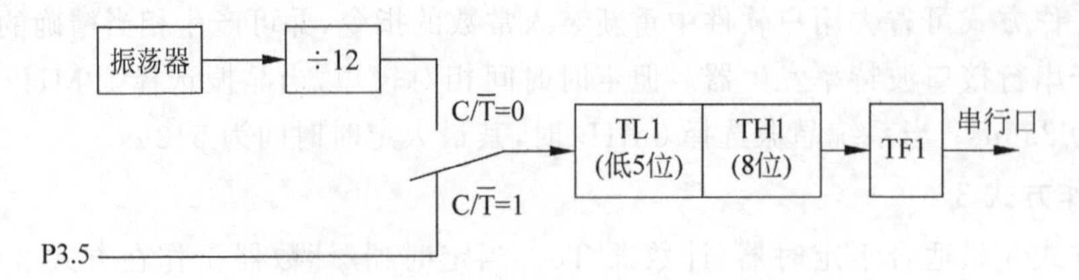


图 6.8　T0 工作在方式 3 时 T1 为方式 0 的工作示意图

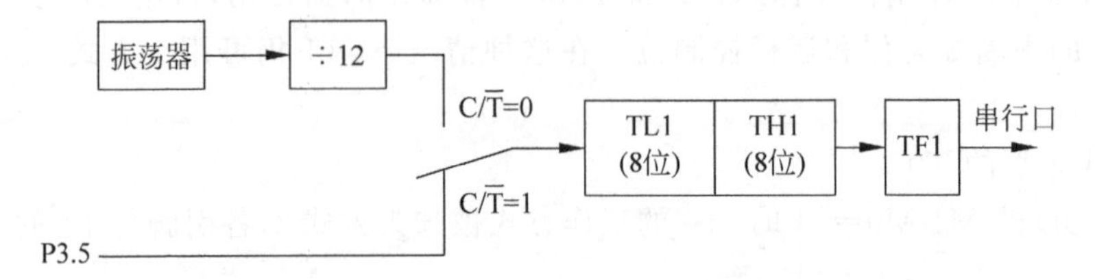


图 6.9　T0 工作在方式 3 时 T1 为方式 1 的结构示意图

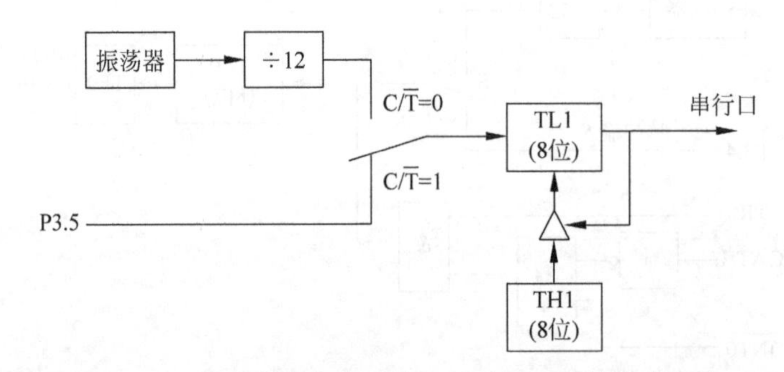


图 6.10　T0 工作在方式 3 时 T1 为方式 2 的结构示意图

通常 T1 用作串行接口的波特率发生器时，T0 才工作在方式 3，以便增加一个定时器/计数器。综上，各个工作方式计数范围不同，适用于不同场合。

## 6.5　定时器/计数器的程序设计

### 6.5.1　定时器/计数器的初始化编程

由于定时器/计数器的功能是由软件编程确定的，所以一般在使用定时器/计数器前都要对其进行初始化，使其按设定的功能工作。初始化步骤一般如下：

(1) 确定工作模式和工作方式(即对 TMOD 赋值)；

(2) 预置定时或计数的初值(将初值写入 TH0、TL0 或 TH1、TL1)；

(3) 根据需要开放定时器/计数器的中断(对 IE 位赋值)；

(4) 启动定时器/计数器(若已规定用软件启动，则可把 TR0 或 TR1 置 1；若已规定由外中断引脚电平启动，则需给外引脚步加启动电平。当实现了启动要求后，定时器即按规定的工作方式和初值开始计数或定时)。

例如设置定时器工作状态：设 T0 为定时方式 1，设 T1 为计数方式 1，TMOD 的状态应置为

| GATE | C/$\overline{T}$ | M1 | M0 | GATE | C/$\overline{T}$ | M1 | M0 |
|---|---|---|---|---|---|---|---|
| 0 | 1 | 0 | 1 | 0 | 0 | 0 | 1 |

其状态字为51H。利用指令“MOV TMOD,＃51H”,则可把TMOD设置成T0为定时方式1,T1为计数方式1。注意：TMOD不能位寻址。

1. **给定时器赋初值**

赋初值即把初始常数装入TH0、TL0或TH1、TL1当中。例如,给定时器T0赋初值3CB0H。利用字节传送指令装入初值：

```
MOV TH0,＃3CH
MOV TL0,＃B0H
```

2. **启动定时器**

软件启动T0和T1时方式如下：

```
SETB TR0                          ;启动 T0
SETB TR1                          ;启动 T1
```

设定时器T0为方式1,初值为3CB0H,设未使用中断,初始化程序如下：

```
MOV TMOD,＃01H
MOV TH0,＃3CH
MOV TL0, ＃0B0H
SETB TR0
```

### 6.5.2　定时器初值计算方法

定时时间和定时器工作方式、初值及时钟周期均有关系,预设定准确时间,必须会计算定时器初值。根据时间长短,选择工作方式,因为工作方式不同,溢出一次的计数最大值也不同。设用$M$表示最大计数值,则各种工作方式的最大计数值如下所述。

方式0：　$M=2^{13}=8192$

方式1：　$M=2^{16}=65536$

方式2：　$M=2^{8}=256$

方式3：　$M=2^{8}=256$

原则上,需要定时时间长的情况选用16位或13位计数器,即方式0或方式1。若时间短则选用8位计数器,即方式2和方式3,如果需要自动装入初值,只能选择方式2。

定时初值计算：

设初值为$X$,最大计数值为$Y$。初值$X$与机器周期、定时时间$t$关系如下：

$$t=T_{cy}(Y-X)$$

其中,$T_{cy}=12$个晶振周期$=12/f_{osc}$。

当$f_{osc}=6\text{MHz}$时，　$T_{cy}=2\mu s$

当$f_{osc}=12\text{MHz}$时，　$T_{cy}=1\mu s$

由上式可知,计数初值为$X=Y-t/T_{cy}$。下面举例说明。

### 6.5.3 应用程序设计

**【例 6-1】** 选择 T1 方式 0 进行定时，在 P1.0 输出周期为 1ms 方波，设系统的晶振为 $f_{osc}=6\text{MHz}$。

分析：根据题意，只要使 P1.0 每隔 500μs 取反一次即可得到 1ms 的方波，因而 T1 的定时时间为 500μs，根据定时时间，取方式 0 即可，则 M1M0=00；因是定时器方式，所以 C/T=0；在此用软件启动 T1，所以 GATE=0。T0 不用，方式字可任意设置，只要不使其进入方式 3 即可，一般取 0，故 TMOD=00H。系统复位后 TMOD 为 0，可不对 TMOD 重新清 0。

下面计算 500μs 定时 T1 初始值：

$$\text{机器周期 } T=12/f_{osc}=2\mu\text{s}$$

设初值为 $X$，则：

$$(10^{13}-X)\times 2\mu\text{s}=500\mu\text{s}$$

$$X=7942\text{D}=1111100000110\text{B}=1\text{F}06\text{H}$$

因为 13 位计数器，TL1 的高 3 位未用，应填写 0，TH1 占用高 8 位，所以 $X$ 的实际填写应为：

$$X=1111100000000110\text{B}=\text{F}806\text{H}$$

故 T1 计数寄存器初值：TH1=F8H，TL1=06H。

(1) 汇编程序如下所示。

```
        ORG     0000H
        MOV     TL1, #06H               ;给 TL1 置初值
        MOV     TH1, #0F8H              ;给 TH1 置初值
        SETB    TR1                     ;启动 T1
LP1:    JBC     TF1, LP2                ;查询计数是否溢出
        AJMP    LP1
LP2:    MOV     TL1, #06H               ;重新设置计数初值
        MOV     TH1, #0F8H
        CPL     P1.0                    ;输出取反
        AJMP    LP1                     ;重复循环
```

(2) C 语言程序。

```
 #include <reg51.h>
 sbit P10 = P1^0;
 main( )
 {
  TMOD = 0;
  TH1 = 0xf8;
  TL1 = 0x06;
  TR1 = 1;
  while(1)
 {
Do{ }while(TF1 == 0);
  TF1 = 0;
  P10 = ～P10;
```

```
TH1 = 0xf8;
TL1 = 0x06;
}
 }
```

以上程序均采用查询方式编写,大家可尝试采用中断方式改写程序。

**【例 6-2】** 利用 8XX51 单片机的 T1 对外部信号计数。要求每计满 1000 次,将 P1.0 状态取反。

分析:外部信号由 T1(P3.5)引脚输入,每发生一次负跳变计数器加 1,每输入 1000 个脉冲,计数器发生溢出中断,中断服务程序将 P1.0 取反。要求计数 1000 次,选择方式 1,则控制字为 TMOD=50H。

计算 T1 的计数初值 $X$:

$$X = 2^{16} - 1000 = 64536 = \text{FC18H}$$

因此:TH1=0FCH,TL1=18H。

(1) 汇编语言源程序可以采用查询方式或者中断方式实现。

① 查询方式:

```
        ORG     0000H
        MOV     TMOD, #50H                      ;T1 工作于计数方式 1
ABC:    MOV     TH1, #0FCH                      ;计数 1000 个初值
        MOV     TL1, #18H
        SETB    TR1                             ;启动 T1 工作
        JNB     TF1, $                          ;$ 为当前指令地址
        CLR     TF1                             ;清零 TF1
        CPL     P1.0                            ;将 P1.0 取反
        SJMP    ABC
```

② 中断方式:

```
        ORG     0000H
        AJMP    MAIN                            ;单片机复位后从 0000H 开始执行
        ORG     001BH                           ;T1 的中断服务程序入口为 001BH
        MOV     TH1, #0FCH                      ;重新装初值
        MOV     TL1, #18H
        CPL     P1.0
        RETI
MAIN:   MOV     TMOD, #50H                      ;T1 工作于计数方式 1
        MOV     TH1, #0FCH                      ;计数 1000 个
        MOV     TL1, #18H
        SETB    EA                              ;开中断总控开关
        SETB    ET1                             ;允许 T1 中断
        SETB    TR1                             ;启动 T1 工作
        SJMP     $                              ;等待中断
        END
```

(2) C 语言程序可以采用查询方式或者中断方式实现。

① 查询方式:

```
#include <reg51.h>
```

```
sbit p10 = P1^0;
main( )
{
TMOD = 0x50;                                  //T1 工作于计数方式 1
TH1 = 0xfc;                                   //计 1000 个数初值
TL1 = 0x18;
TR1 = 1;
while(1)
{
Do{ }while(TF1 == 0);
TF1 = 0;
p10 = ~p10;
TH1 = 0xfc;                                   //重新装初值
TL1 = 0x18;
}
}
```

② 中断方式：

```
#include <reg51.h>
sbit p1_0 = P1^0;
Tov( ) interrupt 3                            //T1 的中断源编号为 3
{
p1_0 = ~p1_0;
TH1 = 0xfc;
TL1 = 0x18;
}
main( )
{
TMOD = 0x50;                                  //T1 工作于计数方式 1
EA = 1;                                       //开中断总控开关
ET1 = 1;                                      //允许 T1 中断
TR1 = 1;                                      //启动 T1 工作
TH1 = 0xfc;                                   //计数 1000 个初值
TL1 = 0x18;
while(1);
}
```

**【例 6-3】** 采用定时器 T0，输出控制扬声器发声。设系统时钟频率为 12MHz。如图 6.11 所示，完成下列工作任务。

(1) 定时产生频率为 5kHz 的方波，控制扬声器发声；

(2) 使输出频率可调，控制扬声器发出不同声音。

分析：根据题意，要输出频率为 5kHz 的方波，其周期为

$$T=\frac{1}{f}=\frac{1}{5\times10^{3}\,\text{Hz}}=0.2\times10^{-3}\,\text{s}=200\mu\text{s}$$

可知，需要定时 100μs，由于时间较短，采用方式 2，TMOD 为 02H。系统时钟频率为 12MHz，机器周期为 1μs，则定时器初值为：

$$X=256-100\mu\text{s}/1\mu\text{s}=9\text{CH}$$

如改变状态切换时间，则可以调节扬声器的输出频率。

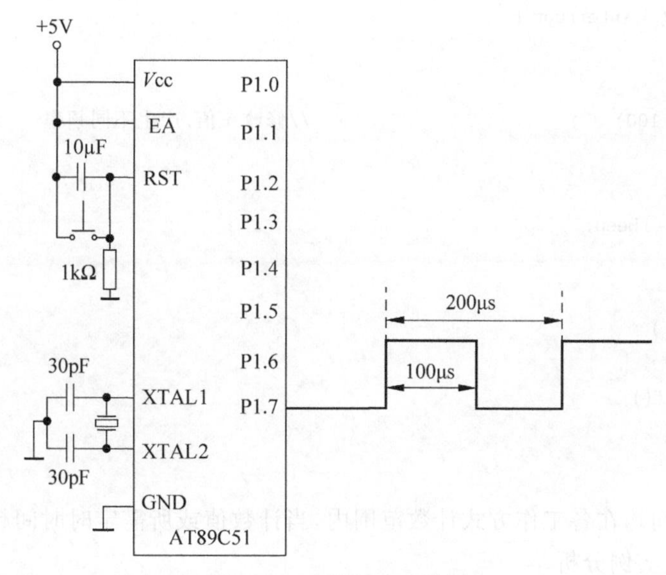


图 6.11 方波输出电路图

（1）汇编语言源程序：

```
        ORG     0000H
        AJMP    MAIN
        ORG     000BH
        CPL     P1.7                    ;P1.7 取反
        RETI
MAIN:   MOV     TMOD,#02H               ;T0 采用方式 2 定时
        MOV     TH0,#9CH                ;定时 100μs 的初值
        MOV     TL0,#9CH
        SETB    ET0
        SETB    EA
        SETB    TR0
        SJMP    $
        END
```

（2）C 语言程序：控制不同频率输出。

```
#include <reg51.h>
#include <intrins.h>
typedef unsigned int u16;                //对数据类型进行声明
sbit Beep = P1^7;
void Timer0Init()
{
  TMOD| = 0x02;                          //定时模式，工作方式 2
  TH0 = 0x9C;                            //给定时器赋初值
  TL0 = 0x9C;
  ET0 = 1;                               //打开定时器 0 中断允许
  EA = 1;                                //打开总中断
  TR0 = 1;                               //启动定时器
}
```

```
void Timer0( ) interrupt 1
{
    i++;
    if(i == 100)                                        //修改 i 值,产生不同频率
      {
      i = 0;
      Beep = !Beep;
      }
}
 void main( )
 {
  Timer0Init();
  while(1);
}
```

前面定时时间均在各工作方式计数范围内,当计数值或所需定时时间超过计数值时,如何处理,下面通过实例分析。

**【例 6-4】** 如图 6.12 所示,采用单片机的定时器,控制 P1 口的 8 个灯每隔 2s 下移一个灯亮。设系统时钟频率为 12MHz。

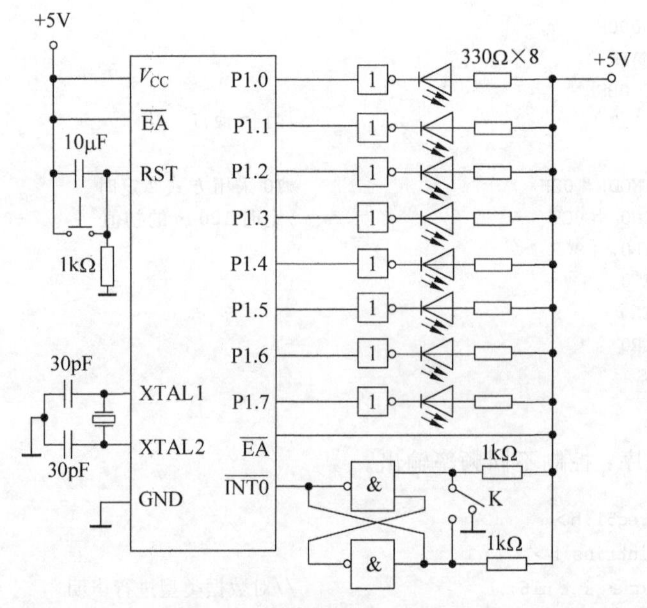


图 6.12　定时控制灯循环显示

分析:定时时间 2s,超过方式 1 最大定时时间,可以通过加循环次数实现长时间延时,让 T0 每隔 10ms 中断一次,利用软件对 T0 的中断次数进行计数,每 200 次即实现 2s 的定时。程序如下:

(1) 汇编语言程序实现。

```
ORG     0000H
AJMP    MAIN
ORG     000BH                                  ;T0 中断服务程序入口
```

```
        AJMP   T1S
        ORG    0030H                          ;主程序开始
MAIN:   MOV    A,#01H                         ;置第一个 LED 灯亮
        MOV    P1,A
        MOV    TMOD,#01H                      ;采用 T0 的方式 1
        MOV    TH0,#0D8H                      ;定时 10ms 计数初值
        MOV    TL0,#0F0H
        SETB   EA
        SETB   ET0
        SETB   TR0
        MOV    R7,#200                        ;中断 200 次计数
        SJMP   $
T1S:    DJNZ   R7,LOOP                        ;200 次未到再等中断
        MOV    R7,#200
        RL     A                              ;左移一位
        MOV    P1,A                           ;下一个发光二极管亮
LOOP:   MOV    TH0,#0D8H                      ;重装计数初值
        MOV    TL0,#0F0H
        RETI
        END
```

(2) C语言程序实现。如果让 T1 每隔 1ms 中断一次,利用软件对 T1 的中断次数进行计数,每计数 2000 次,即实现了 2s 的定时。

```
#include <reg52.h>
typedef unsigned int u16;                     //对数据类型进行声明定义
void Timer1Init( )
{
  TMOD| = 0x10;                               //选择为定时器 1 模式
  TH1 = - 1000/256;                           //给定时器赋初值,定时 1ms
  TL1 = - 1000 % 256;
  ET1 = 1;                                    //打开定时器 1 中断允许
  EA = 1;                                     //打开总中断
  TR1 = 1;                                    //打开定时器
 }
 void main( )
{
   P1 = 0x01;
   Timer1Init();                              //定时器 1 初始化
   do{ } while(1);
}
void Timer1( ) interrupt 3
{  static u16 i;
   TH1 = - 1000/256;                          //给定时器赋初值,定时 1ms
   TL1 = - 1000 % 256;
   i++;
```

```
        if(i == 2000){
        i = 0;
        P1 = P1 << 1;
        if(P1 == 0x80)
        P1 = 0x01;
        }
    }
```

## 6.6 定时器/计数器的扩展应用

### 1. 电压/频率(V/F)转换器

在工程实践中,常利用电压/频率(V/F)转换器,配合单片机定时器/计数器构成高分辨率、高精度、低成本的A/D转换器。

设计思想:模拟量传感器输出的mV级的电压信号经运算放大器放大后,用V/F转换器转换成频率随电压变化的脉冲信号,利用单片机内部的定时器/计数器进行计数,再通过软件进行处理获得相应模拟量的数字量。

若定时器T1对输入的被测脉冲进行计数,即工作于计数方式1,初值为0,最大计数值为65536。用T0做定时器,用于产生计数的门限时间$t$;当V/F转换器选定之后,其最大的模拟量所对应的最大输出频率值$f_{max}$已确定,则最大计数值为$f_{max}\times t$,被测信号的电压值:

$$V_x = V_{max}\times(N_x/N_{max}) = V_{max}\times[N_x/(f_{max}\times t)]$$

式中,$N_x$为$t$时间段内的实际计数值;$V_{max}$为V/F转换器的最大量程。

**【例6-5】** 设V/F转换器AD654输入的模拟电压为0~1V,输出引脚可输出的频率为0~500KHz的脉冲,其与单片机的定时器T1的计数输入脚相连,以便进行计数。试根据采集频率值,求取输入电压值。

分析:定时器T0控制T1计数的时间$t=100$ms,则脉冲信号的最大计数值$N_{max}=50000$,所以T1应设定在方式1(16位)、计数模式。

若主频为6MHz,则定时时间100ms所对应的计数值为50000,T0工作于定时方式1,计数器初值$N=65536-50000=15536$。

C51程序如下:

```
#include  <reg51.h>
unsigned  int n, v;
main( )
  {
     TMOD = 0x51;                          //T0 定时方式 1,T1 计数方式 1
     TL0 = 15536 % 256,TH0 = 15536/256;    //T0、T1 的计数初值
     TH1 = 0,TL1 = 0;
     EA = 1,ET0 = 1;                       //开启 T0 中断
     TR0 = 1,TR1 = 1;                      //开启 T0、T1 工作
     while (1);                            //等待 100ms 定时中断到
  }
void  time0( )  interrupt 0                //T0 中断函数
```

```
{
    n = TH1 * 256 + TL1;                    //读 T1 计数值
    v = 1000 * n/50000;                     //计算电压值,单位为 mV
    TL0 = 15536 % 256,TH0 = 15536/256;      //重置 T0、T1 计数初值
    TH1 = 0,TL1 = 0;
}
```

### 2. 利用门控位测量外部脉冲宽度

根据 TMOD 中的门控位 GATE 功能,当 GATE 设置为 1 时,需要同时满足 TRx 为 1,对应 INTx 外部引脚为高电平,才能启动定时器的计数。利用该特性,可以测量外部脉冲的宽度。

**【例 6-6】** 用定时器 T0 的门控位 GATE,测量从 INT0 引脚上出现的外部正脉冲宽度,并将结果(以机器周期数的形式)存放在 RAM 的 20H 和 21H 两个单元。

分析:T0 设为对系统时钟计时,方式 1(16 位),T0 初值为 0。GATE=1 且 TR0=1 时,外部信号启、停 T0。如图 6.13 所示,当 P3.2(INT0)端出现高电平,则 T0 工作;到 P3.2 端出现低电平,T0 停止计数。这时读出 TH0、TL0 的值,乘以机器周期,则为脉冲宽度时间。

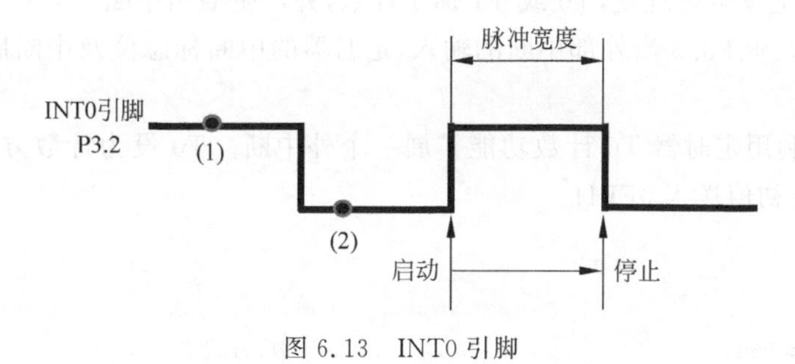


图 6.13 INT0 引脚

汇编程序:

```
        ORG     0000H
        LJMP    START
        ORG     0030H
START:  MOV     TMOD,#09H               ;T0 方式 1,定时
        MOV     TL0,#00H                ;定时器赋初值
        MOV     TH0,#00H
        MOV     R0,#20H                 ;存脉冲宽度的地址
LOOP1:  JB      P3.2,LOOP1              ;等 INT0 上变为低电平
        SETB    TR0                     ;启动 T0(没真正开 T0)
LOOP2:  JNB     P3.2,LOOP2              ;等 P3.2 变为高电平
LOOP3:  JB      P3.2,LOOP3              ;启动 T0,等 P3.2 上变为低电平
        CLR     TR0                     ;关 T0(以免 P3.2 再启动 T0)
        MOV     @R0,TL0                 ;存结果
        INC     R0
        MOV     @R0,TH0
        END
```

为防止数据错读,程序中可先读 THx 后读 TLx,若两次读得的 THx 没有发生变化,则

可确定读到的内容是正确的。若前后两次读到的 THx 有变化，则再重复上述过程，重复读到的内容就应该是正确的了。按此思路编写程序段，读到的 TH0 和 TL0 放在 R1 和 R0 内。

```
        …
LOOP:  MOV    A,TH0
       MOV    @R0,TL0
       CJNE   A,TH0,LOOP;
       INC    R0
       MOV    @R0,A
       …
```

3．利用定时器扩展中断接口

80XX51 单片机系统有两个外部中断 INT0、INT1，当系统要使用多于两个外部中断时，可用定时器/计数器模块来扩展外部中断用。

(1) 将定时器设为计数方式，给 T0 或 T1 置初值为满(FFH)；

(2) 将要扩展的外部中断接到 P3.4(T0)或 P3.5(T1)引脚上；

(3) 当引脚上发生负跳变，T0 或 T1 加 1 计数，并产生溢出中断。

这样就把 P3.4、P3.5 当外部中断的输入，定时器的中断标志位及中断服务程序就为外中断用了。

**【例 6-7】** 利用定时器 T0 计数功能扩展一个外中断。T0 设为计数方式，按方式 2 工作，TL0、TH0 的初值送入 0FFH。

汇编程序：

```
…
MOV    TMOD,#06H                    ;T0 计数,方式 2
MOV    TL0,#0FFH                    ;TL0 赋初值
MOV    TH0,#0FFH                    ;TH0 赋初值
SETB   EA                           ;开中断
SETB   ET0                          ;开 T0 中断
SETB   TR0                          ;启动 T0 工作
…
```

这样，在 P3.4(T0)引脚上来一个下降沿信号，TL0 加 1 溢出，将 TF0 置为 1，向 CPU 申请中断，同时 TH0 中的值又自动装入 TL0，下一次又来一个下降沿，又置 TF0 为 1，又发生中断。T0 作为一个边沿触发的外中断源。

## 本章小结

(1) 51 系列单片机内部有两个定时器/计数器，每个定时器对应有一个 16 位的内部计数寄存器，用于存放计数值。单片机可以工作于定时器和计数器两种模式，可软件设置，对应于计数模式，外部有两个引脚 P3.4、P3.5 输入计数脉冲，定时模式下，计数脉冲来自系统时钟分频。定时器/计数器只是脉冲来源不同。

(2) 定时器/计数器通过特殊功能寄存器 TCON、TMOD 进行管理和设置。可有四种

工作方式,不同工作方式计数值不同,适应不同应用场合,只有方式 2 可自动重装初值。计数启动可软件启动也可硬件启动,通过 GATE 位设置。

(3) 本章需掌握对定时器/计数器工作过程的理解。可以通过 C 语言或汇编语言编写定时、计数程序,T0、T1 对应中断入口地址分别为 000BH 和 001BH,也可根据标志位采用查询方式编程。

(4) 定时器/计数器也可进行扩展应用,如扩展电压/频率(V/F)转换器,进行脉冲宽度测量、扩展外部中断等。

## 本章习题

1. 8XX51 单片机中有几个定时器/计数器?定时器和计数器工作过程有什么不同?

2. 什么是单片机定时器的溢出?溢出后会产生什么现象?

3. 与定时器/计数器有关的两个 SFR 是什么?它们的物理地址是什么?可否进行位寻址?

4. 单片机的定时器/计数器有几种工作方式?它们的定时、计数范围是多少?

5. 设 8XX51 单片机的晶振分别是 12MHz 和 6MHz,定时器处于不同工作方式的最大定时范围分别是多少?

6. 8XX51 单片机的 $f_{osc}$ =12MHz,如果要求定时时间分别为 200μs 和 5ms,当 T1 工作在方式 0、方式 1 和方式 2 时,分别求出定时器的初值。

7. 利用 8XX51 的 T1 计数,每计 50 个脉冲,P1.0 变反一次,用查询和中断两种方式编程。

8. 利用 8XX51 的 T0 进行定时,实现 P1.0 和 P1.1 分别输出周期为 1ms 和 500μs 的方波,设 $f_{osc}$ =12MHz。

9. 利用单片机定时器/计数器模块编制一个周期性计数的程序,每次计 12 个数,单片机 P1.0 引脚控制继电器的通断动作(设 P1.0 引脚输出高电平继电器吸合,输出低电平继电器断开)。

10. 参考例 6-3,采用定时器 T0,产生频率为 2kHz 的方法,控制扬声器发声。如何控制不同输出?设系统时钟频率为 6MHz。

# 第7章　51单片机的串行接口

【思政融入】

——串行通信是单片机的'外交家',它通过简单的协议规则和帧结构,实现了复杂设备之间的高效对话。

本章主要分析51系列单片机的串行接口通信模块,51系列单片机内部有一个异步串行通信接口,本章分析其结构原理、通信过程,用于串口管理的功能寄存器及4种工作方式及特点等。

【本章目标】

- 理解串行接口内部结构及数据发送接收过程;
- 掌握51系列单片机串行接口功能寄存器SCON各位功能及设置;
- 理解串口4种工作方式特点,能够运用汇编及C语言编写串口通信程序。

## 7.1　串行通信概述

### 1. 并行通信和串行通信

(1) 并行通信:是指所传送的数据各位同时进行传送。其优点是传送速度快,缺点是传输线多,通信线路费用较高,且收发之间还需同步,不利于长距离传输。因此,并行传送适用于近距离、传送速度高的场合。

(2) 串行通信:传送数据的各位按分时顺序一位一位地传送(例如:先低位、后高位)。其优点是传输线少,传输通道费用低,故适合长距离数据传送,缺点是传送速度较低。此外,考虑到机器内部的数据均以并行方式存储,所以在发送和接收时还必须进行并-串和串-并变换。

### 2. 串行通信的数据传送方向

串行通信的数据传送是具有方向的,即由发送者传向接收者。通常通信双方之间的数据传送方向有三种形式,即单工、半双工和全双工。

(1) 单工方式:通信双方只有一条单向传输线,只允许数据由一方发送,另一方接收。

(2) 半双工方式:通信双方只有一条双向传输线,允许数据双向传送,但每时刻上只能有一方传送,另一方接收,这是一种能够切换传送方向的单工方式。

(3) 全双工方式:通信双方有两条传输线,允许数据同时双向传送,其通信设备应具有完全独立的收发功能。

### 3. 同步通信和异步通信

串行方式是将传输数据的每个字符一位一位顺序地传送,接收方对于同一根线上送来的一连串的数字信号,按位组成字符。为了发送、接收信息,双方必须协调工作。这种协调方法,从原理上可分成两种:同步串行通信和异步串行通信。同步方式是面向数据块的传送,异步方式是面向字符的传送。

1) 同步通信方式

在同步通信中,在数据或字符开始传送前用同步字符(SYNC)来实现同步,常约定1～2个同步字符数据。由时钟来实现发送端和接收端同步,当检测到规定的同步字符后,就连续按顺序传送数据。同步字符是一特定的二进制序列,在传送的数据中不会出现。例如:在HDLC协议中将01111110作为同步字符,检测出了同步字符就找到了数据块的起始位置。同步通信的数据传送格式如图7.1所示。

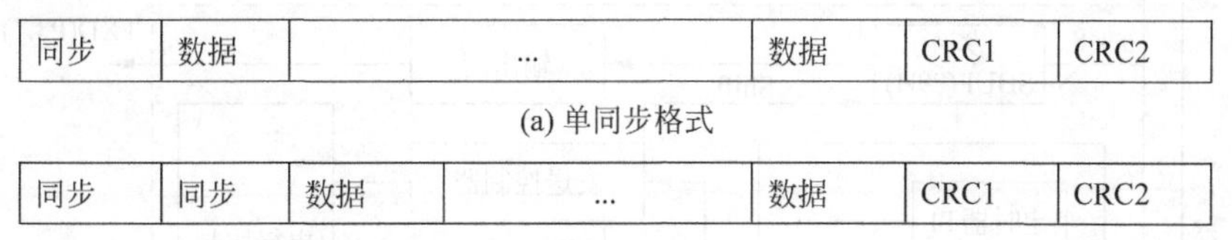

| 同步 | 数据 | ... | 数据 | CRC1 | CRC2 |
|---|---|---|---|---|---|

(a) 单同步格式

| 同步 | 同步 | 数据 | ... | 数据 | CRC1 | CRC2 |
|---|---|---|---|---|---|---|

(b) 双同步格式

图7.1　同步通信格式

同步通信由于不设起始和停止位,在同步字符后可以有较大的数据区,同步字符所占部分很小,因此传送效率较高。同步方式是以位流方式进行传送,可以做到与字符位数无关。同步方式传输效率高、速度快,但硬件复杂、成本高,一般用于高效率、大容量的数据通信中。

2）异步通信方式

在异步通信方式中,数据或字符是一帧一帧传送的,每一帧的格式包含四个组成部分:起始位、数据位、奇偶校验位和停止位。

起始位占1位,用逻辑"0"表示字符的开始。起始位通过通信线传向接收设备,接收设备检测到这个"0"信号后,就开始准备接收字符数据。起始位所起的作用是使通信双方在传送数据前保持同步。

起始位后面紧接着是数据位,数据位的个数可以是5位、6位、7位或8位。在数据位传送过程中,规定低位在前、高位在后。数据位发送完后,接下来是1位奇偶校验位。奇偶校验用于有限差错检测,通信双方约定一致的奇偶校验方式。如选择奇校验,则组成数据位和奇偶位的逻辑"1"的个数必须是奇数。奇偶校验方式是可选择的,即用户可选择奇校验、偶校验或无校验。

停止位在一帧的最后,用逻辑值"1"表示一帧数据传送的结束。停止位可以是1位、1.5位或2位。接收端收到停止位1后,知道上一字符已传送完毕,通信信道上便可恢复逻辑"1"状态,直到下一字符数据起始位的到来。

异步方式在微处理器通信中使用频率较高,为了避免连续传送过程中的误差积累,每个字符都要独立确定起始位和停止位(即每个字符都要重新同步),字符和字符间还可能有长度不定的空闲时间。异步传送可以是连续的,也可以是断续的。连续传送是指一个字符格式的停止位之后,紧接着发送下一个字符的起始位,开始一个新的字符传送。而断续传送是指一帧结束后使数据线处于空闲位状态(空闲位"1"),直到下一个起始位的到来。新的起始位可以在任何时刻开始。

# 7.2　串行接口模块结构及工作原理

## 7.2.1　串行接口结构

51系列单片机的串行接口通过引脚TXD(串行接口数据发送端)、引脚RXD(串行接口数据接收端)与外界进行通信。其结构如图 7.2 所示。

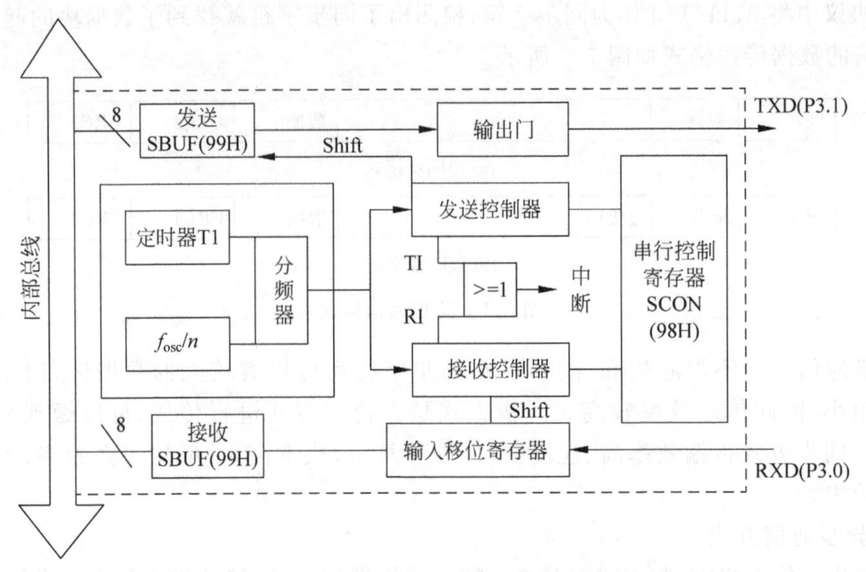


图 7.2　串行接口结构框图

串口内部主要功能部件包括：两个物理上独立的数据缓冲寄存器 SBUF(一个为接收缓冲器,另一个为发送缓冲器)、发送控制器、接收控制器,输入移位寄存器和输出门；还有一个串行控制寄存器 SCON 和一个波特率发生器 TI。

特殊功能寄存器 SCON 用于存放串行接口的控制和状态信息。根据其控制字决定工作方式,从而决定波特率发生器的时钟源是来自系统时钟还是来自定时器 T1。接收数据缓冲器和发送数据缓冲器共用一个缓冲器 SBUF,占用同一个物理地址 99H,发送缓冲器 SBUF 只能写入不能读出,接收缓冲器只能读出不能写入。因此,对 SBUF 写入数据就是修改发送缓冲器；从 SBUF 读取数据,就是读接收缓冲器的内容。此外,在接收缓冲器 SBUF 之前还设有移位寄存器,从而构成了串行接收的双缓冲结构,以避免在接收一帧数据之前,CPU 未能及时响应接收器的前一帧中断请求,没把前一帧数据读走,而产生两帧数据重叠的问题。对于发送器,因为发送时 CPU 是主动的,不会产生写重叠问题,一般不需要双缓冲结构,这样可以保证最大的传送速率。

## 7.2.2　串行接口工作原理

设有两个单片机串行通信,甲方为发送,乙方为接收,为说明发送和接收过程,以图 7.3 简化示意串行接口通信过程。

串行通信中,甲方 CPU 向 SBUF 写入数据(MOV SBUF,A),就启动了发送过程,A 中的数据送入了 SBUF,在发送控制器控制下,按设定的波特率,每来一个移位时钟,数据移出一位,由低位到高位一位一位移位发送到通信线上,移出的数据位通过通信线直达乙方,乙方按设定的波特率,每来一位移位时钟移入一位,由低位到高位一位一位移入 SBUF；一个移出,一个移进,显然,如果两边的移位速度一致,甲方移出的正好被乙方移进,就能完成数据的正确传送；如果不一致,必然会造成数据位的丢失。因此,收发两方的波特率必须一致。

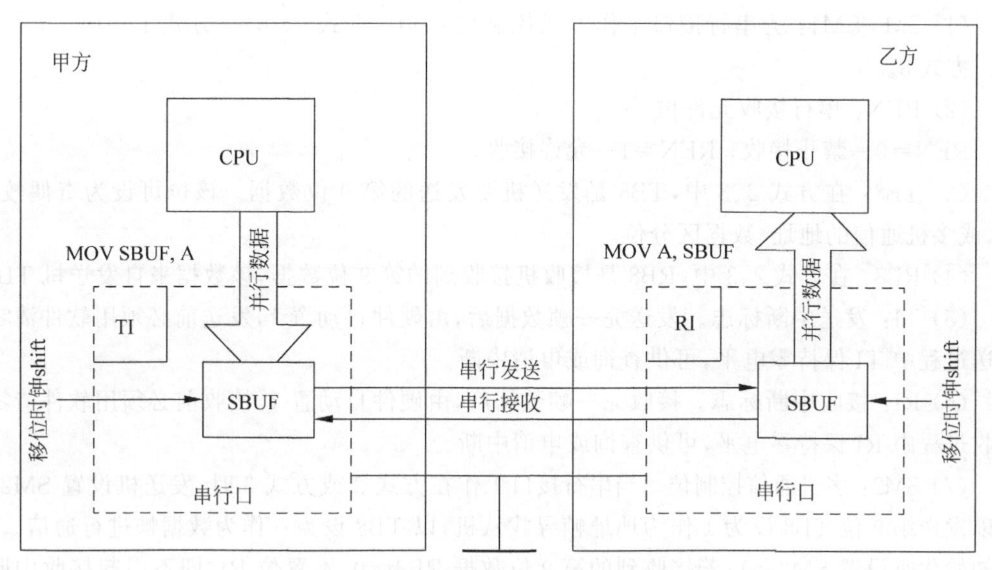


图 7.3　串行接口发送-接收数据示意图

当甲方一帧数据发送完毕,硬件置位发送中断标志位 TI,该位可作为查询标志；如果设置为允许中断,将引起中断,甲方 CPU 方可再发送下一帧数据。接收的乙方需预先置位 REN,即允许接收,对方的数据按设定的波特率由低位到高位顺序进入乙方的移位寄存器；当一帧数据到齐,硬件自动置位接收中断标志 RI,该位可作为查询标志；如设置允许标志中断,将引起接收中断,乙方的 CPU 才可通过读 SBUF,将这帧数据读入,从而完成一帧数据的传送。

串口查询方式通信过程如下所述。

(1) 查询方式发送过程：发送一帧数据(MOV SBUF,A)—查询 TI—发送下一帧数据(先发后查询)；

(2) 查询方式接收过程：查询 RI—读入一个数据(MOV A,SBUF)—查询 RI—读入下一个数据(先查询后接收)。

# 7.3　串行接口功能寄存器

## 7.3.1　串行接口控制寄存器

8XX51 单片机串行通信的工作方式选择,接收和发送控制及串行接口的标志均由专用寄存器 SCON 设置和指示,其格式如图 7.4 所示。

**SCON 98H**

| SM0 | SM1 | SM2 | REN | TB8 | RB8 | TI | RI |
|---|---|---|---|---|---|---|---|
| 方式选择 | | 多机控制位 | 串行接口接收允许/禁止 | 发送的第9位 | 接收的第9位 | 发送中断有/无 | 接收中断有/无 |

图 7.4　专用寄存器 SCON

(1) SM0 SM1：为串行接口工作方式控制位。00—方式 0；01—方式 1；10—方式 2；11—方式 3。

(2) REN：串行接收允许位。

REN＝0—禁止接收；REN＝1—允许接收。

(3) TB8：在方式 2、3 中，TB8 是发送机要发送的第 9 位数据。该位可设为奇偶校验位，或多机通信的地址/数据区分位。

(4) RB8：在方式 2、3 中，RB8 是接收机接收到的第 9 位数据，该数据来自发送机 TB8。

(5) TI：发送中断标志。发送完一帧数据后，由硬件自动置 1，发送前必须用软件清零，发送过程中 TI 保持零电平，可供查询或申请中断。

(6) RI：接收中断标志。接收完一帧数据后，由硬件自动置 1，接收前必须用软件清零，接收过程中 RI 保持零电平，可供查询或申请中断。

(7) SM2：多机通信控制位。当串行接口工作在方式 2 或方式 3 时，发送机设置 SM2＝1，以发送第 9 位 TB8 设为 1 作为地址帧寻找从机，以 TB8 设为 0 作为数据帧进行通信。从机初始化时设置 SM2＝1，若接收到的第 9 位数据 RB8＝0，不置位 RI，即不引起接收中断，即不接收数据帧，继续监听；若接收到 RB8＝1，置位 RI，引起接收中断，中断程序中判断所接收的地址帧和本机的地址是否一致，若不一致，维持 SM2＝1，继续监听，若一致，则清零 SM2，接收发送方发来的后续信息。在串口工作方式 0 中，SM2 应始终置位 0；在方式 1 中，当接收机 SM2＝1，只有收到有效停止位才能激活 RI。综上所述，SM2 的作用如图 7.5 所示。

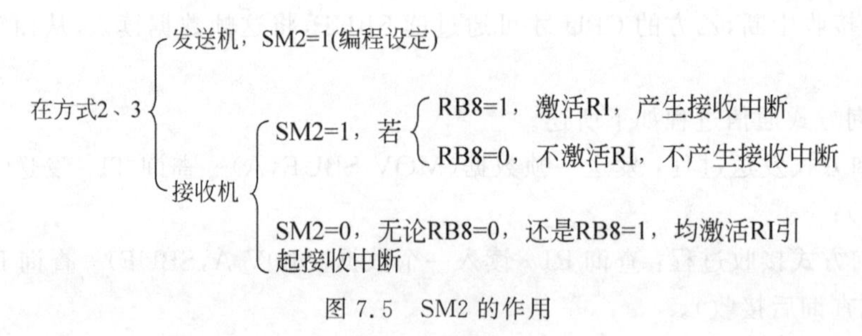


图 7.5　SM2 的作用

## 7.3.2　电源控制寄存器

电源控制寄存器 PCON，其格式如图 7.6 所示，串行通信中只用其中的最高位 SMOD，进行波特率加倍。

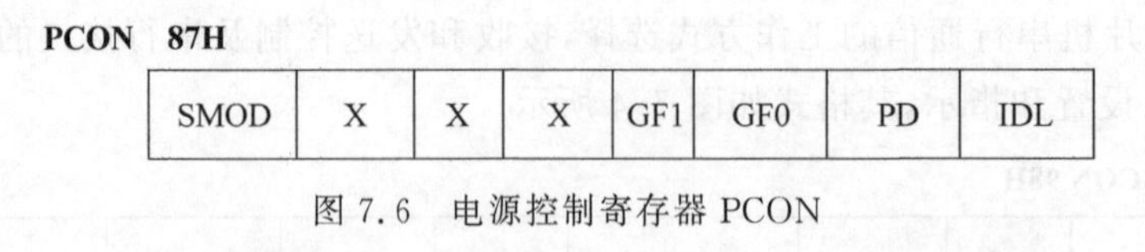

**PCON　87H**

| SMOD | X | X | X | GF1 | GF0 | PD | IDL |
|---|---|---|---|---|---|---|---|

图 7.6　电源控制寄存器 PCON

(1) SMOD：波特率倍增位。在串行方式 1、2、3 的波特率计算中，SMOD＝0，波特率不加倍；SMOD＝1，波特率增加一倍。需指出的是，对 CHMOS 单片机而言，PCON 还有几位有效控制位。

(2) GF1，GF0：为通用标志位，用户可作为软件使用标志。

(3) PD：为掉电方式位，PD=1，激活掉电工作方式，片内振荡器停止工作，一切功能停止，Vcc可降到2V以下。

(4) IDL：为待机方式位，IDL=1，激活待机工作方式，提供给CPU的内部时钟被切断，但串行接口定时器的时钟依然提供，工作寄存器状态被保留。

PCON地址为87H，不能位寻址，只能字节寻址。初始化时，SMOD=0。

## 7.4　串行接口通信波特率的设定

在串行通信中，8XX51单片机的波特率可以程控设定。波特率发生器时钟来源有两种：一种是来自于系统时钟的分频值，由于系统时钟频率固定，所以此种方式称为固定波特率；另一种是由定时器T1提供，波特率由T1的溢出率控制，T1的计数初值可以用软件改写，因此称为可变波特率，此时T1工作于定时方式2(8位可自动重装入方式)。波特率是否提高一倍由PCON的SMOD值确定，SMOD=1时波特率加倍。固定波特率及可变波特率计算公式如下：

(1) 固定波特率

$$\text{波特率}=\frac{2^{\text{SMOD}}\times f_{\text{osc}}}{64}$$

(2) 可变波特率

$$\text{波特率}=\frac{2^{\text{SMOD}}}{32}\times(T_1\text{ 的溢出率})=\frac{2^{\text{SMOD}}}{32}\times\frac{f_{\text{osc}}}{12\times(256-X)}$$

对应不同的波特率，T1的初值可通过查询表7.1获得，其中为了防止四舍五入给波特率带来计算误差，采用11.0592MHz晶振提高系统波特率的精确性。

**表7.1　波特率查询表**

| 波特率(方式1、3) | $f_{\text{osc}}$=6MHz | | | $f_{\text{osc}}$=12MHz | | | $f_{\text{osc}}$=11.0592MHz | | |
|---|---|---|---|---|---|---|---|---|---|
| | SMOD | T1方式 | 初值 | SMOD | T1方式 | 初值 | SMOD | T1方式 | 初值 |
| 62.5kb/s | | | | 1 | 2 | FFH | | | |
| 19.2kb/s | | | | | | | 1 | 2 | FDH |
| 9.6kb/s | | | | | | | 0 | 2 | FDH |
| 4.8kb/s | | | | 1 | 2 | F3H | 0 | 2 | FAH |
| 2.4kb/s | 1 | 2 | F3H | 0 | 2 | F3H | 0 | 2 | F4H |
| 1.2kb/s | 1 | 2 | E6H | 0 | 2 | E6H | 0 | 2 | E8H |
| 600 | 1 | 2 | CCH | 0 | 2 | CCH | 0 | 2 | D0H |
| 300 | 0 | 2 | 1DH | 0 | 2 | 98H | 0 | 2 | A0H |
| 137.5 | 1 | 2 | 72H | 0 | 2 | 1DH | 0 | 2 | 2EH |
| 110 | 0 | 2 | 72H | 0 | 1 | FEEBH | 0 | 1 | FEFFH |

串行接口有4种工作方式，方式0和方式2采用固定波特率，方式1和方式3采用可变波特率。在不同工作方式中，由时钟振荡频率的分频值或由定时器T1的定时溢出时间确定，使用十分灵活方便。当波特率较低时，可以将T1工作方式设为方式1。

## 7.5 串行接口四种工作方式

前面对 SCON 的分析中，可以看到，串口通过 SM0 SM1 进行工作方式设置，共有四种工作方式。下面对每种工作方式的工作特点及适用场合进行分析。

### 1. 方式 0

串行接口工作在方式 0 时，是作为同步移位寄存器使用，其数据传输波特率固定在 $f_{osc}/12$。数据由 RXD(P3.0)串行输入/输出，TXD(P3.1)端输出同步移位脉冲。数据的发送/接收以 8 位为一帧，低位在前，高位在后，无起始位、奇偶校验位及停止位。其格式如图 7.7 所示。

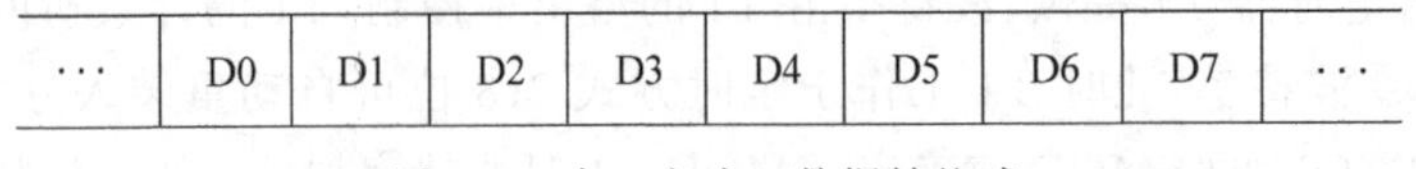

| … | D0 | D1 | D2 | D3 | D4 | D5 | D6 | D7 | … |
|---|---|---|---|---|---|---|---|---|---|

图 7.7 串口方式 0 数据帧格式

1）数据发送过程

当执行一条将数据写入发送缓冲器 SBUF 的指令时，8 位数据开始从 RXD 端串行发送，其波特率为振荡频率的 1/12。方式 0 发送数据的时序如图 7.8 所示。

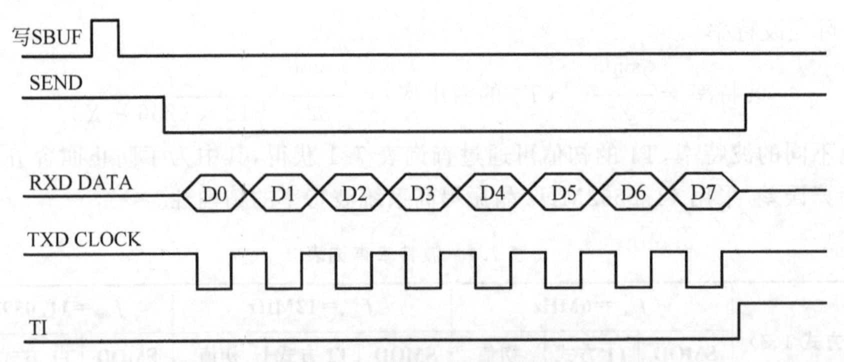


图 7.8 方式 0 发送时序

在系统的 S5P2 节拍产生写 SBUF 选通信号，使内部总线上的 8 位数据经缓冲器写入 SBUF 的发送寄存器；在写信号有效后，相隔一个机器周期，发送控制端 SEND 有效，允许 RXD 发送数据，同时允许从 TXD 端输出移位脉冲。当一帧(8 位)数据发送完毕时，SEND 变为高电平，停止数据和移位脉冲的发送，并将 TI 置 1，请求中断。若 CPU 响应中断，则转入 0023H 单元开始执行串行接口中断服务程序，要再次发送数据时，软件必须将 TI 清零。

2）数据接收过程

满足 REN=1 和 RI=0 条件时，串行接口就会启动一次接收过程。此时 RXD 为串行输入端，TXD 为同步脉冲输出端。串行接收的波特率也为振荡频率的 1/12，其时序如图 7.9 所示。同样，当接收完一帧(8 位)数据后，各控制端均恢复原状态，并将 SCON 中的 RI 置 1，发送中断请求。若 CPU 响应中断将执行由 0023H 作为入口的中断服务程序。要再次接收时，必须用软件将 RI 清零。

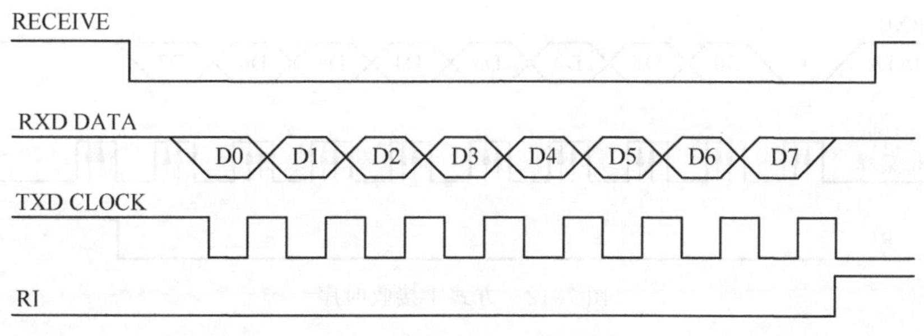


图 7.9　方式 0 接收时序

## 2. 方式 1

串行接口工作在方式 1,是作为 10 位异步通信接口,由 TXD 端发送数据,RXD 端接收数据。发送/接收的一帧数据包括 10 位：1 位起始位,用 0 来标识；8 位数据位(低位在前)；1 位停止位,用 1 来标识。其帧格式如图 7.10 所示。

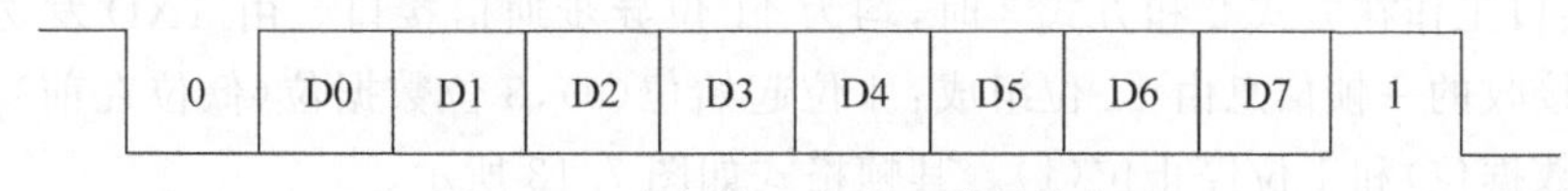


图 7.10　串行接口方式 1 数据帧格式

1）数据发送过程

当 CPU 执行一条写入 SBUF 的指令后,便启动串行接口发送,发送的数据由 TXD 端输出。发完一帧数据时,发送中断标志 TI 置 1,请求中断。其时序如图 7.11 所示。

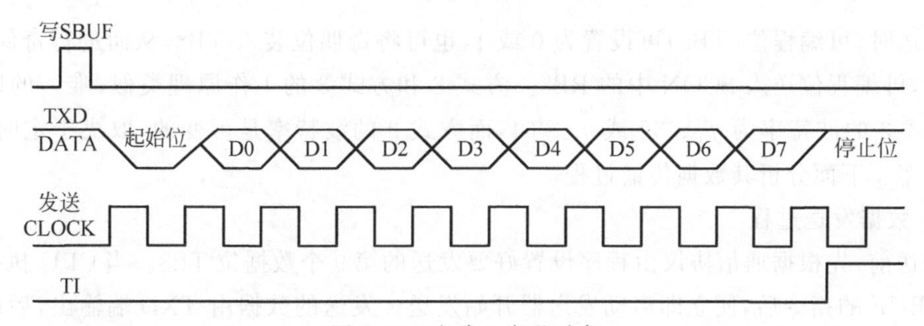


图 7.11　方式 1 发送时序

2）数据接收过程

接收时,数据从 RXD 输入,其时序如图 7.12 所示。当允许串行接收位 REN 置 1 后,CPU 便以所选波特率的 16 倍速率采样 RXD 端电平,当在 RXD 端检测到从 1 到 0 的负跳变时,启动接收控制器,并使内部的 16 分频计数器立即复位。16 分频计数器的 16 个状态把接收每位信息的时间分成 16 份,在每个位时间的第 7、8、9 个计数状态,从 RXD 端采样三次,至少两次相同的值才被确认,该采样可抑制噪声。如果接收到的起始位信息不是 0,说明它不是一帧数据的起始位,该位被自动舍弃,接收电路复位,等待下一次负跳变的到来；若接收到的起始位为 0,起始位有效,则开始本帧其余信息的接收。在 RI＝0 的状态下,若接收到停止位为 1(或 SM2＝0),则将 8 位数据装入接收缓冲器 SBUF,停止位装入 RB8,并将 RI 置 1,申请中断。

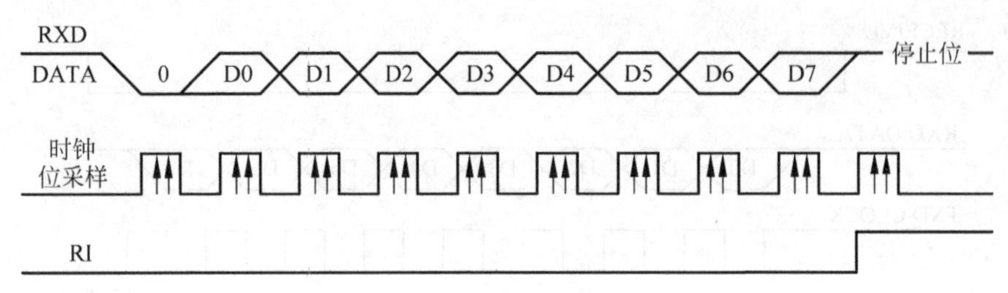


图 7.12　方式 1 接收时序

在方式 1 的数据接收中设置有效数据辨识功能，且只有在同时满足条件：①RI＝0；②SM2＝0 或接收到的停止位＝1 时，所接收数据才有效，实现装载 SBUF、RB8，并置位 RI。这时接收控制器再重新采样在 RXD 端出现的负跳变，以接收下一帧数据。如果上述两个条件有一个不满足，所接收数据帧就会丢失，不能恢复。

3. 方式 2 和方式 3

串行接口工作在方式 2 和方式 3 时，均为 11 位异步通信接口。由 TXD 发送，RXD 接收。发送/接收的一帧信息由 11 位组成：1 位起始位(0)，8 位数据位(低位在前)，1 位可编程位(第 9 数据位)和 1 位停止位(1)。其帧格式如图 7.13 所示。

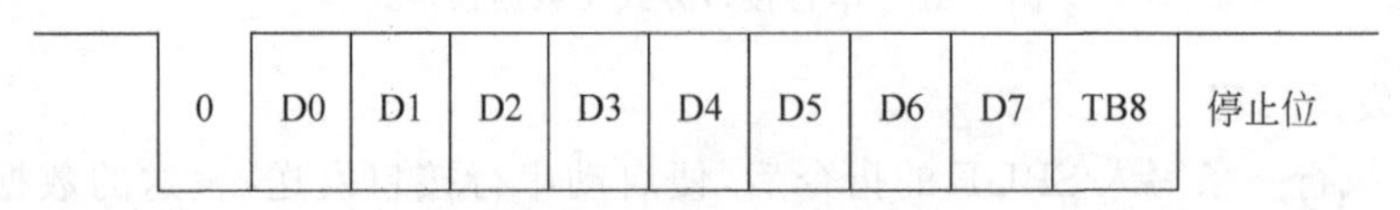


图 7.13　方式 2 和方式 3 帧格式

发送时，可编程位(TB8)可设置为 0 或 1，也可将奇偶位装入 TB8，从而进行奇偶校验；接收时，可编程位送入 SCON 中的 RB8。方式 2 和方式 3 的工作原理类似，唯一的区别在于：方式 2 的波特率为 $f_{osc}/32$ 或 $f_{osc}/64$，而方式 3 的波特率是可变的，取决于定时器 T1 的溢出率。下面分析其数据传输过程。

1) 数据发送过程

发送前，先根据通信协议由程序设置好要发送的第 9 个数据位 TB8。当 CPU 执行一条写入 SBUF 的指令后，便立即启动发送器开始发送。发送的数据由 TXD 端输出，后面附加上第 9 位数据 TB8。发送完一帧信息时，一方面使 SEND 无效，另一方面置 TI 为 1，请求中断。方式 2 和方式 3 发送时序如图 7.14 所示。

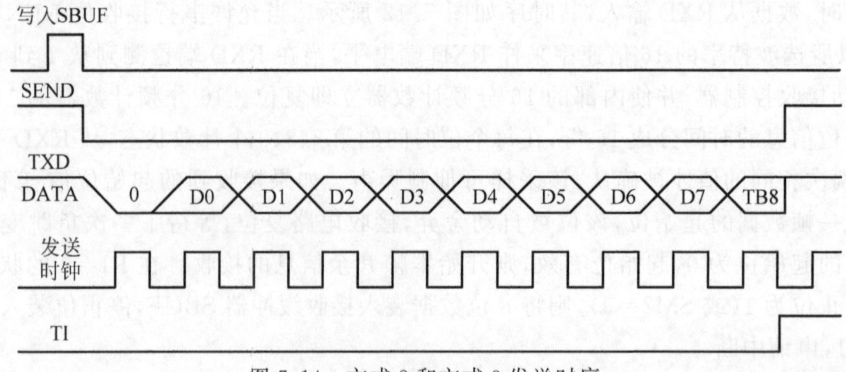


图 7.14　方式 2 和方式 3 发送时序

2）数据接收过程

与方式 1 类似，当 REN＝1 时，CPU 开始对 RXD 不断采样，采样速率为波特率的 16 倍，一旦检测到负跳变时，立即复位 16 分频计数器，并开始接收。位检测器在每一位的 7、8、9 状态时，对 RXD 端采样 3 个值，以采 3 取 2 的表决方法确定每位状态。当采至最后一位时，将 8 位数据装入 SBUF，第 9 位数据装入 RB8 并置位 RI＝1。接收时序如图 7.15 所示。

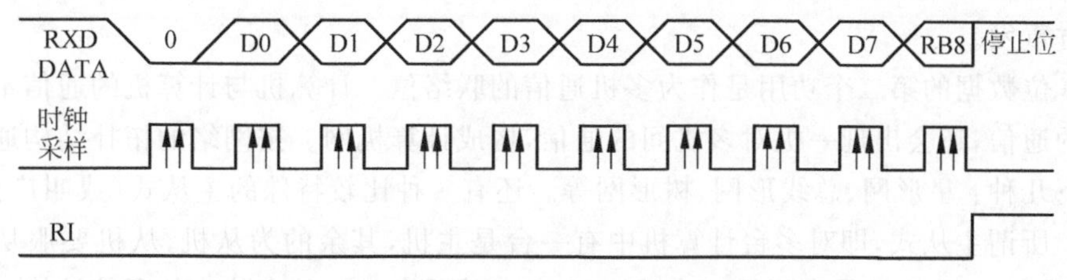


图 7.15 方式 2 和方式 3 接收时序

方式 2 和方式 3 中也有数据辨识功能。当满足条件：①RI＝0；②SM2＝0 或接收到的第 9 位数据位＝1 时，所接收的数据帧才有效，实现装载 SBUF、RB8，并置位 RI，当上两条的任一条不满足时，接收的数据帧将会丢失，不再恢复。

与串口工作方式 1 不同，方式 2 和方式 3 装入 RB8 的是第 9 数据位，而不是停止位。所接收到的停止位的值与 SBUF、RB8 和 RI 都无关。利用这一特性可实现多机通信。

3）第 9 位数据的功用及设置

第 9 位数据的第一个功用是作为奇偶校验位。方式 2、方式 3 也可以像方式 1 一样用于点对点的异步通信。在数据通信中由于传输距离较远，数据信号在传送过程中会产生畸变，从而引起误码。为了保证通信质量，除了改进硬件之外，通常要在通信软件上采取纠错措施。常用的一种简单方法就是用“奇偶校验”。第 9 位数据可设置为奇偶校验位，将其置入 TB8 位一同发送。在接收端可以用第 9 位数据来核对接收的数据奇偶性与发送数据是否一致，从而判断数据传输是否有误。

例如，发送端发送一个数据字节及其奇偶校验位的程序段，则有：

```
TT:     MOV     SCON,#80H          ;串口方式2
        MOV     A,#DATA            ;取待发送的数据
        MOV     C,PSW.0            ;取奇偶标志位
        MOV     TB8,C              ;置入TB8中
        MOV     SBUF,A             ;启动一次发送,数据连同奇偶校验位一块被发送
LP:     JBC     TI,NEXT
        SJMP    LP
NEXT:   ……
```

方式 2、方式 3 发送过程中，将数据和附加在 TB8 中的奇偶校验位一起发送出去。接收方应设法取出该奇偶位进行核对，相应的接收程序如下：

```
        MOV     SCON,#90H          ;方式2允许接收
LOOP:   JBC     RI,GETD            ;等待接收
        SJMP    LOOP
GETD:   MOV     A,SBUF             ;读入接收的一帧数据
        JB      PSW.0,ONE          ;判断接收端的奇偶值
```

```
        JB      RB8,ERR                         ;判断发送端的奇偶值
        SJMP    DONE
ONE:    JNB     RB8,ERR
DONE:   …                                       ;接收正确
ERR:    …                                       ;接收出错
```

当接收到一个字符时,字符从 SBUF 转移到 A 中时会产生接收端的奇偶值,而保存在 RB8 中的值为发送端的奇偶值,两个奇偶值应相等,否则接收字符有错。发现错误要及时通知对方重发。

第 9 位数据的第二个功用是作为多机通信的联络位。计算机与计算机的通信不仅限于点对点的通信,还会出现一机对多机间的通信,构成计算机网。按网络的拓扑结构通常可划分为如下几种:星形网、总线形网、树形网等。还有一种比较特殊的主从式(或叫广播式)总线形网。所谓主从式,即对多台计算机中有一台是主机,其余的为从机,从机要服从主机的调度、支配。51 单片机的串行接口方式 2、方式 3 就适合于这种主从式的通信结构。

使用 SM2 位和接收到的第 9 个附加数据位(接收后放在 RB8 中)相配合,可用于多机通信。一般通信各方的约定如下:主机向从机发送地址信息,其第 9 位数据必须为 1,而向从机发送数据信息和命令时,其第 9 位数据规定为 0。

从机在建立与主机通信之前,随时处于对通信线路的监听状态。在监听状态下使 SM2=1,此时只能收到主机发出的地址信息(第 9 位为 1),非地址信息被丢失。

从机收到地址帧后应进行识别,对比地址号是否与本机地址号相同,确认是否主机呼叫本站,如果地址符合,确认呼叫的就是本站,此时从机解除监听状态,修改 SM2=0,同时把本站地址发回主机作为应答,接下来收到主机发送的有效数据。其他从机由于地址不符,仍处于监听状态,继续保持 SM2=1,所以无法接收主机的数据。

主机收到从机的应答信号,比较收发地址是否相符,如果不符,则发出复位信号;如果地址相符,则清除 TB8,正式开始发送数据和命令。

从机收到复位命令后再次回到监听状态,再置 SM2=1,否则正式开始接收数据和命令。

# 7.6 串行接口程序设计

## 7.6.1 串行接口编程思路

串口编程主要有发送、接收两部分程序,可以采用查询或中断两种机制编程,编程主要思路如下所述。

(1) 设定 SCON 的工作方式。接收程序设置 REN=1;

(2) 设定通信波特率。方式 0、方式 2 为固定波特率,方式 1、方式 3 为可变波特率;

(3) 规划程序编程方式。①如果采用查询方式,则发送程序为发送一帧数据(MOV SBUF,A)→查询 TI→一帧数据发送完毕→TI 置位 1→TI 清零→发送下一帧数据;接收程序为查询 RI→一帧数据接收完毕 RI 置位 1→读入数据→满足辨识条件存入 SBUF→清零 RI→读入下一帧数据。②如果采用中断方式,发送程序为开中断→发送一帧数据(MOV SBUF,A)→等中断→一帧数据发送完毕 TI 置位 1→进入中断服务程序→TI 清零→发送下

一帧数据→返回主程序再等中断；接收程序为开中断→等中断→一帧数据接收完毕 RI 置位 1→进入中断服务程序→满足辨识条件数据存入 SBUF→清零 RI→返回主程序等下一帧数据。

## 7.6.2 串行接口通信实例程序

**【例 7-1】** 在甲单片机的内部 RAM 存储器 40H～5FH 单元中有 32 个数据，要求采用方式 1 串行发送给乙单片机，乙单片机接收数据同样放于 RAM 存储器 40H～5FH 单元中，传送速率为 2400b/s，设 $f_{osc}=12\text{MHz}$。

分析：采用方式 1 通信，则 T1 工作于方式 2，作为波特率发生器，设 SMOD=0，T1 的初值计算如下：

$$\text{波特率}=\frac{2^{\text{SMOD}}}{32}\times\frac{f_{osc}}{12\times(256-X)}$$

可得：$X=\text{F3H}$。

(1) 采用汇编语言实现的查询方式程序如下：

甲机发送程序

```
        ORG     0000H
        MOV     TMOD,#20H       ;T1 方式 2
        MOV     TH1,#F3H
        MOV     TL1,#F3H        ;T1 时间常数
        SETB    TR1             ;启动 T1
        MOV     SCON,#40H       ;串行方式 1
        MOV     R0,#40H         ;发送缓冲器首址
        MOV     R7,#32          ;发送数据计数
LOOP:   MOV     SBUF,@R0        ;发送数据
        JNB     TI,$            ;一帧未完查询
        CLR     TI              ;一帧发完清 TI
        INC     R0
        DJNZ    R7,LOOP         ;数据块未发完继续
        SJMP    $
```

乙机接收程序

```
        ORG 0000H
        MOV TMOD,#20H
        MOV TH1,#F3H
        MOV TH1,#F3H
        SETB TR1
        MOV SCON,#50H
        MOV R0,#40H
        MOV R7,#32
LOOP:   JNB RI,$
        CLR RI
        MOV @R0,SBUF
        INC R0
        DJNZ R7,LOOP
        SJMP $
```

(2) 采用 C 语言实现的查询方式程序如下：

甲机发送程序

```
#include <reg51.h>
main(){
unsigned char i;
char *p;
TMOD = 0x20;
TH1 = 0xf3; TH1 = 0xf3;
TR1 = 1;
SCON = 0x40;
p = 0x40;
for(i = 0; i <= 32; i++){
SBUF = *p;
p++;
while(!TI);
```

乙机接收程序

```
#include <reg51.h>
main(){
unsigned char i;
char *p;
TMOD = 0x20;
TH1 = 0xf3; TH1 = 0xf3;
TR1 = 1;
SCON = 0x50;
p = 0x40;
for(i = 0; i <= 32; i++){
while (!RI);
RI = 0;
*P = SBUF;
```

```
TI = 0;                                    p++;
}                                          }
}                                          }
```

(3) 采用汇编语言实现的中断方式程序如下：

甲机发送程序

```
        ORG     0000H
        AJMP    MAIN
        ORG     0023H
        AJMP    SER1
        ORG     0050H
MAIN:   MOV     TMOD,#20H                       ;T1 方式 2
        MOV     TH1,#0F3H
        MOV     TL1,#0F3H                       ;T1 时间常数
        SETB    TR1                             ;启动 T1
        MOV     SCON,#40H                       ;串行方式 1
        MOV     R0,#40H                         ;发送缓冲器首址
        MOV     R7,#32                          ;发送数据计数
        SETB    EA                              ;开中断
        SETB    ES                              ;允许串行口中断
        MOV     SBUF,@R0                        ;发送
        SJMP    $                               ;等待中断
        ORG     0100H
SER1:   CLR     TI                              ;数据块未发完继续
        INC     R0                              ;发送完关中断
        MOV     SBUF @R0
        DJNZ    R7,DONE
        CLR     EA
DONE:   RETI
        END
```

参照上述发送程序，大家可自行编写乙机中断方式的接收程序。

(4) 采用C语言实现的中断方式程序如下：

```
#include<reg51.h>
typedef unsigned char u8;
u8 i;
void main( )
{
        char *p;
        TMOD = 0x20;
        TH1 = 0xf3;
        TL1 = 0xf3;
        ES = 1;
        EA = 1;
        TR1 = 1;
        SCON = 0X40;
        p = 0x30;
        SBUF = *p;
        while(1);
```

```
}
void Usart() interrupt 4
{ TI = 0;
   if (i < 32){
   i++;
   p++;
SBUF = * p;}
else EA = 0;ES = 0;
}
```

参照上述发送程序,大家可自行编写乙机中断方式的C语言接收程序。

【例 7-2】　利用串行接口助手实现与单片机的通信：分别采用查询与中断两种方式编程,实现串口助手与单片机二者的数据发送与接收过程。设 $f_{osc}=12\text{MHz}$,通信波特率为4800b/s。

分析：由晶振＝12MHz,波特率＝4800b/s，T1 工作在方式 2,SMOD＝1,查表可得 $X=\text{F3H}$。

(1) 采用汇编语言实现的程序如下：

汇编查询方式

```
        ORG  0000H
        MOV  TMOD, #20H
        MOV  TH1, #0F3H
        MOV  TL1, #0F3H
        MOV  PCON, #80H
        SETB TR1
        MOV  SCON, #50H
LOOP:   JNB  RI, $
        CLR  RI
        MOV  A, SBUF
        MOV  SBUF,A
        JNB  TI, $
        CLR  TI
        SJMP LOOP
        END
```

汇编中断方式

```
            ORG  0000H
            SJMP MAIN
            ORG  0023H
            SJMP SERVICE1
MAIN:       MOV  TMOD, #20H
            MOV  TH1, #0F3H
            MOV  TL1, #0F3H
            MOV  PCON, #80H
            SETB TR1
            SETB EA
            SETB ES
            MOV  SCON, #50H
            SJMP $
SERVICE1:   CLR  RI
            MOV  A, SBUF
            MOV  SBUF, A
            JNB  TI, $
            CLR  TI
            RETI
            END
```

(2) 串口助手C中断程序如下：

```
#include <reg51.h>
typedef unsigned int u16;                    //对数据类型进行声明定义
typedef unsigned char u8;
void UsartInit()
{    SCON = 0x50;                            //设置为工作方式 1
     TMOD = 0x20;                            //设置计数器工作方式 2
     PCON = 0x80;                            //波特率加倍
```

```
    TH1 = 0xF3;                         //计数器初始值设置,波特率为 4800b/s
    TL1 = 0xF3;
    ES = 1;                             //打开接收中断
    EA = 1;                             //打开总中断
    TR1 = 1;                            //打开计数器
}
void main()
{   UsartInit();
    while(1);
}
void Usart() interrupt 4
{   u8 receiveData;
    receiveData = SBUF;                 //接收到的数据
    RI = 0;                             //清除接收中断标志位
    SBUF = receiveData;                 //将接收到的数据放入到发送寄存器
    while(!TI);                         //等待发送数据完成
    TI = 0;
}
```

(3) 串口助手 C 语言查询程序如下：

```
#include <reg52.h>
typedef unsigned int u16;
typedef unsigned char u8;
u8 receiveData;
void UsartInit()
{   SCON = 0x50;                        //设置为工作方式 1
    TMOD = 0X20;                        //设置计数器工作方式 2
    PCON = 0X80;                        //波特率加倍
    TH1 = 0XF3;                         //计数器初始值设置,波特率是 4800b/s
    TL1 = 0XF3;
    TR1 = 1;                            //打开计数器
}
void main()
{   UsartInit();                        //串行接口初始化
    while(1)
{   while(!RI);
    RI = 0;
    receiveData = SBUF;
    SBUF = receiveData;                 //将接收到的数据放入到发送寄存器
    while(!TI);                         //等待发送数据完成
    TI = 0;                             //清除发送完成标志位
} }
```

**【例 7-3】** 有两台 8051 单片机相距很近，直接将它们的串行接口相连，1 号机的 TXD 接 2 号机的 RXD，两台单片机的 GND 相连。现将 1 号机片内 RAM 40H～5FH 单元内的数据，串行发送到 2 号机片内 RAM 60H～7FH 单元中，进行奇偶校验，查询方式编程。两台单片机的晶振频率均为 11.0592MHz，通信波特率为 4800b/s。

分析：$f_{osc}$＝11.0592MHz，波特率＝4800b/s，取 SMOD＝0，T1 工作在方式 2，查表的 X＝FAH。因需要奇偶校验，选择串口工作方式 3。

采用汇编语言实现的程序如下：

1号机发送程序

```
        ORG     0000H
TX:     MOV     TMOD,#20H
        MOV     TH1,#0FAH
        MOV     TH1,#0FAH
        MOV     SCON,#0C0H          ;设定工作方式3
        MOV     PCON, #00H
        SETB    TR0
        MOV     R0, #40H            ;设发送数据的地址指针
        MOV     R2,#20H             ;设发送数据长度
LOOP:   MOV     A,@R0               ;取发送数据送A
        MOV     C,PSW.0
        MOV     TB8,C               ;奇偶位送入TB8
        MOV     SBUF,A              ;启动发送
WAIT:   JBC     TI,L1               ;判发送中断标志
        SJMP    WAIT
L1:     INC     R0
        DJNZ    R2,LOOP
        SJMP    $
        END
```

2号机接收程序

```
        ORG     0000H
RX:     MOV     TMOD,#20H
        MOV     TH1,#0FAH
        MOV     TH1,#0FAH
        MOV     SCON, #0D0H
        MOV     PCON, #00H
        SETB    TR0
        MOV     R0, #40H
        MOV     R2,#20H
LOOP:   JBC     RI, NEXT
        SJMP    LOOP
NEXT:   MOV     A, SBUF
        JB      PSW.0,ER1
        JB      RB8,ERROR
        SJMP    RIGHT
ER1:    JNB     RB8, ERROR          ;接收出错
RIGHT:  MOV     @R0, A              ;接收正确
        INC     R0
        DJNZ    R2, LOOP
        SJMP    DONE
ERROR:  SETB    F0                  ;置出错标志
DONE:   SJMP    $
        END
```

方式2与方式3相对于方式1，增加了第9个数据位TB8，所以在发送前要先确定该位

的值；接收机接收到数据后将 TB8 位取出放入 RB8 位，并比较接收数据的奇偶性与 TB8 发送来的是否一致，如果一致认为没有错误，不一致认为有错误，但采用奇偶校验检查发送是否有误，只是一种有限纠错方式。

**【例 7-4】** 如图 7.16 所示 51 单片机的双机通信系统，现要将甲机内 RAM 50H～57H 中 8 个字节数发送到乙机的内 RAM 50H～57H 中，乙机在实时收到一个正确的字节后，就增加一个 LED 点亮，用奇偶校验方式校验；如乙机发现传送出错，则 LED 全暗。每隔 1s 发送一个字节。设甲、乙单片机的系统时钟均为 11.0592MHz。

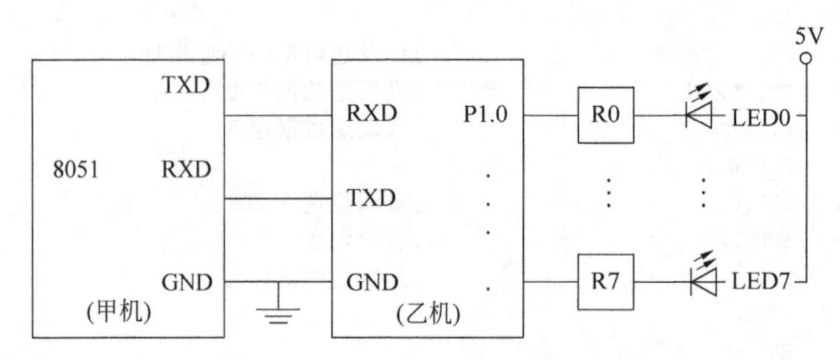


图 7.16　51 单片机的双机通信系统

**解**：采用中断方式编程，甲、乙两机主程序和串行接口中断服务程序流程图分别如图 7.17 和图 7.18 所示。

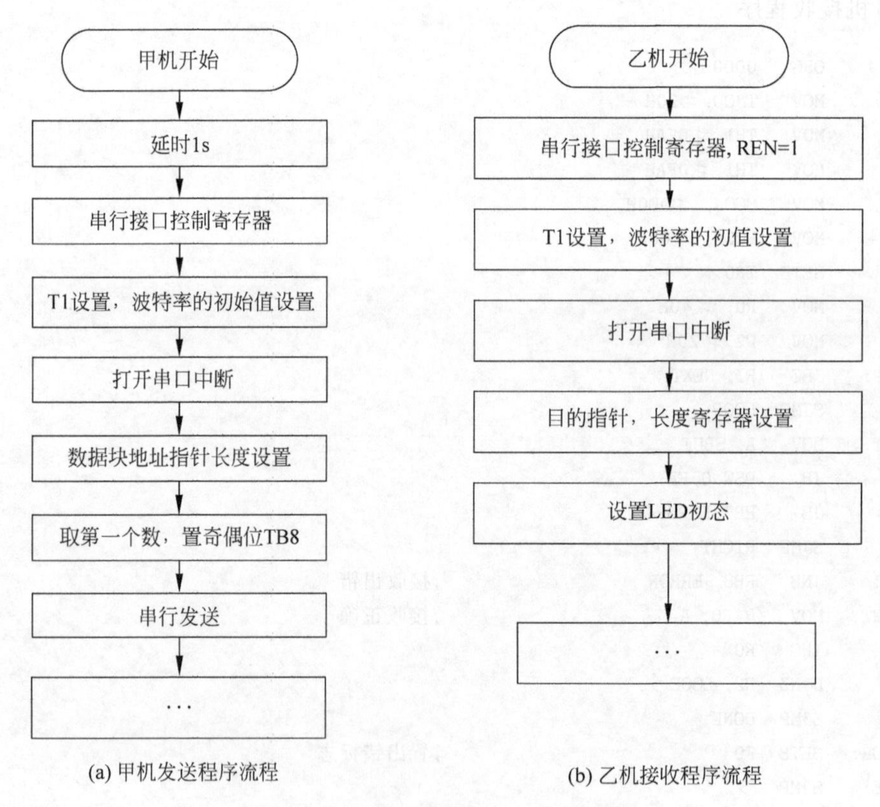


图 7.17　串口发送-接收主程序流程

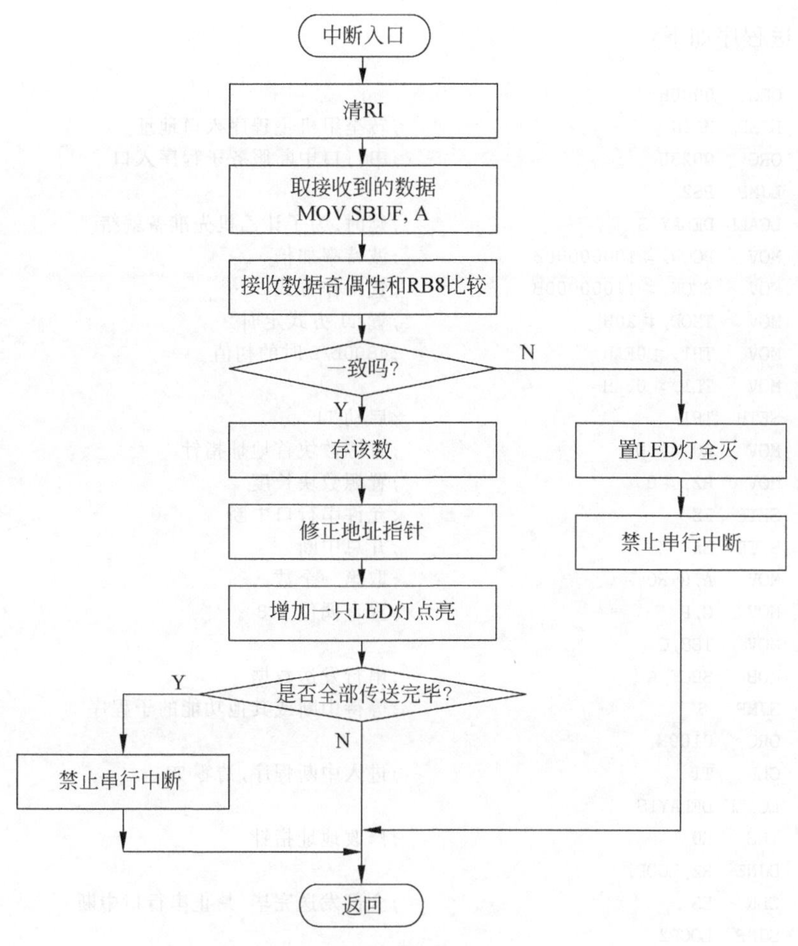


(a) 乙机串行接口中断程序流程

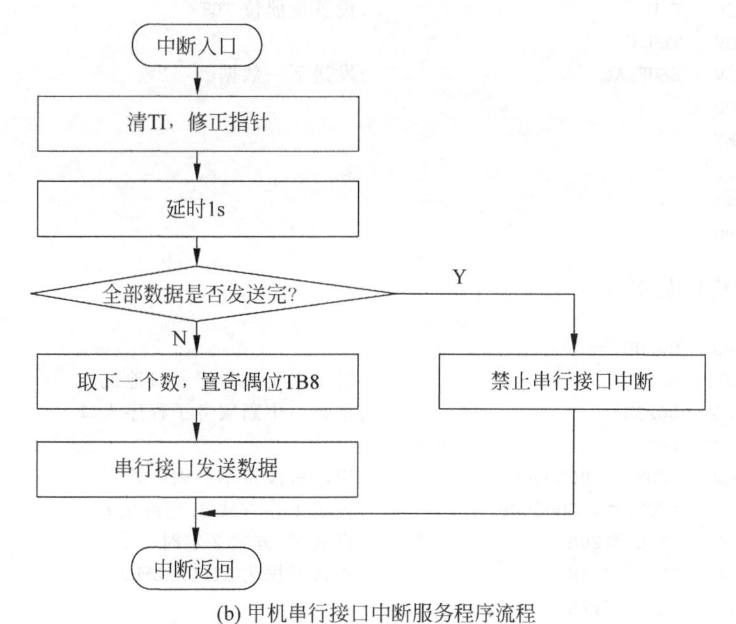


(b) 甲机串行接口中断服务程序流程

图 7.18 串行接口发送-接收中断服务程序流程

甲机发送程序如下：

```
        ORG   0000H
        LJMP  MAIN                    ;转至甲机主程序入口地址
        ORG   0023H                   ;串行口中断服务子程序入口
        LJMP  PS2
MAIN:   LCALL DELAYIS                 ;延时,为了让乙机先准备就绪
        MOV   PCON,#10000000B         ;波特率加倍
        MOV   SCON,#11000000B         ;置工作方式 3
        MOV   TMOD,#20H               ;置 T1 方式定时
        MOV   TH1,#0FAH               ;4800b/s 时的初值
        MOV   TL1,#0FAH
        SETB  TR1                     ;启动 T1
        MOV   R0,#50H                 ;置源数块首地址指针
        MOV   R2,#8                   ;置源数块长度
        SETB  ES                      ;允许串行口中断
        SETB  EA                      ;开总中断
        MOV   A,@R0                   ;取第一个数
        MOV   C,P                     ;置奇偶位 TB8
        MOV   TB8,C
        MOB   SBUF,A                  ;串行发送数据
        SJMP  $                       ;等待中断或其他功能的子程序
        ORG   0100H
PS2:    CLR   TI                      ;进入中断程序,清零 TI
        LCALL DELAY1S
        INC   R0                      ;修改地址指针
        DJNZ  R2,LOOP1
        CLR   ES                      ;全部发送完毕,禁止串行口中断
        SJMP  LOOP2
LOOP1:  MOV   A,@R0                   ;取下一个数据
        MOV   C,P                     ;设置奇偶位 TB8
        MOV   TB8,C
        MOV   SBUF,A                  ;发送下一数据
LOOP2:  NOP
        RETI
DELAY1S:...
        RET
        END
```

乙机接收程序如下：

```
        ORG   0000H
        LJMP  MAIN                    ;转至乙机主程序入口地址
        ORG   0023H                   ;串行口中断服务子程序入口
        LJMP  PR2
MAIN:   MOV   PCON,#10000000B         ;甲乙机波特率必须一致
        MOV   SCON,#11000000B         ;设置工作方式 3,允许接收
        MOV   TMOD,#20H               ;设置 T1 方式 2 定时
        MOV   TL1,#0FAH               ;乙机晶振为 11.0592MHz
        MOV   TH1,#0FAH
        SETB  TR1                     ;启动 T1
```

```
        MOV    R0,#50H              ;目的地址首地址
        MOV    R2,#8
        MOV    R3,#11111111B        ;控制 8 只 LED 用寄存器
        MOV    P1,#11111111B
        SETB   ES
        SETB   EA
        SJMP   $                    ;等待中断或其他功能的程序
        ORG    0100H
PR2:    PUSH   PSW
        PUSH   ACC
        CLR    RI                   ;清中断标志为下次接收
        MOV    A,SBUF               ;取接收到的数据
        MOV    C,P                  ;取它的奇偶标志
        JC     LOOP1                ;为偶,再检验(RB8) = 1?
        JC     ERROR                ;为奇,则传送出错
        SJMP   LOOP2                ;传送正确
LOOP1:  ANL    C,RB8                ;检测 RB8 位
        JC     LOOP2                ;传送正确
ERROR:  MOV    A,#11111111B         ;LED 全暗
        MOV    P1,A
        MOV    R3,A                 ;存 LED 状态
        CLR    ES                   ;禁止串行中断
        AJMP   NEXT
LOOP2:  MOV    @R0,A                ;存刚接收到的数据
        INC    R0
        CLR    C                    ;增加一只 LED 点亮
        MOV    A,R3
        RLC    A
        MOV    P1,A                 ;点亮 LED
        DJNZ   R2,NEXT
        CLR    ES                   ;全部传送正常、完毕,关中断
NEXT:   POP    ACC
        POP    PSW
        RETI
        END
```

**【例 7-5】** 如图 7.19 所示,51 单片机工作于方式 0,与 74LS164 配合扩展并行输出口,写出将 74LS164 输出接口 LED 灯循环点亮的程序。

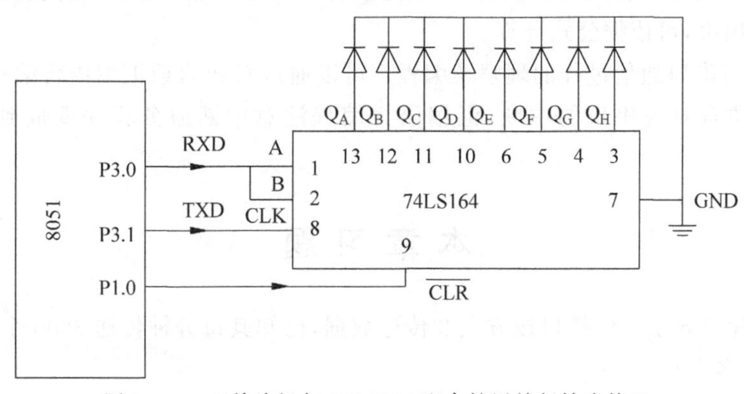


图 7.19 51 单片机与 74LS164 配合扩展并行输出接口

分析：串行接口工作于方式 0，作为同步移位寄存器用，TXD 用于输出移位脉冲，RXD 用于输出数据，TXD 接扩展芯片的时钟脉冲，RXD 接扩展芯片的数据输入端，74LS164 的 A、B 数据输入端内部为与门连接。

汇编程序：

```
        ORG    0000H
        MOV    SCON, #00H
        MOV    A,#80H
        CLR    P1.0
LOOP:   MOV    SBUF,A
        JNB    TI,$
        CLR    TI
        SETB   P1.0
        ACALL  DELAY
        RR     A
        CLR    P1.0
        SJMP   LOOP
DELAY:  …
        RET
        END
```

串行接口方式 0 主要用于扩展并行接口，也可多片 74LS164 级联，扩展多个并行输出口。与 74LS165 配合则可以扩展并行输入口。

## 本章小结

(1) 51 系列单片机有一个异步串行通信接口，用于串行发送接收数据，对应外部两个引脚 TXD 和 RXD，内部两个物理上独立的发送、接收缓冲区 SBUF，串行接口的中断入口地址为 0023H。

(2) 通过特殊功能寄存器 SCON 和 PCON 实现对串口模块的初始化设置，用于单片机串口的管理，包括工作方式、接收允许设置、标志位查询以及奇偶校验位的设置。

(3) 串口有 4 种工作方式，每种工作方式数据帧结构不同，通信波特率也有所不同，通信速率设置有固定波特率与可变波特率，固定波特率来源于时钟分频，可变波特率取决于定时器 T1 的溢出率，可依据公式计算。

(4) 掌握对串口通信过程的理解及编程。可以通过 C 语言或汇编语言编写查询或中断程序，采用 C 语言对应串口的中断，汇编语言编程注意中断服务程序要放到对应入口地址处。

## 本章习题

1. 51 单片机异步通信接口按方式 2 传送数据，已知其每分钟传送 3600 个字符，计算其传送波特率是多少？

2. 51 单片机波特率有固定波特率与可变波特率，可变波特率跟哪些因素有关？

3. 51单片机串口有几种工作方式？不同工作方式波特率如何设置？数据帧格式有何不同？

4. 51单片机串口的工作方式0有何特殊应用？该工作方式下TXD引脚与RXD引脚分别做何用途？

5. 定时器T1工作于方式2，用做串行口波特率发生器，系统时钟频率为6MHz，求可能产生的最高和最低的波特率是多少？

6. 若晶体振荡器为11.0592MHz，串行口工作于方式1，波特率为4800b/s，写出用T1作为波特率发生器的初始化指令。

7. 设甲、乙两机采用方式1通信，波特率为2400，甲机发送内部RAM 30H～3FH开始单元的16B数据给乙机，乙机接收存放在内部RAM 30H开始的单元，试用查询方式编写甲、乙两机的程序，设两机的晶振 $f_{osc}=12MHz$。

8. 两片STC89C52单片机的双机通信系统，波特率为1200b/s，$f_{osc}=12MHz$，将甲机片外RAM 2100H～21B0H的数据，通过串行口传送到乙机的片外RAM 2100H～21B0H单元中，编写程序。

9. 有甲乙两套AT89S51单片机最小系统，将它们的串行口相连，甲机的TXD引脚接乙机的RXD引脚，乙机的TXD引脚接甲机的RXD引脚，两机的GND引脚相连，晶振频率均为12MHz，通信的波特率为2400b/s。现将甲机片内RAM 60H～7FH单元内的数据，串行发送给乙机，乙机存入其片内RAM 60H～7FH单元中。要求进行奇偶校验，出错置位F0。

10. 判断下列说法是否正确。

(1) 串行口通信方式0主要工作于同步移位寄存器方式。(　　)

(2) 发送数据前，第9数据位的内容需在SCON寄存器的TB8位预先准备好。(　　)

(3) 串行通信数据帧发送时，指令把TB8位的状态送入发送SBUF中。(　　)

(4) 串行通信接收到的第9位数据送SCON寄存器的RB8中保存。(　　)

(5) 串行口方式1的波特率是可变的，通过定时器/计数器T1的溢出率来设定。(　　)

(6) 甲乙两个单片机芯片串行通信时，双方波特率可以不一致。(　　)

# 第8章　单片机的系统扩展及应用

**【思政融入】**

——芯片扩展是单片机系统设计中的'桥梁',它连接了单片机的内部资源与外部设备,让单片机能够更好地感知和控制外部环境。

MCS-51系列单片机内部集成了计算机的基本功能部件,因而一块单片机(如51系列兼容机)就是一个最小微机系统。但是,由于单片机的片内存储器的容量、I/O接口的数量、定时器/计数器的数量、中断源的数量等都是有限的,实际应用中往往要根据需要对单片机系统资源进行扩展。本章主要介绍MCS-51系列单片机的存储器和I/O接口的应用及扩展。

**【本章目标】**

- 了解单片机系统扩展的意义,常用存储器的应用特点和存储器扩展的基本方法;
- 熟练掌握LED数码管的显示原理及与单片机的接口方法,能独立编写LED数码管控制程序;
- 熟悉独立式按键和矩阵式按键的结构特点,借助资料独立编写与教材同等难度的控制程序。

## 8.1　单片机总线结构

### 8.1.1　总线概述

广义上,总线是一组信号线的集合,是一种传送规定信息的公共通路,它定义了各引线的信号、电气和机械特性。利用总线可以实现芯片内部、印制电路板各部件之间、机箱内各模块之间、主机与外设之间或系统与系统之间的连接与通信。

按在系统的不同层次位次上总线可分为片内总线、内部总线、外部总线、现场总线。片内总线指的是位于CPU内部,用于连接寄存器、算术逻辑部件、定时器、中断等功能器件,使各功能器件之间能够进行通信的总线;内部总线又称为系统总线或板级总线,是指应用系统内部各功能模块或功能板卡之间用于通信的总线,常见的计算机内的PCI总线就是其中之一;外部总线是指系统之间或者系统与外设之间的连接通信线路;现场总线是一种工业网络控制总线,是现场仪器仪表、执行机构、控制机构等现场设备之间进行数据交换和控制的通信线路。

51系列单片机系统扩展属于外部总线,故这里只介绍外部总线。按传输方式可划分为并行总线和串行总线,按照传输的信息的性质又分为数据总线、地址总线、控制总线和电源总线。

**1. 并行总线**

单片机进行并行扩展时将I/O接口看作为一般的微型机总线接口形式。

1) 地址总线

MCS-51单片机可以提供16位地址线,高8位地址由P2口提供(P2口具有锁存功能,可以和外部芯片的高8位地址直接相连),低8位地址线由P0口提供,P0口为地址/数据分时复用的I/O接口,需外加地址锁存器,以锁存低8位地址信息。在地址锁存允许信号ALE的下降沿将地址的低8位信息锁存到锁存器中。

2）数据总线

数据总线由 P0 口提供，当 P0 口作为地址/数据口时，是双向的具有输入三态控制的通道口，可以与外部芯片的数据口直接相连。

3）控制总线

系统扩展时常用的扩展控制信号为 ALE、$\overline{\text{PSEN}}$、$\overline{\text{WR}}$、$\overline{\text{RD}}$ 等引脚产生的信号。

（1）ALE 是地址锁存允许信号输出端，常与锁存器控制端相连；

（2）$\overline{\text{PSEN}}$ 是程序存储器允许输出端，常与程序存储器的输出端相连；

（3）$\overline{\text{WR}}$ 是数据存储器或外部功能器件写信号，当执行指令“MOVX @DPTR，A”或“MOVX @Ri，A（$i$=0 或 1）”时，此引脚为“0”，$\overline{\text{RD}}$ 引脚为“1”；

（4）$\overline{\text{RD}}$ 是数据存储器或外部功能器件读信号，当执行指令“MOVX A，@DPTR”或“MOVX A，@Ri（$i$=0 或 1）”时，此引脚为“0”，$\overline{\text{WR}}$ 引脚为“1”。

另外要注意的是 $\overline{\text{EA}}$ 引脚，当使用片内程序存储器时，该引脚必须为“1”。

2. 串行总线

单片机进行系统扩展时也可以使用串行接口方式，如第 7 章中介绍的串行接口工作方式 0 时，使用 74LS165、164 芯片进行串行口扩展并行口，本章主要以并行总线扩展为主。

### 8.1.2 选址方法

为了唯一地选中外部某一存储单元（I/O 接口芯片可作为数据存储器的一部分），必须进行两种选择方式：片选和字选。片选是选择出该存储芯片或 I/O 接口芯片，即确定信息存在于哪个具体的芯片之中；字选是选择出该芯片的某一存储单元（或 I/O 接口芯片的寄存器），即确定信息存在的芯片内部的具体位置。而为了确定具体芯片的存储单元一般常采用的选址方法有线选法和译码法两种。

1. 线选法

若系统中扩展少量的外部 ROM、RAM 和 I/O 接口芯片，一般用线选法。线选法就是把单独的地址线（一般取 P2 口线）接到某外接芯片的片选端，利用该地址线引脚电平信号来选择是否选中该芯片。在一般情况下，大部分芯片片选端都是低电平有效。

2. 译码法

对于需要 ROM、RAM 和 I/O 容量大的系统，当所需芯片过多，所用的芯片片选端已经超过了可用的地址线时，采用译码法。译码法就是用译码器对高位地址进行译码，译出的信号作为片选信号，用低位地址线选择芯片的片内地址。常用的 74 系列译码芯片有 74LS138（3-8 译码器）、74LS139（2-4 译码器）、74HC4514（4-16 译码器）等。

## 8.2 存储器的扩展

### 8.2.1 程序存储器扩展

MCS-51 系列单片机的程序存储器最大寻址范围可达到 64KB，但是其内部只有 4KB 的程序存储器，而对于 8031 型号，其内部还没有程序存储器。所以当面临复杂应用系统程序时，其内部的程序存储器容量无法满足实际的程序内容，就要进行程序存储器的扩展，使用外部程序存储器进行程序的存放。51 系列扩展片外程序存储器的接口电路如图 8.1 所示。

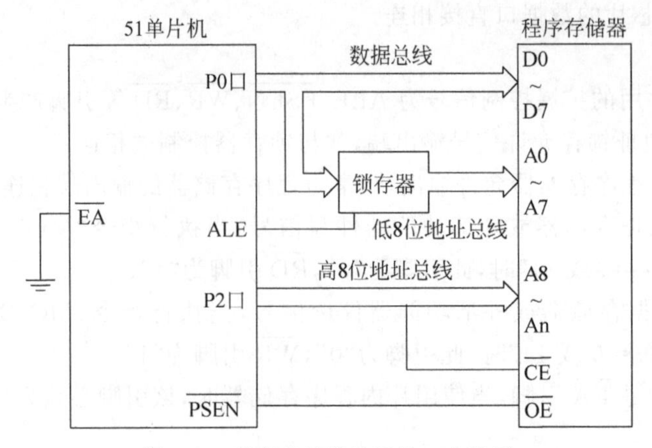


图 8.1 程序存储器扩展接口电路图

程序存储器的低 8 位地址线(A0～A7)与 P0 口(P0.0～P0.7)相连,高 8 位地址线(A8～A15)与 P2 口相连。由于 P0 口分别输出低 8 位地址和数据,故必须外加地址锁存器,由 CPU 发出的地址锁存允许信号 ALE,在 ALE 的下降沿将地址信息锁存到锁存器中。若锁存器采用 74LS373,则直接使用 ALE 信号与 CLK 引脚相连;若采用 74LS273,则对 ALE 取反之后使用,与 CLK 引脚相连。

程序存储器的 8 位数据线与 P0 口(P0.0～P0.7)从低到高对应相连。而控制线 $\overline{\text{PSEN}}$ 与程序存储器的输出使能端 $\overline{\text{OE}}$ 相连。

图中 $\overline{\text{EA}}$ 接地,说明所执行的程序为片外程序存储器内的程序,另外选址方法为线选法,片选端 $\overline{\text{CE}}$ 直接受 P2 口某引脚控制。

程序存储器扩展常使用的有 EPROM(紫外线可擦写)和 $\text{E}^2$PEOM(电可擦写)两种。EPROM 以 27 系列为典型代表,如 2716(2K×8B)、2732(4K×8B)、2764(8K×8B)等,$\text{E}^2$PROM 以 28 系列为典型代表,如 2816、2832 等。在进行程序存储器扩展时,在满足扩展容量的前提下,要尽量减少芯片数量和电路的复杂程度,以提高系统工作的可靠性。

在存储器扩展中常遇到两种情况:一种是存储器的容量不足,即存储器内部的单元数量需要扩展,称之为字扩展,如利用 2 片 2716 扩展为一个 4K×8B 的存储体;另一种是存储器的单元位数不足,称之为位扩展,如利用 2 片 4K×4B 的芯片扩展为一个 4K×8B 的存储体。

**【例 8-1】** 利用 2716 芯片进行程序存储器扩展,扩展后的容量达到 4K×8B,并说明各 2716 芯片的地址范围。

**解法 1**:线选法

由于 2716 为 2K×8B 芯片,故其地址线有 11 根(A0～A10),数据线 8 根(D0～D7)。电路接口按照数据总线、地址总线、控制总线三部分分别连接,如图 8.2。

74LS373 的 Q 端为输出端,D 端为输入端。当 74LS373 的三态允许控制端 $\overline{\text{OE}}$ 为低电平时,Q 端为正常状态;当 $\overline{\text{OE}}$ 为高电平时,Q 端呈高阻态,但锁存器内部的逻辑操作不受影响。当锁存允许端 LE 为高电平时,Q 端随数据 D 端输入数据改变。当 LE 为低电平时,

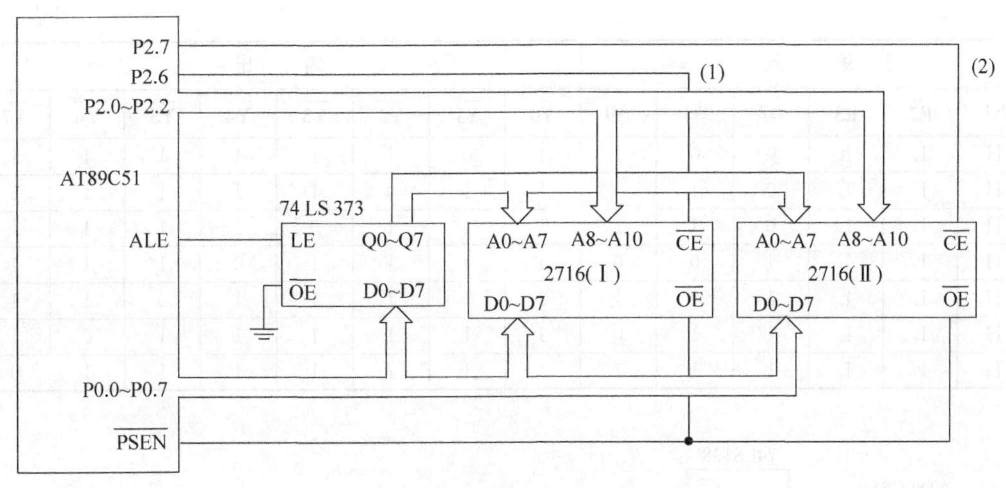


图 8.2　程序存储器 2716 线选法扩展电路

D 被锁存在已建立的数据电平。

地址范围的判断只与地址线和片选端的连接有关，通常情况下 P2 口中没有连接到外部存储器的线称为无关位，可取"1"或"0"，而 P0 口和 P2 口中与外部存储器的地址线相连接的线的地址范围为全"0"至"1"。由于一般情况下片外芯片的片选端为低电平有效，所以 P2 口中与片选端相连接的线取"0"代表选择某个片外芯片，取"1"代表不选择某个片外芯片。图 8.2 中各 2716 地址范围如表 8.1，此处无关位取全"0"。

**表 8.1　例 8.1 线选法各 2716 地址范围表**

| 2716 端 | P2.7 | P2.6 | P2.5 | P2.4 | P2.3 | P2.2 | P2.1 | P2.0 | P0.7～P0.0 | 地址范围 |
|---|---|---|---|---|---|---|---|---|---|---|
| 2716(Ⅰ) | $\overline{CE}$(2) | $\overline{CE}$(1) | — | — | — | A10 | A9 | A8 | A7～A0 | 8000H |
| | 1 | 0 | 0 | 0 | 0 | 0 | 0 | 0 | 00000000 | ～ |
| | 1 | 0 | 0 | 0 | 0 | 1 | 1 | 1 | 11111111 | 87FFH |
| 2716(Ⅱ) | $\overline{CE}$(2) | $\overline{CE}$(1) | — | — | — | A10 | A9 | A8 | A7～A0 | 4000H |
| | 0 | 1 | 0 | 0 | 0 | 0 | 0 | 0 | 00000000 | ～ |
| | 0 | 1 | 0 | 0 | 0 | 1 | 1 | 1 | 11111111 | 47FFH |

**解法 2：**译码法

采用 3-8 译码芯片 74LS138 对 2716 片选端进行选择控制，将 P2 口的 P2.7～P2.5 与译码器 A2～A0 输入端相连，这样 P2 口高三位的输出值直接决定 3-8 译码器的输出端 $\overline{Y_i}$ 有效，74LS138 真值表如表 8.2 所示，扩展接口电路如图 8.3 所示。

**表 8.2　74LS138 真值表**

| 输入 | | | | | | 输出 | | | | | | | |
|---|---|---|---|---|---|---|---|---|---|---|---|---|---|
| E1 | $\overline{E2}$ | $\overline{E3}$ | A2 | A1 | A0 | $\overline{Y0}$ | $\overline{Y1}$ | $\overline{Y2}$ | $\overline{Y3}$ | $\overline{Y4}$ | $\overline{Y5}$ | $\overline{Y6}$ | $\overline{Y7}$ |
| × | H | × | × | × | × | 1 | 1 | 1 | 1 | 1 | 1 | 1 | 1 |
| × | × | H | × | × | × | 1 | 1 | 1 | 1 | 1 | 1 | 1 | 1 |
| L | × | × | × | × | × | 1 | 1 | 1 | 1 | 1 | 1 | 1 | 1 |
| H | L | L | 0 | 0 | 0 | 0 | 1 | 1 | 1 | 1 | 1 | 1 | 1 |

续表

| 输 | 入 | | | | | 输 | 出 | | | | | | |
|---|---|---|---|---|---|---|---|---|---|---|---|---|---|
| **E1** | **$\overline{E2}$** | **$\overline{E3}$** | **A2** | **A1** | **A0** | **$\overline{Y0}$** | **$\overline{Y1}$** | **$\overline{Y2}$** | **$\overline{Y3}$** | **$\overline{Y4}$** | **$\overline{Y5}$** | **$\overline{Y6}$** | **$\overline{Y7}$** |
| H | L | L | 0 | 0 | 1 | 1 | 0 | 1 | 1 | 1 | 1 | 1 | 1 |
| H | L | L | 0 | 1 | 0 | 1 | 1 | 0 | 1 | 1 | 1 | 1 | 1 |
| H | L | L | 0 | 1 | 1 | 1 | 1 | 1 | 0 | 1 | 1 | 1 | 1 |
| H | L | L | 1 | 0 | 0 | 1 | 1 | 1 | 1 | 0 | 1 | 1 | 1 |
| H | L | L | 1 | 0 | 1 | 1 | 1 | 1 | 1 | 1 | 0 | 1 | 1 |
| H | L | L | 1 | 1 | 0 | 1 | 1 | 1 | 1 | 1 | 1 | 0 | 1 |
| H | L | L | 1 | 1 | 1 | 1 | 1 | 1 | 1 | 1 | 1 | 1 | 0 |

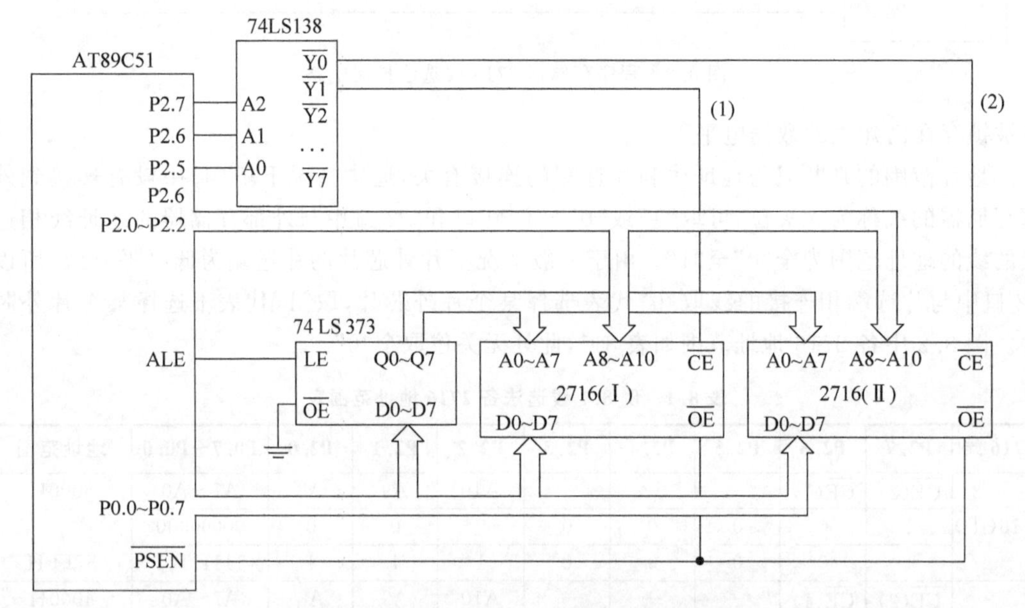


图 8.3　程序存储器 2716 译码法扩展电路

由于采用的是 3-8 译码器来控制 2716 的片选端，所以地址范围与线选法相比发生了变化。各 2716 地址范围如表 8.3 所示。

**表 8.3　例 8.1 译码法各 2716 地址范围表**

| 2716 端 | P2.7 | P2.6 | P2.5 | P2.4 | P2.3 | P2.2 | P2.1 | P2.0 | P0.7～P0.0 | 地址范围 |
|---|---|---|---|---|---|---|---|---|---|---|
| | 74LS138 | | | 无关位 | | 2716 地址线 | | | | |
| 2716(Ⅰ) | A2 | A1 ($\overline{Y1}$) | A0 | / | / | A10 | A9 | A8 | A7～A0 | 2000H～27FFH |
| | 0 | 0 | 1 | 0 | 0 | 0 | 0 | 0 | 00000000 | |
| | 0 | 0 | 1 | 0 | 0 | 1 | 1 | 1 | 11111111 | |
| 2716(Ⅰ) | A2 | A1 ($\overline{Y0}$) | A0 | / | / | A10 | A9 | A8 | A7～A0 | 0000H～07FFH |
| | 0 | 0 | 0 | 0 | 0 | 0 | 0 | 0 | 00000000 | |
| | 0 | 0 | 0 | 0 | 0 | 1 | 1 | 1 | 11111111 | |

### 8.2.2 数据存储器扩展

MCS-51 系列单片机的数据存储器最大寻址范围也可达到 64KB,其内部只有 256B 的数据存储空间。在这 256B 的存储空间中,高 128B 是特殊功能寄存器区,一般不进行数据的存取;低 128B 空间中的单元还涉及工作寄存器区、堆栈的使用等,当需要存储大量数据时片内数据寄存器空间满足不了实际要求,必须进行数据存储器的扩展,增加数据存储容量。51 系列扩展片外数据存储器的一般接口电路如图 8.4 所示。

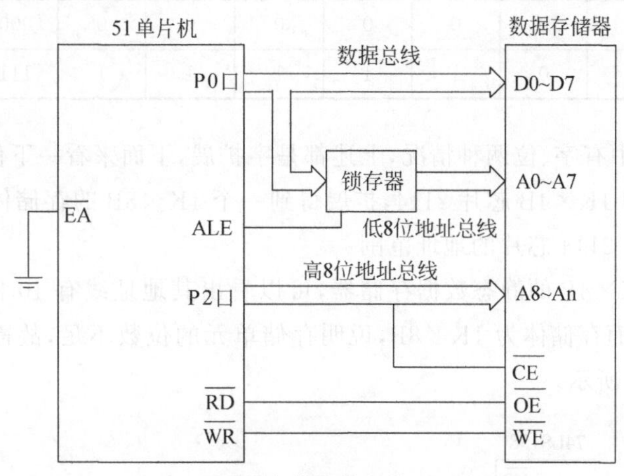


图 8.4 程序存储器扩展接口电路图

在数据存储器的扩展中,地址线和数据线的连接方式和程序存储器的扩展是相同的,不同点在于读写线上,由于对于程序存储器在工作时是“只读不写”的,所以程序存储器只有读线,而数据存储器是可读写的,故有两条,分别与单片机读写线相连。

**【例 8-2】** 利用 6264 芯片进行数据存储器扩展,扩展后的容量达到 16K×8B,采用线选法进行电路设计,并说明各 6264 芯片的地址范围。

由于 6264 为 16K 芯片,故其地址线有 13 条,其中低位地址线 8 条,高位地址线 5 条,从数量上分析 P2 口作为地址线和控制线是可以满足需求的。具体接口电路如图 8.5 所示,地址范围如表 8.4 所示。

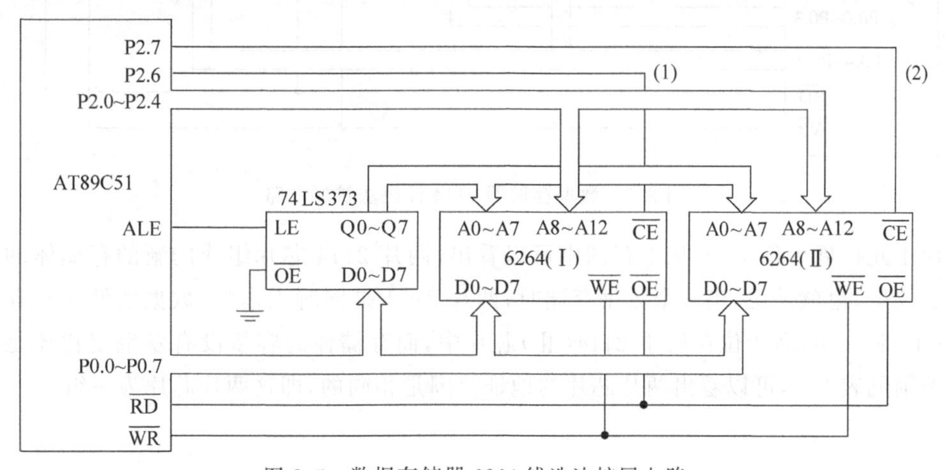


图 8.5 数据存储器 6264 线选法扩展电路

表 8.4　例 8.2 线选法各 6264 地址范围表

| 6264 端 | P2.7 | P2.6 | P2.5 | P2.4 | P2.3 | P2.2 | P2.1 | P2.0 | P0.7～P0.0 | 地址范围 |
|---|---|---|---|---|---|---|---|---|---|---|
| 6264(Ⅰ) | $\overline{CE}$(2) | $\overline{CE}$(1) | — | A12 | A11 | A10 | A9 | A8 | A7～A0 | 8000H～9FFFH |
| | 1 | 0 | 0 | 0 | 0 | 0 | 0 | 0 | 00000000 | |
| | 1 | 0 | 0 | 1 | 1 | 1 | 1 | 1 | 11111111 | |
| 6264(Ⅱ) | $\overline{CE}$(2) | $\overline{CE}$(1) | — | A12 | A11 | A10 | A9 | A8 | A7～A0 | 4000H～5FFFH |
| | 0 | 1 | 0 | 0 | 0 | 0 | 0 | 0 | 00000000 | |
| | 0 | 1 | 0 | 1 | 1 | 1 | 1 | 1 | 11111111 | |

在存储器扩展中有字、位两种情况，上述都是字扩展，下面来看一下位扩展。

**【例 8-3】** 利用 1K×4B 芯片 2114，扩展得到一个 1K×8B 的存储体，采用译码法进行电路设计，并说明各 2114 芯片的地址范围。

**解**：2114 是 1K×4B 的静态数据存储器，可以看出其地址线有 10 根为 A0～A9，数据线有 4 根 D0～D3，而存储体为 1K×8B，说明存储单元的位数不足，故需要两片 2114 进行扩展，电路如图 8.6 所示。

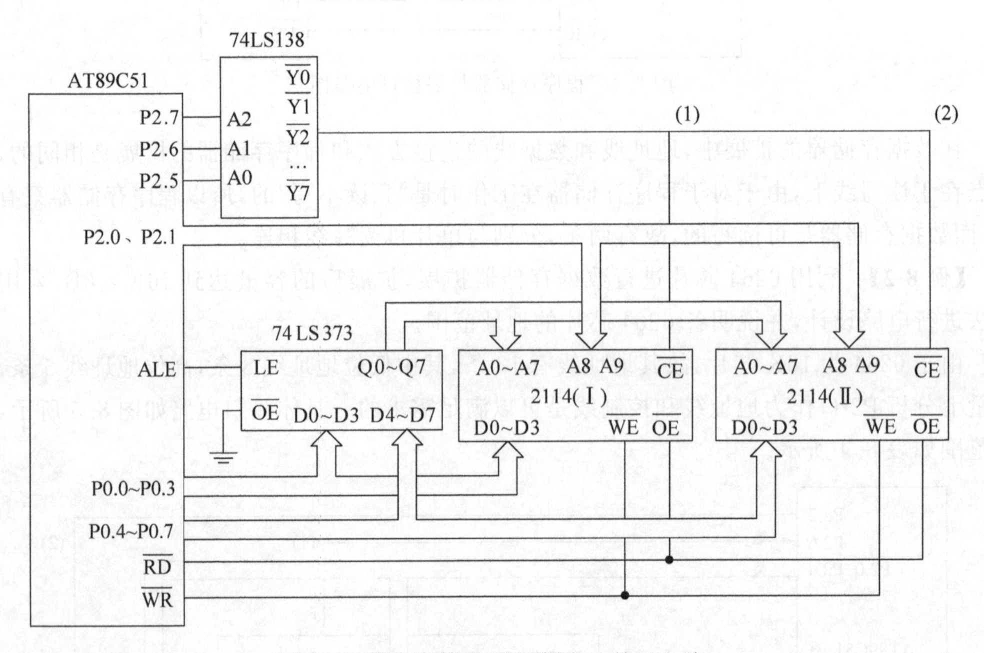


图 8.6　数据存储器 2114 译码法扩展电路

由于此扩展为位扩展，从电路图中可以看出，两片 2114 芯片组成的新的存储体的数据线变为 8 位，也就是说，当一个数据存储时，两片 2114 是同时工作的，数据的低 4 位存放于 2114(Ⅰ)芯片中，高 4 位存放于 2114(Ⅱ)芯片中，而存储体的容量没有发生变化还是 1K，地址范围见表 8.5，可以看出两片芯片的地址范围是相同的，即这两片芯片为一组。

表 8.5 例 8.3 各 2114 地址范围表

| 2114 端 | P2.7 | P2.6 | P2.5 | P2.4 | P2.3 | P2.2 | P2.1 | P2.0 | P0.7～P0.0 | 地址范围 |
|---|---|---|---|---|---|---|---|---|---|---|
| | 74LS138 | | | 无关位 | | | 2114 地址线 | | | |
| 2114(Ⅰ) | A2 | A1 | A0 | — | — | — | A9 | A8 | A7～A0 | 4000H |
| | 0 | 1 | 0 | 0 | 0 | 0 | 0 | 0 | 00000000 | ～ |
| | 0 | 1 | 0 | 0 | 0 | 0 | 1 | 1 | 11111111 | 43FFH |
| 2114(Ⅱ) | A2 | A1 | A0 | — | — | — | A9 | A8 | A7～A0 | 4000H |
| | 0 | 1 | 0 | 0 | 0 | 0 | 0 | 0 | 00000000 | ～ |
| | 0 | 1 | 0 | 0 | 0 | 0 | 1 | 1 | 11111111 | 43FFH |

### 8.2.3 Flash 存储器扩展

Flash 存储器即闪速存储器，相对于普通的存储器其容量和存取速度具有很大的优势，可分为并行 Flash、串行 Flash、与非型 Flash 等 3 种类型。

并行 Flash 具有独立的地址线和数据线，只要按照地址总线、数据总线、控制总线这三类总线与单片机进行电路接口即可，常见的芯片型号如 Intel 公司的 A28F 系列，AMD 公司的 AM28F 和 AM29F 系列，Atmel 公司的 AT29 系列等。

串行 Flash 是通过串行的方式和处理器相连接的，即数据和地址是通过一条线进行传输和判断的，这就需要运用不同的指令来区分传输的信息是数据信息还是地址信息。常见的芯片型号如 Atmel 公司的 AT25 系列。

与非型 Flash 也是一种并行结构的 Flash，但是其数据、地址和控制线是分时复用 I/O 总线的，相对于并行 Flash 引脚数大大减少，但是这种芯片在使用时对接口的时序要求较高。常见的芯片型号如三星的 K9F5608 系列。

**【例 8-4】** 利用 AM29F016B 进行 51 单片机的存储器扩展。

**解**：AM29F016B 是 AMD 公司的一款 2M×8B 的 Flash 存储器，其地址线多达 21 条，理论上 51 单片机的地址线已不能满足该芯片的电路设计，但是可将 2M 地址范围进行分段设计，即可实现 AM29F016B 与 51 单片机的连接。该芯片引脚功能如表 8.6 所示。

表 8.6 AM29F016B 引脚功能

| 引　脚 | 功　能 | 引　脚 | 功　能 |
|---|---|---|---|
| DQ0～DQ7 | 数据线 | $\overline{WE}$ | 写控制引脚 |
| A0～A20 | 地址线 | $\overline{RESET}$ | 复位引脚，复位后处于读出数据状态 |
| $\overline{CE}$ | 片选端，低电平有效 | RY/$\overline{DY}$ | 状态引脚，"1"正常，"0"忙 |
| $\overline{OE}$ | 读控制引脚 | | |

将 AM29F016B 的 2MB 地址范围分成 64 段，每段 32KB，这样 32KB 的地址线为 15 条，P0 口作为低 8 位地址线与 AM29F016B 的 A0～A7 相连，P2.0～P2.6 作为高 7 位地址线与 AM29F016B 的 A8～A14 相连；A15～A20 作为段地址线，具体电路接口如图 8.7 所示。

图 8.7 中 74LS374 为 8 位 D 触发器，是利用脉冲边沿触发的一种锁存器，依靠 P2.7 引脚的一个正脉冲(0—1—0 变化)信号进行锁存，用于存储 A15～A20 的地址，作为段地址寄

存器使用，由于段地址也是由 P0 口提供的，所以在对 AM29F016B 进行读写数据或程序之前，将段地址通过 74LS374 写入 A15～A20。在 AM29F016B 使用时，先将段地址写入锁存器 74LS374，然后设置片外存储器地址的指针 DPTR 或 Ri，利用片外访问指令对某个段内的 32KB 存储单元进行操作，若需要改变段地址则需要重新写 74LS374 锁存器。

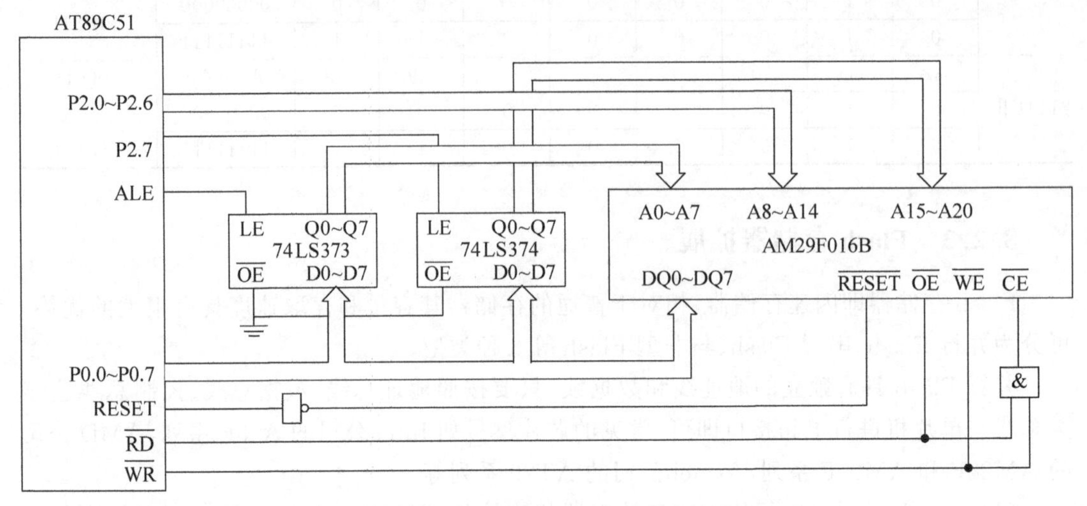


图 8.7　Flash 存储器 AM29F016B 扩展电路

## 8.3　人机交互扩展

在单片机应用系统中，为了更好地进行变量的控制，往往都需要输入一些数据或状态命令，为了使人们更能直观地观察系统运行的状态和数据的变化，往往又需要将这些信息显示出来，这就是最常见的人机交互，通常使用键盘和显示器来实现人机交互功能。

### 8.3.1　键盘技术

键盘是一种最常见的输入设备，由多个按键组成，现场人员可通过对键盘的操作输入数据或命令实现人机对话。通常使用的按键有弹簧按键、自锁按键、拨码开关等，这些按键大部分都是常开按钮。由多个按键组成键盘，有编码键盘和非编码键盘，编码键盘指的是由专用的硬件译码芯片来识别按键的状态，产生键的编号或键值，如商场售货机键盘、个人计算机键盘。非编码键盘指的是利用软件识别按键的状态，单片机系统使用的基本都是非编码键盘。

在键盘设计中常有独立式键盘和矩阵式键盘两种，而键盘的抖动问题是键盘设计的关键技术之一。所谓键盘抖动是指由于按键触点的弹性作用，一个按键在闭合和断开时不会立即达到稳定状态，也就是说按键的操作在闭合和断开的瞬间会伴随着一连串的抖动现象，如图 8.8 所示。抖动的时间是由按键的机械特性决定的，一般为 5～10ms。

由于按键的抖动存在，使得一次按键会被误读成多次，为了确保 CPU 能够准确地对按键的一次闭合仅做一次处理，必须消除抖动现象对按键的影响。常用的消抖方法有硬件和软件两种，硬件消抖就是利用电容或触发芯片等组成的电路消除抖动对按键的影响，如图 8.9 所示。

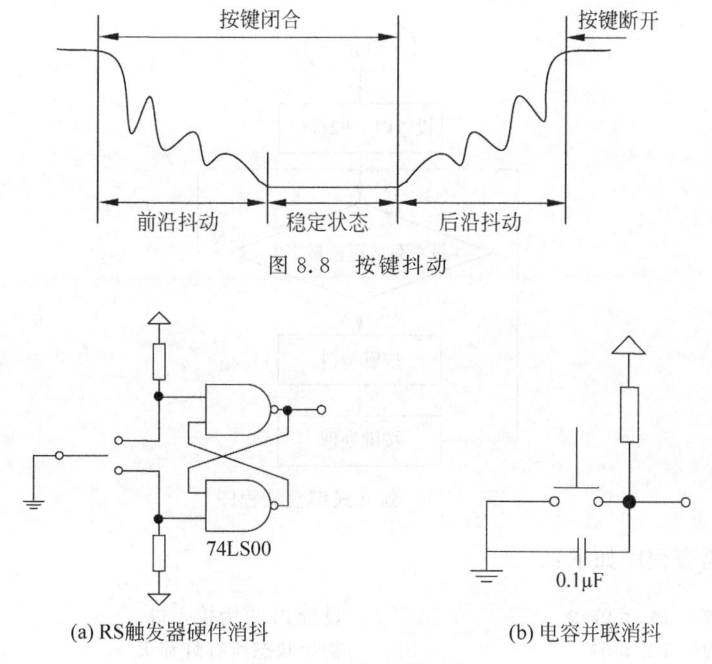


图 8.8　按键抖动

图 8.9　硬件消抖电路

软件消抖就是在检测出按键闭合信号后，执行一段 DJNZ 指令的软件延时 5～10ms 程序，等待前沿抖动消失后再检测按键状态，如果仍然是闭合信号，则确定为确实有按键闭合，执行按键闭合处理程序；同理，按键断开信号的处理也一样。

**1．独立式键盘**

独立式键盘的各按键是相互独立的，每个按键占用一条 51 单片机的 I/O 接口线，各按键的工作状态不影响其他按键，所以称为独立式，电路如图 8.10 所示。7413 为 4 输入 1 输出与非门，7404 为非门。

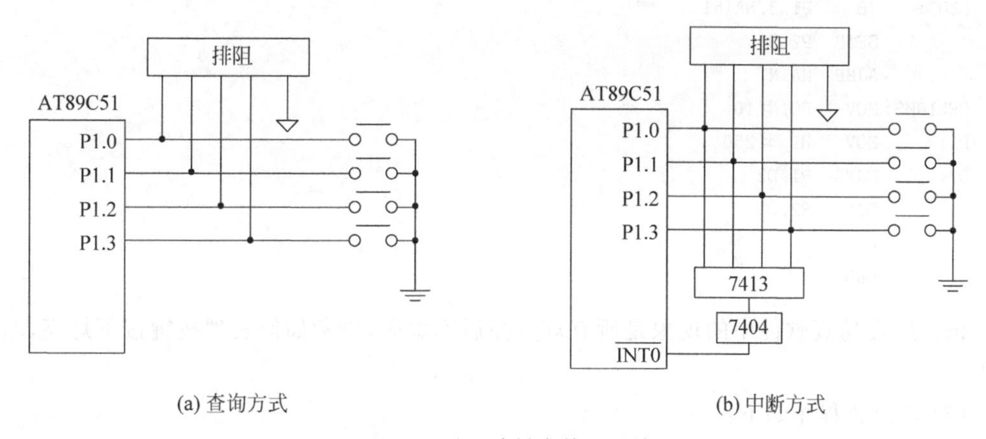


图 8.10　独立式键盘接口电路

**【例 8-5】** 用查询方式独立式键盘控制 LED 灯的闪亮，晶振 6MHz。

**解**：电路见图 8.10(a)，在 P1 口的 P1.0～P1.3 接共阴极 LED 灯 4 盏。程序流程如图 8.11 所示。

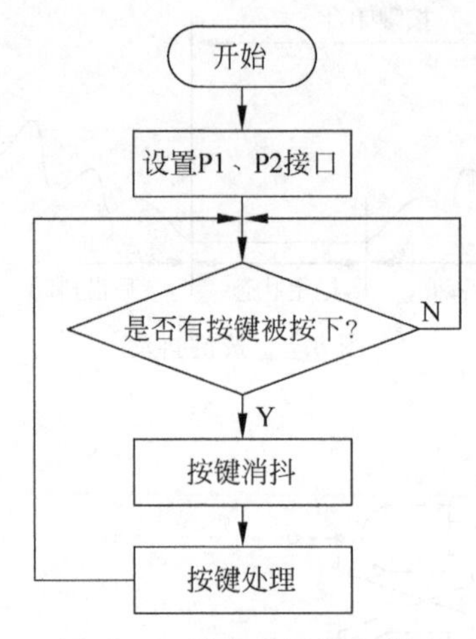


图 8.11　独立式键盘流程图

(1) 汇编语言程序如下：

```
MIAN:    MOV   P1,#0FFH          ;设置 P1 口为输入口
         MOV   P2,#0             ;初始状态所有灯都灭
MAIN1:   MOV   A,P1
         CPL   A
         JZ    MAIN1             ;判断是否有按钮按下
         LCALL DEL10MS           ;软件消除闭合抖动
         JB    P1.0,LED1         ;判断 1 按钮是否按下
         SETB  P2.0
LED1:    JB    P1.1,LED2
         SETB  P2.1
LED2:    JB    P1.2,LED3
         SETB  P2.2
LED3:    JB    P1.3,MAIN1
         SETB  P2.3
         AJMP  MAIN1
DEL10MS: MOV   R0,#10
D1:      MOV   R1,#250
D2:      DJNZ  R1,D2
         DJNZ  R2,D1
         RET
         END
```

该程序在仿真软件中的现象是所有灯点亮后不熄灭，思考如何实现按键按下灯亮，断开灯灭。

(2) C 语言程序如下：

```
#include<reg51.h>
#define uchar unsigned char
delay()
{uchar i,j;
 for(i=128;i<0;i--)
```

```
    for(j = 128;j < 0;j -- )
    {;}
}
main()
{uchar a;
P1 = 0xff;
P2 = 0;
a = P1;
a = ～a;
if(a == 0)
  {a = P1;
   a = ～a;
  }                                               //判断是否有按键被按下
else
  {delay();
  switch(P1)                                      //判断具体哪个键被按下
   {
    case 0xfe: P2 = 0x01;break;
    case 0xfd: P2 = 0x02;break;
    case 0xfb: P2 = 0x04;break;
    case 0xf7: P2 = 0x08;break;
    default: break;
   }
  }
}
```

观察C语言程序与汇编语言程序对仿真结果的影响。

**2. 矩阵式键盘**

独立式键盘的电路和程序设计都比较简单，当使用按钮较少时经常使用独立式键盘，但是如果按钮设置较多，独立式键盘就会占用大量的I/O接口，大大浪费了51单片机的I/O资源，为了使单片机的I/O接口能够得到有效的利用，当需要按钮较多时常使用矩阵式键盘，也称为行列式键盘。4×4矩阵键盘电路如图8.12所示。

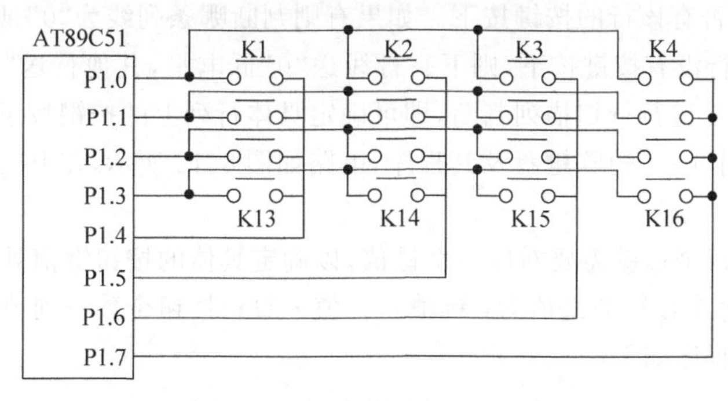


图8.12　矩阵式键盘接口电路

对于矩阵式键盘的各按键的判断采取的是行(或列)扫描查询方法。首先判断是否有按键按下，如果有则进行行列扫描。程序流程图如8.13所示。

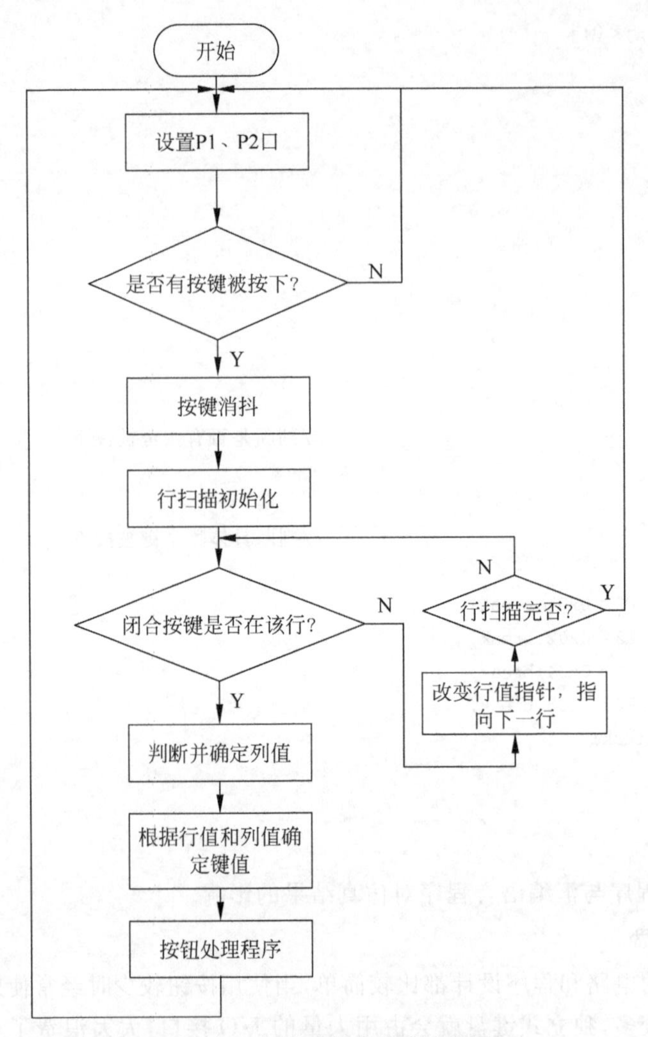


图 8.13　矩阵式键盘程序流程图

首先将键盘的行线全清成“0”,列线全置成“1”,然后逐行将行线送“0”低电平,其他行送“1”高电平,判断是否有该行的按键按下。如果有则判断哪条列线为“0”,则确定下来具体的按键位置；如果该行没有按键按下,则下一行线送“0”低电平,其他行送“1”高电平,再判断列线电平。以此往复进行行扫描列判断,即可确定具体行列上的按键按下。

**【例 8-6】** 设计 4×4 矩阵键盘及其程序,电路如图 8.12 所示,在 P1 接口处接 8 个共阳极 LED 灯。

**解**: 在编程中每个按键需要对应一个键值,以确定具体的按钮键值处理程序,根据矩阵键盘的结构特点,每个按键的键值为：键值＝行值×每行按钮个数＋列值。

(1) 汇编语言程序如下：

```
MAIN:   MOV   P2,＃0FFH
        MOV   P1,＃0F0H
        LCALL DEL20MS
        MOV   A,P1
        CJNE  A,＃0F0H,LP1                     ;判断是否有按键按下
```

```
        LJMP  MAIN
LP1:    LCALL DEL20MS               ;前沿消抖
        MOV   R1,#0                 ;行值
        MOV   R2,#04H               ;行数,4 行
        MOV   R3,#0FEH              ;行扫描初值
LP4:    MOV   P1,R3
        MOV   A,P1
        JB    P,LP2                 ;判断 A 中"1"的个数,偶数说明该行有按钮按下
        LJMP  LP3                   ;该行有键按下
LP2:    INC   R1                    ;行值加 1
        MOV   A,R3
        RL    A
        MOV   R3,A                  ;指向下一行扫描
        DJNZ  R2,LP4
        LJMP  MAIN
LP3:    JNB   P1.4,DW0L             ;列值判断
        JNB   P1.5,DW1L
        JNB   P1.6,DW2L
        JNB   P1.7,DW3L
        AJMP  MAIN
DW0L:   MOV   R4,#00                ;列值送 R4
        AJMP  JIANZ
DW1L:   MOV   R4,#01
        AJMP  JIANZ
DW2L:   MOV   R4,#02
        AJMP  JIANZ
DW3L:   MOV   R4,#03
JIANZ:  MOV   A,R1
        MOV   B,#04H
        MUL   AB
        ADD   A,R4                  ;键值计算
        CJNE  A,#00H,J1
        LCALL K1                    ;调用按键处理程序
J1:     CJNE  A,#01H,J2
        LCALL K2
J2:     CJNE  A,#02H,J3
        LCALL K3
J3:     CJNE  A,#03H,J4
        LCALL K4
J4:     CJNE  A,#04H,J5
        LCALL K5
J5:     CJNE  A,#05H,J6
        LCALL K6
J6:     CJNE  A,#06H,J7
        LCALL K7
J7:     CJNE  A,#07H,J8
        LCALL K8
J8:     CJNE  A,#08H,J9
        LCALL K9
J9:     CJNE  A,#09H,J10
        LCALL K10
```

```
J10:    CJNE  A,＃0AH,J11
        LCALL K11
J11:    CJNE  A,＃0BH,J12
        LCALL K12
J12:    CJNE  A,＃0CH,J13
        LCALL K13
J13:    CJNE  A,＃0DH,J14
        LCALL K14
J14:    CJNE  A,＃0EH,J15
        LCALL K15
J15:    CJNE  A,＃0FH,J16
        LCALL K16
J16:    AJMP  MAIN
K1:     CLR   P2.0                        ;点亮 P2.0 引脚小灯
        LCALL DEL20MS
        RET
K2:     CLR   P2.1
        LCALL DEL20MS
        RET
K3:     CLR   P2.2
        LCALL DEL20MS
        RET
K4:     CLR   P2.3
        LCALL DEL20MS
        RET
K5:     CLR   P2.4
        LCALL DEL20MS
        RET
K6:     CLR   P2.5
        LCALL DEL20MS
        RET
K7:     CLR   P2.6
        LCALL DEL20MS
        RET
K8:     CLR   P2.7
        LCALL DEL20MS
        RET
K9:     MOV   P2,＃0FDH
        LCALL DEL20MS
        RET
K10:    MOV   P2,＃0F8H
        LCALL DEL20MS
        RET
K11:    MOV   P2,＃0E0H
        LCALL DEL20MS
        RET
K12:    MOV   P2,＃0D0H
        LCALL DEL20MS
        RET
K13:    MOV   P2,＃80H
        LCALL DEL20MS
```

```
        RET
K14:    MOV   P2,#0FAH
        LCALL DEL20MS
        RET
K15:    MOV   P2,#0F5H
        LCALL DEL20MS
        RET
K16:    MOV   P2,#5AH
        LCALL DEL20MS
        RET
DEL20MS:MOV   R6,#20
D2:     MOV   R7,#250
D1:     DJNZ  R7,D1
        DJNZ  R6,D2
        RET
        END
```

（2）C语言程序如下：

```
#include<reg51.h>
#define uchar unsigned char
#define uint unsigned int
delay()
{uchar i,j;
 for(i=128;i<0;i--)
  for(j=128;j<0;j--)
  {;}
 }
main()
{ uchar a,b,c;
 P2=0xff;
 P1=0xf0;
 delay();
if(P1!=0xf0)                          //判断是否有按键被按下
  {
  P1=0xfe;                            //扫描0行
  a=P1;
  b=a&0x0f;
  c=a&0xf0;
 if(b==0x0e)                          //按下的键是否在0行
   {
  switch(c)                           //判断按下的键在哪一列
    {
     case 0xe0: P2=0xfe;delay();break;
     case 0xd0: P2=0xfd;delay();break;
     case 0xb0: P2=0xfb;delay();break;
     case 0x70: P2=0xf7;delay();break;
     default: break;
    }
   }
     P1=0xfd;
```

```
    a = P1;
    b = a&0x0f;
    c = a&0xf0;
    if(b == 0x0d)
   {
     switch(c)
    {
     case 0xe0: P2 = 0xef;delay();break;
     case 0xd0: P2 = 0xdf;delay();break;
     case 0xb0: P2 = 0xbf;delay();break;
     case 0x70: P2 = 0x7f;delay();break;
     default: break;
    }
   }
     P1 = 0xfb;
     a = P1;
     b = a&0x0f;
     c = a&0xf0;
     if(b == 0x0b)
       {
        switch(c)
        {
         case 0xe0: P2 = 0x01;delay();break;
         case 0xd0: P2 = 0x02;delay();break;
         case 0xb0: P2 = 0x04;delay();break;
         case 0x70: P2 = 0x08;delay();break;
         default: break;
        }
       }
        P1 = 0xf7;
        a = P1;
        b = a&0x0f;
        c = a&0xf0;
        if(b == 0x07)
         {
           switch(c)
           {
            case 0xe0: P2 = 0x10;delay();break;
            case 0xd0: P2 = 0x20;delay();break;
            case 0xb0: P2 = 0x40;delay();break;
            case 0x70: P2 = 0x80;delay();break;
            default: break;
           }
         }
        }
}
```

运用 Keil C 软件进行程序设计，并在 Proteus 仿真软件中画出电路图，运行仿真观察结果。

## 8.3.2　显示技术

为了使工作人员能够及时对系统工作进行调整和监测，能够直观地将检测或监控数据以及系统运行状态等信息反映出来，很多现场系统都会使用显示装置。在51单片机的应用系统中常见的显示器有LED和LCD两种，LED是以发光二极管作为主要的显示元件，从字型显示方式上主要分为字段型和点阵型两种；LCD是以液晶显示屏作为主要的显示元件，主要也分为字段型和点阵型，当然现在也有用CRT显示的单片机系统。这里主要以字段型LED显示器进行说明。

### 1. LED显示原理

字段型LED显示器有共阳极(Common Anode)和共阴极(Common Cathode)之分。字段型LED显示器有7段、8段、14段、15段等之分，只能显示数字或者字母，如图8.14所示。共阳极就是指多个发光二极管的阳极共同使用一个电源，称为公共端或者位选端，通过控制每个发光二极管的阴极的电位实现某个二极管的亮灭状态，反之即是共阴极。

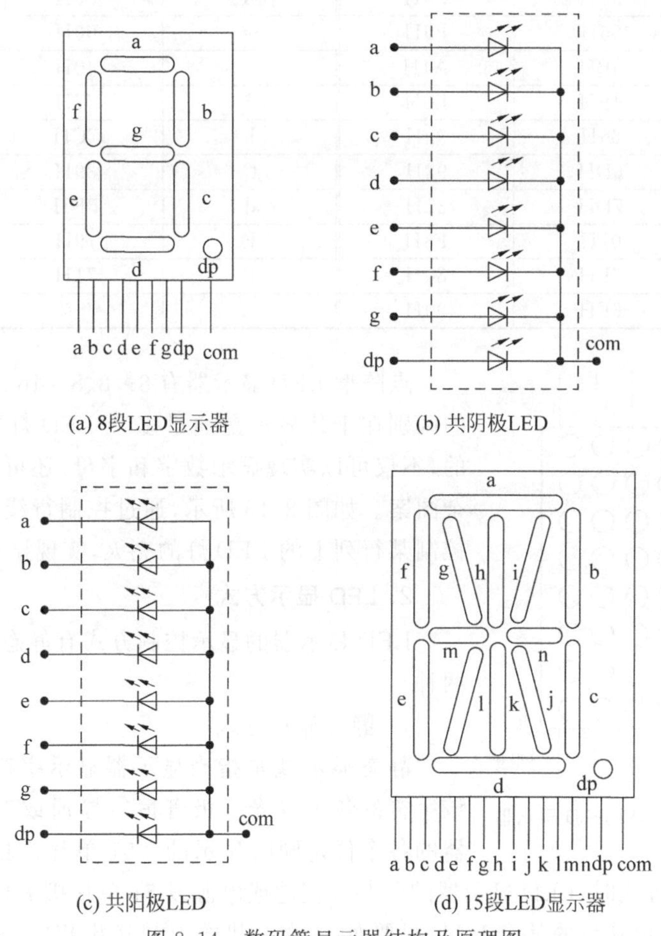


图8.14　数码管显示器结构及原理图

对于8段LED显示器，若想控制显示信息，只需控制对应的发光二极管导通或截止(亮灭)即可，而8个发光二极管正好符合51单片机的存储器单元的字节长度，可将dp～a称为

LED 显示器的段选端，而段选端所对应的二进制或十六进制码值则称为段选码或段码。

例如，现采用共阴极八段 LED 显示器，显示“7”，则只需使发光二极管 a、b、c 导通（亮），其他发光二极管截止（灭）即可，于是 a、b、c 段选端应为“1”高电平，其他段选端应为“0”低电平，段码值则为 00000111，如表 8.7 所示。

**表 8.7 8 段 LED 显示器段码值**

| 段选端 | dp | g | f | e | d | c | b | a |
|---|---|---|---|---|---|---|---|---|
| 段选码 | 0 | 0 | 0 | 0 | 0 | 1 | 1 | 1 |

从原理图中可以看出，共阴极和共阳极的电路连接是相反的，这样两者若显示同一个数据那么其段选码也就是相反的，如表 8.8 所示。

**表 8.8 8 段 LED 显示器段码值表**

| 显示字符 | 共阴极段码值 | 共阳极段码值 | 显示字符 | 共阴极段码值 | 共阳极段码值 |
|---|---|---|---|---|---|
| 0 | 3FH | C0H | 小数点 | 80H | 7FH |
| 1 | 06H | F9H | 空 | 00H | FFH |
| 2 | 5BH | A4H | — | 40H | BFH |
| 3 | 4FH | B0H | A | 77H | 88H |
| 4 | 66H | 99H | b | 7CH | 83H |
| 5 | 6DH | 92H | C | 39H | C6H |
| 6 | 7DH | 82H | d | 5EH | A1H |
| 7 | 07H | F8H | E | 79H | 86H |
| 8 | 7FH | 80H | F | 71H | 8EH |
| 9 | 6FH | 90H | | | |

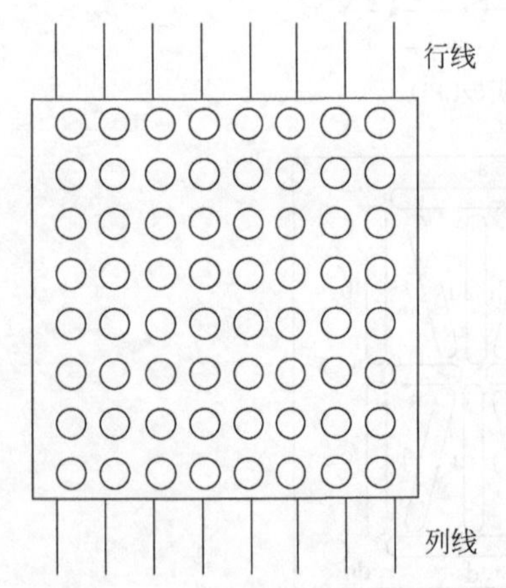

图 8.15 8×8 点阵型 LED 显示器

点阵型 LED 显示器有 8×8、8×16 点阵等，与字段型的区别在于其显示是通过多个 LED 灯的组合亮灭显示的，不仅可以实现显示数字和字母，还可以显示汉字等复杂图案。如图 8.15 所示，通过控制行线和列线的电平来控制某行列上的 LED 灯的亮灭，实现显示信息的功能。

2. LED 显示方式

LED 显示器的显示控制方式有静态显示和动态显示两种。

1）静态显示方式

静态显示就是指当显示器显示字符时，段选端对应该字符的各个发光二极管恒定导通或者截止，并且显示器的各个位是同时显示的。51 单片机控制 LED 显示器工作在静态显示方式时，LED 显示器的公共极接地或电源或 51 单片机 I/O 接口线，段选端按顺序依次接 51 单片机的某个 P 口，只要对 51 单片机的 P 口送出相应的段选码值即可显示所需字符。

**【例 8-7】** 51 单片机控制 LED 显示器在静态显示方式下，显示“97”。

**解**：采用共阴极 LED 显示器，其中一个显示器的公共端接地，另一个显示器的公共端接 51 单片机的 P3.1 引脚，电路如图 8.16 所示，具体程序如下。

```
MAIN:   MOV    P1, #6FH              ;"9"段码送(Ⅰ)显示器
        CLR    P3.1                  ;(Ⅱ)显示器位选端选通
        MOV    P2, #07H              ;"7"段码送(Ⅱ)显示器
        END
```

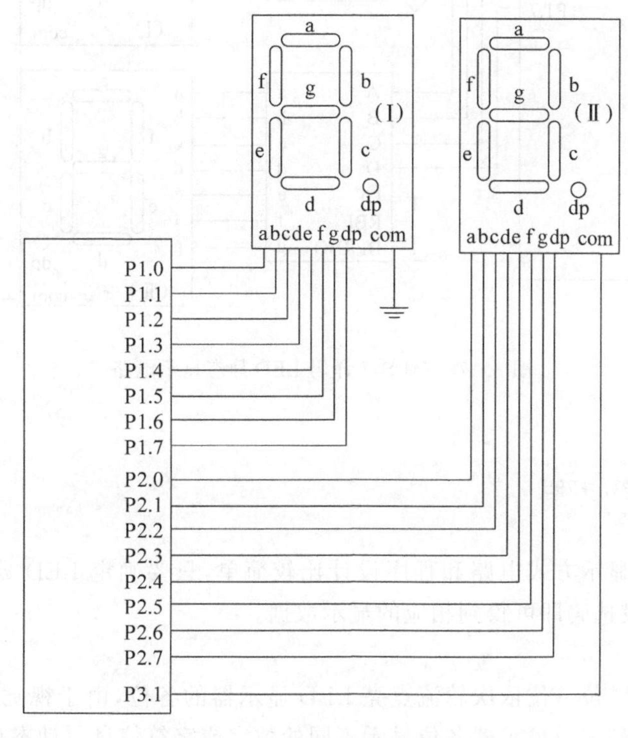


图 8.16　LED 静态显示控制电路图

可以看出，对于静态显示的接口占用 51 单片机的 I/O 接口较多，若需要多位显示则静态显示方式就满足不了功能要求，有 3 种方法可以解决 I/O 接口不足的问题，一种是采用 I/O 接口扩展芯片，增加 51 单片机可控制的 I/O 接口数量；另一种是使用译码芯片对段选端进行译码控制；最后一种就是采用动态显示。

**【例 8-8】** 利用译码芯片实现例 8.7 功能。

**解**：采用 74LS47 芯片，其是 BCD 码转换成 7 段 LED 数码管的译码驱动芯片，输出低电平驱动的共阳极显示码，所以使用共阳极 LED 显示器。74LS47 引脚功能见表 8.9，接口电路如图 8.17 所示。

**表 8.9　74LS47 引脚功能**

| 引　脚 | 功　能 | 引　脚 | 功　能 |
|---|---|---|---|
| A～D | BCD 码输入端 | RBI | 动态灭灯输入端 |
| a～g | 二进制数据输出端 | BI/RBO | 灭灯输入/动态灭灯输出端 |
| LT | 试灯输入端 | | |

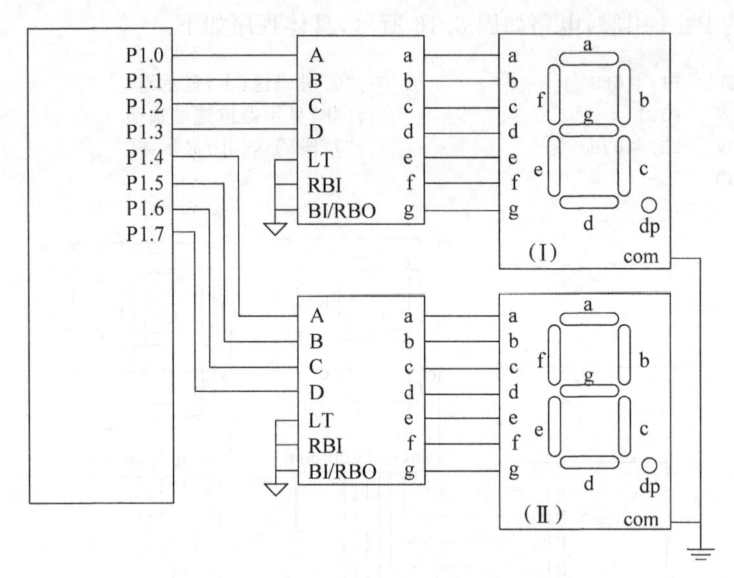


图 8.17 74LS47 译码 LED 静态显示电路

程序如下：

```
MAIN:   MOV   P1,#79H
        SJMP  $
```

可以看出静态显示方式电路和程序设计比较简单，只要确定 LED 数码管的公共段性质，设置好相应的段选码即可得到相应的显示数据。

2）动态显示

动态显示是指一位一位依次轮流点亮 LED 显示器的各位，由于视觉扫描暂留的缘故，使人们在视觉上看到多位显示器各位显示不同的数字或字符信息。动态显示是单片机应用系统中常使用的显示方式，相对于静态显示，其具有节省 I/O 接口线、简化电路、降低成本等优点。动态显示使用的是多位 LED 显示器，所有显示器的段选端是并联在一起的，而各个 LED 的位选端是相互独立的。

为了使每位 LED 显示不同的内容，必须采用扫描显示方式，在某一瞬间只允许某一位 LED 显示相应的字符或数据，即此刻的段选端由控制 I/O 接口输出相应内容的段选码值，位选端由相应的控制 I/O 接口线选用有效，下一时刻，改变段选码值和位选端控制信号，如此依次轮流点亮各位 LED，显示所要求的内容。

**【例 8-9】** 利用 51 单片机控制 4 位 LED 显示器工作在动态显示方式下，显示“2013”。

**解**：采用共阴极 4 位 LED 显示器，将显示器的段选端与 51 单片机的 P1 口依次相连，位选端与 P2 口的 P2.0～P2.3 相连，如图 8.18 所示。

在动态显示方式中要进行对位选端的扫描才能够实现显示功能，也就是说先选择位选端，然后送出该位所对应的段选码值，程序如下。

```
MAIN:   MOV   P2,#0FFH          ;初始化，所有 LED 均灭
        MOV   DPTR,#TAB         ;送表首地址
        MOV   R2,#4             ;设置扫描次数，与显示器所含的 LED 位数有关
        MOV   20H,#0            ;设置第一个数据在表中的地址
```

```
        MOV    P2,#0FEH           ;选中第一位LED位选信号
DISP:   MOV    A,20H
        MOVC   A,@A+DPTR          ;查表得第一位LED的段选码
        MOV    P1,A               ;段选码送段选端
        LCALL  DEL1MS
        INC    20H                ;下一位段选码所在表中的地址
        MOV    A,P2               ;改变位选码,指向下一位
        RL     A
        MOV    P2,A
        DJNZ   R2,DISP            ;判断是否扫描完
        AJMP   MAIN
DEL1MS: MOV    R5,#10
D1:     MOV    R6,#25
D2:     DJNZ   R6,D2
        DJNZ   R5,D1
        RET
TAB:    DB     5BH,3FH,06H,4FH
        END
```

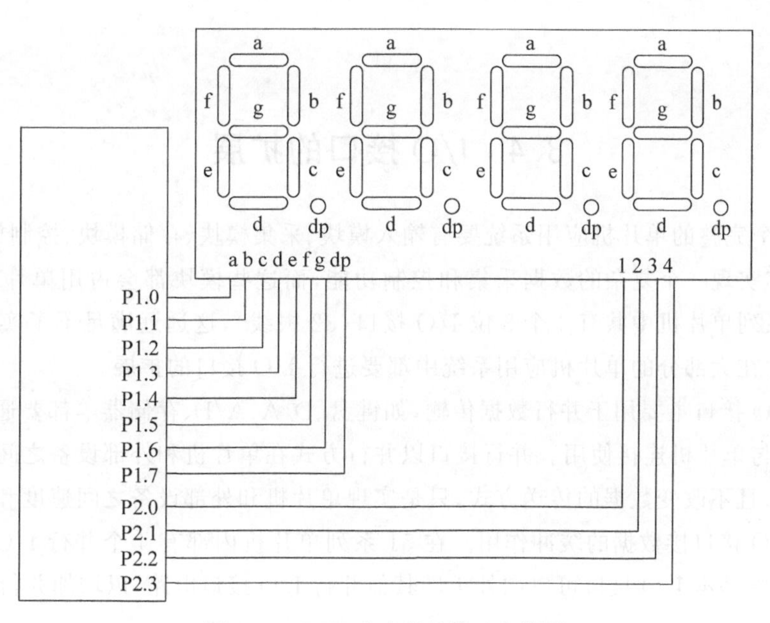


图8.18　LED动态显示接口电路图

C语言程序如下:

```
#include<reg51.h>
#define uchar unsigned char
#define uint unsigned int
uchar tab[10] = {0x3f,0x06,0x5b,0x4f,0x66,0x6d,0x7d,0x07,0x7f,0x6f};
delay(uchar i)
{
 uchar j,k;
```

```
        for(j = 0;j < 128;j++)
        for(k = 0;k < i;k++)
          {;}
      }
main()
{uchar a,c,d,i;
 uint b;
a = 0xf7;
b = 2013;
for(i = 0;i < 4;i++)
{
P2 = a;
P1 = tab[b % 10];
c = P2 >> 1;
d = P2 << 7;
b = b/10;
a = c|d;
delay(10);
}
}
```

## 8.4 I/O 接口的扩展

作为一个完整的单片机应用系统要有输入模块、采集模块、存储模块、控制模块、显示模块等，才能够实现一个复杂的数据采集和控制功能，而这些模块都会占用单片机的 I/O 接口。在 51 系列单片机中共有 4 个 8 位 I/O 接口(32 根线)，这远远满足不了实际系统的应用要求，因此在大部分的单片机应用系统中都要进行 I/O 接口的扩展。

并行 I/O 接口主要用于并行数据传输，如键盘、D/A、A/D、存储器等都要通过并行 I/O 接口才能够与单片机连接使用。并行接口以并行方式在单片机和外部设备之间进行数据的传输和存储，且不改变数据的传送方式，只是实现单片机和外部设备之间速度和电平的匹配以及起到 I/O 接口接数据的缓冲作用。在 51 系列单片机内部有 4 个并行 I/O 接口(P0～P3)，通过这些基本 I/O 接口可以向外扩展其他并行 I/O 接口电路，以增加并行 I/O 接口的数量。

对于并行口的扩展可有三种基本方法：一种是通过串行口扩展 I/O 接口，此种方法在第 7 章中已经介绍过；另一种是使用 TTL 芯片；再有一种是使用可编程并行接口扩展芯片。

### 8.4.1 TTL 芯片扩展 I/O 接口

在 MCS-51 单片机应用系统中，常采用 TTL 电路、CMOS 电路锁存器或三态门构成简单的 I/O 接口。通常，这种 I/O 接口都是通过 P0 口扩展，由于 P0 口只能分时使用，所以构成输出口时接口芯片应具有锁存功能。在构成输入口时，根据输入数据是常态还是暂态，来确定接口芯片应具有三态缓冲还是锁存选通，这种方法电路设计简单、芯片成本低、配置灵活。

图 8.19 是采用 74LS244(3 态缓冲器)作扩展输入、74LS273 作扩展输出口的 I/O 接口扩展电路，P0 口为双向数据线，既能从 74LS244 读入数据，又能将数据送入 74LS273 后输出。

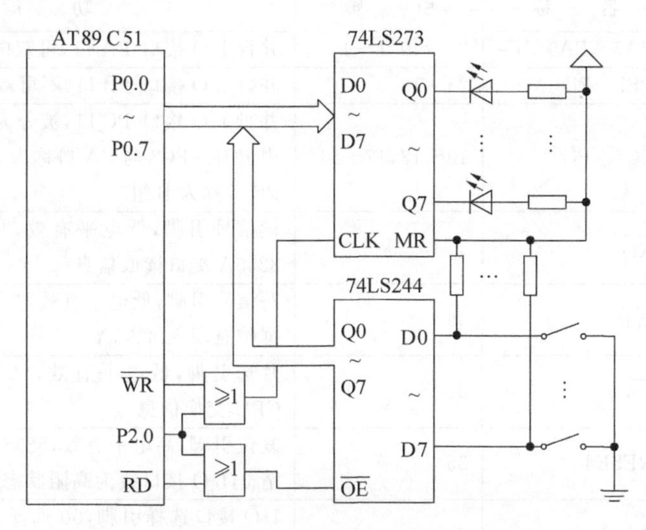


图 8.19 TTL 扩展 I/O 接口电路

P2.0 作为输入、输出控制信号，当执行片外数据读指令 MOVX A,@DPTR 时，P2.0 和 $\overline{RD}$ 同时有效时，通过 74LS244 输入按键的数据；当执行片外数据写指令 MOVX @DPTR,A 时，P2.0 和 $\overline{WR}$ 同时有效时，P0 通过 74LS273 输出数据显示。那么片外的两个 74 系列芯片的地址均为 FEFFH，开关状态反映到 LED 灯上的程序如下。

```
MAIN:   MOV    DPTR, #0FEFFH          ;数据指针指向 74 系列芯片地址
        MOVX   A,@DPTR                ;从 74LS244 读入数据，即开关的闭合状态
        MOVX   @DPTR,A                ;向 74LS273 输出数据，控制对应 LED 亮灭
        AJMP   MAIN
        END
```

### 8.4.2 并行 I/O 接口芯片 8255A

相对于 TTL 芯片扩展 I/O 接口，可编程芯片集成了电源管理、中断控制、定时器等功能部件，在功能扩展上具有很大的优势，而且大大简化了硬件电路，使系统的设计、修改和扩展都变得更加灵活和方便。常用的可编程芯片有 8255A(通用并行接口扩展芯片)，8155(带 256B 的 RAM 和 14 位定时计数器并行接口扩展芯片)，8253(定时计数器扩展芯片)，8279(键盘显示扩展芯片)及 8251(通信接口芯片)等。这里主要介绍 8255A 芯片。

8255A 是 Intel 公司生产的一款并行口扩展芯片，具有 3 组 8 位 I/O 接口，即 24 根可编程设置的 I/O 接口线，各组 I/O 接口可通过编程进行选择和设置工作方式，通用性好，使用灵活，其被广泛应用于单片机与外设之间的接口电路设计。

1. 8255A 引脚功能

8255A 共有 40 个引脚,分为 I/O 接口、控制接口、地址接口、数据输入接口、电源接口 5 大部分,具体引脚功能见表 8.10。

表 8.10 8255A 引脚功能表

| 接 口 | 名 称 | 引 脚 | 功 能 |
|---|---|---|---|
| I/O 接口 | PA7～PA0 | 37～40,1～4 | 并行 I/O 接口-PA 口,可双向工作 |
| | PB7～PB0 | 25～18 | 并行 I/O 接口-PB 口,不可双向工作 |
| | PC7～PC0 | 10～13,17～14 | 并行 I/O 接口-PC 口,被分为高低两个部分,其中 PC4～PC7 与 PA 口称为 A 组,PC0～PC3 与 PB 口称为 B 组 |
| 控制接口 | $\overline{RD}$ | 5 | 读信号引脚,低电平有效,“0”时允许 CPU 从 8255A 端口读取信息 |
| | $\overline{WR}$ | 36 | 写信号引脚,低电平有效,“0”时允许 CPU 将数据信息写入 8255A |
| | $\overline{CS}$ | 6 | 片选引脚,低电平有效,“0”时允许 8255A 与 CPU 交换信息 |
| | RESET | 35 | 复位引脚,高电平有效,8255A 内部寄存器全部清 0,I/O 接口线为高阻状态 |
| 地址接口 | A1,A0 | 8,9 | I/O 接口选择引脚,00 选择 PA 口,01 选择 PB 口,10 选择 PC 口,11 选择命令字口 |
| 数据输入接口 | D7～D0 | 27～34 | 双向数据线,用于和 51 单片机的 P0 口相连,进行数据传送 |
| 电源接口 | Vcc,GND | 26,7 | VCC: 电源+5V,GND: 电源地 |

2. 8255A 工作方式及选择控制

1) 8255A 工作方式

8255A 共有 3 种工作方式,即方式 0、方式 1 和方式 2。

方式 0 是基本的输入/输出方式,即 PA、PB、PC 这 3 个 I/O 接口都可以设定为输入或输出。作为输出接口时,所有端口都具有锁存功能,作为输入接口时,只有 PA 口具有锁存功能。

方式 1 是选通输入/输出方式,在方式 1 工作时 8255A 的 I/O 接口被分为 2 组,即 A 组和 B 组。其中 A 组由 PA 口和 PC 口的高 4 位组成,PA 口作为 I/O 接口,可通过程序设定为输入口或输出接口,PC 口的高 4 位作为专用的联络线; B 组由 PB 口和 PC 口的低 4 位组成,PB 口作为 I/O 接口,可通过程序设定为输入接口或输出接口,PC 口的低 4 位作为专用的联络线。

方式 2 是双向数据传送方式,此时 PA 口作为双向 I/O 接口使用,PC 口作为联络线,PB 口没有该工作方式。方式 2 适用于查询或中断方式的双向数据传送。如果把 PA 口工作于方式 2 下,则 PB 只能工作于方式 0。

PC 口作为联络线时,其联络信号如表 8.11。

**表 8.11　PC 口联络信号表**

| C 口位线 | 方式 1 | | 方式 2 | |
|---|---|---|---|---|
| | 输　入 | 输　出 | 输　入 | 输　出 |
| PC7 | I/O | $\overline{\text{OBFA}}$ | × | $\overline{\text{OBFA}}$ |
| PC6 | I/O | $\overline{\text{ACKA}}$ | × | $\overline{\text{ACKA}}$ |
| PC5 | IBFA | I/O | IBFA | × |
| PC4 | $\overline{\text{STBA}}$ | I/O | $\overline{\text{STBA}}$ | × |
| PC3 | INTRA | INTRA | INTRA | INTRA |
| PC2 | $\overline{\text{STBB}}$ | $\overline{\text{ACKB}}$ | I/O | I/O |
| PC1 | IBFB | $\overline{\text{OBFB}}$ | I/O | I/O |
| PC0 | INTRB | INTRB | I/O | I/O |

(1) $\overline{\text{STBX}}$：选通信号输入，低电平有效。当外设将数据送到接口线上时，将 $\overline{\text{STBX}}$ 置 0，端口数据送入输入缓冲器。

(2) IBF：输入缓冲器满信号，高电平有效。当 $\overline{\text{STBX}}$ 为低电平时，8255A 将 IBF 置 1，则表明(通知)外设输入缓冲器已满，外设将 STB 置 1。

(3) INTR：输入中断请求信号，高电平有效。当 $\overline{\text{STBX}}$ 信号结束，且 IBF 信号有效，即 $\overline{\text{STBX}}$=1，INF=1 时，INTR 为高电平，向 CPU 中断发送中断请求，当 CPU 响应中断，从 8255A 读取数据后，8255A 将 INTR 和 IBF 信号清 0。

(4) $\overline{\text{OBF}}$：输出缓冲器满信号，低电平有效。当 CPU 将数据送入 8255A 锁存器后有效，这个输出的低电平用来通知外设开始接收数据。

(5) $\overline{\text{ACK}}$：响应信号输入，低电平有效。当外设取走并处理完 8255A 的数据后，发送的响应信号。

(6) INTR：输出中断请求信号，高电平有效。在外设处理完一组数据后，$\overline{\text{ACKX}}$ 变低，并且当 $\overline{\text{OBFX}}$ 变高，然后在 $\overline{\text{ACKX}}$ 又变高后使 INTR 有效，申请中断，进行下一次输出。

可通过编程对 PC 口的相应位进行置位或复位来控制 8255A 的中断的开关。

2) 8255A 的选择控制

8255A 的 3 个可编程 8 位并行 I/O 接口，即 PA、PB、PC 口的功能是通过编程对控制字进行设置来确定的。其有两个控制字，一个是 I/O 接口工作方式控制字，另一个是 PC 口位控制字。两个控制字的控制寄存器地址是相同的，都由 A1A0 决定，只是用寄存器的最高位 D7 来区分，当 D7=1 时指向 I/O 接口工作方式控制字，当 D7=0 时指向 PC 口位控制字。具体控制寄存器内容如表 8.12 和表 8.13 所示。

**表 8.12　I/O 接口工作方式控制字表**

| D7 | D6 | D5 | D4 | D3 | D2 | D1 | D0 |
|---|---|---|---|---|---|---|---|
| 1-工作方式选择控制字 | A 组控制 | | | | B 组控制 | | |
| | 方式选择 | | PA 口 | PC 口高 4 位 | 方式选择 | PB 口 | PC 口低 4 位 |
| | 00-方式 0<br>01-方式 1<br>1X-方式 2 | | 1-输入接口<br>0-输出接口 | 1-输入接口<br>0-输出接口 | 0-方式 0<br>1-方式 1 | 1-输入接口<br>0-输出接口 | 1-输入接口<br>0-输出接口 |

表 8.13　PC 口位控制字

| D7 | D6 | D5 | D4 | D3 | D2 | D1 | D0 |
|---|---|---|---|---|---|---|---|
| 0-PC 口位控制字 | 无用,置 000 | | | PC 口位选择<br>000-PC0 位<br>001-PC1 位<br>010-PC2 位<br>011-PC3 位<br>100-PC4 位<br>101-PC5 位<br>110-PC6 位<br>111-PC7 位 | | | 位控制<br>0-PC 口位清 0<br>1-PC 口位置 1 |

例如,若写入控制字 10010011,则说明选择的是 I/O 接口工作方式控制字,且设置 PA 口是输入接口,PC 口高 4 位是输出接口,A 组工作在方式 0 下,PB 口和 PC 口低 4 位是输入接口,B 组工作在方式 0 下。若写入控制字 01100101,则说明选择的是 PC 口位控制字,且 PC2 位被置 1。

3) 8255A 与 51 单片机接口设计

在进行 8255A 与 51 单片机接口设计时,通常把 P0 口直接与 8255A 的数据输入端安位相连,读写控制线也对应连接,而片选端和地址端口线可根据实际情况进行选择 P0 口或 P2 口中的某些线,若选择 P0 口,则必须要有锁存器。电路接口如图 8.20 所示。

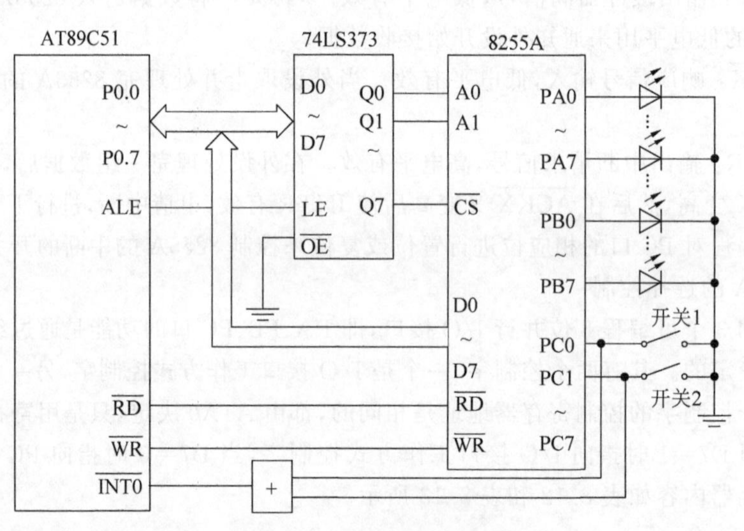


图 8.20　8255A 与 51 单片机接口电路

**【例 8-10】** 使用 8255A 对 51 单片机进行并行口扩展,并实现 PC 口独立式按键控制 PA、PB 口的 LED。

**解**:电路设计如图 8.20 所示,程序如下,实现的是开关 1 闭合,LED 灯自上而下依次亮一次,开关 2 闭合,LED 灯自下而上依次亮一次。

(1) 汇编程序:

```
org 0
```

```
        ajmp main
        org 0003h
        ajmp int00
        org 0030h
main: setb ea                              ;中断初始化
        setb ex0
        mov dptr, #0ff7fh                  ;选择控制字寄存器
        mov a, #89h                        ;设置控制字,使 I/O 接口均工作在方式 0,PA、PB 为
                                           ;输出接口,PC 为输入接口
        movx @dptr,a                       ;送控制字
        mov 20h, #1                        ;灯初始状态
        mov 30h, #80h
        mov dptr, #0ff7ch
        mov a,20h
        movx @dptr,a
        sjmp $
shun: mov dptr, #0ff7ch                    ;选择 PA 口
        mov a,20h
        lcall pk                           ;PA 口输出数据
        mov dptr, #0ff7dh                  ;选择 PB 口
        mov a,20h
        lcall pk                           ;PB 口输出数据
        ret
ni: mov dptr, #0ff7dh
    mov a,30h
    lcall pk1
    mov dptr, #0ff7ch
    mov a,30h
    lcall pk1
    ret
  delay: mov r3, #100
d1: mov r4, #250
d2: djnz r4,d2
    djnz r3,d1
    ret
pk: movx @dptr,a
    rl a
    lcall delay
    cjne a, #80h,pk
    movx @dptr,a
    lcall delay
    mov a, #0
    movx @dptr,a
    ret
pk1: movx @dptr,a
      rr a
      lcall delay
      cjne a, #01h,pk1
      movx @dptr,a
      lcall delay
      mov a, #0
```

```
        movx @dptr,a
        ret
int00: mov dptr,#0ff7eh                    ;选择 PC 口
        movx a,@dptr                       ;读取 PC 口状态
        jnb acc.0,loop3                    ;判断具体哪个按键被按下
        jnb acc.1,loop4
        ajmp loop5
    loop3: lcall shun
        ajmp loop5
loop4: lcall ni
loop5: reti
        end
```

(2) C 语言程序：

```
#include<reg51.h>
#include<absacc.h>
#define uchar unsigned char
#define uint unsigned int
delay()                                    //延时子程序
{uint i,j;
 for(i=0;i<200;i++)
  for(j=0;j<200;j++)
  {;}
}
shun(uchar x,y)                            //顺时针显示子程序
{
 uchar temp,b,i;
 for(i=0;i<8;i++)
 {
 XBYTE[0xff7c]=x;                          //灯的控制状态送入 PA 口
 temp=x>>7;
 b=x<<1;
 x=b|temp;
 delay();
 }
 for(i=0;i<8;i++)
 {
 XBYTE[0xff7d]=y;                          //灯的控制状态送入 PB 口
 temp=y>>7;
 b=y<<1;
 y=b|temp;
 delay();
 }
}
ni(uchar x,y)                              //逆时针显示子程序
{
 uchar temp,b,i;
 for(i=0;i<8;i++)
 {
 XBYTE[0xff7d]=x;
```

```
   temp = x << 7;
   b = x >> 1;
   x = b|temp;
   delay();
   }
   for(i = 0;i < 8;i++)
   {
   XBYTE[0xff7c] = y;
   temp = y << 7;
   b = y >> 1;
   y = b|temp;
   delay();
   }
  }
  int00()interrupt 0                        //按键中断子程序
  {
    uchar jian;
    uchar deng1 = 0x01,deng2 = 0x80;
    jian = XBYTE[0xff7e];                   //PC 口状态
    switch(jian)                            //判断按键
    {
     case 0xfe: shun(deng1,deng1);break;
     case 0xfd: ni(deng2,deng2);break;
     default: break;
    }
  }
  main()
  {
   uchar deng1,deng2;
   EA = 1;
   EX0 = 1;
   XBYTE[0xff7f] = 0x89;                    //8255 命令控制字送入寄存器,
                                            //各接口工作在方式 0 下,PA、PB 输出,PC 输入
   deng1 = 0x01;                            //顺时针初始状态
   deng2 = 0x80;                            //逆时针初始状态
   XBYTE[0xff7c] = deng1;                   //顺时针初始状态送 8255 的 PA 口
   while(1)
   { ; }
  }
```

## 本章小结

(1) 单片机用于系统扩展的三总线：地址线、数据线、控制线；系统扩展中不同选址方法的应用。

(2) 单片机在扩展程序存储器和数据存储器控制线的不同接口方式,扩展存储器地址的编址方法。

(3) 单片机 I/O 接口的扩展及应用,不同显示方式下编程思路,了解键盘电路程序,理解 8255A 并行口扩展芯片工作过程与单片机接口方式。

# 本章习题

1. 简述芯片扩展的选址方法。

2. 说明程序存储器和数据存储器的区别。

3. 利用 2732 芯片扩展成容量为 8K×8B 的程序存储体,设计电路并说明各 2732 的地址范围。

4. 利用 6264 芯片扩展成容量为 8K×8B 的数据存储体,设计电路并说明各 6264 的地址范围。

5. 使用 8 段共阳极 LED 显示器,设计电路并编写显示"3210"的程序。

6. 使用矩阵键盘和共阴极 LED 显示器,设计电路并编写每个按键对应"0～F"的显示程序。

7. 使用 8255A 芯片进行 AT89C51 单片机的并行接口扩展,要求设计接口电路并编写实现 PA 口是输入接口,PB 接口是输出接口的程序。

# 第9章　单片机的AD和DA转换接口设计

**【思政融入】**

——AD转换器是单片机的‘眼睛’，它让单片机能够看到模拟世界的真实数据；DA转换器是单片机的‘手臂’，它让单片机能够触摸和改变外部世界。

MCS-51系列单片机内部未集成AD和DA转换模块，因此要进行AD或DA转换需外接转换芯片。本章介绍单片机与AD和DA转换芯片的接口电路设计及应用编程方法。

**【本章目标】**

- 了解AD转换原理，掌握常用AD转换芯片原理及与51系列单片机接口的方法，会编写AD转换程序。
- 了解DA转换原理，掌握常用DA转换芯片原理及与51系列单片机接口的方法，能在不同接口方式下编写转换程序。

## 9.1　AD转换及接口设计

一个完整的单片机应用系统，必须有对数据信息进行采集或者参数监视的过程，实现这个功能的信息通道称为前向通道。单片机本身不具备前向通道相关器件功能，所以要完成对数据信息的采集或监视，设计完整的单片机应用系统就要进行前向通道扩展。

### 9.1.1　前向通道简介

前向通道属于一个系统中的信号流前级的部分，一般包含数据测量、信号处理、模数转换等部分。其中数据测量就是通过传感器等有关测量转换元件、仪表将现场的物理被测量(如压力、温度、速度等)转换为电量的过程；信号处理是指对传感器等测量元件的输出信号进行放大、滤波、去噪等处理，得到有效信号；而模数转换是指将处理过的信号通过AD转换芯片将模拟量转换为单片机可识别的数字量的过程。

**1. 传感器**

传感器又叫作换能器、变换器及一次仪表，是能感受(或响应)规定的被测量并按照一定规律和精度转换成可用信号输出的器件或装置，通常由直接响应于被测量的敏感元件和产生可用信号的转换元件以及相应的电子线路所组成。目前的传感器大部分还是模拟传感器，也就是说其输出量是模拟电信号，当然市场上现在已经出现了数字传感器和智能传感器，如应用于矿井的速度智能传感器GSC200，数字式温度传感器DS18B20，数字式压力传感器HBMC16i等。

**2. 信号放大器**

从各类传感器输出的信号大多都是微弱的，其输出信号的幅值较小，而后级处理往往需要信号有一定幅度和功率，同时测量的量程切换、仪器的灵敏度、提高分辨率等也都是采用信号放大电路来实现的。因此从传感器输出的信号经常需要进行信号放大。目前最常使用的利用集成运算放大器组成的放大电路，如AD系列和OP系列。

3. 滤波处理

为了提高信号的有效性,即提高信噪比,通常在测量电路中加入滤波器,使已知频率的有效信号通过,而将其他的噪声干扰频率信号滤除。滤波器按其特性可分为高通滤波器、低通滤波器、带通滤波器、带阻滤波器等。其中带通滤波器是最基本的滤波器,它们可以使特定的频率通过,常分为单峰滤波器和宽带滤波器两种。

4. AD 转换

由于处理器所能处理和接收的数据都是数字量信号,而现实中所监控、检测的信号绝大多数都是物理量信号,虽然经过传感器的处理转换为模拟量信号,但是还是不能够直接被处理器所使用。因此若想对所采集信息进行处理必须经过 AD 转换过程,将模拟量信号转换为数字量信号,目前完成这项工作的主要是 AD 转换芯片。

## 9.1.2 AD 转换指标及转换原理

1. AD 转换指标

AD 转换的性能指标说明了 AD 转换芯片的基本质量,根据应用系统的实际需要选择不同性能指标的 AD 转换芯片,直接决定了整个应用系统的数据采集、处理能力。AD 转换的性能指标主要有转换速率、分辨率、转换精度等。

1) 转换速率

AD 转换芯片完成一次模拟输入量转换成数字输出量所需要的时间称为 AD 转换时间,而转换速率是转换时间的倒数,是单位时间内的转换次数。一般而言,积分型 AD 转换芯片属于低速型,其转换时间是毫秒(ms)级的;逐次比较型 AD 转换芯片属中速型,转换时间是微秒(μs)级的;全并行/串并行型 AD 转换芯片属于高速型,转换时间可达到纳秒(ns)级。

2) 分辨率

分辨率就是分辨能力,AD 转换芯片的分辨率表示输出数字量变化一个相邻数码所对应的输入模拟电压的变量,即能分辨的最小模拟变化量。习惯上以输出二进制位数或满量程与 $2^n$ 之比(其中 $n$ 为 ADC 的位数)表示,即分辨率 $1LSB=V_{FS}/2^n$。例如满量程 10V 的 12 位 AD 转换芯片 AD574A 的分辨率为 $1LSB=V_{FS}/2^{12}=2.44mV$,即该转换器的输出数据可以用 $2^{12}$ 二进制数进行量化;满量程 10V 的 8 位 AD 转换芯片 ADC0809 的分辨率 $1LSB=V_{FS}/2^8=39.06mV$,可以看出分辨率越高的转换芯片,其 1 位二进制数字变化量对应的模拟分量变化量越小。

如果用百分数来表示分辨率时,满量程 10V 的 12 位 AD 转换芯片 AD574A 的分辨率为

$$(1/2^n)\times 100\%=(1/2^{12})\times 100\%=(1/4096)\times 100\%=0.0244\%$$

另外还有一些 BCD 码输出的 AD 转换芯片一般用位数表示分辨率。例如 $3\left(\frac{1}{2}\right)$ 双积分型 AD 转换芯片 MC14433,显示的字位数为 000～1999,其分辨率为 $(1/1999)\times 100\%=0.05\%$。

量化误差和分辨率是统一的,量化误差是由于有限数字对模拟数值进行离散时,离散量化取值而引起的误差。因此,量化误差理论上为一个单位分辨率,即 $\pm(1/2)LSB$。提高分辨率可减少量化误差。

3) 转换精度

精度是实际输出与理想输出之间的差,对于 AD 转换芯片而言,转换精度反映了 AD 转

换的实际输出与理想输出之间的接近程度，是指与数字输出量所对应的模拟输入量的实际值与理论值之间的差值。AD转换电路中与每个数字量对应的模拟输入量并非是一个单一的数值，而是一个范围值，其大小在理论上取决于电路的分辨率，定义为数字量的最小有效位LSB。目前常用的AD转换集成芯片精度为1/4～2LSB。

4）线性误差和单调性

输出与输入的关系理论上应该是线性的，但实际上输出特性并不是理想线性的。把实际转换特性偏离理想转换特性的最大值称为线性误差。每一数字量对应的模拟电压值与相应的平均模拟电压值之差用百分比表示称为"微分直线误差"。所谓单调性就是指输入一直增大（或减小）时输出也仅是一直地增加（或降低），而中途不允许中断、缺额或回转。

5）稳定性

稳定性表示输出值随时间和环境因素变化的程度，通常用相对于最大值的相对变化量来表示。

6）灵敏度

AD转换的灵敏度是指能够实现有效转换的最小输入电压。

除上述参数外，还有一些通常芯片必有的参数特性如输入阻抗、输入电压范围、工作电压范围等。在选择AD转换芯片时要考虑实际的环境参数要求、系统性能指标、处理器接口等多方面因素的影响，选择性能指标符合系统应用功能的AD转换芯片。

2. AD转换原理

AD转换器（Analog Digital Converter，ADC）是一种能把输入模拟电压或电流转换成与其成正比的数字量的电路芯片，即能把被控对象的各种模拟信息转换成计算机可以识别的数字信息。AD转换芯片种类很多，但从原理上通常可分为计数器式、双积分式、逐次逼近式、并行式4种。目前最常用的是双积分式和逐次逼近式。

1）逐次逼近式AD转换原理

在低精度和中高速AD转换应用系统中，常使用逐次逼近式AD转换芯片，其是一种反馈比较式AD转换芯片，成本较低，而且接口简单。

逐次逼近式AD转换器是在输入和输出之间加入DA转换器而给予反馈的形式，将输入电压和DA转换器的输出电压用模拟电平进行比较，将取得一致时的数字输入作为AD转换器的输出的形式。工作原理如图9.1所示。

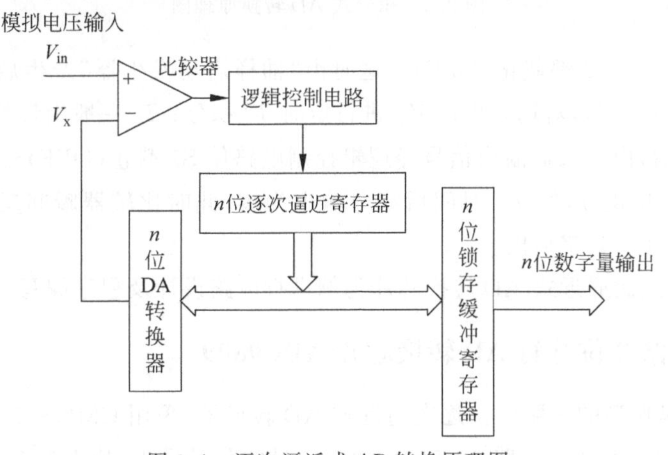


图9.1　逐次逼近式AD转换原理图

逐次逼近式AD转换芯片在工作时，由 $V_{in}$ 输入采集的模拟电压，通过逻辑控制电路使用“对分搜索法”由逐次逼近寄存器产生数字量。以8位转换为例，首先产生8位数字量的1/2，即80H，通过DA转换器产生模拟量 $V_x$，若 $V_{in}>V_x$，则清除数字量最高位，若 $V_{in}<V_x$，则保留数字量最高位，确定最高位之后依次以对分搜索法比较电压确定下一位，直至确定最低位，此时AD转换结束，逻辑控制电路输出转换结束控制信号，由缓冲寄存器输出 $V_{in}$ 对应的数字量。

逐次逼近式AD转换速度较快，转换时间由转换精度的位数决定，与输入的模拟量大小无关，$n$ 位精度的AD转换芯片其转换过程仅需 $n$ 个时钟周期就能完成一次转换，其前提条件是内部的DAC和比较器的速度足够快。一般而言，DAC模拟输出建立的时间是比较快的，而比较器的速率也比较高，因此可获得高速ADC。逐次比较式ADC很容易地取得数据串行输出与外界同步。同时，由于逐次比较式ADC本身内部包含一个DAC，所以高精度逐次逼近ADC的获得是建立在高精度DAC基础上的，高精度DAC又以高精度的加权电阻网络为基础的。因此，获得高精度的逐次逼近ADC的成本很昂贵。同时高精度DAC的噪声干扰也对进一步提高ADC的精度提出更严峻的问题。

2) 积分式AD转换原理

为了提高AD变换的精度，提高AD变换的抗干扰能力，有效降低成本，目前广泛地使用积分式的AD转换器，其原理见图9.2。双重积分式和三斜积分式以及电荷AD平衡式转换在高精度低速领域内占有不可替代的优势。

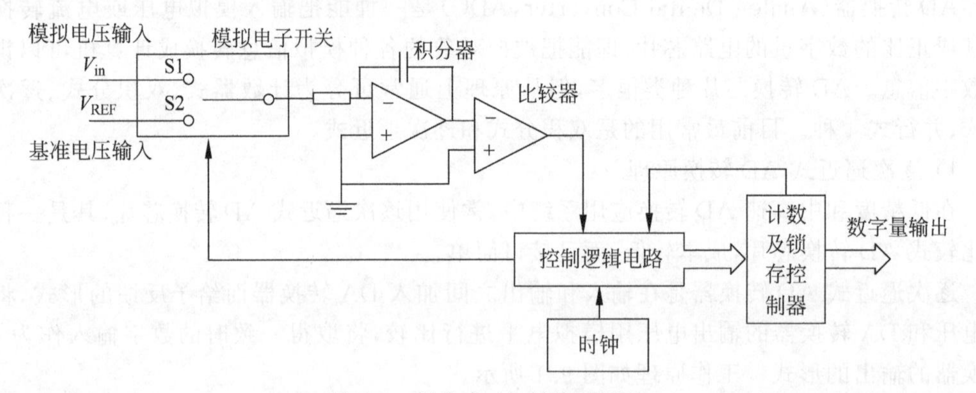


图9.2　积分式AD转换原理图

初始状态时，S1、S2都截止(OFF)。这时由“抽样启动发生器”产生启动脉冲经逻辑控制电路使S1导通(ON)，对输入电压 $V_{in}$ 进行定时 $T_i$ 积分；$T_i$ 一般由计数器满度计数值决定。经 $T_i$ 时间后，由计数器溢出信号经逻辑控制电路使S1截止(OFF)S2导通(ON)，改变为对基准-VREF反积分，经 $T_R$ 时间后积分输出为零，此时比较器瞬间反相使计数器停止把计数内容锁存作为数字输出。

本章主要以逐次逼近式AD转换芯片为例进行电路设计及程序编写的讲解。

### 9.1.3　8路8位并行AD转换芯片ADC0809

ADC0809是典型的8路8位逐次逼近式AD转换器，采用CMOS工艺，具有8个通道的模拟量输入端口，可实现8路0～5V的模拟信号的分时采集，片内有8路模拟选通开关，以及相应的通道地址锁存译码电路，其转换时间为 100μs 左右。

1. 引脚及功能

ADC0809 芯片为 28 引脚双列直插式封装，其引脚功能见表 9.1。

表 9.1　ADC0809 芯片的引脚功能

| 名　称 | 引　脚 | 功　能 |
|---|---|---|
| IN7～IN0 | 1～5,27,28,26 | 8 路模拟量输入通道，ADC0809 对输入模拟量的要求主要有：信号单极性，电压范围为 0～5V。若信号过小，还需进行放大。另外，模拟量输入在 AD 转换过程中其值不应变化，因此对变化速度快的模拟量，在输入前应增加采样保持电路 |
| ADDA～ADDC | 25,24,23 | 地址线，A 为低位地址，C 为高位地址，模拟通道的选择信号。其地址状态与通道对应关系见表 8.10 |
| ALE | 22 | 地址锁存允许信号。对应 ALE 上跳沿，ADDA、ADDB、ADDC 地址状态送入地址锁存器中 |
| START | 6 | 转换启动信号。START 上跳沿时，所有内部寄存器清零；START 下跳沿时，开始进行 AD 转换；在 AD 转换期间，START 应保持低电平。本信号有时简写为 ST |
| D7～D0 | 18～21,8,15,14,17 | 数据输出线。为三态缓冲输出形式，可以和单片机的数据线直接相连，D0 为最低位，D7 为最高位 |
| OE | 9 | 输出允许信号。用于控制三态输出锁存器向单片机输出转换得到的数据。OE=0，输出数据线呈高电阻；OE=1，输出转换得到的数据 |
| CLOCK | 10 | 时钟信号。ADC0809 的内部没有时钟电路，所需时钟信号由外界提供，因此有时钟信号引脚。通常使用频率为 640kHz 左右的时钟信号 |
| EOC | 7 | 转换结束信号。EOC=0，正在进行转换；EOC=1，转换结束。使用中该状态信号既可作为查询的状态标志，又可以作为中断请求信号使用 |
| GND,VCC | 11,18 | GND-低；$V_{CC}$－+5V 电源 |
| VREF(+),VREF(－) | 12,16 | 参考电源。参考电压用来与输入的模拟信号进行比较，作为逐次逼近的基准。其典型值为+5V(VREF(+)=+5V，VREF(－)=0V) |

2. ADC0809 与 MCS-51 单片机的接口设计

电路连接主要注意 3 个问题：一是 8 路模拟信号通道选择；二是 AD 转换完成后转换数据的传送；三是时钟信号的选择。

1）单通道使用

8 路模拟通道选择如表 9.2 和图 9.3 所示，模拟通道选择信号 ADDA、ADDB、ADDC 分别接 P2 口高三位，则某一路通道的选择根据表 9.2 来确定 P2 口和数据指针 DPTR 的赋值情况。8 路模拟通道的地址为 1EFFH、3EFFH、5EFFH、7EFFH、9EFFH、BEFFH、DEFFH、FEFFH(无关位取“1”)。通过指令“MOV DPTR，#data”来选择具体转换哪一个通道上的模拟输入量，如“MOV DPTR，#3EFFH”，P2.7=0，P2.6=0，P2.5=1 选择 IN1 通道，同时 P2.0 引脚输出低电平。

图中把ADC0809的ALE、START信号与51单片机的$\overline{WR}$、P2.0引脚通过或非门相接，这样使得ADC0809的启动控制和通道地址锁存都受到51单片机的控制，通过指令“MOVX @DPTR,A”($\overline{WR}$引脚为“0”)使得信号在或非门的脉冲变化的前沿锁存通道地址，在后沿启动AD转换。

ADC0809的EOC引脚通过非门接51单片机的外部中断0，用于判断整个AD转换过程是否结束，若转换结束则EOC引脚输出高电平；若未结束则输出低电平。以此可看出，对于AD转换结束与否就可以通过查询或中断方式来判断外部中断0(P3.2)的变化。

ADC0809的输出控制引脚OE通过或非门与51单片机的$\overline{RD}$、P2.0引脚相接，若AD转换结束则通过指令“MOVX A,@DPTR”使得$\overline{RD}$引脚为“0”，控制输出引脚OE有效，转换结果数字量送入单片机的累加器中。

由于ADC0809内部没有时钟信号，为了使ADC0809能够工作，必须使用外部的时钟给其提供时钟信号，可以使用专用的时钟电路，也可通过51单片机的ALE引脚提供。由于ADC0809的工作时钟频率为640kHz左右，若单片机工作频率为12MHz，则单片机的ALE引脚输出为2MHz，经过一个由D触发器构成的二分频电路后，即可形成1MHz供ADC0809使用的时钟信号。

**表9.2　ADC0809芯片通道选择控制**

| ADDC | ADDB | ADDA | 选择通道 |
|---|---|---|---|
| 0 | 0 | 0 | IN0 |
| 0 | 0 | 1 | IN1 |
| 0 | 1 | 0 | IN2 |
| 0 | 1 | 1 | IN3 |
| 1 | 0 | 0 | IN4 |
| 1 | 0 | 1 | IN5 |
| 1 | 1 | 0 | IN6 |
| 1 | 1 | 1 | IN7 |

**【例9-1】** 对于图9.3所示电路，设计通道0的AD转换程序，转换结果存入片内20H单元。

**解**：采用中断方式的汇编语言程序如下：

```
        ORG   0000H
        AJMP  MAIN
        ORG   0003H
        AJMP  INT00
        ORG   0030H
MAIN:   SETB  EA
        SETB  EX0
        SETB  IT0              ;必须用脉冲触发方式
        MOV   DPTR,#1EFFH      ;选择通道0
        MOVX  @DPTR,A          ;锁存通道地址，并启动ADC0809
        SJMP  $
INT00:  MOVX  A,@DPTR          ;AD转换结束，读取转换结果并存入累加器
        MOV   20H,A
```

```
MOV    P1,A                         ;将数字量反映到 P1 口上
MOVX   @DPTR,A                      ;再一次启动转换
RETI
END
```

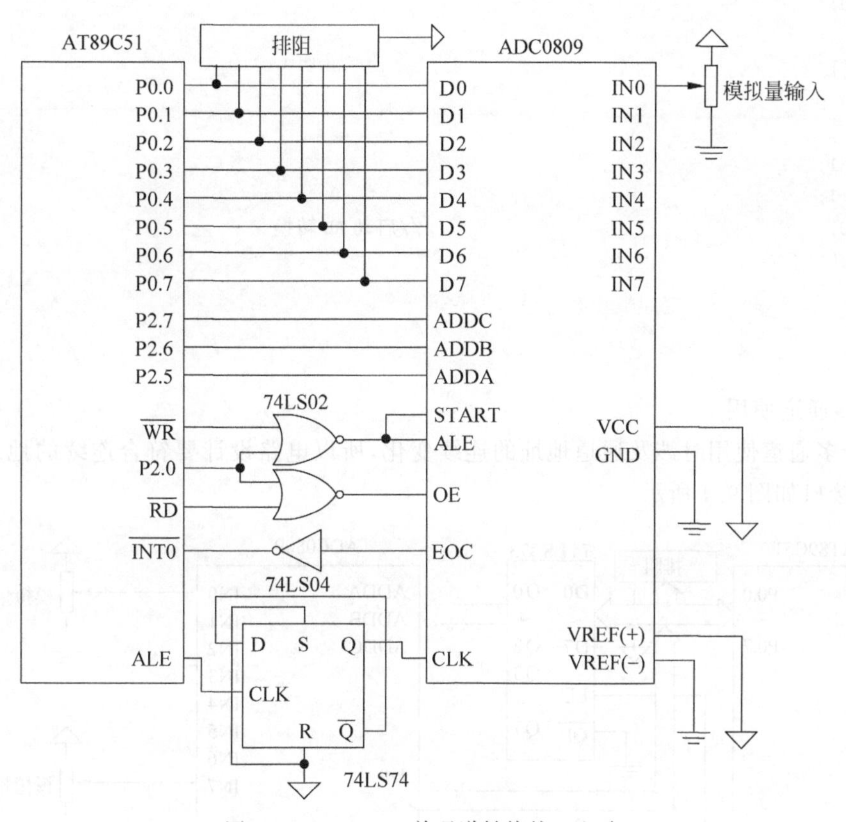


图 9.3　ADC0809 单通道转换接口电路

采用查询方式的汇编语言程序如下：

```
MAIN:   MOV    DPTR,#1EFFH
        MOVX   @DPTR,A
        JB     P3.2,$
        MOVX   A,@DPTR
        MOV    20H,A
        //MOV P1,A                      ;可利用 P1 口来观察 AD 转换后的结果
        AJMP   MAIN
        END
```

采用中断方式 C 语言程序如下：

```
#include <reg51.h>
#include <absacc.h>
#define unit unsigned int
#define uchar unsigned char
#define AD XBYTE [0x1eff]
uchar addata;
```

```
adc0809() interrupt 0
{
addata = AD;
P1 = addata;                                    //转换数据送 P1 口显示
AD = 0;
}
main()
{
EA = 1;
EX0 = 1;
IT0 = 1;
AD = 0;                                         //启动 AD 转换
while(1)
{;
}
}
```

2）多通道使用

由于多通道使用时涉及通道地址的连续变化，所以电路设计要符合连续的地址变化编程，电路接口如图 9.4 所示。

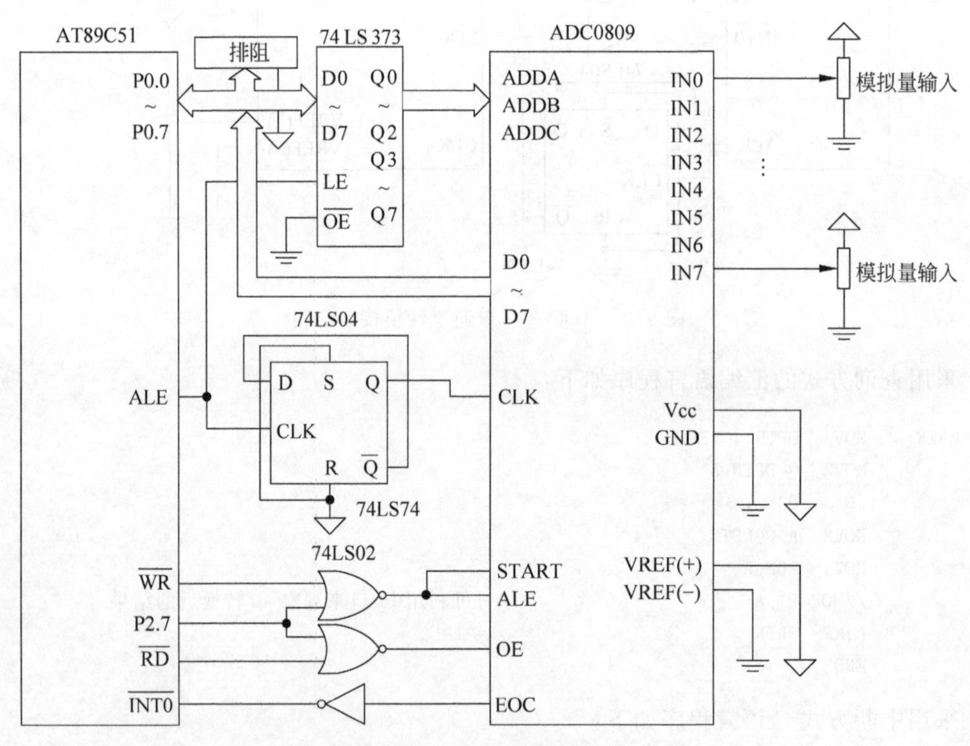


图 9.4　ADC0809 多通道转换接口电路

图 9.4 中采用了 74LS373 锁存器，将地址信息与数据信息分时处理，74LS373 的输出端 Q0～Q2 分别与 ADC0809 的通道选择端 ADDA～ADDC 相连，并且由 P2.7 引脚控制 ADC0809 的启动和数据输出，这样 ADC0809 的通道 IN0～IN7 所对应的地址就为 07FF8H～07FFFH。

**【例 9-2】** 循环采集 ADC0809 的 8 路通道的模拟输入量，并将数据依次存入 20H～27H 单元。

**解**：电路设计如图 9.4。采用中断方式程序如下。

```
        ORG   0000H
        AJMP  MAIN
        ORG   0003H
        AJMP  INT00
        ORG   0030H
MAIN:   SETB  EA
        SETB  EX0
        SETB  IT0                   ;必须用脉冲触发方式
        MOV   R0,#20H               ;设置存储单元首地址
        MOV   R1,#8                 ;设置循环次数
        MOV   DPTR,#7FF8H           ;指向通道 IN0 的地址
        MOVX  @DPTR,A
        SJMP  $
INT00:  MOVX  A,@DPTR
        MOV   @R0,A
        INC   R0                    ;改变存储单元指针
        INC   DPTR                  ;改变通道地址指针
        MOVX  @DPTR,A
        DJNZ  R1,LP                 ;判断循环采集是否结束
        MOV   DPTR,#7FF8H           ;循环采集结束，重新设置
        MOV   R0,#20H
        MOV   R1,#8
        MOVX  @DPTR,A
LP:     RETI
        END
```

C 语言程序如下：

```
#include <reg51.h>
#include <absacc.h>
#define uint unsigned int
#define uchar unsigned char
uchar addata,i;
uint ad;
uchar data tab[8];                   //片内 RAM
adc0809() interrupt 0
{
addata = XBYTE[ad];
tab[i] = addata;
i++;                                 //存储单元地址自加 1
ad++;                                //ADC0809 通道地址自加 1
XBYTE[ad] = 0;                       //启动 AD 转换
if(i == 8)                           //判断 8 路通道是否循环采集完
  {
   ad = 0x7ff8;
   i = 0;
  }
```

```
}
main()
{
ad = 0x7ff8;                              //ADC0809 通道 0 地址
EA = 1;
EX0 = 1;
IT0 = 1;
i = 0;
XBYTE[ad] = 0;                            //启动 AD 转换
while(1)
{ ; }
}
```

ADC0809 在进行仿真时可用其姊妹芯片 ADC0808，另外为了使用 51 单片机的 ALE 引脚的输出时钟频率，需双击仿真软件中的 AT89C51 单片机，将 Advanced Properities 选项中的 Simulaite Program Fetches 设置为 Yes。

### 9.1.4　11 路 12 位串行 AD 转换芯片 TLC2543

TLC2543 是 12 位开关电容逐次逼近 AD 转换芯片，可通过串行的三态输出端与 51 单片机的串行口进行传输数据。片内有 14 路模拟开关，可选择外部 11 个模拟量输入通道中的任一个或三个内部自测电压中的一个，具有自动的采样保持功能，转换时间小于 10μs。

1. 引脚功能

TLC2543 芯片为 20 引脚双列直插式和方形贴片式两种，其引脚功能见表 9.3。

表 9.3　TLC2543 芯片的引脚功能

| 名　称 | 引　脚 | 功　能 |
|---|---|---|
| AIN0～AIN10 | 1～9,11,12 | 11 路模拟量输入通道，当使用 4.1MHz 的时钟时，外部输入设备的输入阻抗应≤50Ω |
| $\overline{CS}$ | 15 | 片选端。上升沿禁止数据输入/输出和时钟信号；下降沿复位计数器，并控制数据输入/输出和时钟信号 |
| DIN | 17 | 串行数据输入。先输入的 4 位数据用来选择通道，后 4 位用来设置工作方式，最高位在前，每个时钟的上升沿送入一位数据 |
| DOUT | 16 | 转换数字量输出。数据在 $\overline{CS}$ 为低电平是输出。根据不同的工作方式有 8、12 和 16 位 3 种长度 |
| EOC | 19 | 转换结束信号引脚。在命令字最后一个时钟的下降沿变低，直到转换结束后变为高电平 |
| GND,VCC | 10,20 | 电源引脚。GND：地；VCC：+5V |
| CLK | 18 | 时钟引脚。①前 8 个上升沿将命令字送入 TLC2543 数据寄存器，其中前 4 个是通道地址，后 4 个是工作方式控制字；②在第 4 个下降沿，选定输入通道的输入模拟电压并对电容列阵充电直到最后一个 CLK 信号的下降沿结束；③在 CLK 的下降沿将上次的转换结果输出；④在最后一个 CLK 下降沿 EOC 变为低电平 |
| VREF+,VREF- | 14,13 | 基准电压引脚。通常 VREF+接电源正极，VREF-接地，最大输入电压取决于 VREF 之间的差值 |

TLC2543 在每次进行 AD 转换时都必须写入命令字，以确定下一次转换使用的通道号和输出数据的性质，输入寄存器命令字的格式及功能见表 9.4。

**表 9.4　TLC2543 芯片命令字格式**

| 功　能 | | 命令字字节 | | | | | | | |
|---|---|---|---|---|---|---|---|---|---|
| | | 通道地址 | | | | 数据长度控制 | | 数据输出顺序控制 | 数据极性控制 |
| 命令字位 | | D7 | D6 | D5 | D4 | D3 | D2 | D1 | D0 |
| 模拟量输入通道 | AIN0 | 0 | 0 | 0 | 0 | | | | |
| | AIN1 | 0 | 0 | 0 | 1 | | | | |
| | AIN2 | 0 | 0 | 1 | 0 | | | | |
| | AIN3 | 0 | 0 | 1 | 1 | | | | |
| | AIN4 | 0 | 1 | 0 | 0 | | | | |
| | AIN5 | 0 | 1 | 0 | 1 | | | | |
| | AIN6 | 0 | 1 | 1 | 0 | | | | |
| | AIN7 | 0 | 1 | 1 | 1 | | | | |
| | AIN8 | 1 | 0 | 0 | 0 | | | | |
| | AIN9 | 1 | 0 | 0 | 1 | | | | |
| | AIN10 | 1 | 0 | 1 | 0 | | | | |
| 测试电压 | 差模 | 1 | 0 | 1 | 1 | | | | |
| | VREF－ | 1 | 1 | 0 | 0 | | | | |
| | VREF＋ | 1 | 1 | 0 | 1 | | | | |
| 软件断电 | | 1 | 1 | 1 | 0 | | | | |
| 数据长度 | 8 位 | | | | | 0 | 1 | | |
| | 12 位 | | | | | — | 0 | | |
| | 16 位 | | | | | 1 | 1 | | |
| 高位输出 | | | | | | | | 0 | |
| 低位输出 | | | | | | | | 1 | |
| 单极(二进制) | | | | | | | | | 0 |
| 双极(补码) | | | | | | | | | 1 |

## 2. TLC2543 与 51 单片机接口设计

TLC2543 是串行的 AD 转换芯片，相对于并行芯片其接口电路简单很多，节省了 I/O 接口资源，电路如图 9.5 所示。此电路是通过 P1.1、P1.2、P1.3 控制 TLC2543 的数字量串行输出、时钟信号、片选端，而由 P1.0 引脚输出 TLC2543 的控制字。

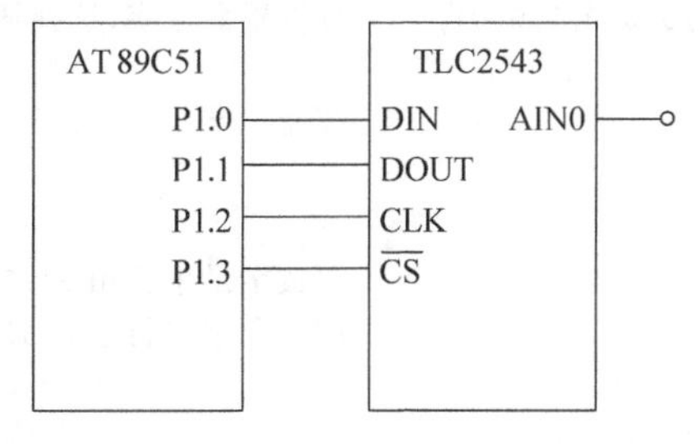


图 9.5　TLC2543 与 51 单片机接口电路

【例 9-3】 设计 TLC2543 采集 AIN0 通道的数据。

解：电路如图 9.5 所示。

(1) 汇编程序如下。

```
TLC2543:MOV    R4,#04H              ;设置命令字,选择通道 0,8 位数据,高位输出
        MOV    A,R4
        CLR    P1.3                 ;CS 有效
        MOV    R5,#8                ;8 位控制字数据
LOOP:   CLR    P1.2
        SETB   P1.1                 ;P1.1 设为输入引脚
        MOV    C,P1.1               ;数字量串行由 P1.1 存入 C
        RLC    A
        MOV    P1.0,C               ;命令字串行送入 TLC2543
        SETB   P1.2                 ;产生一个 CLK
        NOP
        CLR    P1.2
        DJNZ   R5,LOOP ;
        MOV    20H,A
        AJMP   TLC2543
        END
```

(2) C 语言程序如下。

```
#include<reg51.h>
#define uchar unsigned char
#define uint unsigned int
sbit CS=P1^3;
sbit CLK=P1^2;
sbit DOUT=P1^1;
sbit DIN=P1^0;
uint bdata sj[8]={9,2,3,4,5,6,7,8};
zuoyi(uchar a)
{ uchar temp;
 temp=a>>7;
 a=a<<1;
 a=a|temp;
 return a;
}
main()
{uchar i,zj;
 uchar data mlz[8]={0,0,0,0,0,1,0,0};      //设置命令字,选择通道 0
CS=0;
 for(i=0;i<8;i++)                          //命令字
 {CLK=0;
  DOUT=1;
  sj[i]=DOUT;                              //数字量串行由 P1.1 存入 C
  DIN=mlz[i];                              //命令字串行送入 TLC2543
  CLK=1;
  CLK=0;
  }
for(i=0;i<8;++i)                           //利用 P2 口显示转换结果
```

```
    {
     zj = zj << 1;
     zj = zj|sj[i];
    }
   P2 = zj;
  }
```

# 9.2 DA 转换及接口设计

通过前向通道可以收集数据或状态信息，并对数据信息进行变换送入处理器进行数据处理和状态判断，而若想调整被控参数和改变应用系统运行控制状态就必须输出一些控制信息或命令。在单片机应用系统中，对被控对象输出控制命令，实现控制操作改变其运行状态的通道通常称为后向通道。而单片机作为处理器本身的 I/O 接口输出信号电平却很低(在空载情况下接近 5V)，并不具备直接控制外部执行机构和输出模拟量的能力，所以通常也要进行后向通道的扩展。

## 9.2.1 后向通道简介

后向通道是对被控对象的控制和调节，要完成单片机与控制机构之间的功率驱动、信号电平转换、抗干扰等功能。功率驱动是指将处理器的输出的小信号进行功率放大处理，以达到可以驱动控制执行机构运行的功率要求；信号电平转换是指由于不同类型的集成电路的制造工艺不同，其输入/输出电平的有效区间也不尽相同，为了使不同类型的集成电路可以连接使用就要进行电平转换；抗干扰是指抑制由于被控对象或传输信息等在输出过程中由于受传输距离、传输环境、前向通道等多种因素的影响，所面临的电磁波、振动、噪声、信号衰减等干扰。

### 1. 设备驱动器

在单片机系统中经常使用单片机控制一些大电流高电压执行机构如步进电机、直流电机、继电器、电磁开关等，这些机构的负载功率通常都很大，单片机输出的开关量不足以直接驱动，需要进行功率放大才能驱动这些外设，有的使用大功率接口电路，有的使用专用的驱动芯片，有的使用小功率继电器，如集成达林顿管驱动芯片 ULN2003，其可以驱动直流电机、步进电机、继电器、电磁阀等。

### 2. DA 转换

对于外部设备的驱动和控制不仅可以使用专用的设备驱动器，还可以使用 DA 转换芯片。DA 转换是将数字量转换为模拟量，单片机的数字量输出经过 DA 转换芯片后，可转换为驱动执行机构控制和调整的模拟量。这样就可以通过单片机改变控制量的大小、方向等以达到合理、科学的控制整个应用系统的目的，使系统高效、稳定的工作。

### 3. 电平转换

集成电路按照制造工艺可分为 TTL、MOS、COMS、DTL 等多种类型，不同类型的集成电路之间进行连接使用时或串行通信中的不同接口之间都必须使用电平转换器，如 MC14504 可将 TTL 电平转换为 COMS 电平；DP8482AN 可将 ECL 电平转换为 TTL

电平。

4. 抑制干扰

由于环境、传输等因素对单片机应用系统的干扰会造成系统或控制的不稳定，这些干扰包括了噪声干扰、电磁干扰、电源干扰和通道干扰等，抑制这些干扰基本上可以从软件和硬件两方面入手。在硬件方面可以使用线路驱动器和接收器、光电隔离来抑制长线路传输过程中的信号衰减、反射、噪声等干扰；采用稳压、滤波、整流、掉电保护等技术抑制电源的干扰等等。在软件方面主要是编写一些算法程序，如数字滤波程序、补偿程序、冗余校验程序等。

### 9.2.2 DA 转换指标及转换原理

1. DA 转换指标

DA 转换指标不仅表明了 DA 转换芯片的基本特性，而且决定了采用 DA 转换芯片的应用系统的控制、调节输出能力。DA 转换的性能指标主要有分辨率、建立时间、转换精度、线性误差、温度灵敏度等。

(1) 分辨率。DA 转换芯片与 AD 转换芯片的分辨率的概念是一样的，都是表明芯片对模拟量的分辨能力。DA 转换芯片的分辨率确定了能由 DA 转换芯片产生的最小模拟量的变化。通常用二进制数的位数表示，如分辨率为 8 位的 DA 转换芯片能给出满量程电压的 1/28 的分辨能力，位数越多，则分辨率越高。

(2) 建立时间是将一个数字量转换为稳定模拟信号所需的时间，用来描述 DA 转换芯片的速度，一般情况电流输出型的建立时间较短，而电压输出型建立时间较长。

(3) 转换精度是指满量程时 DA 转换芯片的实际模拟输出值和理论值的接近程度。如满量程输出的理论值为 10V，而实际输出值为 9.99～10.01V，则转换精度为±10mV。一般情况下，DA 转换芯片的转换精度是分辨率的 1/2，即 LSB/2，最小数字量对应的输出模拟电压值的 1/2。

(4) 线性误差是指 DA 转换芯片的实际转换模拟量偏离理想转换特性的最大偏差与满量程之间的百分比。

(5) 偏移量误差是指当输入数字量为“0”时，输出模拟量相对于 0 的偏移量。可通过外界基准电压 VREF 和电位器进行调整。

(6) 温度灵敏度是指在数字输入不变的情况下，模拟输出信号随温度的变化。一般 DA 转换芯片的温度灵敏度为±50PPM/℃，PPM 为百万分之一。

在 DA 转换芯片使用时不仅要考虑其性能指标在应用系统中的影响，而且要考虑芯片的输出形式和锁存器的问题。常用的 DA 转换芯片有电压输出型(如 TLC5615)和电流输出型(如 DAC0832)。另外有的 DA 转换芯片内部没有锁存装置，结构比较简单，在于 51 单片机的 P0 口接口时需外加锁存芯片，此类的 DA 转换芯片如 DAC800、AD7520 等；有的 DA 转换芯片内部有锁存装置、数据寄存器等，可以与 51 单片机的 P0 口直接相连使用，如 DAC0832、AD7542 等。

2. DA 转换原理

DA 转换的原理是把输入数字量的每位都按其二进制权值分别转换成对应的模拟量，

然后通过运算放大器求和相加，得到最终的输出模拟量，在DA转换芯片内部存在实现上述功能的电阻网络，目前绝大部分DA转换芯片都采用了T形电阻网络将数字量转换为模拟量，电路原理如图9.6所示。

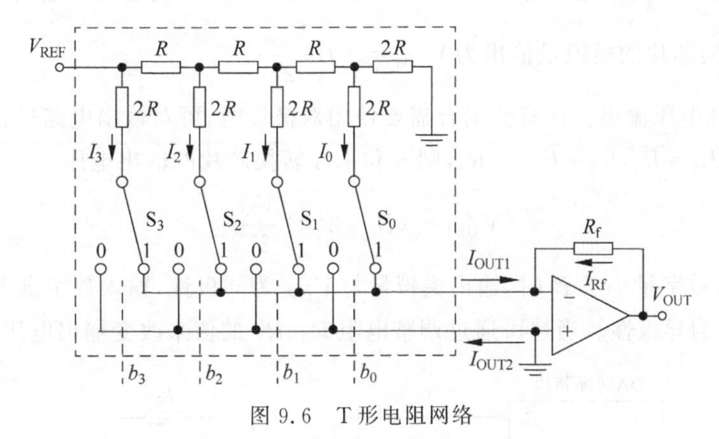


图9.6　T形电阻网络

电路为4位DA转换电桥电阻为$R$，桥臂电阻为$2R$，$V_{REF}$为基准电压，当开关S0～S3全处于“1”状态下时，各桥臂上的电流为：

$$I_3=\frac{V_{REF}}{2R}=2^3\times\frac{V_{REF}}{2^4R}$$

$$I_2=\frac{I_3}{2}=2^2\times\frac{V_{REF}}{2^4R}$$

$$I_1=\frac{I_2}{2}=2^1\times\frac{V_{REF}}{2^4R}$$

$$I_0=\frac{I_1}{2}=2^0\times\frac{V_{REF}}{2^4R}$$

但是在实际转换中，开关的状态是受数字量输入$b_0$～$b_3$控制的，$b_0$～$b_3$若输入为“1”则开关处于“1”位置，为“0”则开关处于“0”位置，所以运放输入电流为：

$$\begin{aligned}I_{OUT1}&=b_3I_3+b_2I_2+b_1I_1+b_0I_0\\&=(b_3\times2^3+b_2\times2^2+b_1\times2^1+b_0\times2^0)\frac{V_{REF}}{2^4R}\end{aligned}$$

若取运放的反馈电阻也为阻值$R$，则其反馈电阻的电流值与$I_{OUT1}$相等，方向相反，因此运放输出电流为：

$$V_{OUT}=I_{Rf}R_f=-(b_3\times2^3+b_2\times2^2+b_1\times2^1+b_0\times2^0)\frac{V_{REF}}{2^4R}R=-B\frac{V_{REF}}{2^4}$$

于是得到$n$位DA转换芯片输出模拟量为：

$$V_{OUT}=-B\frac{V_{REF}}{2^n},\quad B=b_3\times2^3+b_2\times2^2+b_1\times2^1+b_0\times2^0$$

### 3. DA转换芯片输出极性

由DA转换原理可以看出，DA转换芯片的输出模拟量的极性是与基准电压$V_{REF}$相关的，而实际中的一些应用系统对DA转换输出模拟量的极性有不同的要求，所以需要对芯片的输出极性进行处理变换。

(1) 单极性电压输出。由图 9.6 可以看出,对于 DA 转换芯片其输出电压与基准电压 $V_{REF}$ 是极性相反的,$V_{REF}$ 基准电压是单极性电压,所以 DA 转换芯片的输出也是单极性的,即 $n$ 位 DA 转换芯片的模拟量输出为 $V_{OUT}=-B\dfrac{V_{REF}}{2^n}$。

(2) 双极性电压输出。在有些场合需要使用双极性时,可对输出电路进行调整如图 9.7 所示。若电阻 $R_1=R_f$,$R_2=R_3=2R_f$,则 $n$ 位 DA 转换芯片的输出电压

$$V_{OUT}=(B-2^{n-1})\frac{V_{REF}}{2^{n-1}}$$

可以看出,输入数字量小于 $B$ 时,输出模拟量与 $V_{REF}$ 为同极性,输入数字量大于 $B$ 时,输出模拟量与 $V_{REF}$ 为异极性。当然可通过调整电阻 $R_2$、$R_3$ 的值来改变输出电压范围。

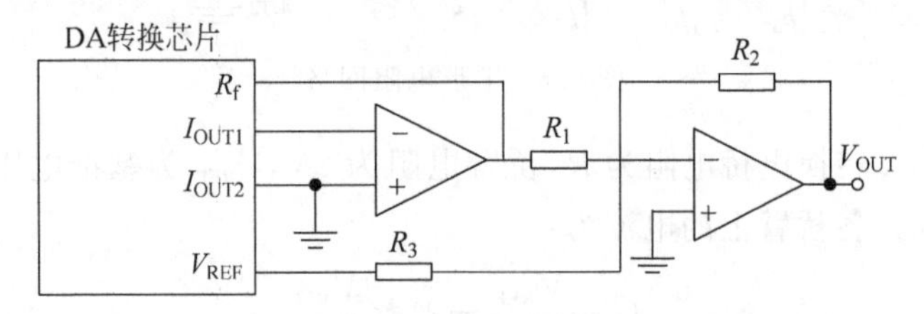


图 9.7 DA 转换芯片双极性输出电路

### 9.2.3 8 位并行 DA 转换芯片 DAC0832

DAC0832 是 CMOS 工艺的 8 位并行电流输出型 DA 转换芯片。其单电源供电,+5~+15V 均可正常工作,基准电压的范围为±10V,电流建立时间为 1μs,低功耗 20mW。具有价格低廉、接口简单、控制方便等优点,其姊妹芯片还有 DAC0830、DAC0831,可以进行互相替换。

#### 1. 引脚功能

DAC0832 芯片为 20 引脚,双排直插式封装。内部结构如图 9.8 所示,引脚功能如表 9.5 所示。

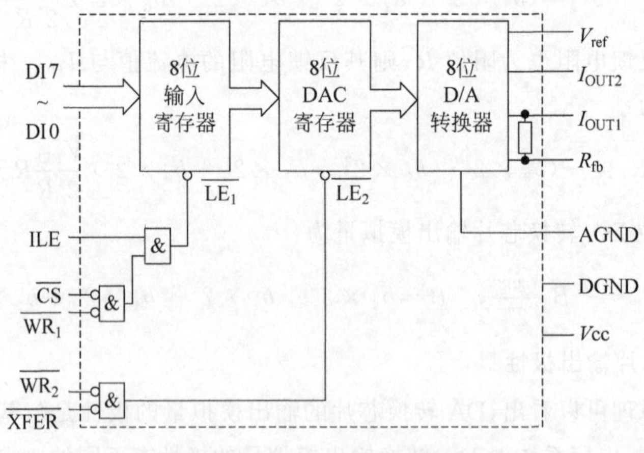


图 9.8 DAC0832 内部结构图

表 9.5　DAC0832 芯片的引脚功能

| 名　　称 | 引　　脚 | 功　　能 |
|---|---|---|
| DI7～DI0 | 13～16,4～7 | 转换数字量数据输入 |
| $\overline{\mathrm{CS}}$ | 1 | 片选信号(输入),低电平有效 |
| ILE | 19 | 数据锁存允许信号(输入),高电平有效 |
| $\overline{\mathrm{WR1}}$ | 6 | 第 1 写信号(输入),低电平有效。该信号与 ILE 信号共同控制输入寄存器是数据直通方式还是数据锁存方式：当 ILE＝1 和 $\overline{\mathrm{WR1}}$＝0 时,为输入寄存器直通方式；当 ILE ＝1 和 $\overline{\mathrm{WR1}}$＝1 时,为输入寄存器锁存方式 |
| $\overline{\mathrm{XFER}}$ | 17 | 数据传送控制信号(输入),低电平有效 |
| $\overline{\mathrm{WR2}}$ | 18 | 第 2 写信号(输入),低电平有效。该信号与 $\overline{\mathrm{XFER}}$ 信号合在一起控制 DAC 寄存器是数据直通方式还是数据锁存方式；当 $\overline{\mathrm{WR2}}$＝0 和 $\overline{\mathrm{XFER}}$＝0 时,为 DAC 寄存器直通方式；当 $\overline{\mathrm{WR2}}$＝1 和 $\overline{\mathrm{XFER}}$＝0 时,为 DAC 寄存器锁存方式 |
| $I$out1 | 11 | 电流输出"1"。当数据为全"1"时,输出电流最大；为全"0"时输出电流最小 |
| $I$out2 | 12 | 电流输出 2。DAC 转换器的特性之一是：$I$out1＋$I$out2 ＝常数 |
| $R_{\mathrm{fb}}$ | 9 | 反馈电阻端。即运算放大器的反馈电阻端,电阻(15kΩ)已固化在芯片中。因为 DAC0832 是电流输出型 DA 转换器,为得到电压的转换输出,使用时需在两个电流输出端接运算放大器,$R_{\mathrm{fb}}$ 即为运算放大器的反馈电阻 |
| $V_{\mathrm{REF}}$ | 8 | 基准电压,是外加高精度电压源,与芯片内的电阻网络相连接,该电压可正负,范围为－10～＋10V |
| $V_{\mathrm{CC}}$ | 20 | 电源输入端,＋5～＋10V 范围内 |
| DGND | 3 | 数字地 |
| AGND | 10 | 模拟地 |

2. DAC0832 与 51 单片机接口设计

DAC0832 与 51 单片机之间可以有三种接口方式：直通方式、单缓冲方式和双缓冲方式。

1）直通方式

当 ILE 接高电平,$\overline{\mathrm{CS}}$、$\overline{\mathrm{WR1}}$、$\overline{\mathrm{WR2}}$ 和 $\overline{\mathrm{XFER}}$ 都接数字地时,DAC0832 内部的寄存器和转换器都直接工作,此时 DAC0832 处于直通方式,8 位数字量被送到输入端 DI0～DI7 后,就通过寄存器直接加到 DA 转换器上,被转换成模拟量输出,也就是说所有的控制引脚不需要处理器控制 DAC0832 就可以直接进行工作。在 DA 实际连接中,为了避免信号的串扰,数字地和模拟地要区分连接,可采用滤波电容或电阻进行处理。

**【例 9-4】** 使用如图 9.9 所示的 DAC0832 的直通方式,产生一个幅值为 0～－5V 的锯齿波。

**解**：在 DAC0832 的直通方式中,所有控制引脚均不需要 51 单片机进行控制,故只需设置 51 单片机和 DAC0832 的数据接口即可。幅值为 0～－5V 说明是单极性输出。

控制引脚 ILE 接高电平,其他所有控制引脚接数字地,51 单片机的 P0 口和 DAC0832 的输入端直接相连即可。

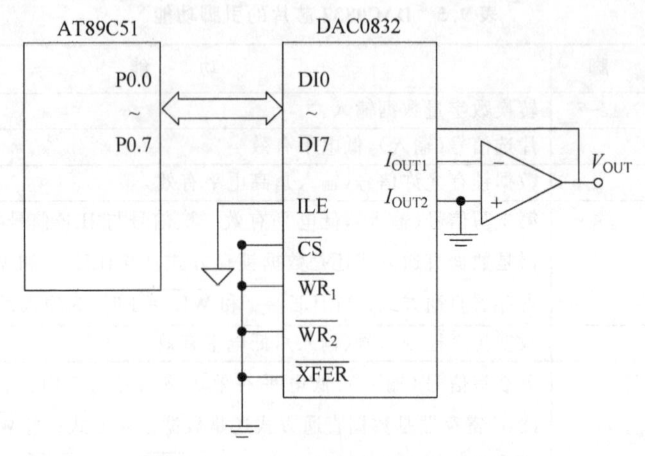


图 9.9　DAC0832 直通方式接口电路

程序设计：

```
MAIN:   MOV   A,#0
        MOVX  @DPTR,A
LP:     INC   A
        AJMP  LP
        END
```

2）单缓冲方式连接

所谓单缓冲方式就是使 DAC0832 的两个输入寄存器中有一个（多为 DAC 寄存器）处于直通方式，而另一个处于受控的锁存方式。为使 DAC 寄存器处于直通方式，应使 $\overline{\text{WR2}}$=0 和 $\overline{\text{XFER}}$=0。为此，可把这两个信号固定接地，或 $\overline{\text{WR2}}$ 与 $\overline{\text{WR1}}$ 相连，把 $\overline{\text{XFER}}$ 与 $\overline{\text{CS}}$ 相连，如图 9.10 所示。

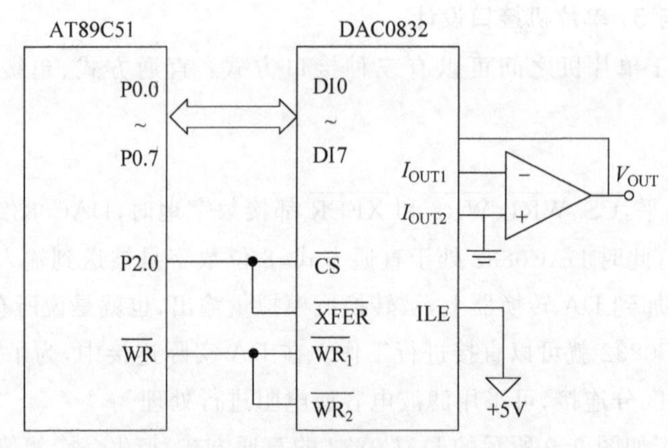


图 9.10　DAC0832 单缓冲方式接口电路

在实际应用中，如果只有一路模拟量输出，或虽是多路模拟量输出但并不要求输出同步的情况下，就可采用单缓冲方式。

**【例 9-5】** DAC0832 工作在单缓冲方式下，输出方波。

**解**：电路如图 9.10，由 P2.0 引脚控制 DAC0832 的片选端。

(1) 汇编程序如下。

```
MAIN:   MOV    DPTR,#0FEFFH          ;DAC0832 地址,P2.0 = 0
        MOV    A,#0                  ;方波波峰值,0V
        MOVX   @DPTR,A               ;数字量送入 DAC0832
        LCALL  DEL                   ;二分之一方波周期
        MOV    A,#255                ;方波波谷值,-5V
        MOVX   @DPTR,A
        LCALL  DEL
        AJMP   MAIN
DEL:    MOV    R0,#10                ;晶振 6MHz,10ms 软件延时
D1:     MOV    R1,#250
D2:     DJNZ   R1,D2
        DJNZ   R0,D1
        RET
        END
```

(2) C 语言程序如下。

```
#include <reg51.h>
#include <absacc.h>
#define uchar unsigned char
#define uint unsigned int
delay(uint i)                          //此处延时不是 10ms
{ uint j,k;
for(j = 0;j < i;j++)
 for(k = 0;k < 100;k++)
 {;}
}
main()
{
 XBYTE[0xfeff] = 0;
 delay(100);
 XBYTE[0xfeff] = 255;
 delay(100);
 }
```

可利用仿真软件进行仿真观察波形。

3) 双缓冲方式

双缓冲方式即数据通过两个寄存器锁存后再送入 DA 转换电路,执行两次写操作才能完成一次 DA 转换。这种方式可在 DA 转换的同时,进行下一个数据的输入,以提高转换速度。更为重要的是,这种方式特别适用于系统中含有 2 片及以上的 DAC0832,且要求同时输出多个模拟量的场合。

**【例 9-6】** 使用 DAC0832 的双缓冲方式,一片 DAC0832 输出锯齿波,另一片 DAC0832 输出三角波。

**解**:由于采用双缓冲方式,即两片 DAC0832 的片选端要分别进行控制。分别将两片 DAC0832 的片选端接到 51 单片机的 P2.0 和 P2.1,这样Ⅰ芯片的地址为 FEFFH,Ⅱ芯片的地址为 FDFFH;两个 DAC0832 的数据传输控制信号 $\overline{\text{XFER}}$ 接 P2.3,DAC 寄存器的地

址为 F7FFH；而两个芯片的数字输入端并联到 P0 口，写引脚并联到单片机的写引脚。电路如图 9.11 所示。

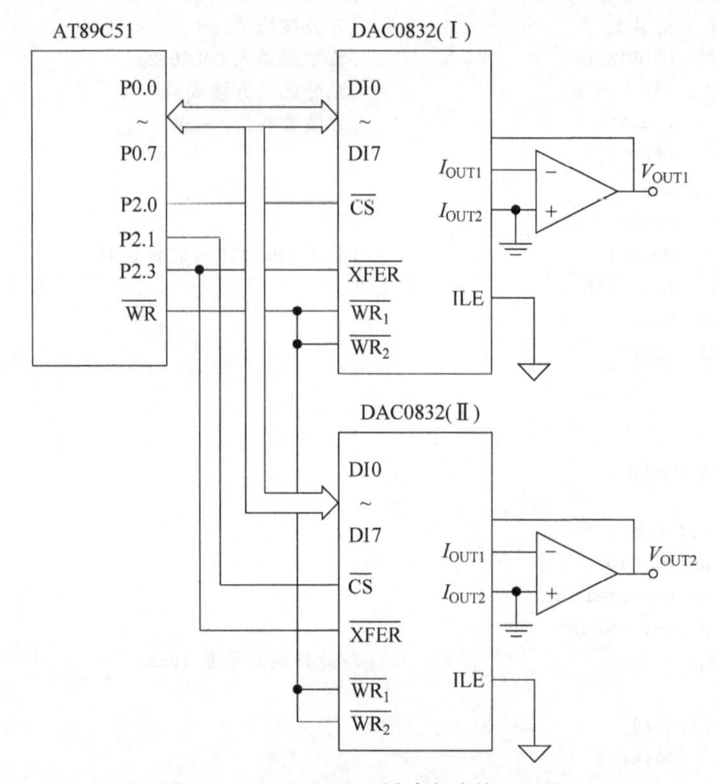


图 9.11　DAC0832 双缓冲方式接口电路

在程序设计时，要先将数据分别送入两片 DAC0832 的输入寄存器，然后选择 DAC 寄存器地址，将数据同时送入各自的 DAC 寄存器，实现两片 DAC0832 的同步转换和输出。

(1) 汇编程序如下。

```
MAIN:   MOV     20H,#0                  ;锯齿波初值
        MOV     30H,#0                  ;三角波初值
LP:     MOV     DPTR,#0FEFFH            ;选定Ⅰ片 DAC0832 输入寄存器
        MOV     A,20H
        MOVX    @DPTR,A                 ;锯齿波数字量送入Ⅰ片 DAC0832 输入寄存器
        MOV     DPTR,#0FDFFH            ;选定Ⅱ片 DAC0832 输入寄存器
        MOV     A,30H
        MOVX    @DPTR,A                 ;三角波数字量送入Ⅰ片 DAC0832 输入寄存器
        MOV     DPTR,#0F7FFH            ;选定两片 DAC0832 的 DAC 寄存器
        MOVX    @DPTR,A                 ;同时送出数字量,进行 DA 转换输出
        INC     20H                     ;改变锯齿波数字量
        INC     30H                     ;改变三角波数字量
        MOV     A,30H
        CJNE    A,#255,LP               ;三角波是否到波谷
LP1:    DEC     30H
        MOV     DPTR,#0FEFFH
        MOV     A,20H
        MOVX    @DPTR,A
```

```
      MOV    DPTR, # 0FDFFH
      MOV    A, 30H
      MOVX   @DPTR, A
      MOV    DPTR, # 0F7FFH
      MOVX   @DPTR, A
      INC    20H
      MOV    A, 30H
      CJNE   A, # 0, LP1                ;三角波是否到波峰
      AJMP   LP
      END
```

(2) C 语言程序如下。

```
#include <reg51.h>
#include <absacc.h>
#define uchar unsigned char
#define uint unsigned int
main()
{ uchar jc,sc,i;
 jc = 0;
 sc = 0;
 for(i = 0;i < 255;i++)
 {
 XBYTE[0xfeff] = jc;                    //数据送入Ⅰ片 DAC0832 输入寄存器
 XBYTE[0xfdff] = sc;                    //数据送入Ⅱ片 DAC0832 输入寄存器
 XBYTE[0xf7ff] = 0;                     //选定两片 DAC0832 的 DAC 寄存器
 jc++;
 sc++;
 }
 for(i = 0;i < 255;i++)
 {
 XBYTE[0xfeff] = jc;
 XBYTE[0xfdff] = sc;
 XBYTE[0xf7ff] = 0;
 jc++;
 sc --;
 }
}
```

将上述例题在仿真软件中进行编程及电路仿真，观察波形。

### 9.2.4　10 位串行 DA 转换芯片 TLC5615

TLC5615 是带有串行缓冲基准输入的 10 位电压输出 AD 转换芯片。具有基准电压 2 倍的输出电压范围，3 线串行接口，具有功耗低、工作温度范围大、接口简单等优点，广泛应用于电池供电测试仪表、数字增益调整、电池远程工业控制等领域。

**1. 引脚功能**

TLC5615 内部有 16 位移位寄存器、10 位 DAC 寄存器、基准缓冲器、放大器等，共有 8 个外部引脚，引脚功能如表 9.6 所示。

表 9.6 TLC5615 引脚功能表

| 名　称 | 引　脚 | 功　能 |
|---|---|---|
| DIN | 1 | 串行数据输入端 |
| SCLK | 2 | 串行时钟输入端 |
| $\overline{\text{CS}}$ | 3 | 片选端 |
| DOUT | 4 | 用于菊花链的串行数据输出端 |
| AGND | 5 | 模拟地 |
| REFIN | 6 | 基准电压输入，一般为 2V～VDD－2V |
| OUT | 7 | 转换模拟电压输出 |
| VDD | 8 | 电源(＋5V) |

当芯片工作时，片选端为低电平，且时钟 SCLK 与片选端同步情况下，串行输入数据和输出数据输入或输出，且最高有效位在前。时钟 SCLK 上升沿将串行输入数据存入移位寄存器，下降沿将数据从串行输出端输出，并在片选端的上升沿将数据送入 DAC 寄存器。

2．TLC5615 与 51 单片机接口设计

在进行接口设计时，通常时钟线、片选线、串行输入线都与 51 单片机的某个 P 口线相连，由 P 口对其控制或进行串行数据输入。典型接口电路如图 9.12 所示。

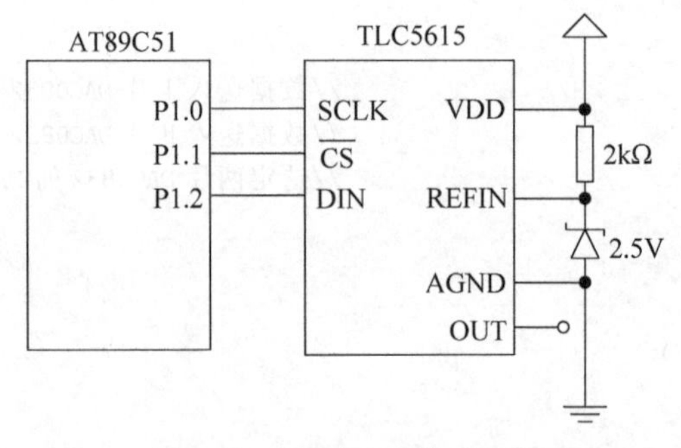


图 9.12　TLC5615 接口电路

【例 9-7】 利用 TLC5615 产生锯齿波。

解：程序如下。

```
MAIN:   MOV    20H,#0
        MOV    21H,#0
LPL:    LALL   ZH
        INC    21H
        MOV    A,21H
        CJNE   A,#255,LP1
        LCALL  ZH
        INC    21H
        INC    20H
        MOV    A,20h
        CJNE   A,#0FH,LP1
        LCALL  ZH
        AJMP   MAIN
ZH:     CLR    P1.1                          ;片选段低电平
```

```
        MOV   R2,#2
        MOV   A,20H                     ;送高 4 位数字量
        SWAP  A
        LCALL ZH1                       ;调用传送子程序
        MOV   R2,#8 ;
        MOV   A,21H                     ;送低 8 位数字量
        LCALL ZH1
        CLR   P1.0                      ;时钟信号送低电平
        SETB  P1.1                      ;片选段送高电平,输入的 12 位数字量有效
        RET
ZH1:    NOP
        CLR   P1.0
        RLC   A
        MOV   P1.2,C
        SETB  P1.0
        DJNZ  R2,ZH1
        RET
END
```

C 语言程序如下：

```
#include<reg51.h>
#define uchar unsigned char
#define uint unsigned int
sbit SCLK = P1^0;
sbit CS = P1^1;
sbit DIN = P1^2;
void DA(uint x)
{
uchar i;
CS = 0;
x = x << 6;
for(i = 0;i < 12;i++)
{
 SCLK = 0;
 DIN = x&0x8000;                        //数字量输入
 SCLK = 1;
 x = x << 1;
 }
 CS = 1;
}
main()
{
uint sz = 0;
while(1)
{
if(sz < 0xfff)                          //12 位数字量自加变化
 {
  sz++;
 }
 else
```

```
        {
        sz = 0;
        }
        DA(sz);
    }
}
```

# 9.3 XPT2046与单片机的接口设计

## 9.3.1 XPT2046芯片简介

如图9.13所示的XPT2046是一款四线制电阻触摸屏控制芯片，内含12位分辨率，125kHz转换速率逐步逼近型AD转换器、采样/保持、模数转换、串口数据输出等模块。芯片工作时使用外部时钟，支持1.5～5.25V的低电压I/O接口。XPT2046内部还有一个多路选择器，能够测量电池电压、AUX电压、芯片温度。12位ADC用于对选择的模拟输入通道进行模数转换，得到数字量，然后送入控制逻辑电路，供主控CPU进行读取，同时，具体选择哪个通道进行转换，由主控CPU发送命令给控制逻辑来设置。因此XPT2046可以作为AD转换器件来使用。

图9.13 XPT2046芯片

XPT2046可以单电源供电，电源电压范围为2.7～5.5V。参考电压值直接决定ADC的输入范围，参考电压可以使用内部参考电压，芯片集成有一个2.5V的内部参考电压源，也可以从外部直接输入1V～6V范围内的参考电压。

## 9.3.2 模拟输入电路与XPT2046转换芯片接口电路

如图9.14所示，设计三路模拟量输入电路，分别对应电位器输入AD1、热敏电阻模块NTC1与光敏电阻GR1的三路输入AIN0、AIN1和AIN2。

如图9.15所示，XPT2046有4个引脚，用于连接到四线制电阻屏FPC上，分别为XP、XN、YP、YN。每个引脚都能工作于两种状态：电源/GND输出；ADC输入。

当作为ADC输入，X、Y、VBAT和AUX模拟信号经过片内的控制寄存器选择后进入ADC，ADC可以配置为单端或差分模式。选择VBAT和AUX时可以配置为单端模式；作为触摸屏应用时，可以配置为差分模式，这可有效消除由于驱动开关的寄生电阻及外部的干扰带来的测量误差，提高转换准确度。XPT2046芯片引脚功能如表9.7所示。

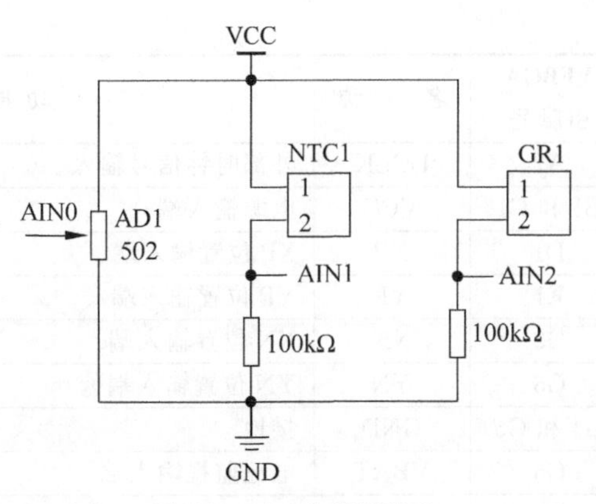


图 9.14　三路模拟输入

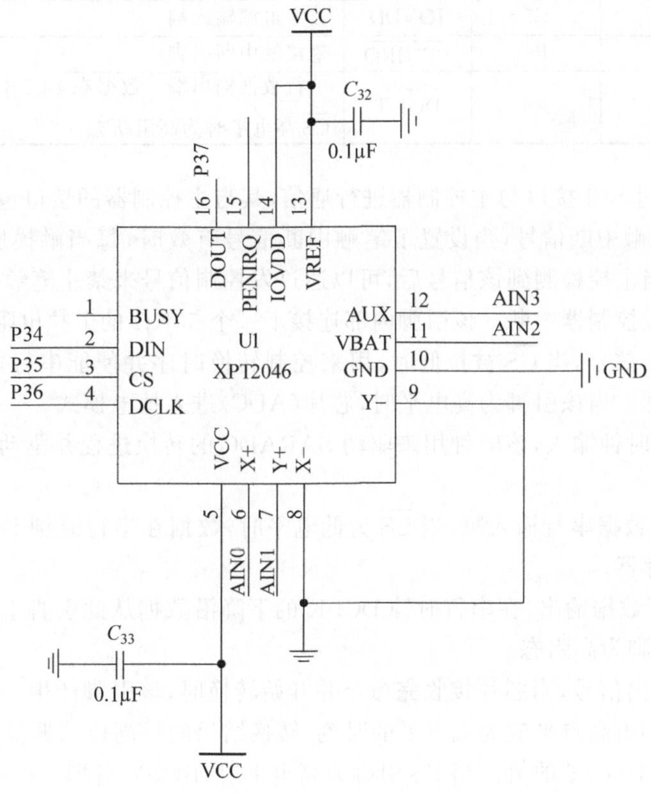


图 9.15　模拟输入与芯片接口方式

**表 9.7　XPT2046 芯片引脚**

| QFN 引脚号 | TSSOP 引脚号 | VFBGA 引脚号 | 名　称 | 功 能 说 明 |
|---|---|---|---|---|
| 1 | 13 | A5 | BUSY | 忙时信号线。当 $\overline{CS}$ 为高电平时为高阻状态 |
| 2 | 14 | A4 | DIN | 串行数据输入端。当 $\overline{CS}$ 为低电平时，数据在 DCLK 上升沿锁存进来 |
| 3 | 15 | A3 | $\overline{CS}$ | 片选信号。控制转换时序和使能串行输入/输出寄存器，高电平时 ADC 掉电 |

续表

| QFN<br>引脚号 | TSSOP<br>引脚号 | VFBGA<br>引脚号 | 名　　称 | 功能说明 |
|---|---|---|---|---|
| 4 | 16 | A2 | DCLK | 外部时钟信号输入 |
| 5 | 1 | B1 和 C1 | VCC | 电源输入端 |
| 6 | 2 | D1 | XP | XP 位置输入端 |
| 7 | 3 | E1 | YP | YP 位置输入端 |
| 8 | 4 | G2 | XN | XN 位置输入端 |
| 9 | 5 | G3 | YN | YN 位置输入端 |
| 10 | 6 | G4 和 G5 | GND | 接地 |
| 11 | 7 | G6 | VBAT | 电池监视输入端 |
| 12 | 8 | E7 | AUX | ADC 辅助输入通道 |
| 13 | 9 | D7 | VREF | 参考电压输入/输出 |
| 14 | 10 | C7 | IOVDD | 数字电源输入端 |
| 15 | 11 | B7 | $\overline{\text{PENIRQ}}$ | 笔接触中断引脚 |
| 16 | 12 | A6 | DOUT | 单行数据输出端。数据在 DCLK 的下降沿移除，当 $\overline{\text{CS}}$ 高电平时为高阻状态 |

XPT2046 通过 SPI 接口与主控制器进行通信，其与主控制器的接口包括以下信号。

$\overline{\text{PENIRQ}}$：笔触中断信号，当设置了笔触中断信号有效时，每当触摸屏被按下，该引脚被拉为低电平。当主控检测到该信号后，可以通过发控制信号来禁止笔触中断，从而避免在转换过程中误触发控制器中断。该引脚内部连接了一个 50KΩ 的上拉电阻。

$\overline{\text{CS}}$：芯片选中信号，当 $\overline{\text{CS}}$ 被拉低时，用来控制转换时序并使能串行输入/输出寄存器以移出或移入数据。当该引脚为高电平时，芯片(ADC)进入掉电模式。

DCLK：外部时钟输入，该时钟用来驱动 SARADC 的转换进程并驱动数字 I/O 接口上的串行数据传输。

DIN：芯片的数据串行输入脚，当 $\overline{\text{CS}}$ 为低电平时，数据在串行时钟 DCLK 的上升沿被锁存到片上的寄存器。

DOUT：串行数据输出，在串行时钟 DCLK 的下降沿数据从此引脚上移出，当 $\overline{\text{CS}}$ 引脚为高电平时，该引脚为高阻态。

BUSY：忙输出信号，当芯片接收完命令并开始转换时，该引脚产生一个 DCLK 周期的高电平。当该引脚由高点平变为低电平的时刻，转换结果的最高位数据呈现在 DOUT 引脚上，主控可以读取 DOUT 的值。当 $\overline{\text{CS}}$ 引脚为高电平时，BUSY 引脚为高阻态。

### 9.3.3 XPT2046 芯片控制字

控制字：由 DIN 输入的控制字如表 9.8 所示，它用来启动转换、寻址、设置 ADC 分辨率，配置和对 XPT2046 进行掉电控制。

**表 9.8　XPT2046 控制字的控制位**

| 位 7(MSB) | 位 6 | 位 5 | 位 4 | 位 3 | 位 2 | 位 1 | 位 0(LSB) |
|---|---|---|---|---|---|---|---|
| S | A2 | A1 | A0 | MODE | SER/$\overline{\text{DFR}}$ | PD1 | PD0 |

控制字各位的功能如表 9.9 所示。

**表 9.9　控制字节各位描述**

| 位 | 名　称 | 功能描述 |
|---|---|---|
| 7 | S | 开始位。S=1 表示一个新的控制字节到来，S=0 表示在 XPT2046 的 DIN 引脚未检测到起始位，所有的输入将被忽略 |
| 6～4 | A2～A0 | 通道选择位。选择多路选择器的现行通道，触摸屏驱动和参考源输入 |
| 3 | MODE | 模式选择位，用于设置 ADC 的分辨率。MODE=1 选择 8 位模式转换分辨率，MODE=0 选择 12 位模式分辨率 |
| 2 | SER/$\overline{\text{DFR}}$ | 单端输入方式/差分输入方式选择位。SER/DFR=1 是单端输入方式，SER/DFR=0 是差分输入方式。在 $X$ 坐标、$Y$ 坐标和触摸压力测量中，为达到最佳性能，首选差分工作模式。参考电压来自开关驱动器的电压。在单端模式下，转换器的参考电压固定为 $V_{REF}$ 相对于 GND 引脚的电压 |
| 1－0 | PD1～PD0 | 低功率模式选择位。若为 11，器件总处于供电状态；若为 00，器件在转换之间处于低功率模式 |

在单端模式和查分模式下输入配置分别见表 9.10 和表 9.11。

**表 9.10　单端模式输入配置(SER/$\overline{\text{DFR}}$=1)**

| A2 | A1 | A0 | Vbat | AUX | TEMP | $Y_N$ | $X_P$ | $Y_P$ | Y 位置 | X 位置 | Z1 位置 | Z2 位置 | X | Y |
|---|---|---|---|---|---|---|---|---|---|---|---|---|---|---|
| 0 | 0 | 0 | | | +IN(TEMP0) | | | | | | | | off | off |
| 0 | 0 | 1 | | | | | +IN | | 测量 | | | | off | |
| 0 | 1 | 0 | +IN | | | | | | | | | | off | off |
| 0 | 1 | 1 | | | | | +IN | | | | 测量 | | XN,on | YP,on |
| 1 | 0 | 0 | | | | +IN | | | | | | 测量 | XN,on | YP,on |
| 1 | 0 | 1 | | | | | | +IN | | 测量 | | | on | off |
| 1 | 1 | 0 | | +IN | | | | | | | | | off | off |
| 1 | 1 | 1 | | | +IN(TEMP0) | | | | | | | | off | off |

**表 9.11　差分模式输入配置(SER/$\overline{\text{DFR}}$=0)**

| A2 | A1 | A0 | +REF | -REF | YN | XP | YP | Y 位 | X 位 | Z1 位置 | Z2 位置 | 驱　动 |
|---|---|---|---|---|---|---|---|---|---|---|---|---|
| 0 | 0 | 1 | YP | YN | | +1N | | 测量 | | | | YP,YN |
| 0 | 1 | 1 | YP | XN | | +1N | | | | 测量 | | YP,XN |
| 1 | 0 | 0 | YP | XN | +1N | | | | | | 测量 | YP,XN |
| 1 | 0 | 1 | XP | XN | | | +1N | | 测量 | | | XP,XN |

基于上述电路接口及控制字分析，则可知，对几路模拟信号的检测与 AD 转换对应控制字如下：

(1) AIN0：检测转换电位器模拟信号，控制字命令寄存器值为 0x94 或者 0xB4；

(2) AIN1：检测转换热敏电阻模拟信号，控制字命令寄存器值为 0xD4；

(3) AIN2：要检测转换光敏电阻模拟信号，控制字命令寄存器值为 0xA4；

(4) AIN3：要检测转换 AIN3 通道上模拟信号，控制字命令寄存器值为 0xE4。

结合 XPT2046 的接口电路，接下来了解一下通过主控 MCU 来控制该芯片实现数据读取的时序过程。ADC在转换时能够被配置为单端或差分模式，具体的控制字在每次传输开始的时候，由主控MCU驱动DIN信号传输。图9.16为XPT2046典型的24时钟周期转换控制时序。

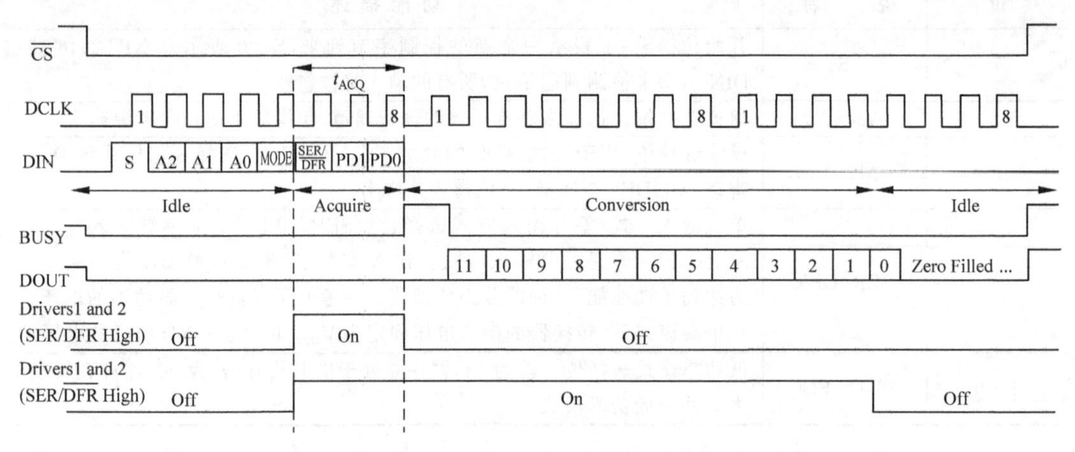


图9.16　XPT2046的转换时序

XPT2046数据接口是串行接口，其典型工作时序即如图9.16所示，其中展示的信号来自带有基本串行接口的单片机或数据信号处理器。处理器和转换器之间的通信需要8个时钟周期，可采用SPI、SSI和Microwire等同步串行接口。一次完整的转换需要24个串行同步时钟(DCLK)来完成。

前8个时钟用来通过DIN引脚输入控制字节，接着的12个时钟周期将完成真正的模数转换，剩下3个多时钟周期将用来完成被转换器忽略的最后字节(DOUT置低)。XPT2046转换过程核心C程序如下：

```
sbit DOUT = P3 ^ 7;                     //输出
sbit CLK  = P3 ^ 6;                     //时钟
sbit DIN  = P3 ^ 4;                     //输入
sbit CS   = P3 ^ 5;                     //片选
void SPI_Write(uchar dat)
{
    uchar i;
    CLK = 0;
    for(i = 0; i < 8; i++)
    {
        DIN = dat >> 7;                 //放置最高位
        dat <<= 1;
        CLK = 0;                        //上升沿放置数据
        CLK = 1;
    }
}

uint SPI_Read(void)
{
    uint i, dat = 0;
    CLK = 0;
```

```
    for(i = 0; i < 12; i++)                    //接收 12 位数据
    {
        dat <<= 1;
        CLK = 1;
        CLK = 0;
        dat |= DOUT;
    }
    return dat;
}

uint Read_AD_Data(uchar cmd)
{
    uchar i;
    uint AD_Value;
    CLK = 0;
    CS = 0;
    SPI_Write(cmd);
    for(i = 6; i > 0; i--);                    //延时等待转换结果
    CLK = 1;                                   //发送一个时钟周期,清除 BUSY
    _nop_();
    _nop_();
    CLK = 0;
    _nop_();
    _nop_();
    AD_Value = SPI_Read();
    CS = 1;
    return AD_Value;
}
```

# 本 章 小 结

(1) 分析 ADC0809 与 51 系列单片机接口方式,并分析转换过程及特性。转换程序可分别采用查询、延时以及中断 3 种方式编写。

(2) 分析 DAC0832 与单片机的接口及转换过程,转换直接输出为电流信号,需通过运放转换为电压信号,同时支持直通方式、单缓冲和双缓冲方式等 3 种转换过程。

(3) 扩展分析了单片机与 TLC2543、TLC5615 以及 XPT2046 的接口方式及转换程序设计。

# 本 章 习 题

1. 设计 ADC0809 芯片与 AT89C51 单片机的接口电路,并使用 ADC0809 芯片的通道 2,进行采集数据。编写采用延时方式进行数据采集转换后数据存入片内 RAM 的 20H 单元。

2. 设计使用 TLC2543 芯片的通道 3 进行采集数据,并将数据存入片内 RAM 的 30H 单元的程序和电路。

3. 设计 DAC0832 芯片与 AT89C51 之间单缓冲方式的电路接口，编写由 DAC0832 输出波峰为－1.25V，波谷为－5V 的锯齿波。

4. 使用 DAC0832 和 AT89C51 进行电路设计和编程，实现输出高低电平占空比为 2∶1 的矩形波。

5. 使用 XPT2046 和 AT89S52 进行电路设计和编程，参考电路图 9.14 与图 9.15，实现对 AIN2 输入通道的转换程序设计。

# 第10章　单片机应用系统

【思政融入】

——“纸上得来终觉浅，绝知此事要躬行。”电路芯片不会因背诵指令自通，程序代码终需烧录验证。知行合一，才能铸就真知。

本章介绍单片机应用系统基本的开发设计步骤、调试方法及典型的抗干扰技术等方面内容。

【本章目标】

- 通过本章的学习，应掌握单片机应用系统的设计流程，开发及调试步骤等；
- 了解单片机设计过程的主要抗干扰技术。

## 10.1　单片机应用系统设计

单片机应用系统是以单片机为核心，配以外围电路和软件，能体现某种或几种功能的应用系统。它由硬件部分和软件部分组成。硬件是系统的基础，软件则是在硬件的基础上对其合理地调配和使用，从而完成应用系统所要完成的任务。因此，应用系统的设计应包括硬件设计和软件设计两大部分。为了保证系统可靠工作，在软、硬件的设计中，还要考虑其抗干扰能力，即在软、硬件的设计过程中还包括系统的抗干扰设计。

### 10.1.1　单片机应用系统设计步骤

一个具有可行性的单片机应用系统的设计开发过程主要有下面几个步骤。

(1) 需要分析包括被测控对象的参数形式，包括电量、非电量、模拟量、数字量，以及被测控参数的范围、性能指标、系统功能、工作环境、显示、报警、打印要求等。

(2) 总体设计就是根据需求分析的结果，设计出符合现场应用的软件方案，既要满足用户需求，又要使系统操作简单、可靠性高、成本低廉，然后进行方案论证，并修改不符合要求的部分。

(3) 系统硬件设计包括器件的选择、接口的设计、电路的设计制作、工艺设计等。

(4) 系统软件设计包括分配系统资源、建立数据采集处理方法、编写软件等。系统软、硬件设计需要协同进行，同时需要兼顾可靠性和抗干扰性。

(5) 仿真调试：包括硬件调试和软件调试。调试时应将硬件和软件分成几个模块，分别调试，各部分调式通过后，再对所有设计的硬件和软件进行集成调试和性能的测定。

(6) 固化应用程序，脱机运行这一步骤是设计开发的最后环节，以保证完成应用系统的生产应用。

(7) 文档的编制需要贯穿设计开发过程始终，是以后使用、维护及升级设计的依据，需要精心设计编写，使数据资料完备。文档包括任务描述、设计说明(硬件电路、程序设计说明)、测试报告和使用说明。

### 10.1.2　单片机应用系统硬件设计

单片机应用系统的硬件设计包括两大部分：一是单片机系统的扩展部分设计，包括存储器扩展和接口扩展(存储器扩展指 EPROM、$E^2$PROM 和 RAM 的扩展，接口扩展是指

8255A、8155、8279及其他功能器件的扩展）；二是各种功能模块的设计，如信号测量功能模块、信号控制功能模块、人机对话功能模块、通信功能模块等，根据系统功能要求配置相应的转换器、键盘、显示器、打印机等外围设备。

在进行应用系统的硬件设计时，首要问题是确定电路的总体方案，并需要进行详细的技术论证。所谓硬件电路的总体设计，既是为了实现该项目全部功能所需要的所有硬件的电气连线原理图。设计者应重点做好总体方案设计。从时间分配上看，硬件设计的绝大部分工作量是在最初方案的设计阶段。一旦总体方案确定下来，下一步的工作就会很顺利地进行，即使需要作部分修改，也只是在此基础上进行一些完善工作，通常不会造成较大的问题。

为了使硬件设计尽可能地合理，单片机应用系统的系统扩展与模块设计应遵循下列原则：

（1）尽可能选择典型电路，并符合单片机的常规使用方法；

（2）在充分满足系统功能要求的前提下，留有余地，以便二次开发；

（3）硬件结构设计应与软件设计方案一并考虑；

（4）整个系统相关器件要力求性能匹配；

（5）硬件上要有可靠性与抗干扰设计；

（6）充分考虑单片机的带载驱动能力。

### 10.1.3 单片机应用系统软件设计

在进行应用系统的总体设计时，软件设计和硬件设计应统一考虑，相结合进行。当系统的电路设计定型后，软件的任务也就明确了。应用系统中的应用软件是根据功能要求设计的，应该能够可靠的实现系统的各种功能。

在单片机测控系统中，软件的重要性与硬件设置同样重要。为了满足测控系统的要求，编制的软件必须符合以下基本要求。

（1）易理解性、易维护性。这通常是指软件系统容易阅读和理解，容易发现和纠正错误，容易修改和补充。由于生产过程自动化程度的不断提高和测控系统的结构日趋复杂，自动化技术设计人员很难在短时间内就对整个系统做到理解无误，同时，应用软件的设计与调试不可能一次完成，如果编制的软件容易理解和修改，在运行中逐步暴露出来的问题就比较容易得到解决。单纯追求软件占有最小存储空间是片面的。有时要采用模块化程序设计方案，使流程清晰、明了，同时还要尽量减少循环嵌套、调用嵌套及中断嵌套的次数。

（2）实时性。实时性是测控系统的普遍要求，即要求系统及时响应外部事件的发生，并及时给出处理结果。近年来，由于硬件的集成度与速度的提高，配合相应的软件，很容易满足实时性这一要求。在工程应用软件设计中，采用汇编语言比高级语言更具有实时性。

（3）可测试性。测控系统软件的可测试性具有两方面的含义：其一是指比较容易地制定出测试准则，并根据这些准则对软件进行测定；其二是软件设计完成后，首先在模拟环境下运行，经过静态分析和动态仿真运行，证明准确无误后才可投入实际运作。

（4）准确性。准确性对测控系统具有重要意义。系统中要进行大量运算，算法的正确性与精确性问题对控制结果有直接影响，因此在算法的选择、位数选择方面要符合要求。

（5）可靠性。可靠性是测控软件最重要的指标之一，它要求两方面的意义：第一是运行参数环境发生变化时，软件都有可靠运行并给出正确结果，即软件具有自适应性；第二是工业环境极其恶劣，干扰严重。软件必须要保证在严重干扰条件下也能可靠运行，这对测控系统尤为重要。

应用软件是根据系统功能要求设计的。软件的功能可分为两大类：一类是执行软件，它能完成各种实质性的功能，如测量、计算、显示、打印、输出控制；另一类是监控软件，专门用来协调各执行模块和操作者的关系，在系统软件中充当组织调度角色。设计人员进行程序设计时应从以下几个方面加以考虑：

(1) 根据软件功能要求，将系统软件分为若干个相对独立的部分。根据他们之间的联系和时间上的关系，设计出合理的软件总体结构，使其清晰、简介，流程合理。

(2) 培养结构化程序设计风格，各功能程序实行模式化、子程序化，既便于调试、链接，又便于移植、修改。

(3) 建立正确的数学模式，即根据功能要求，描述出各个输入和输出变量之间的数学关系，它是关系到系统性能好坏的重要因素。

(4) 为了提高软件设计的总体效率，以简明、直观的方法对任务进行描述，在编写应用软件之前，应绘制出程序流程图。

(5) 要合理分配系统资源，包括ROM、RAM、定时器/计数器、中断源等。

(6) 注意在程序的有关位置写上功能注释，提高程序的可读性。

(7) 加强软件抗干扰设计，它是提高计算机应用系统可靠性的有力措施。

通过编辑软件编辑出来的源程序必须用编译程序汇编后生成目标代码。如果源程序有语法错误，则返回编辑过程，修改原文件后再继续编译，直到无语法错误为止。这之后就是利用目标代码进行程序调试，如果在运行中发现设计上的错误，再重新修改源程序，如此反复直到成功为止。

## 10.2　单片机应用系统的开发与调试

### 10.2.1　单片机应用系统的开发

在经过了总体设计、硬件设计、软件设计及元器件的焊接安装后，在系统的程序存储器中放入编制好的应用程序，系统即可运行。但第一次运行时通常会出现一些硬件或软件上的错误，这就需要通过调试来发现错误并进行改正。MSC-51单片机只是一个芯片，本身无开发功能，要编制、开发应用软件，对硬件电路进行诊断、调试，必须借助仿真开发工具模拟实际的单片机，这样能随时的观察运行的中间过程而不改变运行中原有的数据性能和结果，从而进行模仿现场的真实调试。完成这一在线仿真工作的开发工具就是单片机在线仿真器。一般也把仿真、开发工具称为仿真开发系统。

#### 1. 仿真开发系统的功能

一般来说，仿真开发系统应用具有如下最基本的功能：

(1) 诊断和检查用户样机硬件电路；

(2) 输入和修改用户样机程序；

(3) 程序的运行、调试、(单步运行、设置断点运行)、排错、状态查询等功能；

(4) 将程序固化到EPROM芯片中。

仿真开发系统都必须具备上述基本功能，但对于一个比较完善的仿真开发系统还应具有以下功能：

(1) 具备较全的开发软件。配有高级语言(如 C 语言等)开发环境,用户可用高级语言编制应用软件,再编译连接生成目标文件、可执行文件。同时要求支持汇编语言,有丰富的子程序,可供用户选择调用。

(2) 有跟踪调试、运行能力。开发软件中应用单片机的硬件资源尽量少。

**2. 仿真开发系统的种类**

目前国内使用较多的仿真开发系统大致分为 3 类。

1) 通用型单片机开发系统

这是目前国内使用最多的一类开发系统,如上海复旦大学的 SICE-Ⅱ、SICE-Ⅳ、伟福(WAVE)公司的在线仿真器。此类系统采用国际上流行的独立仿真结构,与任何具有 RS-232C 串行口(或并行口)的计算机相连即可构成单片机仿真开发系统。

在调试用户样机时,仿真插头必须插入用户样机空出的单片机插座中。当仿真器通过串行口(或并行口)与计算机联机后,用户可以先在计算机上编辑、修改源程序,然后通过 MCS-51 交叉汇编软件将其汇编成目标代码,传送到仿真器的仿真 RAM 中。这是用户可以使用单步、断点、跟踪、全速等方式运行用户程序,系统状态实时显示在屏幕上。该类仿真器采用模块化结构,配备了不同的外设,如外存板、打印机、键盘/显示板等,用户可根据需要加以选用。在没有计算机支持场合,利用键盘/显示板也可在现场完成仿真调试工作。

2) 软件模拟开发系统

这是一种完全依靠软件手段进行开发的系统。开发系统与用户系统在硬件上无任何联系。通常这种系统是由通用计算机加模拟开发软件构成的。

模拟开发系统的工作原理是利用模拟开发软件在通用计算机上实现对单片机的硬件模拟、指令模拟和运行状态模拟,从而完成应用软件开发的全过程。单片机相应的输入端通用键盘相应的按键设定,输出端的状态则出现在显示器指定的窗口区域。在开发软件的支持下,通过指令模拟,可方便地进行编程、单步运行、设置断点运行、修改等软件调试工作。调试过程中,软件运行状态、各寄存器的状态、端口状态等都可以在显示器指定的窗口区域显示出来,以确定程序运行有无错误。常见的用于 MCS-51 单片机的模拟开发调试软件为 Wave 公司的 SIM51。

模拟调试软件不需要任何在线仿真器,也不需要用户样机就可以在计算机上直接开发和模拟调试 MCS-51 单片机软件。调试完毕的软件可以将其固化,完成一次初步的软件设计工作。对于实时性要求不高的应用系统,一般能直接投入运行；即使是实时性要求较高的应用系统,通过多反复模拟调试也可正常投入运行。

模拟调试软件功能很强,基本包括了在线仿真器的单步、断点、跟踪、检查和修改等功能,并且还能模拟产生各种中断(事件)和 I/O 应答过程。因此,模拟调试软件是比较有实用价值的模拟开发工具。

模拟开发系统的最大缺点是不能进行硬件部分的诊断与实时在线仿真。

3) 普及型开发系统

这种开发装置通常是采用相同类型的单片机做成单板机形式。它所配置的监控程序可满足应用系统仿真调试的要求,能输入程序、设置断点运行、单步运行、修改程序,并能很方便地查询各寄存器、I/O 接口、存储器的状态和内容、它是一种廉价的能独立完成应用系统开发任务的普及型单板系统。此系统中必须配备 EPROM 写入器和仿真插头等。

### 10.2.2 单片机应用系统的调试

单片机应用系统的调试包括硬件调试和软件调试。但硬件调试和软件调试并不能完全分开，许多硬件错误是在软件调试过程中被发现和纠正的。一般的调试方法是先排除明显的硬件故障，再进行软、硬件综合调试。如果硬件调试不通过，软件调试则无从做起。下面结合作者在单片机开发过程中的体会讨论硬件调试的技巧。

**1. 应用系统联机前的静态调试**

硬件的静态调试包括以下一些方面。

(1) 排除逻辑故障。这类故障往往由于涉及和加工制板过程中工艺性错误所造成的。主要包括错线、开路、短路。排除的方法是首先将加工的印制板认真对照原理图，看两者是否一致。应特别注意电源系统检查，以防止电源短路和极性错误，并重点检查系统总线(地址总线、数据总线和控制总线)是否存在相互之间短路或其他信号线路短路。必要时利用数字万用表的短路测试功能，可以缩短排错时间。

(2) 排除元器件失效。造成这类错误的原因有两个：一是元器件买来时就已坏了；二是由于安装错误，造成器件烧坏。可以检查元器件与设计要求的型号、规格和安装是否一致。在保证安装无误后，用替换方法排除错误。

(3) 排除电源故障。在通电前，一定要检查电源电压的幅值和极性，否则很容易造成集成损坏。加电后检查各插件上引脚的电位，一般先检查 VCC 与 GND 之间的电位，若在 5～4.8V 之间则属于正常。若有高压，联机仿真器调试时，将会损坏仿真器等，有时会使应用系统中的集成块发热损坏。

当设计者完成了绘图制板工作，准备焊接元器件及插座，进行联机仿真调试之前，应做好下述工作：

(1) 在未焊上各元器件管座或元件之前，首先用眼睛或万用表直接检查线路板各处是否有明显的断路、短路的地方，尤其是要注意电源是否短路，否则未经检查就焊上元件或管座，以致发现有短路、开路故障，却常因管座、元件遮盖住线路难以进行故障定位，若需将已焊好的管座再拨下来，造成的困难是可想而知的。

(2) 元器件在焊接过程中要逐一检查，例如二极管、三极管、电解电容的极性、电容的容量、耐压及元件的数值等。

(3) 管座、元件焊接完毕，还要仔细检查各元件之间的裸露部分有无相互接触现象，焊接面的各焊接点间及焊点与近邻线有无连接，对于布线过密或未加阻焊处理的印制板，更应注意检查这些可能造成短路的原因。

(4) 完成上述检查后，先空载上电(未插芯片)，检查线路板各管脚及插件上的电位是否正常，特别是单片机管脚上的各点电位(若有高压，联机调试时会通过仿真线进入仿真系统，损坏有关器件)。若一切正常，将芯片插入各管座，再通电检查各点电压是否达到要求、逻辑电平是否符合电路或器件的逻辑关系。若有问题，掉电后再认真检查故障原因。

在完成上述联机调试准备工作后，在断电的情况下用仿真线将目标样机和仿真系统相连，进入监控状态，即可进行联机仿真调试。

2. 联机仿真调试

联机仿真调试的方案是：把整个应用系统按其功能分成若干模块，如系统扩展模块、输入模块、输出模块、A/D模块等。针对不同的功能模块，编写一小段测试程序，并借助于万用表、示波器、逻辑笔等仪器来检查硬件电路的正确性。

信号线是联络单片机和外部器件的纽带，如果信号线连接错误或时序不对，都会造成对外围电路读写错误。MCS-51系列单片机的信号线大体分为读、写信号线、片选信号线、时钟信号线、外部程序存储器读选通信号、地址锁存信号、复位信号等几大类。这些信号大多属于脉冲信号，对于脉冲信号，借助示波器用常规方法很难观测到，必须采取一定的措施才能观测到，应该利用软件编程的方法来实现。

## 10.3 单片机应用系统的抗干扰技术

单片机系统被广泛应用到工业测控领域之中，而工业生产的作业环境一般来说比较恶劣，干扰严重，这些干扰有时会导致系统不能正常运行，甚至会严重损害系统中的器件。因此，必须在单片机系统开发区设计过程中适当地运用干扰技术，以保证单片机系统在实际应用中可靠工作。

### 10.3.1 干扰源概述

干扰又被称为电噪声，噪声指叠加于有用信号上是原来的有用信号发生畸形的变化电量。由于噪声在一定条件下影响和破坏单片机系统或设备正常工作，所以通常把具有危害性的噪声称为干扰。影响单片机系统可靠、安全运行的主要因素要来自系统内部和外部的各种电气干扰，并受系统结构设计、元器件选择、安装、制造工艺影响。一旦在系统中出现了干扰，就会对测量通道产生影响，导致测量结果产生误差，甚至影响指令的正常执行，造成控制事故或控制失灵，严重的干扰则会导致事故，造成重大损失。

形成干扰的基本要素有3个：

(1) 干扰源。指产生干扰的元件、设备或信号，如雷电、继电器、可控硅、电机、高频时钟等都可能成为干扰源。

(2) 传播途径。指干扰从干扰源传播到敏感器件的通路或媒介。典型的干扰传播路径是通过导线的传导和空间的辐射。

(3) 敏感器件。指容易被干扰的对象，如AD转换器、DA转换器、单片机、数字IC、弱信号放大器等。

1. 干扰的分类

通常可以按照噪声产生的原因、传导方式、波形特性等对干扰进行不同的分类。

干扰按噪声产生的原因可进行如下分类：

(1) 放电噪声。主要是雷电、静电、电动机的电刷跳动、大功率开关触点断开等放电产生的干扰。

(2) 高频振荡噪声。主要是中频电弧炉、感应电炉、开关电源、直流—交流变换器等产生高频振荡时形成的噪声。

(3) 浪涌噪声。主要是交流系统中电动机启动电流、电炉合闸电流、开关调节器的导通电流以及晶闸管变流器等设备产生涌流而形成的噪声。这些干扰对单片机测控系统都有严重影响。其中尤以各类开关分断电感性负载所产生的干扰最难以抑制或消除。

干扰按传导方式可分为共模噪声和串模噪声。

干扰按波形可分为持续正弦波、脉冲电压、脉冲序列等。

2. 干扰的耦合方式

干扰源产生的干扰是通过耦合通道对单片机测控系统发生电磁干扰作用的,因此需要弄清干扰源于干扰对象之间的传递方式和耦合机理。

(1) 直接耦合方式。电导性耦合方式是干扰信号进入导线直接传导到被干扰电路中而造成对电路的干扰。在测控系统中,干扰噪声经过电源线耦合进入计算机电路时最常见的直接耦合现象。对这种方式,可采用滤波去耦的方法有效地抑制或防止电磁干扰型号的窜入。

(2) 公共阻抗耦合方式。公共阻抗耦合方式是噪声源和信号源具有公共阻抗时的传导耦合。公共阻抗根据元件配置和实际器件的具体情况而定。例如,电源线和接地线的电阻、电感在一定条件下会形成公共阻抗。一个电源电路对几个电路同时供电时,如果电源不是内阻抗为零的理想电压源,则其内阻抗就成为接受供电的几个电路的公共阻抗。只要其中某一个电路的电流发生变化,便会使其他电路的供电电压发生变化,形成公共阻抗耦合。公共阻抗耦合一般发生在两个电路的电流流经一个公共阻抗时,一个电路在该阻抗上的电压将会影响到另一个电路。常见的公共阻抗耦合有公共地和电源阻抗两种。干扰源的电流经过供电电源电路时,这些电流便在电源电路所有阻抗上产生电压降。

为了防止公共阻抗耦合,应使耦合阻抗趋近于零,通过耦合阻抗上的干扰电流和产生的干扰电压消失。此时,有效回路与干扰回路即使存在电气链接,它们彼此也不再互相干扰,这种情况通常称为电路去耦,即没有任何公共阻抗耦合的存在。

(3) 电容耦合方式。这是指电位变化在干扰源于干扰对象之间引起的静电效应,又称静电耦合或电场耦合。单片机测控电路的元件之间、导线之间、导线与元件之间都存在着分布电容。如果某一个导体上的信号电压(或噪声电压)通过分布电容使其他导体上的电位受到影响,这样的现象就称为电容性耦合。从抗干扰的角度考虑,降低输入阻抗是有利的。

(4) 电磁感应耦合方式。电磁感应耦合又称磁场耦合。在任何载流导体周围空间中都会产生磁场。若磁场是交变的,则对其周围闭合电路产生感应电动势。在设备内部,线圈或变压器的漏磁是一个很大的干扰;在设备外部,当两根导线在很长的一段区间架设时,也会产生干扰。

(5) 辐射耦合方式。电磁场辐射也会造成干扰耦合。当高频流过导体时,在该导体周围便产生电力线和磁力线,并产生高频变化,从而形成一种在空间传播的电磁波。处于电磁波中的导体便会感应出相应频率的电动势。电磁辐射干扰是一种无规则的干扰。这种干扰很容易通过电源线传到单片机系统中。此外,当信号传输线(输入线、输出线、控制线)较长时,它们能辐射干扰波和接受干扰波,称为天线效应。

(6) 漏电耦合方式。漏电耦合式是电阻性耦合方式。当相邻的元件或导线的绝缘电阻降低时,有些电信号便通过这个降低了的绝缘电阻耦合到逻辑元件的输入端,形成干扰。

3. 干扰的侵入途径

干扰的侵入途径即传递方式,干扰信号主要通过 3 个途径进入单片机系统内部,即电磁感应(空间),传输通道和电源线。

环境对单片机测控系统的干扰一般都是以脉冲的形式进入系统的,干扰侵入单片机系统的途径主要有3种:

(1) 空间干扰。空间干扰通过电磁感应侵入系统,来源于天体辐射和雷电产生的电磁波,广播电台或通信发射设备发出的电磁波,以及周围电气设备产生逆变电流产生的电磁干扰,这些空间辐射干扰可能会使单片机系统不能正常工作。

(2) 电源干扰。很多的单片机系统都是采用交流电源供电。由于工业测控环境中存在着大量大功率设备,特别是大型的感性负载设备的启停会造成电网的严重波动,使得电网电压大幅度涨落形成浪涌。由于大功率开关的通断,电机的启停,电焊等原因,电网中常常出现几百伏,甚至几千伏的尖峰脉冲干扰,这样的干扰有时会持续很长时间,因此必须采取措施克服来自供电电源的干扰。

(3) 传输通道干扰。在单片机测控系统中,为了完成数据采集和实施控制的应用目的,存在着大量的信号传输介质,开关量的输入/输出及模拟量的输入/输出都是必不可少的。这些输入/输出的信号线和控制线常常需要传输很长的距离,因此不可避免地将干扰引入单片机系统。

**4. 干扰对单片机应用系统的影响**

影响应用系统可靠,安全运行的主要因素来自系统内部和外部的各种电磁干扰,以及系统结构设计,元器件安装,加工工艺和外部电磁环境条件等。这些因素对单片机系统造成的干扰后果主要表现在以下几个方面:

(1) 测量数据误差加大。干扰侵入单片机系统测量单元模拟信号的输入通道,叠加在测量信号上,会使数据采集误差加大至干扰信号,测量信号,特别是一些微弱信号,如人体的生物电信号等。

(2) 影响单片机RAM存储器和$E^2$PROM等。在单片机系统中,程序及表格,数据存在程序存储器$E^2$PROM或Flash ROM中,避免了这些数据受干扰破坏。但是片内RAM、外扩RAM、$E^2$PROM中的数据都有可能受到外界干扰而变化。

(3) 控制系统失灵。单片机输出的控制信号通常依赖于某些条件的状态输入信号和对这些信号的逻辑处理结果。若这些输入的状态信号受到干扰,引入虚假状态信息,将导致输出控制误差加大,甚至失灵。

(4) 程序运行失常。外界的干扰有时导致机器频繁复位而影响程序的正常运行。若外界干扰导致单片机程序计数器PC值发生改变,则破坏了程序的正常运行。

在以上干扰源对系统的影响中,以来自供电系统的交流电源干扰最为强烈,其次是传输通道的干扰。对于来自空间的电磁辐射干扰,在强度上远远小于从传输通道和电源线侵入的干扰,一般只需加以适当的屏蔽及接地即可解决;对于其他干扰源的抑制,除了采用屏蔽和接地技术外,还可以使用隔离技术等削弱传输通道上的干扰,使用稳压和滤波保证电源的质量;对于引起测量数据误差的干扰,可以采用软硬件结合的方式来矫正逼真测量正值。

### 10.3.2 硬件抗干扰技术

硬件抗干扰技术是单片机系统设计时首选的抗干扰措施,能有效抑制干扰源,阻断干扰传输通道。

1. 屏蔽技术

屏蔽技术就是对两个空间区域之间进行金属隔离，以控制电场、磁场和电磁波由一个区域对另一个区域的感应和辐射。采用屏蔽体包围的方式来完成，一方面防止干扰电磁场向外扩散，另一方面防止器件受到外界电磁场的影响。电磁屏蔽主要是防止高频电磁波辐射的干扰，以金属板，金属网和金属盒构成的屏蔽体能够有效地对付电磁波的干扰。屏蔽体以反射方式和吸收方式来削弱电磁波，从而形成对电磁波的削弱作用。

磁场屏蔽是防止电机、电磁铁、变压器线圈等的磁感应和磁耦合，是用高导磁材料做成屏蔽层，使磁路闭合，一般接大地。当屏蔽低频磁场时，选择磁钢泼墨合金，铁等导磁率高的材料；而屏蔽高频磁场则选择铜，铝等导电率高的材料。电场屏蔽是为了解决分布电容问题，一般是接大地，这主要是指单层屏蔽。对于双层屏蔽，例如双变压器，原边屏蔽需接大地，副边屏蔽须接浮地。

在做屏蔽处理时，还应注意屏蔽体的接地问题，为了消除屏蔽体与内部电路的寄生电容，屏蔽体一般采用"一点接地"的原则。

2. 接地技术

单片机系统有两种接地，即设备接地和信号接地。

(1) 安全接地。安全接地是真正的与大地相连，即将设备机壳接大地。一般是防止机壳上积累电荷，产生静电放电而危及设备和人身安全，使漏到机壳上的电荷能及时泄放到地壳上，确保人身和设备安全；二是当设备的绝缘损坏而使机壳带电时，促使电源的保护动作而切断电源，以便保护人员的安全。外壳接地的接地电阻应当尽可能低，因此在材料及施工方面均有一定的要求。外壳接地是十分重要的但实际上常常被忽视。

(2) 信号接地。信号接地是电路工作的需要。在许多情况下，信号接地不与设备外壳相连，信号地的零电位参考点(即信号地)相对于大地是浮空的。所以信号地又称"浮地"。信号接地是为正常工作而提高一个基准电位。该基准电位可以设为电路系统中的某一点，某一段或某一块等。当该基准点不与大地连接时，视为相对的零电位，它会随着外界电磁场的变化而变化，从而导致电路系统工作的不稳定。但是不正确的工作接地反而会增加干扰，比如共地线干扰，环路干扰等。为了防止各种电路在工作时互相产生干扰，使之能相互的兼容的工作。根据电路的限制，将信号接地分为不同的种类，所以应当分别设置，禁止使用一个接地点。

单片机应用系统中大概有以下几种地线，数字地(又称逻辑地)，这种地作为逻辑开关的零地位；模拟地，这种地作为A/D转换，前置放大器或比较器的零地位；功率地，这种地为大部件的零地位；信号地，这种地通常为传感器的地，小信号前置放大器的地；交流地，交流50Hz地线，这种地线是噪声的；屏蔽地，为了防止静电感应和磁场感应而设置的地。这些地线该如何处理，是单片机测控系统设计、安装、调试中的一个重大问题，需要慎重考虑和分析。

(1) 全机浮空和机壳接地的比较。全机浮空即机器各个部分全部与大地浮置起来。这种方法有一点的抗干扰能力，但要求与大地的绝缘电阻不能小于50MΩ，一旦绝缘下降便会带来干扰；在浮空部分应设置必要的屏蔽，例如双层屏蔽浮地或多层屏蔽。这种方法抗干扰能力强，而且安全可靠，但工艺复杂。两种方法相比较，后者较好，并被越来越多地采用。

(2) 一点接地与多种接地的应用原则。一般，低频(1MHz以下)电路应采用一点接地。

高频(100MHz 以上)应该就近接地。因为在低频电路中,布线和元件的电感较小,而接地电路形成的环路对干扰的影响很大,因此采用一点接地;对于高频电路,地线上具有电感,因而增加了地线阻抗,同时各地线之间又产生了电感耦合。当频率甚高时,特别是当地线长度等于 1/4 波长的奇数倍时,地线阻抗就会变得很高,这是地线变成了天线,可以向外辐射噪声信号。

单片机测控系统的工作频率大多太低,对它作用的干扰频率也大多在 1MHz 以下,故合适采用一点接地。工作频率在 1~100MHz 之间的电路,适合采用多点接地。

(3) 交流地与信号地不能共用。在同一地线的两点间会有数毫伏甚至几伏电压,对低电平信号来说,这是一个非常严重的干扰。因此,交流地与信号地不能共用。

(4) 数字地与模拟地。数字地通常有很大的噪声,而且电流的跳跃会造成很大的电流尖峰。所有的模拟公共导线(地)应该与数字公共导线(地)分开走线,使点汇合在一起。特别是在 ADC、DAC 电路中,尤其注意地线的正确连接,否则转换将不准确,且干扰严重。因此,ADC、DAC 和采样保持芯片中都提供了独立的模拟地和数字地,它们分别有相应的引脚,必须将所有的模拟地和数字地相连,然后模拟(公共)地与数字(公共)地仅在一点上相连接,在此连接点上,在芯片和其他电路中不能再有公共点。

(5) 微弱信号模拟地的接法。A/D 转换器在采集 0~50mV 微小信号时,模拟地的接法极为重要。为了提高抗共模干扰的能力,可采用三线采样双层屏蔽浮地技术。所谓三线采样,就是将地线和信号线一起采样。这种双层屏蔽技术是抗共模干扰最有效的方法。

(6) 功率地。由于功率设备对地线产生较大的电流,此时地线应与小信号分开走线,并加粗地线。

**3. 电源干扰的抑制**

根据工程统计,单片机系统中约有 70%的干扰是通过电源耦合进来。因此,提高电源系统的供电质量对确保单片机安全,可靠运行是非常重要的。

(1) 采用交流稳压器。当电网电压波动范围较大时,应使用交流稳压器。若采用磁饱和式交流稳压器,对来自电源的噪声干扰有抑制作用。

(2) 采用电源滤波器。交流电源引线上的滤波器可以抑制输入端的瞬态干扰。直流电源的输出也接入电容滤波器,以使输出电压的纹波限制在一定范围内,并能抑制数字信号产生的脉冲干扰。

(3) 在要求供电质量很高的特殊情况下,可以采用发电机组或逆变器供电。

(4) 对电源变压器采取屏蔽措施。利用几毫米的高导磁材料将变压器屏蔽起来,以减小漏磁通的影响。

(5) 在每块印制电路板的电源与地之间并接去耦电容,即 5 至 10μF 的电解电容和一个 0.01 至 0.1μF 电容,这可以消除电源线和地线中的脉冲电流干扰。

(6) 采用分离式供电。整个系统不是统一变压,滤波,稳压后供各个单元电路使用,而是变压后直接送给各单元的整流,滤波,稳压。这样可以有效消除各单元电路间的电源线,地线间的耦合干扰,又提高了供电质量,增大了散热面积。

(7) 分类供电方式。空调照明动力设备分为一类供电方式,把单片机及其外设分为一类供电方式。以避免强电设备工作时对单片机系统的干扰。

(8) 尽量提高接口器件的电源电压,提高接口的抗干扰能力。例如,用光耦合器输出端驱动直流继电器。

4. 隔离技术与功率接口

传输通道是系统输入/输出以及单片机之间进行信息传输的路径。对于抑制传输通道引入的干扰,主要使用隔离技术。信号的隔离目的之一是从电路上把干扰源和易干扰的部分隔离开来,使测控装置与现场仅保持信号联系,但不直接发生电的联系。隔离实质是把引进的干扰通道切断,从而达到隔离现场干扰的目的。

常用的隔离方式有光电隔离、直流继电器及固态继电器隔离、晶闸管隔离等。在单片机应用系统中经常采用光电耦合实现不同类型信号的隔离。

(1) 光电隔离是由光电耦合器件来完成的。光电耦合器是以光为媒介传输信号的器件。其输入端配置发光源输出端配置受光器,因而输入和输出在电气上是完全隔离的。开关量输入电路接入光电耦合器之后,由于光电耦合器的隔离作用,使夹在输入开关量中的各种干扰脉冲都被挡在输入回路的一侧。除此之外,还能起到很好的安全保障作用,因为在光电耦合器的输入回路和输出回路之间有很高的耐压值,达500V～1kV甚至更高,由于光电耦合器不是将输入测和输出测的电信号进行直接耦合,而是以光为媒介进行间接耦合,具有较高的电气隔离和抗干扰能力。

(2) 直流继电器,一般用功率接口集成电路或晶体管驱动。在使用较多继电器系统中,可用功率接口集成电路驱动。就抗干扰设计而言,对启停负荷不太大的设备,采用继电器隔离输出方式更直接。因为继电器触点的负载能力远远大于光电耦合器的负载能力,能直接控制动力电路。

(3) 固态继电器是一种新型电子继电器,输入控制电流小,可用TTL、HTL、CMOS等集成电路或外加简单的辅助元件就可以直接驱动负载,因此适宜用在单片机测控系统中作为输出通道的控制元件。它与普通电磁继电器相比,具有无机械噪声,无抖动和回跳,快关速度快,体积小,工作可靠等优点。

固态继电器是一种四端器件,两端输入两端输出,内部采用光电耦合器隔离输入/输出。按照不同的方式分为直流型和交流型,常开式和常闭式及过零型和非过零型。

(4) 晶闸管习惯上又被称为SCR,是一种大功率半导体器件,分为单向晶闸管和双向晶闸管。单向晶闸管既具有单向导电的整流作用,又具有开关作用;双向晶闸管用来控制交流电路。

光耦合双向晶闸管可控硅驱动器是一种单片机输出与双向晶闸管可控硅之间较理想的接口器件,它由输入和输出两部分组成。常用型号有MOC3030/31/32(用于115V交流),MOC3040/41(用于220V交流)。

5. 印制电路板抗干扰

印制电路板(PCB)是电子产品中电路元件和器件的支撑件,它提供电路元件和器件的电气连接。随着PCB的密度越来越高,PCB设计的好坏对抗干扰能力影响很大。因此,必须遵守PCB设计的原则,并符合抗干扰设计的要求。

(1) 应把相互有关的器件尽量安放得靠近些;这样可以获得较好的抗噪声效果。时钟发生器,晶振和CPU的时钟输入端都易产生噪声,要互相靠近些;CPU复位电路,硬件看门狗要尽量靠近CPU相应的引脚;易产生噪声的器件,大电流电路等应尽量远离逻辑电路,如有可能,应另外做成电路板。

(2) DA、AD转换电路要特别注意地线的连接,否则干扰影响将很严重。DA、AD芯片及采样芯片均提供了数字地和模拟地,否则干扰影响将会很严重。DA、AD芯片及采样芯片均提供了数字地和模拟地,分别有相应的引脚。在线路设计中,必须将所有的器件的数字地和模拟地分别连接,但数字地和模拟地仅在一点相连。

(3) 地线宽度应加粗,使其降低对地电阻,通常设置为能通过三倍于电路板的允许电流,应构成闭环路,以明显提高抗噪声的能力,电源线应根据电流的大小,尽量加粗导体的宽度,并采取电源线,地线与数据传递方向一致的走线方法。

(4) 采样电源去耦和集成芯片去耦。在电源的入口处需接一个大容量的电解电容(10～100μF),来分别对高频噪声和低频噪声进行抑制。原则上在每个集成芯片的电源(VCC)和地线(GND)都应安放一个0.1μF的陶瓷电容,安装时务必尽量缩短电容引线的长度。

(5) 印制电路板布线原则。高速公路中应避免导线有90°的弯角;不要留下印制板上的空白铜箔,应尽量接地;双面布线时,两面的走线应垂直交叉,以减少磁耦合干扰;导线间距离应尽量加大,以降低导线间分布电容;高电流或大电流的线路要注意与小信号路线进行隔离和屏蔽;容易接受干扰的信号线应尽量缩短;对于关键信号线,可采用地线进行包围。

### 10.3.3 软件抗干扰技术

尽管采取了硬件抗干扰措施,但很难保证系统完全不受干扰。因此,在硬件抗干扰措施的基础上,还要采取软件抗干扰技术加以补充,作为硬件措施的辅助手段。

侵入单片机测控系统的干扰,其频谱往往很宽,并且具有随机性,采用硬件抗干扰措施,只能抑制某个频率段的干扰,但仍有一些干扰会侵入系统。因此,除了采取硬件抗干扰方法外,还要采用软件抗干扰措施。由于这些噪声的随机性,可以通过软件滤波(即数字滤波技术)剔除虚假信号,求取真值。对于输入的数字信号,可以通过重复检测的方法,将随机干扰引起的虚假输入状态信号滤除掉。侵入单片机系统的干扰作用于CPU部位时,将使系统失控。因此,必须尽可能早地发现并采取弥补措施。

为了确保程序被干扰后能恢复到所要求的控制状态,就要对干扰后程序自动恢复的入口地址正确设定。因此,程序自动恢复入口方法也是软件抗干扰设计的一项重要内容,软件抗干扰技术是系统受干扰后使系统恢复正常运行或输入信号受干扰后去伪求真的一种辅助方法。因此软件抗干扰是被动措施,而硬件抗干扰才是主动措施。但由于软件抗干扰方法具有简单,灵活方便,节省硬件资源等特点,因而在单片机系统中被广泛使用。在单片机测控系统中,只要认真分析系统所处环境的干扰来源及传播途径,采用硬件、软件相结合的抗干扰措施,就能保证长期稳定,可靠地运行。

软件抗干扰技术所研究的主要内容有两个,其一是采取软件的方法抑制叠加在模拟输入信号上的噪声的影响,如数字滤波器的技术;其二由于干扰而使运行程序发生混乱,导致程序乱飞或陷入死循环时,采取使程序纳入正规的措施目录指令冗余、软件陷阱、看门狗技术。这些方法可以用软件实现,也可以采用软硬件相结合的方法实现。常用的软件抗干扰措施有:数字滤波方法,输入口信号重复检测方法,输入数据刷新方法,软件拦截技术(指令冗余,软件陷阱)和看门狗技术等。

1. 数字滤波

数字滤波是将一组输入数字序列进行一定的运算而转换成另一组输出数字序列的装置。数字滤波就是通过一定的计算或判断程序减少干扰信号在有用信号中的比重,在随模拟信号多次采用的基础上,通过软件算法提取最逼近真值数据的过程,即程序滤波。

数字滤波的算法灵活,可选择权限参数,其效果往往是硬件滤波电路无法达到的,其优点主要表现在以下方面:不需要增加设备,可靠性高,稳定性好;可以对频率很低(如0.01Hz)的信号实现滤波灵活、方便、功能强。

2. 开关量输入/输出抗干扰

(1) 输入信号重复检测方法。输入信号的干扰是叠加在有效电平信号上的一系列离散尖脉冲,作用时间很短。当控制系统存在输入干扰,又不能用硬件加以有效抑制时,可用软件重复检测的方法达到去伪存真的目的,直到连续两次或连续两次以上的采集结果完全一致方为有效。若信号总是变化不定,在达到最高次数限额时,则可给出报警信号。对于来自各类开关类型传感器的信号,如限位开关、行程开关等,都可采用这种输入方式。如果在连续采集数据之间插入延时,则能够对付较宽的干扰。

(2) 输出端口数据刷新方法。开关量输出软件抗干扰设计主要是采取重复输出的方法,这是一种提高输出接口抗干扰性能的有效措施。对于那些用锁存器输出的控制信号,这些措施很有必要。在尽可能短的周期内,将数据重复输出,受干扰影响的设备在还没有来得及响应的时候,正确的信息又来到了,这样就可以及时防治错误动作的产生。在程序结构的安排上,可为输出数据建立一个数据缓冲区,在程序的循环体内将数据输出。对于增量控制性设备不能这样重复送数,只有通过检测通道从设备的反馈信息中判断数据传输的正确与否。

在执行重复性输出功能时,对于可编程接口芯片,工作方式控制字与输出状态字要一并重复设置,使输出模块可靠的工作。

3. 软件拦截技术

当串入单片机系统的干扰作用在CPU部位时,后果更加严重,将使系统失灵。使用软件拦截技术可以将运行程序纳入正轨,转到指定的程序入口。

选用定时器T0作为看门狗,将定时器T0的中断定义为最高级别中断。看门狗启动后,系统必须及时刷新定时器T0的时间常数。

NOP指令的使用。在MSC-51单片机的指令系统中所有指令都不超过3字节,因此在程序中连续插入三条NOP指令,有助于降低程序计数器发生错误的概率。

对于程序流向的那个作用的指令(如RET、RETI、ACALL等)和默写对系统工作状态有重要作用的指令之前插入两条NOP指令,也可以写下这些指令以确保这些指令正确执行。

4. 看门狗技术

计算机如果受到干扰而失控,引起程序乱飞也可能使程序陷入死循环。当软件技术不能使失控的程序摆脱死循环的困境时,通常采用程序监视技术WDT,使程序脱离死循环。WDT是一种软硬件结合的抗程序跑飞措施,其硬件主体是一个用于产生定时T的计数器,该计数器基本独立运行,其定时输出端接CPU的复位线,而其定时清零有CPU控制,正常情况下，程序启动 WDT 后，CPU 周期性地将 WDT 清零，这样 WDT 的定时溢出就不会发生，如同睡眠一般不起任何作用。在受到干扰的异常情况下，CPU 时序逻辑被破坏，程序执行混乱，不可能周期性地将 WDT 清零，这样 WDT 的定时溢出使其复位，从而摆脱瘫痪。

5. **系统复位特征**

单片机应用系统采用看门狗电路后，在一定程度上解决了系统死机的现象，但是每次发生复位都是系统执行初始化，这在干扰较强的情况下仍不能工作，同时系统虽然没有死机，但工作状态频繁变化，同样不能容忍。

理想状态的复位应该是：系统可以鉴别是首次上电复位(又称冷启动)，还是异常复位，如果是首次上电复位，则进行全部初始化；如果好似异常复位，则不需要进行全部初始化，测控程序不必从头开始执行，而应该从故障部位开始。

上电标志的设定方法包括以下几种：

(1) 为 SP 建立上电标志；

(2) 为 PSW 建立上电标志；

(3) 在内部 RAM 建立上电标志；

(4) 软件复位与中断激活标志。

当系统执行中断服务程序时，来不及执行 RETI 指令而受到干扰跳出该程序后，程序乱飞过程有软件陷阱或软件看门狗将程序引向 0000H，显然这时中断激活标志并未清除，这样就会使系统热启动时，不管中断标志是否置位，都不会相应统计中断的请求。因此，由软件陷阱或看门狗捕获的程序一定要清楚 MSC-51 系列单片机中断激活标志，才能消除系统热启动后不响应中断的隐患。

一般来说，主程序是由若干个功能模块组成的，每个功能模块入口设置有一个标志，系统故障复位后，可根据这些标志选择进入相应的功能模块。这一点对一些自动化生产线的控制系统尤为重要。

总之单片机的测控系统由于受到严重干扰将发生程序乱飞，陷入死循环以及中断关闭等故障。系统通过冗余技术，软件陷阱技术和看门狗技术等，使程序重新进入 0000H 单元。进入单片机后，系统要执行上电标志判断、RAM 数据检查与恢复、清除中断激活标志等一系列操作，决定入口地址。

## 10.4 单片机在线编程技术

传统的单片机编程方式必须要把单片机先从电路板上取下来，然后放入专用的编程机器进行编程，最后再放入电路板上调试，这样容易损坏芯片，降低了开发效率。随着电子技术和单片机技术的发展，出现了可以在线编程的单片机。

### 10.4.1 单片机在线编程概述

单片机的在线编程目前有两种方法实现：在线系统可编程(ISP)和在线应用可编程(IAP)。ISP 一般是通过单片机专用的串行编程接口对单片机内部的 FLASH 存储器进行编程，进入在线编程模式后，单片机只是提供一个接口，不再运行用户的程序，擦写逻辑全由上位机提供；而 IAP 技术是从结构上将 FLASH 存储器映射为两个存储体，当运行一个存储体上的用户程序时，可对另一个存储体重新编程，之后将控制从一个存储体转向另一个，进入IAP模式后，芯片会运行在一个存储体的用户程序，芯片的编程逻辑都由芯片中的这段程序控制，上位机只是作为单片机的一个数据源，向单片机传输要擦写的数据。ISP的实现一般需要很少的外部电路辅助实现，而IAP的实现则更加灵活，通常可利用单片机的串行口接收计算机的RS-232口，但需要通过专门设计的固件程序来编程内部存储器。

利用ISP和IAP，不需要编程器就可以进行单片机的实验和开发，单片机芯片可以直接焊接到电路板上，调试结束即成成品，还可以远程在线升级或者改变单片机中的程序。

例如，Atmel公司的单片机AT89S5X系列，PHILIPS公司的P89C51RX2XX系列，ST公司的μPSD32XX系列单片机等都能具备实现ISP功能。在线编程功能在单片机领域的应用中成为必然的趋势。

### 10.4.2 在线系统编程技术

在线系统编程(ISP)不用脱离系统，即可以在电路板的空白期间编写最终用户代码，不需要从电路板上取下器件，编程期间也可以用ISP方式擦除或再编写。

单片机可以通过SPI或其他的串行接口接收上位机传来的数据并写入存储器。所以即使将芯片焊接在电路板上，只要留出和上位机接口的一个标准ISP接口，配合ISP下载电缆，在电路板上就可以实现对芯片进行编程配置或芯片内部存储器的改写，而无须再取出芯片。ISP技术是未来发展的方向，对比传统的开发系统有以下优势：

(1) 工程师在开发时彻底告别频繁插拔芯片的烦恼，避免频繁插拔损坏芯片；

(2) ISP技术可以加速产品的上市并降低开发成本；

(3) ISP技术帮助工程师缩短从设计，生产到现场调试，简化生产流程并采用经过证实更有效的方式进行现场审计和产品维护，大大提高了工作效率；

(4) 在实验新品等经常需要用不同的程序调试芯片时，ISP技术尤其重要。

## 10.5 口袋机可移动开发平台

JC-STC-POK口袋机是一款由北京杰创科技公司基于C8051系列单片机研发的“核心板+底板”方式的口袋机，尺寸小，模块化设计，操作及携带方便。

JC-STC-POK口袋机以Keil为操作环境，引出单片机芯片引脚，易于二次开发，其功能模块包括：

(1) 基于C8051系列的15W4K单片机；

(2) 单片机型号为IAP15W4K58S4，核心板集成最小系统，易于二次开发；

(3) OLED显示屏采用128×64的$I^2C$显示屏；

(4) 具有USB转串口模块；

(5) 10/100M以太网：自适应以太网口；

(6) 10位ADC，支持8组ADC模拟信号采集；

(7) 用户LED，包括12组LED灯，8组由595转换得来，4组GPIO直接驱动；

(8) 两路UART，一路采用USB转串口方式，同时TTL电平输出，另一路为TTL电平；

(9) 模拟输入由 4 路 10 位 ADC 采集；

(10) 2 路模拟输出；

(11) 15 位高速 PWM 输出；

(12) 通用 GPIO-50,可用 GPIO 共 50 引脚；

(13) 底部扩展 GPIO-6,可以内部增加功能板,其中引脚 2 为 UART。

图 10.1　JC-STC-POK 正面图

口袋机硬件参数如表 10.1 所示。I/O 扩展板对应接口原理图分别如图 10.2～图 10.5 所示,传感器转接板对应接口原理图分别见图 10.6 和图 10.7。

**表 10.1　口袋机硬件参数**

| | |
|---|---|
| MCU | IAP15W4K58S4(可在系统编程和在线仿真) |
| LED | 1 组 电源指示灯,12 组 USER LED |
| 按键 | 1 组 冷启动按键,1 组 USB 复位按键,7 组 USER KEY |
| 拨码开关 | 6 组拨码开关 |
| 红外开关 | 1 组拨码开关 |
| ADC | 8 组 10 位 |
| 仿真接口 | 1 组 mini USB 接口 |
| 以太网口 | 1 组 10/100M |
| 红外接收 | 1 组 红外接收 |
| 红外发送 | 1 组 红外发送 |
| SD | 1 组 Micro SD |
| 串口 | 1 组 USB 转串口,TTL 串口,2 组 UART |
| USB HOST | 1 组 USB2.0 host |
| 供电电压 | 7～24V/5V USB mini |
| GPIO 接口 | 2 组 34pin |
| IEC455 接线端子 | 1 组 20pin |

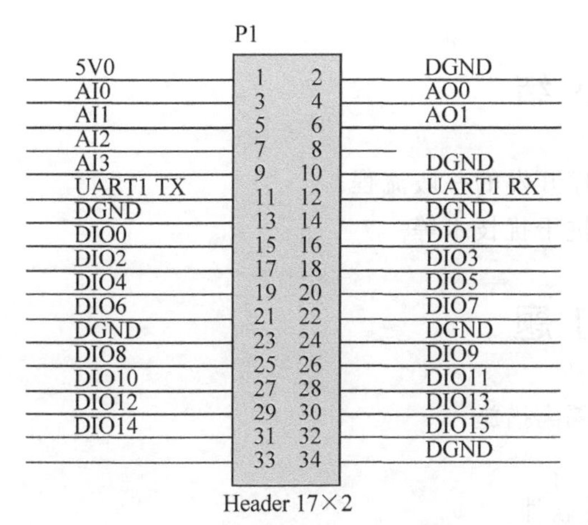


图 10.2 I/O 口扩展板接口原理图 1

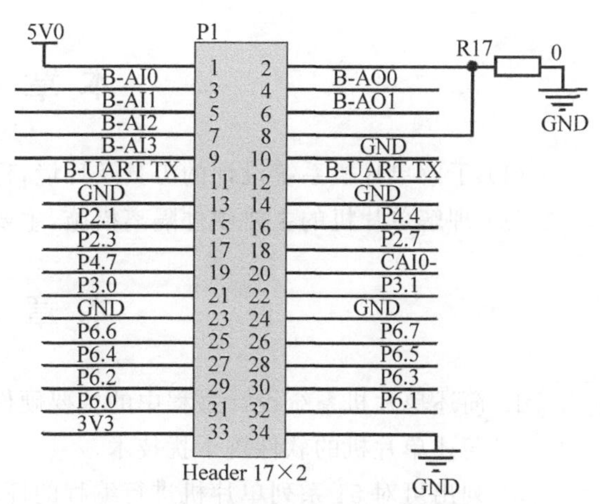


图 10.3 口袋机接口对应原理图 1

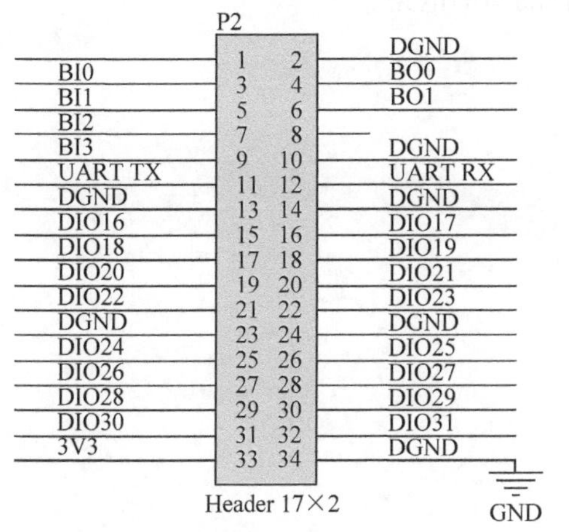


图 10.4 I/O 口扩展板接口原理图 2

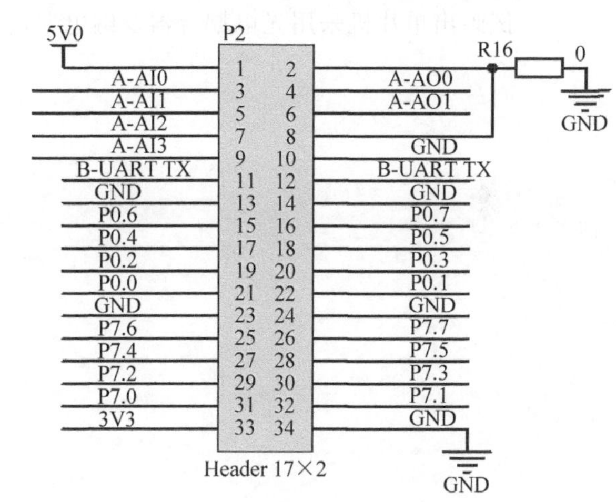


图 10.5 口袋机接口对应原理图 2

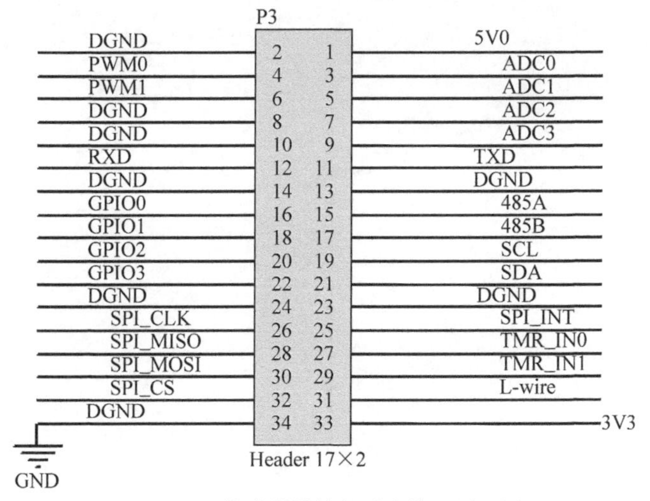


图 10.6 传感器转接板对应接口原理图

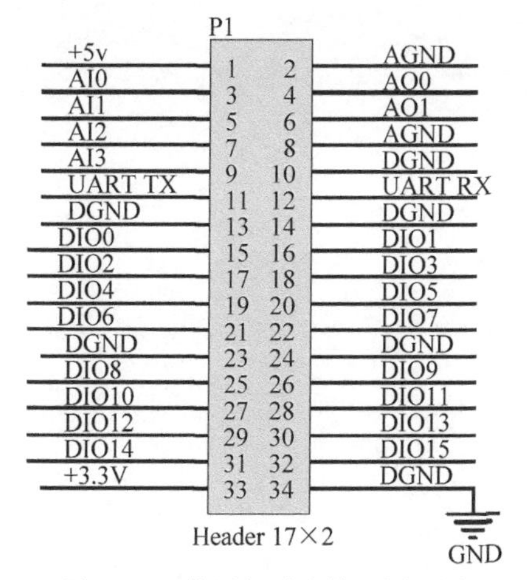


图 10.7 扩展板对应接口原理图

## 本 章 小 结

(1) 了解单片机系统设计的工具及环境，程序开发的一般流程。

(2) 理解单片机的主要硬件隔离措施，主要抗干扰技术等。

## 本 章 习 题

1. 简述单片机系统设计过程中的主要硬件隔离措施。
2. 简述单片机的软件抗干扰技术。
3. 列出可对51系列单片机进行编程的环境软件。
4. 简述光电隔离措施在单片机应用系统设计中使用的好处。
5. 试画出单片机采用光电耦合器及继电器进行隔离的电路。

# 第11章　典型单片机应用实例

【思政融入】

——“夫耳闻之，不如目见之；目见之，不如足践之；足践之，不如手辨之。”理论为舟，实践作桨，方能驶向知识的星辰大海。

本章分析几个单片机典型实例，给出系统接口设计方法，汇编及C语言程序设计过程，从理论到实践学会单片机应用设计。

【本章目标】

- 通过本章的学习，掌握单片机应用系统电路接口设计；
- 通过应用实例了解单片机应用系统程序开发过程；
- 结合单片机原理与编程方法，能基于控制要求进行单片机应用系统设计。

## 11.1　应用实例——单片机温度控制系统

### 11.1.1　温度传感器概述

温度传感器是各种传感器中最常用的一种，早期使用的是模拟温度传感器，如热敏电阻，随着环境温度的变化，它的阻值也发生线性变化，用处理器采集电阻两端的电压，然后根据某个公式就可计算出当前环境温度。随着科技的进步，现代的温度传感器已经走向数字化，外形小，接口简单，广泛应用在生产实践的各个领域，为我们的生活提供便利。随着现代仪器的发展，微型化、集成化、数字化正成为传感器发展的一个重要方向。美国DALLAS半导体公司推出的数字化温度传感器DS18B20采用单总线协议，即与单片机接口仅需占用一个I/O接口，无须任何外部元件，直接将环境温度转化成数字信号，以数字码方式串行输出，从而大大简化了传感器与微处理器的接口。图11.1～图11.4所示为一些温度传感器实物。

图11.1　热电偶温度传感器

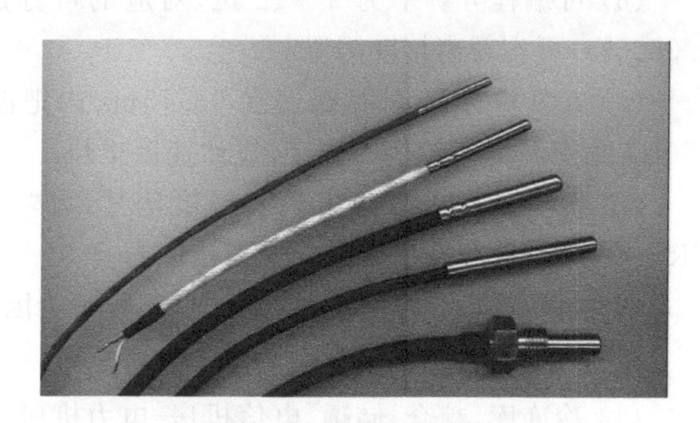

图11.2　铂电阻温度传感

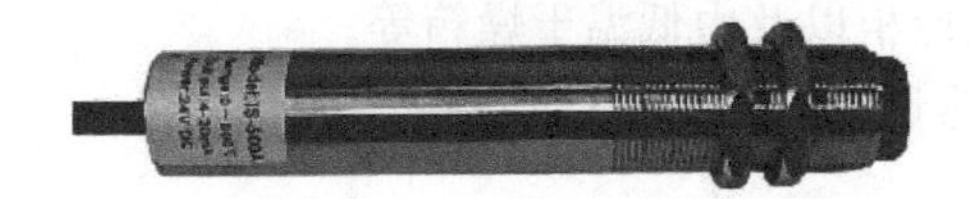

图11.3　红外温度传感器

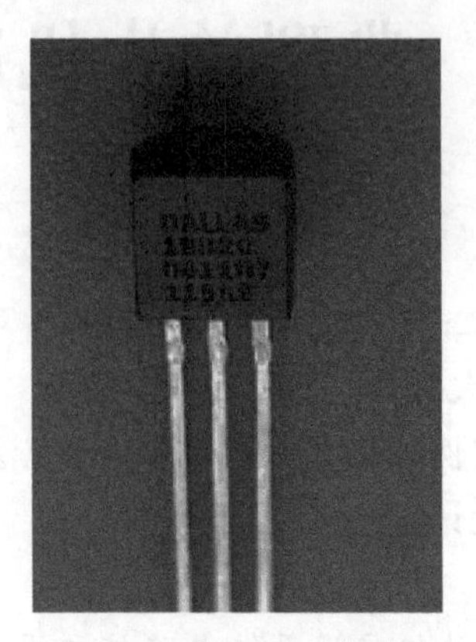

图 11.4　数字温度传感器

### 11.1.2　DS18B20 温度传感器介绍

DS18B20 是美国 DALLAS 半导体公司推出的第一片支持“一线总线”接口的温度传感器，它具有微型化、低功耗、高性能、抗干扰能力强、易配微处理器等优点，可直接将温度转化成串行数字信号供处理器处理。

1. DS18B20 温度传感器特性

(1) 适应电压范围宽。电压范围 3.0～5.5V，在寄生电源方式下可由数据线供电。

(2) 独特的单线接口方式。它与微处理器连接时仅需要一条口线即可实现微处理器与 DS18B20 的双向通信。

(3) 支持多点组网功能。多个 DS18B20 可以并联在唯一的三线上，实现组网多点测温。

(4) 在使用中不需要任何外围元件，全部传感元件及转换电路集成在形如一只三极管的集成电路内。

(5) 测温范围－55～＋125℃，在－10～＋85℃时精度为＋0.5℃。

(6) 可编程分辨率为 9～12 位，对应的可分辨温度分别为 0.5℃，0.25℃，0.125℃和 0.0625℃，可实现高精度测温。

(7) 在 9 位分辨率时，最多在 93.75ms 内把温度转换为数字；12 位分辨率时，最多在 750ms 内把温度值转换为数字，显然速度更快。

(8) 测量结果直接输出数字温度信号，以“一线总线”串行传送给 CPU，同时可传送 CRC 校验码，具有极强的抗干扰纠错能力。

(9) 负压特性。电源极性接反时，芯片不会因发热而烧毁，但不能正常工作。

2. 应用范围

(1) 冷冻库、粮仓、储罐、电信机房、电力机房、电缆线槽等测温和控制领域。

(2) 轴瓦、缸体、纺机、空调等狭小空间工业设备测温和控制。

(3) 汽车空调、冰箱、冷柜以及中低温干燥箱等。

(4) 供热、制冷管道热量计量、中央空调分户热能计量等。

3. 引脚介绍

DS18B20 实物如图 11.5 所示。DS18B20 有两种封装：3 脚 T0-92 直插式(用的最多、最普遍的封装)和 8 脚 SOIC 贴片式,封装引脚见图 11.6。表 11.1 列出了 DS18B20 的引脚定义。

图 11.5 DS18B20 实物

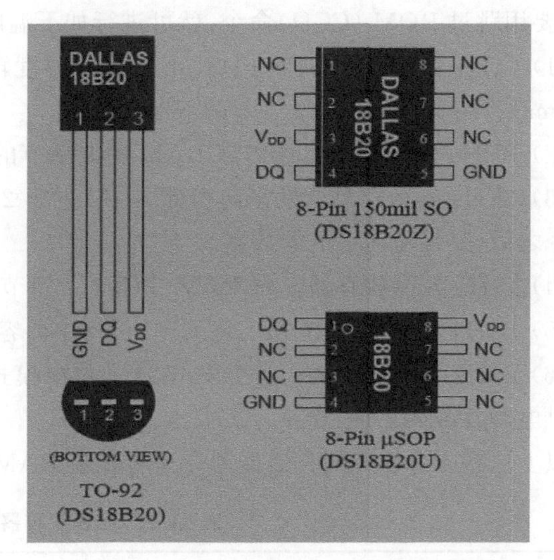


图 11.6 DS18B20 封装

表 11.1 DS18B20 引脚定义

| 引脚 | 定义 | 引脚 | 定义 |
|---|---|---|---|
| GND | 电源负极 | VDD | 电源正极 |
| DQ | 信号输入/输出 | NC | 空 |

4. 工作原理

64 位光刻 ROM 中的序列号是出厂前被光刻好的,它可以看作该 DS18B20 的地址序列码。其各位排列顺序是:开始 8 位为产品类型标号,接下来 48 位是该 DS18B20 自身的序列号,最后 8 位是前面 56 位的 CRC 循环冗余校验码(CRC=X8+X5+X4+1)。光刻 ROM 的作用是使每一个 DS18B20 都各不相同,这样就可以实现一条总线上挂接多个 DS18B20 的目的。

下面介绍以上几条指令的用法。当主机需要对众多在线 DS18B20 中的某一个进行操作时,首先应将主机逐个与 DS18B20 挂接,读出其序列号;然后再将所有的 DS18B20 挂接到总线上,单片机发出匹配 ROM 命令(55H),紧接着主机提供的 64 位序列(包括该 DS18B20 的 48 位序列号)之后的操作就是针对该 DS18B20 的。

(1) 33H:读 ROM。读 DS18B20 温度传感器 ROM 中的编码(即 64 位地址)。

(2) 55H:匹配 ROM。发出此命令之后,接着发出 64 位 ROM 编码,访问单总线上与该编码相对应的 DS18B20 并使之做出响应,为下一步对该 DS18B20 的读写做准备。

(3) FOH:搜索 ROM。用于确定挂接在同一总线上 DS18B20 的个数,识别 64 位 ROM 地址,为操作各器件做好准备。

(4) CCH:跳过 ROM。忽略 64 位 ROM 地址,直接向 DS18B20 发温度变换命令,适用于一个从机工作。

(5) ECH：告警搜索命令。执行后只有温度超过设定值上限或下限芯片才做出响应。

如果主机只对一个 DS18B20 进行操作，就不需要读取 ROM 编码以及匹配 ROM 编码了，只要用跳过 ROM (CCH)命令，就可进行如下温度转换和读取操作。

(1) 44H：温度转换。启动 DS18B20 进行温度转换，12 位转换时最长为 750ms(9 位为 93.75ms)。结果存入内部 9 字节的 RAM 中。

(2) BEH：读暂存器。读内部 RAM 中 9 字节的温度数据。

(3) 4EH：写暂存器。发出向内部 RAM 的第 2、3 字节写上、下限温度数据命令，紧跟该命令之后，是传送两字节的数据。

(4) 48H：复制暂存器。将 RAM 中第 2、3 字节的内容复制到 $E^2$PROM 中。

(5) B8H：重调 $E^2$PROM。将 $E^2$PROM 中内容恢复到 RAM 中的第 3,4 字节。

(6) B4H：读供电方式。读 DS18B20 的供电模式。寄生供电时，DS18B20 发送 0；外接电源供电时，DS18B20 发送 1。

以上这些指令涉及的存储器为高速暂存器 RAM 和可电擦除 $E^2$PROM，见表 11.2。

**表 11.2　高速暂存器 RAM**

| 寄存器内容 | 字节地址 | 寄存器内容 | 字节地址 |
|---|---|---|---|
| 温度值低位(LSB) | 0 | 保留 | 5 |
| 温度值高位(MSB) | 1 | 保留 | 6 |
| 高温限值(TH) | 2 | 保留 | 7 |
| 低温限值(TL) | 3 | CRC 校验值 | 8 |
| 配置寄存器 | 4 | | |

高速暂存器 RAM 由 9 字节的存储器组成。第 0～1 字节是温度的显示位；第 2 和第 3 字节是复制的 TH 和 TL，同时第 2 和第 3 字节的数字可以更新；第 4 字节是配置寄存器，同时第 4 个字节的数字可以更新；第 5～7 字节是保留的。可电擦除 $E^2$PROM 又包括温度触发器 TH 和 TL，以及一个配置寄存器。

表 11.3 列出了温度数据在高速暂存器 RAM 的第 0 和第 1 个字节中的存储格式。

**表 11.3　温度数据存储格式**

| **字节** | Bit7 | Bit6 | Bit5 | Bit4 | Bit3 | Bit2 | Bit1 | Bit0 |
|---|---|---|---|---|---|---|---|---|
| **LSB** | 8 | 4 | 2 | 1 | 0.5 | 0.25 | 0.125 | 0.0625 |
| **字节** | Bit15 | Bit14 | Bit13 | Bit12 | Bit11 | Bit10 | Bit9 | Bit8 |
| **MSB** | S | S | S | S | S | 64 | 32 | 16 |

DS18B20 在出厂时默认配置为 12 位，其中最高位为符号位，即温度值共 11 位，单片机在读取数据时，一次会读 2 字节共 16 位，读完后将低 11 位的二进制数转化为十进制数后再乘以 0.0625 便为所测的实际温度值。另外，还需要判断温度的正负。前 5 个数字为符号位，这 5 位同时变化，只需要判断 11 位就可以了。前 5 位为 1 时，读取的温度为负值，且测到的数值需要取反加 1 再乘以 0.0625 才可得到实际温度值。前 5 位为 0 时，读取的温度为正值，且温度为正值时，只要将测得的数值乘以 0.0625 即可得到实际温度值。

5. **工作时序图**

初始化时序图见图 11.7。

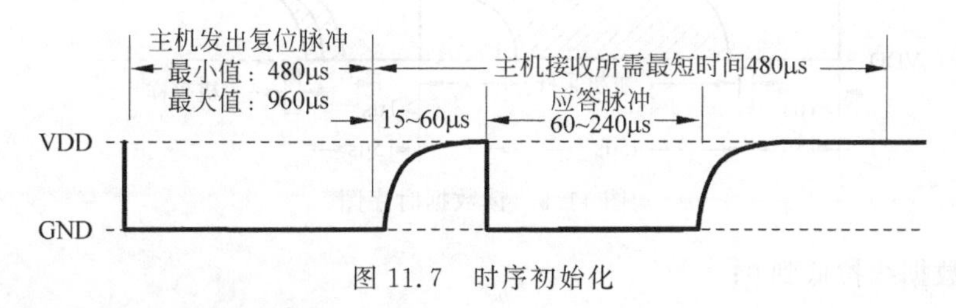


图 11.7　时序初始化

(1) 先将数据线置高电平 1；

(2) 延时(该时间要求不是很严格，但是要尽可能短一点)；

(3) 数据线拉到低电平 0；

(4) 延时 750μs(该时间范围可以是 480～960μs)；

(5) 数据线拉到高电平 1；

(6) 延时等待。如果初始化成功则在 15～60ms 内产生一个由 DS18B20 返回的低电平 0，据该状态可以确定它的存在。但是应注意，不能无限地等待，不然会使程序进入死循环，所以要进行超时判断；

(7) 若 CPU 读到数据线上的低电平 0 后，还要进行延时，其延时的时间从发出高电平算起(第(5)步的时间算起)最少要 480μs；

(8) 将数据线再次拉到高电平 1 后结束。

DS18B20 写数据时序图如图 11.8。

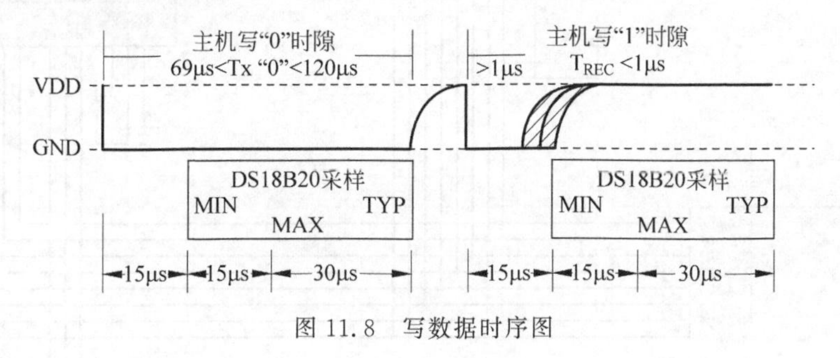


图 11.8　写数据时序图

(1) 数据线先置低电平 0；

(2) 延时确定的时间为 15μs；

(3) 按从低位到高位的顺序发送数据(一次只发送一位)；

(4) 延时时间为 45μs；

(5) 将数据线拉到高电平 1；

(6) 重复(1)～(5)步骤，直到发送完整个字节；

(7) 最后将数据线拉高到 1。

DS18B20 读数据时序图如图 11.9 所示。

(1) 将数据线拉高到 1；

(2) 延时 2μs；

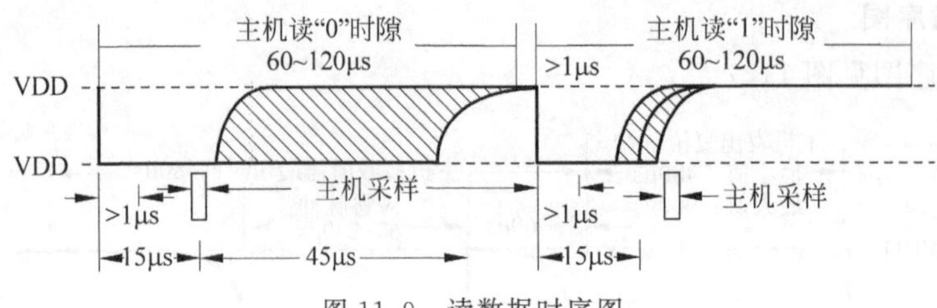

图 11.9　读数据时序图

(3) 将数据线拉低到 0；

(4) 延时 6μs；

(5) 将数据线拉高到 1；

(6) 延时 4μs；

(7) 读数据线的状态得到一个状态位，并进行数据处理；

(8) 延时 30μs；

(9) 重复(1)～(7)步骤，直到读取完一个字节。

### 11.1.3　温度控制系统总体设计

通过温度多采样单元 DS18B20 采集温度信息，由 AT89C51 进行处理并将实际温度值和设定温度值分别显示在 LCD 显示器上，温度控制系统电路如图 11.10。

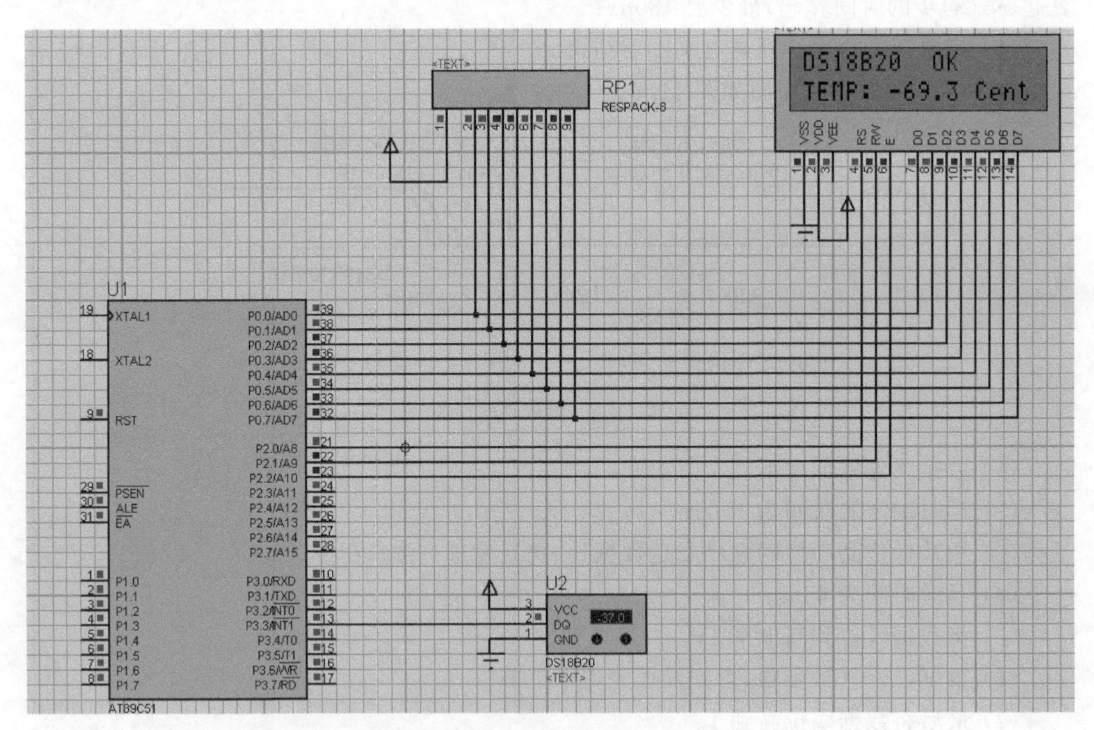

图 11.10　温度控制系统电路图

#### 1. 主程序——汇编语言版

```
TEMPER_L    EQU  36H                       ;存放读出温度低位数据
```

```
    TEMPER_H    EQU  35H                    ;存放读出温度高位数据
    TEMPER_NUM  EQU  60H                    ;存放转换后的温度值
    FLAG1       BIT  00H
    DQ          BIT   P3.3                  ;一线总线控制端口
    ORG         0000H
    LJMP        MAIN
    ORG         0100H
MAIN:MOV        SP,#70H
    LCALL       GET_TEMPER                  ;从 DS18B20 读出温度数据
    LCALL       TEMPER_COV                  ;转换读出的温度数据并保存
    SJMP         $                          ;完成一次数字温度采集
```

读出转换后的温度值的程序如下：

```
GET_TEMPER: SETB  DQ                        ;定时入口
BCD:        LCALL INIT_1820
            JB    FLAG1,S22
            LJMP  BCD                       ;若 DS18B20 不存在则返回
S22:        LCALL DELAY1
            MOV   A,#0CCH                   ;跳过 ROM 匹配：0CC
            LCALL WRITE_1820
            MOV   A,#44H                    ;发出温度转换命令
            LCALL WRITE_1820
            NOP
            LCALL DELAY
CBA:        LCALL INIT_1820
            JB    FLAG1,ABC
            LJMP  CBA
ABC:        LCALL DELAY1
            MOV   A,#0CCH                   ;跳过 ROM 匹配
            LCALL WRITE_1820
            MOV   A,#0BEH                   ;发出读温度命令
            LCALL WRITE_1820
            LCALL READ_18200
            RET
```

读 DS18B20 的程序，从 DS18B20 中读出一个字节的数据的程序如下：

```
READ_1820:
     MOV    R2, #8
RE1: CLR    C
     SETB   DQ
     NOP
     NOP
     CLR    DQ
     NOP
     NOP
     NOP
     SETB   DQ
     MOV    R3,#7
     DJNZ   R3,$
     MOV    C,DQ
```

```
      MOV   R3,#23
      DJNZ  R3,$
      RRC   A
      DJNZ  R2,RE1
      RET
```

写 DS18B20 的程序如下：

```
WRITE_1820:
      MOV   R2,#8
      CLR   C
WR1:  CLR   DQ
      MOV   R3,#6
      DJNZ  R3,$
      RRC   A
      MOV   DQ,C
      MOV   R3,#23
      DJNZ  R3,$
      SETB  DQ
      NOP
      DJNZ  R2,WR1
      SETB  DQ
      RET
```

读 DS18B20 的程序，从 DS18B20 中读出两个字节的温度数据的程序如下：

```
READ_18200:
      MOV   R4,#2                    ;将温度高位和低位从 DS18B20 中读出
      MOV   R1,#36H                  ;低位存入 36H(TEMPER_L),高位存入 35H(TEMPER_H)
RE00: MOV   R2,#8
RE01: CLR   C
      SETB  DQ
      NOP
      NOP
      CLR   DQ
      NOP
      NOP
      NOP
      SETB  DQ
      MOV   R3,#7
      DJNZ  R3,$
      MOV   C,DQ
      MOV   R3,#23
      DJNZ  R3,$
      RRC   A
      DJNZ  R2,RE01
      MOV   @R1,A
      DEC   R1
      DJNZ  R4,RE00
      RET
```

将从 DS18B20 中读出的温度数据进行转换的程序如下：

```
TEMPER_COV:
      MOV    A,#0F0H
      ANL    A,TEMPER_L                          ;舍去温度低位中小数点后的4位
      SWAP   A
      MOV    TEMPER_NUM,A
      MOV    A,TEMPER_L
      JNB    ACC.3,TEMPER_COV1                   ;四舍五入去温度值
      INC    TEMPER_NUM
TEMPER_COV1:
      MOV    A,TEMPER_H
      ANL    A,#07H
      SWAP   A
      ADD    A,TEMPER_NUM
      MOV    TEMPER_NUM,A                        ;保存变换后的温度数据
      LCALL BIN_BCD
      RET
```

将十六进制的温度数据转换成压缩BCD码的程序如下：

```
BIN_BCD:
      MOV    DPTR,#TEMP_TAB
      MOV    A,TEMPER_NUM
      MOVC   A,@A+DPTR
      MOV    TEMPER_NUM,A
      RET
TEMP_TAB:
      DB 00H,01H,02H,03H,04H,05H,06H,07H
      DB 08H,09H,10H,11H,12H,13H,14H,15H
      DB 16H,17H,18H,19H,20H,21H,22H,23H
      DB 24H,25H,26H,27H,28H,29H,30H,31H
      DB 32H,33H,34H,35H,36H,37H,38H,39H
      DB 40H,41H,42H,43H,44H,45H,46H,47H
      DB 48H,49H,50H,51H,52H,53H,54H,55H
      DB 56H,57H,58H,59H,60H,61H,62H,63H
      DB 64H,65H,66H,67H,68H,69H,70H,71H
      DB 72H,73H,74H,75H,76H,77H,78H,79H
      DB 80H,81H,82H,83H,84H,85H,86H,87H
      DB 88H,89H,90H,91H,92H,93H,94H,95H
      DB 96H,97H,98H,99H
```

DS18B20初始化程序如下：

```
INIT_1820:
      SETB  DQ
      NOP
      CLR   DQ
      MOV   R0,#80H
TSR1:DJNZ  R0,TSR1
      SETB  DQ
      MOV   R0,#25H ;96US-25H
TSR2:DJNZ  R0,TSR2
      JNB   DQ,TSR3
```

```
    LJMP  TSR4                          ;延时
TSR3:SETB  FLAG1                        ;置位标志位,表示 DS18B20 存在
    LJMP  TSR5
TSR4:CLR   FLAG1                        ;清除标志位,表示 DS18B20 不存在
    LJMP  TSR7
TSR5:MOV   R0,#06BH                     ;200μs
TSR6:DJNZ  R0,TSR6                      ;延时
TSR7:SETB  DQ
    RET
```

重新写 DS18B20 暂存存储器设定值的程序如下：

```
RE_CONFIG:
    JB    FLAG1,RE_CONFIG1              ;若 DS18B20 存在,转 RE_CONFIG1
    RET
RE_CONFIG1:
    MOV   A,#0CCH                       ;发 SKIP ROM 命令
    LCALL WRITE_1820
    MOV   A,#4EH                        ;发写暂存存储器命令
    LCALL WRITE_1820
    MOV   A,#00H                        ;TH(报警上限)中写入 00H
    LCALL WRITE_1820
    MOV   A,#00H                        ;TL(报警下限)中写入 00H
    LCALL WRITE_1820
    MOV   A,#7FH                        ;选择 12 位温度分辨率
    LCALL WRITE_1820
    RET
```

延时子程序如下：

```
DELAY:
        MOV   R7,#00H
MIN:    DJNZ  R7,YS500
        RET
YS500:  LCALL YS500US
        LJMP  MIN
YS500US:MOV   R6,#00H
        DJNZ  R6,$
        RET
DELAY1: MOV   R7,#20H
        DJNZ  R7,$
        RET
        END
```

## 2. 主程序——C 语言版

```
//DS18B20 温度检测及其液晶显示
#include<reg52.h>                                    //包含单片机寄存器的头文件
#include<intrins.h>                                  //包含_nop_()函数定义的头文件
unsigned char code digit[11] = {"0123456789 - "};  //定义字符数组显示数字
unsigned char code Str[] = {"DS18B20 OK"};          //说明显示的是温度
unsigned char code Error[] = {"DS18B20 ERROR"};     //说明没有检测到 DS18B20
```

```
unsigned char code Error1[] = {"PLEASE  CHECK"};  //说明没有检测到 DS18B20
unsigned char code Temp[] = {"TEMP: "};           //说明显示的是温度
unsigned char code Cent[] = {"Cent"};             //温度单位
unsigned char flag,tltemp;                        //负温度标志 和临时暂存变量
/*******************************************************************************
以下是对液晶模块的操作程序
*******************************************************************************/
sbit RS = P2^0;                                   //寄存器选择位,将 RS 位定义为 P2.0 引脚
sbit RW = P2^1;                                   //读写选择位,将 RW 位定义为 P2.1 引脚
sbit E = P2^2;                                    //使能信号位,将 E 位定义为 P2.2 引脚
sbit BF = P0^7;                                   //忙碌标志位,,将 BF 位定义为 P0.7 引脚
/*****************************************************
函数功能: 延时 1ms
(3j + 2) * i = (3×33 + 2)×10 = 1010(微秒),可以认为是 1 毫秒
*****************************************************/
void delay1ms()
{
   unsigned char i,j;
     for(i = 0;i < 4;i++)
    for(j = 0;j < 33;j++)
       ;
}
/*****************************************************
函数功能: 延时若干毫秒
入口参数: n
*****************************************************/
void delaynms(unsigned char n)
{
   unsigned char i;
    for(i = 0;i < n;i++)
       delay1ms();
}
/*****************************************************
函数功能: 判断液晶模块的忙碌状态
返回值: result. result = 1,忙碌;result = 0,不忙
*****************************************************/
bit BusyTest(void)
  {
    bit result;
    RS = 0;                       //根据规定,RS 为低电平,RW 为高电平时,可以读状态
    RW = 1;
    E = 1;                        //E = 1,才允许读写
    _nop_();
    _nop_();
    _nop_();
    _nop_();                      //空操作四个机器周期,给硬件反应时间
    result = BF;                  //将忙碌标志电平赋给 result
   E = 0;                         //将 E 恢复低电平
   return result;
  }
/*****************************************************
```

```
函数功能：将模式设置指令或显示地址写入液晶模块
入口参数：dictate
*************************************************** /
void WriteInstruction (unsigned char dictate)
{
    while(BusyTest() == 1);           //如果忙就等待
     RS = 0;                          //RS 和 R/W 同时为低电平时，可以写入指令
     RW = 0;
     E = 0;                           //E 置低电平，根据表 8.6，写指令时，E 为高脉冲，
                                      //就是让 E 从 0 到 1 发生正跳变，所以应先置"0"
     _nop_();
     _nop_();                         //空操作两个机器周期，给硬件反应时间
     P0 = dictate;                    //将数据送入 P0 口，即写入指令或地址
     _nop_();
     _nop_();
     _nop_();
     _nop_();                         //空操作四个机器周期，给硬件反应时间
     E = 1;                           //E 置高电平
     _nop_();
     _nop_();
     _nop_();
     _nop_();                         //空操作四个机器周期，给硬件反应时间
     E = 0;                           //当 E 由高电平跳变成低电平时，液晶开始执行命令
}
/ ***************************************************
函数功能：指定字符显示的实际地址
入口参数：x
*************************************************** /
 void WriteAddress(unsigned char x)
 {
     WriteInstruction(x|0x80);        //显示位置的确定方法规定为"80H + 地址码 x"
 }
/ ***************************************************
函数功能：将数据(字符的标准 ASCII 码)写入液晶模块
入口参数：y(为字符常量)
*************************************************** /
 void WriteData(unsigned char y)
 {
    while(BusyTest() == 1);
      RS = 1;                         //RS 为高电平，RW 为低电平时，可以写入数据
      RW = 0;
      E = 0;                          //E 置低电平，根据表 8.6，写指令时，E 为高脉冲，
                                      //就是让 E 从 0 到 1 发生正跳变，所以应先置"0"
      P0 = y;                         //将数据送入 P0 口，即将数据写入液晶模块
      _nop_();
      _nop_();
    _nop_();
     _nop_();                         //空操作四个机器周期，给硬件反应时间
     E = 1;                           //E 置高电平
     _nop_();
     _nop_();
```

```
        _nop_();
        _nop_();                          //空操作四个机器周期,给硬件反应时间
        E = 0;                            //当E由高电平跳变成低电平时,液晶模块开始执行命令
  }
/*****************************************************
函数功能:对LCD的显示模式进行初始化设置
*****************************************************/
void LcdInitiate(void)
{
    delaynms(15);                         //延时15ms,首次写指令时应给LCD一段较长的反应时间
    WriteInstruction(0x38);               //显示模式:16×2显示,5×7点阵,8位数据
    delaynms(5);                          //延时5ms,给硬件一点反应时间
    WriteInstruction(0x38);
    delaynms(5);                          //延时5ms,给硬件一点反应时间
    WriteInstruction(0x38);               //连续三次,确保初始化成功
    delaynms(5);                          //延时5ms,给硬件一点反应时间
    WriteInstruction(0x0c);               //显示模式设置:显示开,无光标,光标不闪烁
    delaynms(5);                          //延时5ms,给硬件一点反应时间
    WriteInstruction(0x06);               //显示模式设置:光标右移,字符不移
    delaynms(5);                          //延时5ms,给硬件一点反应时间
    WriteInstruction(0x01);               //清屏幕指令,将以前的显示内容清除
    delaynms(5);                          //延时5ms,给硬件一点反应时间

  }
/*******************************************************************
以下是DS18B20的操作程序
*******************************************************************/
sbit DQ = P3^3;
unsigned char time;                       //设置全局变量,专门用于严格延时
/*****************************************************
函数功能:将DS18B20传感器初始化,读取应答信号
出口参数:flag
*****************************************************/
bit Init_DS18B20(void)
{
 bit flag;                                //存储DS18B20是否存在的标志,flag = 0,表示存在
 DQ = 1;                                  //先将数据线拉高
 for(time = 0;time < 2;time++)            //略微延时约6μs
     ;
 DQ = 0;                                  //再将数据线从高拉低,要求保持480～960μs
 for(time = 0;time < 200;time++)          //略微延时约600μs
     ;                                    //以向DS18B20发出一持续480～960μs的低电平复位脉冲
 DQ = 1;                                  //释放数据线(将数据线拉高)
  for(time = 0;time < 10;time++)
     ;                        //延时约30μs(释放总线后需等待15～60μs让DS18B20输出存在脉冲)
 flag = DQ;                               //让单片机检测是否输出了存在脉冲(DQ = 0表示存在)
 for(time = 0;time < 200;time++)          //延时足够长时间,等待存在脉冲输出完毕
     ;
 return (flag);                           //返回检测成功标志
}
/*****************************************************
```

```
函数功能: 从 DS18B20 读取一个字节数据
出口参数: dat
*************************************************** /
unsigned char ReadOneChar(void)
{
        unsigned char i = 0;
        unsigned char dat;              //存储读出的一个字节数据
        for (i = 0;i < 8;i++)
         {
           DQ = 1;                      //先将数据线拉高
           _nop_();                     //等待一个机器周期
           DQ = 0;                      //从 DS18B20 读书据时,将数据线从高拉低即启动读时序
           _nop_();                     //等待一个机器周期
           DQ = 1;                      //将数据线"人为"拉高,为检测 DS18B20 输出电平作准备
           for(time = 0;time < 2;time++)
             ;                          //延时约 6μs,使主机在 15μs 内采样
            dat >> = 1;
           if(DQ == 1)
              dat| = 0x80;              //如果读到的数据是 1,则将 1 存入 dat
            else
                dat| = 0x00;            //如果读到的数据是 0,则将 0 存入 dat
                                        //将单片机检测到的电平信号 DQ 存入 r[i]
           for(time = 0;time < 8;time++)
                ;                       //延时 3μs,两个读时序之间必须大于 1μs
        }
     return(dat);                       //返回读出的十六进制数据
}
/ ***************************************************
函数功能: 向 DS18B20 写入一个字节数据
入口参数: dat
***************************************************/
WriteOneChar(unsigned char dat)
{
    unsigned char i = 0;
    for (i = 0; i < 8; i++)
      {
        DQ = 1;                             //先将数据线拉高
        _nop_();                            //等待一个机器周期
        DQ = 0;                             //将数据线从高拉低时即启动写时序
        DQ = dat&0x01;                      //利用与运算取出要写的某位二进制数据,
                                            //并将其送到数据线上等待 DS18B20 采样
        for(time = 0;time < 10;time++)
          ;                   //延时约 30μs,DS18B20 在拉低后的约 15～60μs 期间从数据线上采样
        DQ = 1;                             //释放数据线
        for(time = 0;time < 1;time++)
          ;                                 //延时 3μs,两个写时序间至少需要 1μs 的恢复期
        dat >> = 1;                         //将 dat 中的各二进制位数据右移 1 位
      }
     for(time = 0;time < 4;time++);         //稍作延时,给硬件一点反应时间
}
```

```
/*****************************************************
函数功能：做好读温度的准备
*****************************************************/
void ReadyReadTemp(void)
{
      Init_DS18B20();              //将 DS18B20 初始化
        WriteOneChar(0xCC);        //跳过读序号列号的操作
        WriteOneChar(0x44);        //启动温度转换
       delaynms(200);              //转换一次需要延时一段时间
        Init_DS18B20();            //将 DS18B20 初始化
        WriteOneChar(0xCC);        //跳过读序号列号的操作
        WriteOneChar(0xBE);        //读取温度寄存器,前两个分别是温度的低位和高位
}

/*******************************************************************
以下是与温度有关的显示设置
*******************************************************************/
 /*****************************************************
函数功能：显示没有检测到 DS18B20
*****************************************************/
void display_error(void)
 {
       unsigned char i;
             WriteAddress(0x00);              //写显示地址,将在第 1 行第 1 列开始显示
                 i = 0;                       //从第一个字符开始显示
                  while(Error[i] != '\0')     //只要没有写到结束标志,就继续写
                  {
                       WriteData(Error[i]);   //将字符常量写入 LCD
                       i++;                   //指向下一个字符
                       delaynms(100);         //延时 100ms 以看清说明
                  }

             WriteAddress(0x40);              //写显示地址,将在第 1 行第 1 列开始显示
                 i = 0;                       //从第一个字符开始显示
                  while(Error1[i] != '\0')    //只要没有写到结束标志,就继续写
                  {
                       WriteData(Error1[i]);  //将字符常量写入 LCD
                       i++;                   //指向下一个字符
                       delaynms(100);         //延时 100ms 较长时间
                  }
                  while(1)                    //进入死循环,等待查明原因
                    ;
}

/*****************************************************
函数功能：显示说明信息
*****************************************************/
void display_explain(void)
 {
       unsigned char i;
             WriteAddress(0x00);              //写显示地址,将在第 1 行第 1 列开始显示
```

```
            i = 0;                      //从第一个字符开始显示
             while(Str[i] != '\0')      //只要没有写到结束标志,就继续写
             {
                 WriteData(Str[i]);     //将字符常量写入 LCD
                 i++;                   //指向下一个字符
                 delaynms(100);         //延时 100ms 较长时间
             }
}
/****************************************************
函数功能: 显示温度符号
****************************************************/
void display_symbol(void)
 {
       unsigned char i;
            WriteAddress(0x40);                //写显示地址,将在第 2 行第 1 列开始显示
            i = 0;                      //从第一个字符开始显示
             while(Temp[i] != '\0')     //只要没有写到结束标志,就继续写
             {
                 WriteData(Temp[i]);    //将字符常量写入 LCD
                 i++;                   //指向下一个字符
                 delaynms(50);          //延时 1ms 给硬件一点反应时间
             }
}

/****************************************************
函数功能: 显示温度的小数点
****************************************************/
void  display_dot(void)
{
     WriteAddress(0x49);                //写显示地址,将在第 2 行第 10 列开始显示
     WriteData('.');                    //将小数点的字符常量写入 LCD
     delaynms(50);                      //延时 1ms 给硬件一点反应时间
}
/****************************************************
函数功能: 显示温度的单位(Cent)
****************************************************/
void  display_cent(void)
{
            unsigned char i;
              WriteAddress(0x4c);              //写显示地址,将在第 2 行第 13 列开始
                i = 0;                  //从第一个字符开始显示
                 while(Cent[i] != '\0') //只要没有写到结束标志,就继续写
                 {
                     WriteData(Cent[i]);    //将字符常量写入 LCD
                     i++;                   //指向下一个字符
                     delaynms(50);          //延时 1ms 给硬件一点反应时间
                 }
}
/****************************************************
函数功能: 显示温度的整数部分
入口参数: x
```

```
***************************************************/
void display_temp1(unsigned char x)
{
 unsigned char j,k,l;                        //j,k,l 分别存储温度的百位、十位和个位
    j = x/100;                               //取百位
    k = (x % 100)/10;                        //取十位
    l = x % 10;                              //取个位
    WriteAddress(0x46);                      //写显示地址,将在第 2 行第 7 列开始显示
    if(flag == 1)                            //负温度时 显示"-"
    {
    WriteData(digit[10]);                    //将百位数字的字符常量写入 LCD
    }
    else{
    WriteData(digit[j]);                     //将十位数字的字符常量写入 LCD
    }
    WriteData(digit[k]);                     //将十位数字的字符常量写入 LCD
    WriteData(digit[l]);                     //将个位数字的字符常量写入 LCD
    delaynms(50);                            //延时 1ms 给硬件一点反应时间
 }
 /***************************************************
函数功能: 显示温度的小数数部分
入口参数: x
***************************************************/
 void display_temp2(unsigned char x)
{
    WriteAddress(0x4a);                  //写显示地址,将在第 2 行第 11 列开始显示
    WriteData(digit[x]);                 //将小数部分的第一位数字字符常量写入 LCD
    delaynms(50);                        //延时 1ms 给硬件一点反应时间
}
/***************************************************
函数功能: 主函数
***************************************************/
 void main(void)
 {
      unsigned char TL;                  //存储暂存器的温度低位
      unsigned char TH;                  //存储暂存器的温度高位
      unsigned char TN;                  //存储温度的整数部分
      unsigned char TD;                  //存储温度的小数部分
      LcdInitiate();                     //将液晶初始化
      delaynms(5);                       //延时 5ms 给硬件一点反应时间
      if(Init_DS18B20() == 1)
      display_error();
      display_explain();
      display_symbol();                  //显示温度说明
      display_dot();                     //显示温度的小数点
      display_cent();                    //显示温度的单位
   while(1)                              //不断检测并显示温度
     {  flag = 0;
        ReadyReadTemp();                 //读温度准备
        TL = ReadOneChar();              //先读的是温度值低位
        TH = ReadOneChar();              //接着读的是温度值高位
```

```
        if((TH&0xf8)!= 0x00)            //判断高五位,得到温度正负标志
        {
        flag = 1;
        TL = ~TL;                       //取反
        TH = ~TH;                       //取反
        tltemp = TL + 1;                //低位加 1
        TL = tltemp;
        if(tltemp > 255) TH++;          //如果低 8 位大于 255,向高 8 位进 1
      TN = TH * 16 + TL/16;             //实际温度值 = (TH * 256 + TL)/16,即 TH * 16 + TL/16
                                        //这样得出的是温度的整数,小数部分被丢弃
      TD = (TL % 16) * 10/16;           //计算温度小数,将余数乘以 10 再除以 16 取整
        }
        TN = TH * 16 + TL/16;           //实际温度值 = (TH * 256 + TL)/16,即: TH * 16 + TL/16
                                        //这样得出的是温度的整数部分,小数部分丢弃
      TD = (TL % 16) * 10/16;           //计算温度小数,将余数乘以 10 再除以 16 取整
                                        //这样得到是温度小数部分第一位数字(保留 1 位)
      display_temp1(TN);                //显示温度的整数部分
      display_temp2(TD);                //显示温度的小数部分
    delaynms(10);
  }

}
```

# 11.2 应用实例——交通灯控制系统设计

## 11.2.1 交通灯系统的总体设计

交通灯控制规则如下:

(1) 每个街口有左拐、右拐、直行及行人四种指示灯。每个灯有红、绿两种颜色。自行车与汽车共用左拐、右拐和直行灯。

(2) 共有四种通行方式:①车辆南北直行、各路右拐,南北向行人通行。南北向通行时间为 1min,各路右拐比直行滞后 10s 开放。②南北向左拐、各路右拐,行人禁行。通行时间为 1min。③东西向直行、各路右拐,东西向行人通行。东西向通行时间为 1min,各路右拐比直行滞后 10s 开放。④东西向左拐、各路右拐。行人禁行。通行时间为 1min。

(3) 在通行结束前 10s,绿灯闪烁直至结束。

图 11.11 为交通灯控制系统的工作原理。

## 11.2.2 交通灯控制系统的功能要求

本设计能模拟基本的交通控制系统,用红绿黄灯表示禁行、通行和等待的信号发生,还能进行倒计时显示,通行时间调整和紧急处理等功能。

(1) 倒计时显示。倒计时显示可以提醒驾驶员在信号灯灯色发生改变的时间,在"停止"和"通过"两者间作出合适的选择。驾驶员和行人普遍都愿意选择有倒计时显示的信号控制方式,并且认为有倒计时显示的路口更安全。倒计时显示是用来减少驾驶员在信号灯

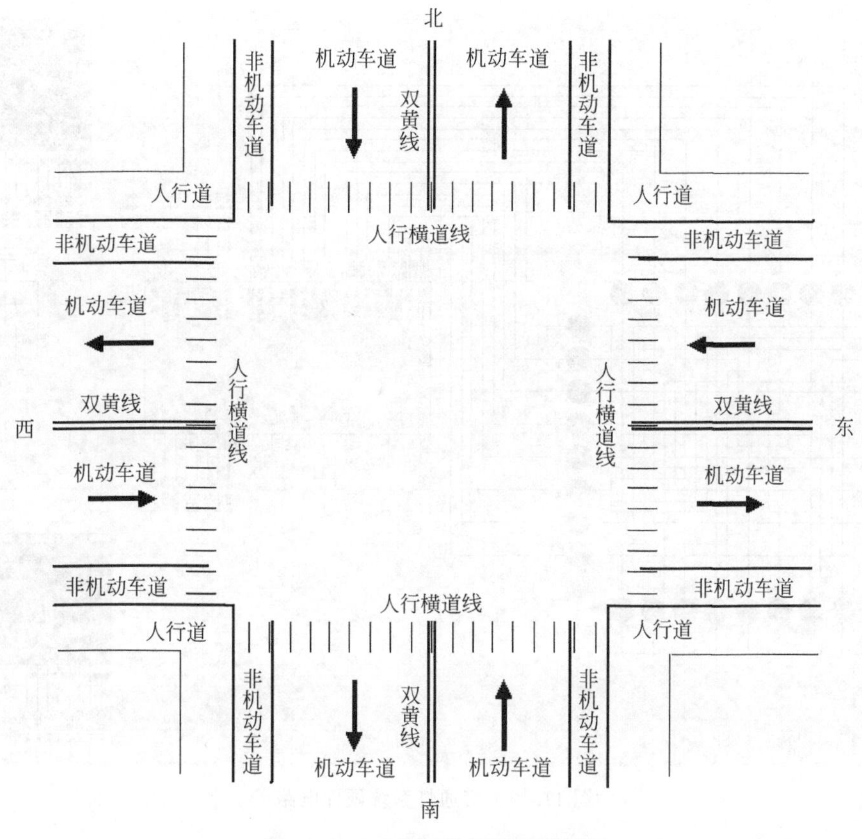


图 11.11 交通灯控制系统原理图

色改变的关键时刻做出复杂判断的一种方法,它可以提醒驾驶员灯色发生改变的时间,帮助驾驶员在“停止”和“通过”两者间作出合适的选择。

(2) 时间的设置。本设计中可通过键盘对时间进行手动设置,增加了人为的可控性,避免自动故障和意外发生,并在紧急状态下,可设置所有灯变为红灯。键盘是单片机系统中最常用的人机接口,一般情况下有独立式和行列式两种。前者软件编写简单,但在按键数量较多时特别浪费 I/O 接口资源,一般用于按键数量少的系统。后者适用于按键数量较多的场合,但是在单片机 I/O 接口资源相对较少而需要较多按键时,此方法仍不能满足设计要求。本系统要求的按键控制不多,且 I/O 接口足够,可直接采用独立式。

(3) 紧急处理。交通路口出现紧急状况在所难免,如特大事件发生,救护车等急行车通过等,我们都必须尽量允许其畅通无阻,毕竟在这种情况下是分秒必争的,时时刻刻关系着公共财产安全,个人生死攸关等。由此在交通控制中增设禁停按键,就可达到此目的。

### 11.2.3 系统硬件设计

采用一块 AT89C51 单片机、两个两段共阴 LED 显示器、SW1、SW2 两个双掷开关以及 32 个发光二极管。若 P0 口的电压输出电流不足以驱动 LED,就利用上拉电阻使 LED 能正常工作,但不需电阻也可。单片机晶振选用 12MHz。图 11.12 是交通灯系统硬件电路图。

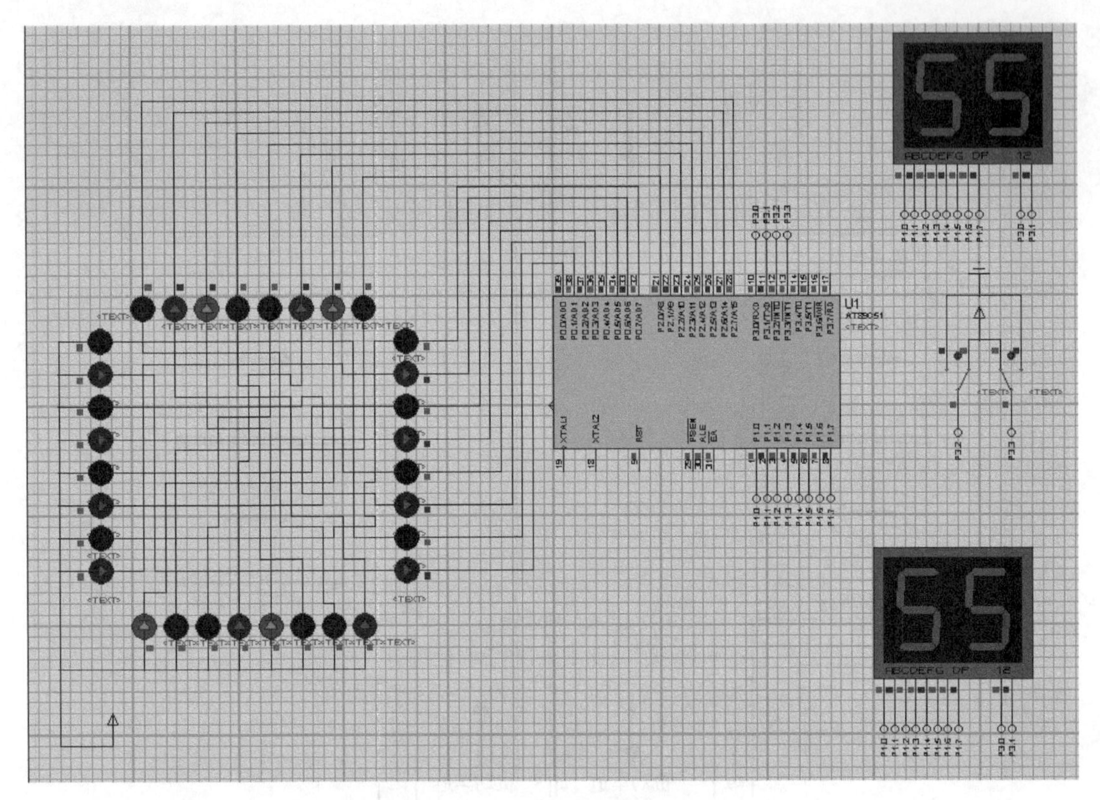


图 11.12　交通灯系统硬件电路

### 11.2.4　系统软件设计

#### 1. 主程序——汇编语言版

```
SECOND          EQU   30H
        DBUF    EQU   50H
        ORG     0000H
        LJMP    START
        ORG     0003H
        LJMP    START0
        ORG     0013H
        LJMP    START1
START:  MOV     R7,＃5
        MOV     SP,＃60H
        SETB    EA
        SETB    EX0
        SETB    EX1
        SETB    IT0
        SETB    IT1
        MOV     TCON,＃00H
        MOV     TMOD,＃01H
        MOV     TH0,＃3CH
        MOV     TL0,＃0B0H
```

```
        CLR    TF0
        SETB   TR0
        MOV    A,#0FFH
        MOV    P2,A
        MOV    P0,A
```

(以上程序主要是一些赋值程序,和定时器,中断等的开启,以及初始化红绿灯等)

```
;*************************************
LOOPM:  SETB   P3.7
        LJMP   LOOP
LOOPK:  CLR    P3.7
LOOP:   MOV    R2,#20
        MOV    R3,#10
        MOV    SECOND,#60
        JNB    P3.7,LP1
        LCALL  STATE1
        LJMP   Z1
LP1:    LCALL  STATE4
Z1:     LCALL  DISPLAY
        JNB    TF0,Z1
        CLR    TF0
        MOV    TH0,#3CH
        MOV    TL0,#0B0H
        DJNZ   R2,Z1
        MOV    R2,#20
        DEC    SECOND
        LCALL  DISPLAY
        DJNZ   R3,Z1
```

(以上程序主要是通过对P3.7电位的高低来选择红绿灯的状态,状态一和四的选择)

```
;*************************************
        MOV    R2,#20
        MOV    R3,#40
        MOV    SECOND,#50
        JNB    P3.7,LP2
        LCALL  STATE2
        LJMP   Z2
LP2:    LCALL  STATE5
Z2:     LCALL  DISPLAY
        JNB    TF0,Z2
        CLR    TF0
        MOV    TH0,#3CH
        MOV    TL0,#0B0H
        DJNZ   R2,Z2
        MOV    R2,#20
        DEC    SECOND
        LCALL  DISPLAY
        DJNZ   R3,Z2
```

(以上程序主要是控制状态二和控制状态五的选择)

```
;*************************************
        MOV    R2,#20
        MOV    R3,#10
        MOV    R4,#1
```

```
        MOV     SECOND,#10
Z3:     LCALL   DISPLAY
        JNB     P3.7,LP3
        LCALL   STATE2
        LJMP    MM1
LP3:    LCALL   STATE5
MM1:    JNB     TF0,Z3
        CLR     TF0
        MOV     TH0,#3CH
        MOV     TL0,#0B0H
        JNB     P3.7,SS1
        MOV     P2,#0BFH
        LJMP    SS2
SS1:    MOV     P0,#0BFH
SS2:    DJNZ    R4,Z3
        MOV     R4,#1
        DJNZ    R2,Z3
        MOV     R2,#20
        DEC     SECOND
        LCALL   DISPLAY
        DJNZ    R3,Z3
```

(以上程序主要是控制状态二和控制状态五的转换选择,且绿灯闪烁)

```
;**************************************
        MOV     R2,#20
        MOV     R3,#50
        MOV     SECOND,#60
Z4:     LCALL   DISPLAY
        JNB     P3.7,LP4
        LCALL   STATE3
        LJMP    MM2
LP4:    LCALL   STATE6
MM2:    JNB     TF0,Z4
        CLR     TF0
        MOV     TH0,#3CH
        MOV     TL0,#0B0H
        DJNZ    R2,Z4
        MOV     R2,#20
        DEC     SECOND
        LCALL   DISPLAY
        DJNZ    R3,Z4
```

(以上程序主要是控制状态三和控制状态六的选择)

```
;**************************************
        MOV     R2,#20
        MOV     R3,#10
        MOV     R4,#1
        MOV     SECOND,#10
Z5:     LCALL   DISPLAY
        JNB     P3.7,LP5
        LCALL   STATE3
        LJMP    MM3
LP5:    LCALL   STATE6
```

```
MM3:    JNB     TF0,Z5
        CLR     TF0
        MOV     TH0,#3CH
        MOV     TL0,#0B0H
        DJNZ    R4,Z5
        MOV     P1,#75H
        JNB     P3.7,SS3
        MOV     P2,#0EEH
        MOV     P0,#0AEH
        LJMP    SS4
SS3:    MOV     P2,#0AEH
        MOV     P0,#0EEH
SS4:    MOV     R4,#1
        DJNZ    R2,Z5
        MOV     R2,#20
        DEC     SECOND
        LCALL   DISPLAY
        DJNZ    R3,Z5
        JB      P3.7,KK
        LJMP    LOOPM
KK:     LJMP    LOOPK
```

(以上程序主要是控制状态三和控制状态六的选择,且绿灯闪烁,并长跳回去再循环开始)

```
;************************************
START0: ACALL   DISPLAY
        JB      P3.2,K0
        PUSH    ACC
        MOV     A,P0
        PUSH    ACC
        MOV     A,P2
        PUSH    ACC
        MOV     P2,#0A9H
        MOV     P0,#0A9H
A0:     JB      P3.2,A1
        ACALL   DISPLAY
        LJMP    A0
A1:     ACALL   DISPLAY
        JNB     P3.2,A0
        POP     ACC
        MOV     P2,A
        POP     ACC
        MOV     P0,A
        POP     ACC
K0:     RETI
;************************************
START1: ACALL   DISPLAY
        JB      P3.3,K1
        PUSH    ACC
        MOV     A,P0
        PUSH    ACC
        MOV     A,P2
        PUSH    ACC
```

```
        MOV     A,R2
        PUSH    ACC
        MOV     A,R3
        PUSH    ACC
        MOV     A,SECOND
        PUSH    ACC
        MOV     P2,#56H
        MOV     P0,#56H
A2:     JB      P3.3,A3
        ACALL   DISPLAY
        LJMP    A2
A3:     ACALL   DISPLAY
        ACALL   DISPLAY
        JNB     P3.3,A2
        MOV     R2,#20
        MOV     R3,#15
        MOV     SECOND,#15
A4:     LCALL   DISPLAY
        JNB     TF0,A4
        CLR     TF0
        MOV     TH0,#3CH
        MOV     TL0,#0B0H
        DJNZ    R2,A4
        MOV     R2,#20
        DEC     SECOND
        LCALL   DISPLAY
        DJNZ    R3,A4
        POP     ACC
        MOV     SECOND,A
        POP     ACC
        MOV     R3,A
        POP     ACC
        MOV     R2,A
        POP     ACC
        MOV     P2,A
        POP     ACC
        MOV     P0,A
        POP     ACC
K1:     RETI
(以上两段程序主要实现了中断 IT0 和 IT1)
;************************************
STATE1: MOV     P2,#99H
        MOV     P0,#0AAH
        RET
STATE2: MOV     P2,#95H
        MOV     P0,#0AAH
        RET
STATE3: MOV     P2,#66H
        MOV     P0,#0A6H
        RET
STATE4: MOV     P0,#99H
```

```
        MOV     P2,#0AAH
        RET
STATE5: MOV     P0,#95H
        MOV     P2,#0AAH
        RET
STATE6: MOV     P0,#66H
        MOV     P2,#0A6H
        RET
;**************************************
DISPLAY:(以下是显示程序及结束)
        MOV     A,SECOND
        MOV     B,#10
        DIV     AB
        MOV     DBUF,A
        MOV     A,B
        MOV     DBUF+1,A
        MOV     R0,#DBUF
        MOV     R1,#DBUF+1
        MOV     DPTR,#LEDMAP
DP:
        MOV     A,@R0
        MOVC    A,@A+DPTR
        MOV     P1,A
        CLR     P3.0
        ACALL   DELAY
        SETB    P3.0
        MOV     A,@R1
        MOVC    A,@A+DPTR
        MOV     P1,A
        CLR     P3.1
        ACALL   DELAY
        SETB    P3.1
        DJNZ    R7,DP
        MOV     R7,#5
        RET
DELAY:  MOV     R6,#01H
AA1:    MOV     R5,#0FFH
AA:     DJNZ    R5,AA
        DJNZ    R6,AA1
        RET
LEDMAP: DB      3FH,06H,5BH,4FH,66H,6DH
        DB      7DH,07H,7FH,6FH,77H,7CH
        DB      58H,5EH,7BH,71H,00H,40H
        END
```

### 2. 主程序——C语言版

```
#include<reg52.h>
unsigned char Tab[]={0x3F,0x06,0x5B,0x4F,0x66,0x6D,0x7D,0x07,0x7F,0x6F};
                                    //共阴极数码管7段显示码表
sbit P3.0=P3^0;                     //位选段
```

```
sbit P3.1 = P3^1;
unsigned int x = 60;                    //60s 倒计时
unsigned int y = 0;                     //定时器计数
unsigned int z = 0;                     //交通灯过程计数
unsigned int a = 0;                     //中断延迟计数
unsigned count = 0;                     //闪烁计数
unsigned char flag = 1;                 //标志位
unsigned char flag2  =  1;
sbit P3.7 = P3^7;                       //位判断
void delay1ms(unsigned int i)
{
unsigned char j;
 while(i -- )
 {
 for(j = 0;j < 115;j++)                 //1ms 基准延时程序
 {
  ;
 }
 }
}
main()
{
   P3.7 = 1;                            //开定时器中断
   EA = 1;
   ET0 = 1;
   EX0 = 1;
   IT0 = 1;
   EX1 = 1;                             //开外部中断
   IT1 = 1;
   TMOD| = 0x01;                        //定时工作模式 1
   TR0 = 1;
   TH0 = (65536 - 50000)/256;           //定时 50ms
   TL0 = (65536 - 50000) % 256;
   while(1)
   {
     P3.1 = 0;
     delay1ms(1);
     P3.0 = 1;
     P1 = Tab[x % 10];                  //数码管个位显示
     delay1ms(5);
     P3.0 = 0;
     delay1ms(1);
     P3.1 = 1;
     P1 = Tab[x/10 % 10];               //数码管 10 位显示
     delay1ms(5);
     if(flag2 == 1)
     {
     if(P3.7 == 1)
     {
     if(z < 10)                         //南北直行,行人绿灯,其余红灯,延迟 10s
     {
```

```
            P2 = 0x99;
            P0 = 0xAA;
        }
        if(z >= 10 && z < 50)               //南北直行,行人绿灯,右拐绿灯,其余红灯,延迟 40s
        {
           P2 = 0x95;
           P0 = 0xAA;
        }
        if(z >= 50 && z < 60)               //南北直行,行人绿灯,右拐绿灯,闪烁,其余红灯,延迟 10s
        {
          if(flag == 1)
           {P2 = 0x95;
            P0 = 0xAA;
           }
        }
        if(z >= 60 && z < 110)              //南北左拐,右拐绿灯,东西右拐绿灯,其余红灯,延迟 50s
          {
           P2 = 0x66;
           P0 = 0xA6;
          }
        }
        if(P37 == 0)                        //判断 P3.7 口是否为 0
        {
           if(z < 130)                      //东西直行,行人绿灯,其余红灯,延迟 10s
            {
               P2 = 0xAA;
               P0 = 0x99;
            }
          if(z >= 130 && z < 170)           //东西直行,行人,右拐绿灯,其余红灯,延迟 40s
        {
           P2 = 0xAA;
           P0 = 0x95;
        }
        if(z >= 170 && z < 180)             //东西直行,行人,右拐绿灯,闪烁,其余红灯,延迟 10s
        {
          if(flag == 1)
           {P2 = 0xAA;
            P0 = 0x95;
            }
        }
        if(z >= 180 && z < 230)             //东西左拐,右拐绿灯,南北右拐绿灯,其余红灯,延迟 50s
          {
           P2 = 0xA6;
           P0 = 0x66;
          }
        }
        }
    }
}
void tim(void) interrupt 1 using 0
{
```

```
        TH0 = (65536 - 50000)/256;
        TL0 = (65536 - 50000) % 256;
        if(flag2 == 0)                              //中断延时
        {
           a++;
           if(a == 300)
              {flag2 = 1;
               a = 0; }
        }
        if(flag2 == 1)
        {   y++;                                    //定时器中断 50ms 一次,共 20 次,则延迟 1s
        if(y == 20)
         {x -- ;
          if(x == 0)
             x = 60;
          y = 0;
          z++;
          if(z == 120)                              //完成南北 120s 后,P3.7 置 0
             {
              P37 = 0;}
          if(z == 240)
             {
              P3.7 = 1;
              z = 0;
             }
          if(z >= 50 && z < 60)                     //南北直行,行人绿灯,右拐绿灯,闪烁,其余红灯,延迟 10s
            {
              if(count!=  1)
              {

                P2 = 0xBF;
                P0 = 0xAA;
                flag = 0;
                count++;    }
                else {flag = 1;
                count = 0;    }
             }
          if(z >= 110 && z < 120)            //南北左拐,右拐绿灯,东西右拐绿灯,闪烁,其余红灯,延迟 50s
          {
             if(count!= 1)
             {
               P2 = 0x66;
               P0 = 0xA6;
               count++;
             }
             else {count = 0;

                   P2 = 0xEE;
                   P0 = 0xAE;
                   }
          }
```

```
    if(z>=170 && z<180)            //东西直行,行人,右拐绿灯,闪烁,其余红灯,延迟10s
      {
        if(count!= 1)
        {
          P2 = 0xAA;
          P0 = 0xBF;
          flag = 0;
          count++;      }
          else {flag = 1;
        count = 0;   }
      }
    if(z>=230 && z<240)          //东西左拐,右拐绿灯,南北右拐绿灯,闪烁,其余红灯,延迟10s
    {
        if(count!= 1)
        {
          P2 = 0xA6;
          P0 = 0x66;
          count++;
        }
        else {count = 0;
              P2 = 0xAE;
              P0 = 0xEE;
              }
    }
    }
    }
}
void int0(void)   interrupt 0 using 0   //外部中断函数0
{
    P0 = 0xA9;
    P2 = 0xA9;
    flag2 = 0;
}
void int1(void)   interrupt 2 using 0   //外部中断函数1
{
    P0 = 0x56;
    P2 = 0x56;
    flag2 = 0;
}
```

# 11.3　应用实例——直流电动机控制系统

## 11.3.1　直流电动机原理及应用

### 1. 直流电动机概述

电动机是使机械能与电能相互转换的机械。直流电动机把直流电能变为机械能，直流电动机实物见图11.13～图11.17。

图 11.13　普通直流电动机

图 11.14　减速直流电动机

图 11.15　无刷直流电动机

图 11.16　伺服直流电动机

图 11.17　永磁直流电动机

作为电动机执行元部件,直流电动机内部有一个闭合的主磁路。主磁通在主磁路中流动,同时与两个电路交联,其中一个电路是用以产生磁通的,称为激磁电路;另一个电路是用来传递功率的,称为功率回路或电枢回路。现行的直流电动机都是旋转电枢式,也就是说,激磁绕组及其所包围的铁芯组成的磁极为定子,带换向单元的电枢绕组和电枢铁芯结合构成直流电机的转子。其物理模型如图 11.18 所示。其中,固定部分有磁铁,这里称为主磁极;固定部分还有电刷。转动部分有环形铁心和绕在环形铁心上的绕组(其中两个小圆圈是为了方便地表示该位置上的导体电势或电流的方向而设置的)。

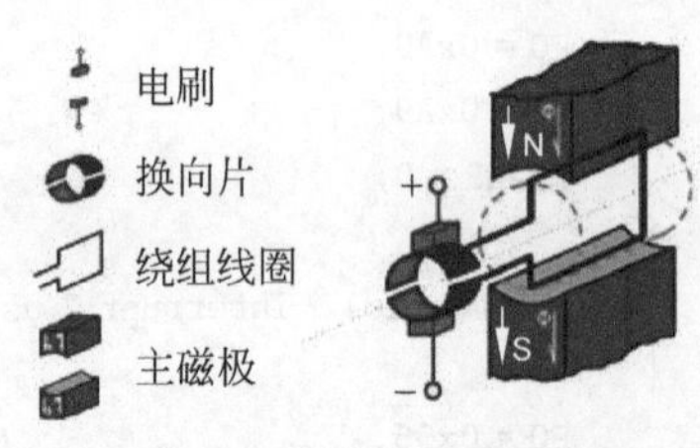

图 11.18　直流电动机的物理模型

图 11.18 表示一台最简单的两极直流电动机模型,它的固定部分(定子)上装设了一对直流励磁的静止的主磁极 N 和 S,在旋转部分(转子)上装设电枢铁心。定子与转子之间有一气隙。在电枢铁心上放置了由 A 和 X 两根导体连成的电枢线圈,线圈的首端和末端分别连到两个圆弧形的铜片上,此铜片称为换向片。换向片之间互相绝缘,由换向片构成的整体称为换向器。换向器固定在转轴上,换向片与转轴之间亦互相绝缘。在换向片上放置着一对固定不动的电刷 B1 和 B2,当电枢旋转时,电枢线圈通过换向片和电刷与外电路接通。

在调速要求高的场所,如轧钢机、轮船推进器、电车、电气铁道牵引、高炉送料、造纸、纺织、拖动、吊车、挖掘机械、卷扬机拖动等方面,直流电动机均得到广泛的应用。直流电动机有以下 4 方面的优点:

(1) 调速范围广,且易于平滑调节;

(2) 过载、起动、制动转矩大;

(3) 易于控制,可靠性高;

(4) 调速时的能量损耗较小。

**2. 直流电动机工作原理**

图 11.19 是直流电动机工作原理图,当电刷 A、B 接在电压为 $u$ 的直流电源上时,若电刷 A 是正电位,B 是负电位,在 N 极范围内的导体 ab 中的电流是从 a 流向 b,在 S 极范围内的导体 cd 中的电流是从 c 流向 d。载流导体在磁场中要受到电磁力的作用,因此 ab 和 cd 两导体都受到电磁力的作用。根据磁场方向和导体中的电流方向,利用电机左手定则判断,ab 边受力的方向是向左的,而 cd 边则是向右的。由于磁场是均匀的,导体中流过的又是相同的电流,所以 ab 边和 cd 边所受电磁力的大小相等。这样,线圈上就受到了电磁力的作用而按逆时针方向转动。当线圈转到磁极的中性面上时,线圈中的电流等于零,电磁力等于零,但是由于惯性的作用,线圈继续转动。线圈转过半周之后,虽然 ab 与 cd 的位置调换了,ab 边转到 S 极范围内,cd 边转到 N 极范围内,但是由于换向片和电刷的作用,转到 N 极下的 cd 边中电流方向也变了,是从 d 流向 c,在 S 极下的 ab 边中的电流则是从 b 流向 a。因此电磁力的方向仍然不变,线圈仍然受力按逆时针方向转动。可见,分别处在 N 极和 S 极范围内的导体中的电流方向总是不变的,因此线圈两个边的受力方向也不变,这样线圈就可以按照受力方向不停地旋转,通过齿轮或皮带等机构的传动,便可以带动其他机械工作。

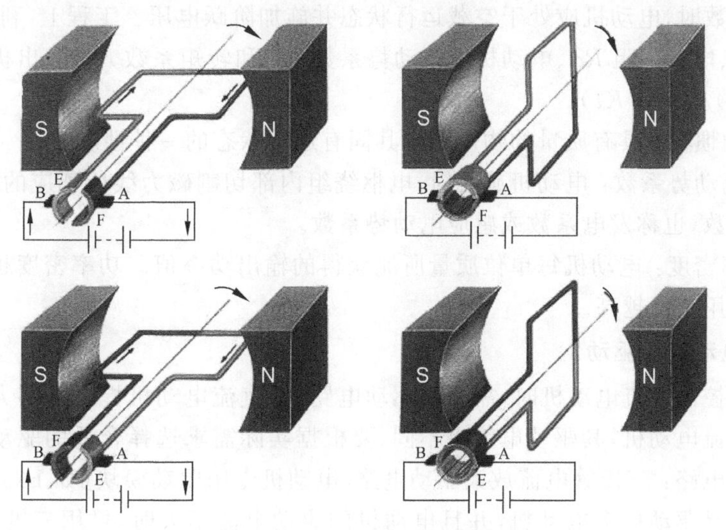


图 11.19　直流电动机工作原理

从以上分析可以看到,要使线圈按照一定的方向旋转,关键问题是当导体从一个磁极范围转到另一个异性磁极范围时(也就是导体经过中性面后),导体中电流的方向也要同时改变,换向器和电刷就是完成这一任务的装置。在直流电动机中,换向器和电刷把输入的直流电变为线圈中的交流电。可见,换向器和电刷是直流电动机中不可缺少的关键部件。

当然,在实际的直流电动机中,不只有一个线圈,而是有许多线圈牢固地嵌在转子铁芯槽中,当导体中通过电流在磁场中因受力而转动时,就带动整个转子旋转,这就是直流电动机的基本工作原理。

### 3. 直流电动机参数

直流电动机的相关参数包括以下内容。

(1) 转矩：电动机得以旋转的力矩，单位为 kg·m 或 N·m。

(2) 转矩系数：电动机所产生转矩的比例系数，一般表示每安培电枢电流所产生的转矩大小。

(3) 摩擦转矩：电刷、轴承、换向单元等因摩擦而引起的转矩损失。

(4) 启动转矩：电动机启动时所产生的旋转力矩。

(5) 转速：电动机旋转的速度，单位为转每分(r/min)。在国际单位制中为弧度每秒(rad/s)。

(6) 电枢电阻：电枢内部的电阻，在有刷电动机里一般包括电刷与换向器之间的接触电阻，由于电阻中流过电流时会发热，因此总希望电枢电阻尽量小。

(7) 电枢电感：因为电枢绕组由金属线圈构成，必然存在电感，从改善电动机运行性能的角度来说，电枢电感越小越好。

(8) 电气时间常数：电枢电流从零开始达到稳定值的63.2%时所经历的时间。测定电气时间常数时，电动机应处于独转状态并施加阶跃电压。工程上，利用电枢电组 $Ra$ 和电枢电感 $La$，求解电气时间常数：$Te=La/Ra$。

(9) 机械时间常数：电动机从启动到转速达到空载转速的63.2%时所经历的时间。测定机械时间常数时，电动机应处于空载运行状态并施加阶跃电压。工程上，利用电动机转子的转动惯量 $J$、电枢电阻 $Ra$、电动机反电动势系数 $Ke$ 和转矩系数 $Kt$，求出机械时间常数：$Tm=(J \cdot Ra)/(Ke \cdot Kt)$。

(10) 转动惯量：具有质量的物体维持其固有运动状态的一种性质。

(11) 反电动势系数：电动机旋转时，电枢绕组内部切割磁力线所感应的电动势相对于转速的比例系数，也称发电系数或感应电动势系数。

(12) 功率密度：电动机每单位质量所能获得的输出功率值。功率密度越大，电动机的有效材料的利用率就越高。

### 4. 直流电动机的驱动

用单片机控制直流电动机时，需要加驱动电路，为直流电动机提供足够大的驱动电流。使用不同的直流电动机，其驱动电流也不同，要根据实际需求选择合适的驱动电路，通常有以下几种驱动电路：三极管电流放大驱动电路、电动机专用驱动模块(如L298)和达林顿驱动器等。如果是驱动单个电动机，并且电动机的驱动电流不大时，可用三极管搭建驱动电路。如果电动机所需要的驱动电流较大，可直接选用市场上现成的电动机专用驱动模块，这种模块接口简单，操作方便，并可为电动机提供较大的驱动电流，不过它的价格要贵一些。如果是读者自己学习电动机原理及电路驱动原理使用，建议选用达林顿驱动器，它实际上是一个集成芯片，单块芯片同时可驱动8个电动机，每个电动机由单片机的一个I/O接口控制，当需要调节直流电动机转速时，使单片机的相应I/O接口输出不同占空比的PWM波形即可。

脉冲宽度调制(Pulse Width Modulation，PWM)是按一定规律改变脉冲序列的脉冲宽度，以调节输出量和波形的一种调制方式。在控制系统中最常用的是矩形波PWM信号，在控制时需要调节PWM波的占空比。如图11.20所示，占空比是指高电平持续时间在一个周期时间内的百分比。控制电动机的转速时，占空比越大，速度越快，如果全为高电平，占空比为100%时，速度达到最快。

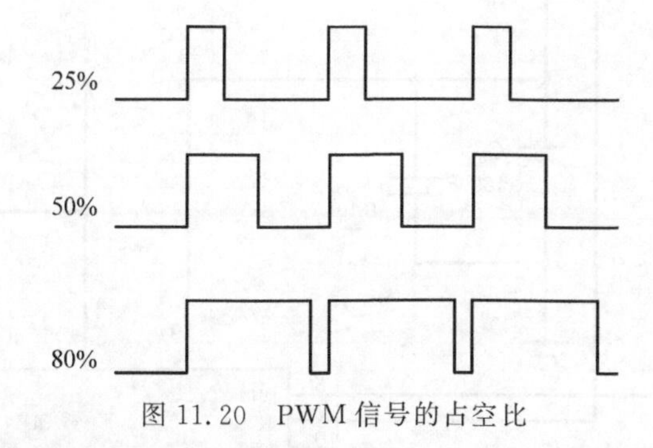


图11.20　PWM信号的占空比

当用单片机I/O接口输出PWM信号时，可采用以下3种方法。

(1) 用软件延时。当高电平延时时间到时，对I/O接口电平取反变成低电平，然后再延时；当低电平延时时间到时，再对该I/O接口电平取反，如此循环就可得到PWM信号。

(2) 用定时器。控制方法同上，只是在这里利用单片机的定时器来定时进行高、低电平的翻转，而不用软件延时。

(3) 用单片机自带的PWM控制器。STC12系列单片机自身带有PWM控制器，STC81系列单片机无此功能，其他型号的很多单片机也带有PWM控制器，如PIC单片机、AVR单片机等。

## 11.3.2　直流电动机调速系统的设计

### 1. 电路设计

选用AT89C51单片机控制，通过外部中断来读取控制按钮的动作，通过L298N芯片驱动电动机电路来实现电机驱动，通过PWM技术来控制电动机速度。结构框图如图11.21所示。

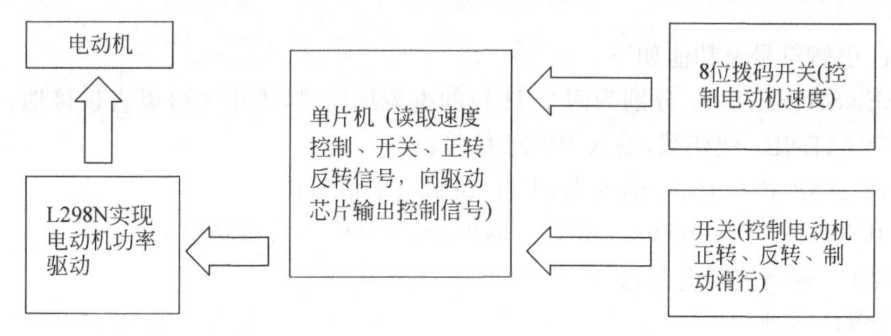


图11.21　直流电动机调速系统结构框图

直流电动机的驱动电路设计原理如图11.22所示。L298N可以驱动两台直流电动机，使能端ENA、ENB为高电平时有效，若要对直流电动机进行PWM调速，需要设置IN1、IN2，确定电动机的转动方向，然后对使能端输出PWM脉冲，即可实现调速，控制方式及直流电动机状态如表11.3所示。

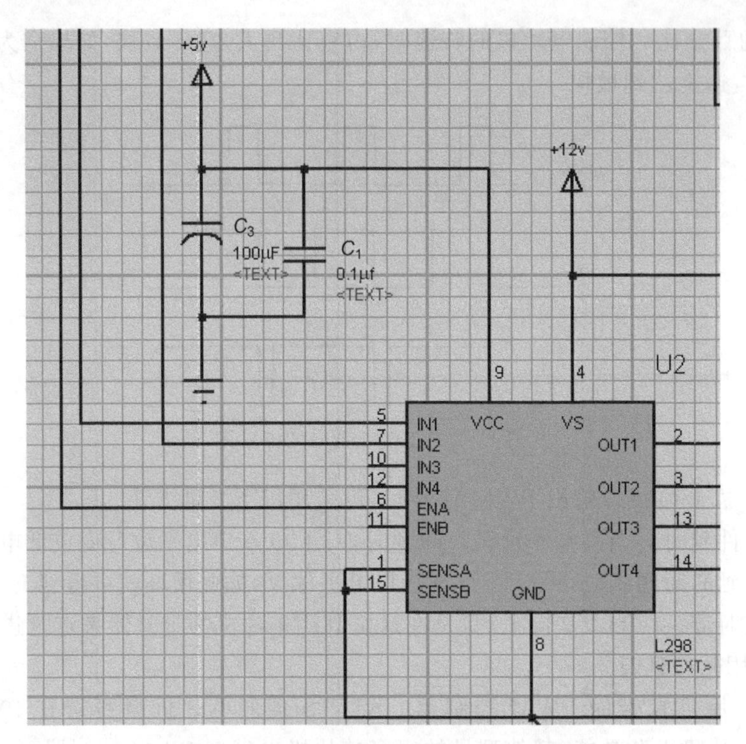


图 11.22　L298N 芯片驱动电动机电路

**表 11.3　控制方式及直流电动机状态表**

| ENA | IN1 | IN2 | 直流电机状态 |
|---|---|---|---|
| 0 | X | X | 停止 |
| 1 | 0 | 0 | 制动 |
| 1 | 0 | 1 | 正转 |
| 1 | 1 | 0 | 反转 |
| 1 | 1 | 1 | 制动 |

L298N 引脚符号及功能如下。

(1) SENSA、SENSB：分别为两个 H 桥的电流反馈脚，不用时可以直接接地；

(2) ENA、ENB：使能端，输入 PWM 信号；

(3) IN1、IN2、IN3、IN4：输入端，TTL 逻辑电平信号；

(4) OUT1、OUT2、OUT3、OUT4：输出端，与对应输入端同逻辑；

(5) VCC：逻辑控制电源，4.5～7V；

(6) GND：接地；

(7) VSS：电动机驱动电源，最小值需比输入的低电平电压高。

正反转控制电路设计采用一个停止开关、一个正转开关、一个反转开关，可实现直流电动机的正转、反转、停止，具体电路如图 11.23 所示。本电路利用普通按键开关实现正反转控制。

PWM 脉冲控制电路设计如图 11.24 所示，为 8 位开关，控制 P0 口高低电平，由单片机读取后控制输出 PWM 波的占空比，从而控制电动机的速度。

直流电动机调速系统的总体电路图如图 11.25 所示。

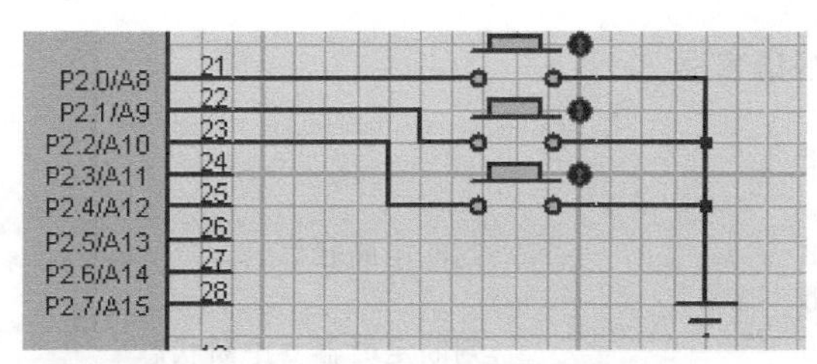


图 11.23　正反转控制电路设计

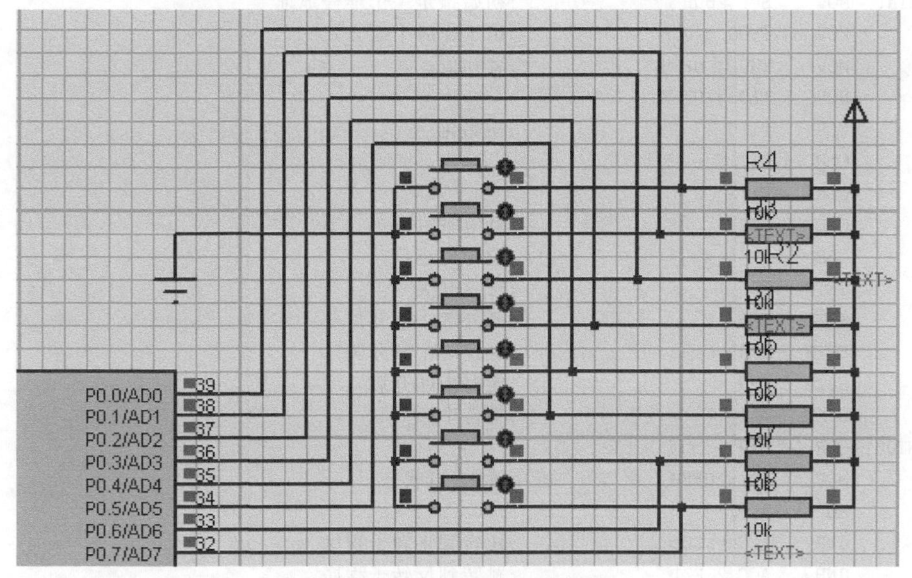


图 11.24　PWM 脉冲控制电路

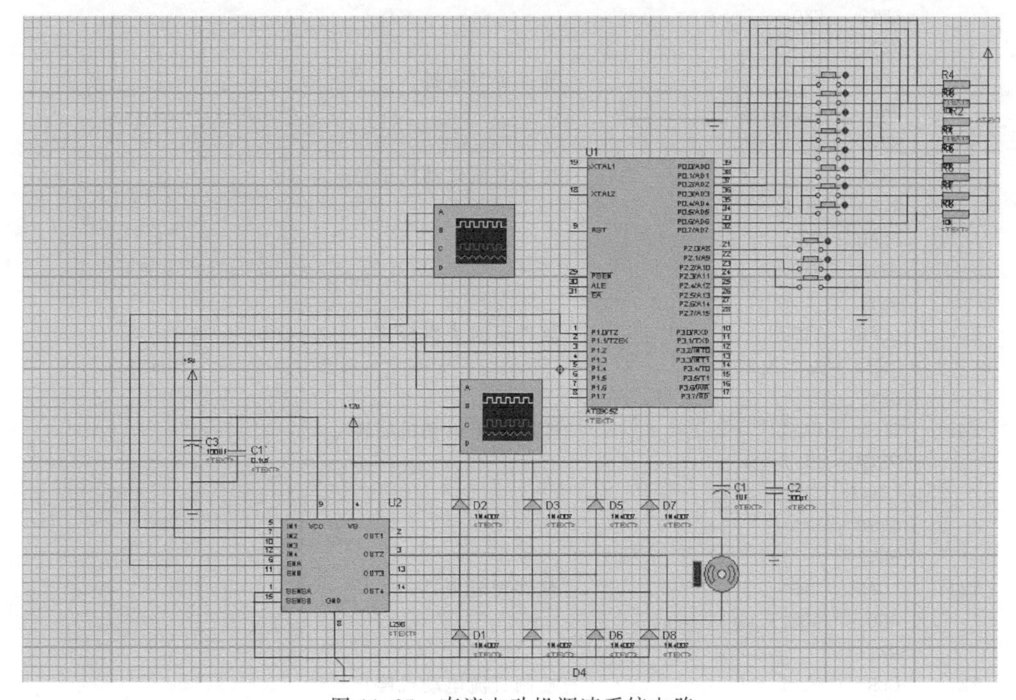


图 11.25　直流电动机调速系统电路

## 2. 主程序——汇编语言版

```
        ORG     0000H
        LJMP    MAIN
        ORG     0003H                   ;判断中断状态
        LJMP    INT00
        ORG     000BH                   ;判断定时器 0 中断状态
        LJMP    IT00
MAIN:   MOV     SP,#60H                 ;初始指定一个堆栈地址
        MOV     TMOD,#01H               ;确定定时中断方式
        MOV     TH0,#0FFH               ;置初值
        MOV     TL0,#0FFH
        CLR     P1.0                    ;初始化
        CLR     P1.1
        CLR     P1.2
        CLR     IT0                     ;低电平触发
        CLR     C                       ;清零标志位
        SETB    EA                      ;开总开关
        SETB    EX0                     ;开外部中断开关
        SETB    ET0                     ;开定时中断开关
        SETB    TR0                     ;定时中断开启
        SJMP    $                       ;等待中断
INT00:  CLR     EX0
        MOV     P2,#0FFH                ;读 P2 口状态
        MOV     A,P2
        JNB     ACC.1,ZZ1               ;跳转到正转子程序
        JNB     ACC.2,FZ1               ;跳转到反转子程序
        JNB     ACC.3,TZ1               ;跳转到停止子程序
        SETB    EX0
        RETI
ZZ1:    LCALL   TTS                     ;软件延时去抖
        JNB     ACC.1,ZZ
        RETI
ZZ:     SETB    P1.1                    ;控制直流电动机正转
        CLR     P1.2
        LCALL   TTS
        SETB    EX0
        RETI
FZ1:    LCALL   TTS                     ;软件延时去抖
        JNB     ACC.2,FZ
        RETI
FZ:     CLR     P1.1                    ;控制直流电动机反转
        SETB    P1.2
        LCALL   TTS
        SETB    EX0
        RETI
TZ1:    LCALL   TTS                     ;软件延时去抖
        JNB     ACC.3,TZ
        RETI
TZ:     CLR     P1.1                    ;控制直流电动机停止
        CLR     P1.2
```

```
        LCALL   TTS
        SETB    EX0
        RETI
IT00:   MOV     P0,#0FFH              ;扫描P0口控制PWM波开关状态
        MOV     A,P0
        MOV     R0,A                  ;将P0口状态放入R0
        CPL     P1.0                  ;控制PWM波程序
        JB      P1.0,Y1
        MOV     TH0,R0
        RETI
Y1:     MOV     A,P0
        MOV     R0,A
        MOV     A,#0FFH
        SUBB    A,R0
        MOV     TH0,A
        RETI
TTS:    MOV     R3,#0E0H
TT1S:   MOV     R4,#30H
TT0S:   DJNZ    R4,TT0S
        DJNZ    R3,TT1S
        RET
        END
```

### 3. 主程序——C语言版

```
#include <reg52.h>
sbit PWM0 = P1^1;
sbit PWM1 = P1^2;
sbit ENA = P1^0;
sbit key_ZZ = P2^1;              //正转键
sbit key_FZ = P2^2;              //反转键
sbit key_stop = P2^0;            //停止键
unsigned int ZZ;                 //正转标志位
unsigned int FZ;                 //反向标志位
unsigned int TS;                 //换向标志位
unsigned char CYCLE;             //定义周期 该数字×基准定时时间,如果是20,则周期是20×0.5ms
unsigned char PWM_ON ;           //定义高电平时间
main()
{
  ENA = 1;
  TMOD |= 0x01;                  //定时器设置
  TH0 = (65536 - 500)            //256;
  TL0 = (65536 - 500) % 256;     //定时0.5ms
  P0 = 0xFF;
  TR0 = 1;
  CYCLE = 20;                    //时间可调整,这里是20步调整,周期10ms,8位PWM就是256步
  while(1)
  {
    if(P0 == 0xFE)               //P0.0按下
    {
      if(TS == 1)
        {IE = 0x82;              //打开中断
         ZZ = 1;                 //正反转标志位置1和清零
```

```
            FZ = 0;                //正反转标志位置 1 和清零
            PWM_ON = 16;}          //设置步数
        if(TS == 2)
            {
            IE =  0x82;
            ZZ = 0;
            FZ = 1;
            PWM_ON = 16;
            }
    }
    if(P0 == 0xFD)                 //P0.1 按下
      {
        if(TS == 1)
            {IE =  0x82;
            ZZ = 1;
            FZ = 0;
            PWM_ON = 14;}
        if(TS == 2)
            {
            IE =  0x82;
            ZZ = 0;
            FZ = 1;
            PWM_ON = 14;
            }
      }
    if(P0 == 0xFB)                 //P0.2 按下
      {
        if(TS == 1)
            {IE =  0x82;
            ZZ = 1;
            FZ = 0;
            PWM_ON = 12;}
        if(TS == 2)
            {
            IE =  0x82;
            ZZ = 0;
            FZ = 1;
            PWM_ON = 12;
            }
      }
    if(P0 == 0xF7)                 //P0.3 按下
      {
        if(TS == 1)
            {IE =  0x82;
            ZZ = 1;
            FZ = 0;
            PWM_ON = 10;}
        if(TS == 2)
            {
            IE =  0x82;
            ZZ = 0;
            FZ = 1;
            PWM_ON = 10;
            }
```

```
  }
 if(P0 == 0xEF)              //P0.4 按下
  {
             if(TS == 1)
      {IE =  0x82;
         ZZ = 1;
        FZ = 0;
      PWM_ON = 8;}
   if(TS == 2)
      {
        IE =  0x82;
        ZZ = 0;
        FZ = 1;
      PWM_ON = 8;
       }
  }
 if(P0 == 0xDF)              //P0.5 按下
  {
    if(TS == 1)
      {IE =  0x82;
        ZZ = 1;
        FZ = 0;
      PWM_ON = 6;}
   if(TS == 2)
      {
        IE =  0x82;
        ZZ = 0;
        FZ = 1;
      PWM_ON = 6;
       }
  }
 if(P0 == 0xBF)              //P0.6 按下
  {
        if(TS == 1)
      {IE =  0x82;
            ZZ = 1;
        FZ = 0;
      PWM_ON = 4;}
   if(TS == 2)
      {
        IE =  0x82;
        ZZ = 0;
        FZ = 1;
      PWM_ON = 4;
       }
  }
 if(P0 == 0x7F)              //P0.7 按下
  {
        if(TS == 1)
      {IE =  0x82;
            ZZ = 1;
        FZ = 0;
      PWM_ON = 2;}
    if(TS == 2)
```

```
            {
              IE = 0x82;
              ZZ = 0;
              FZ = 1;
             PWM_ON = 2;
              }
         }
      if(key_ZZ == 0)                    //正转按下,TS 标志位为 1
      {
        TS = 1;
      }
      if(key_FZ == 0)                    //反转按下,TS 标志位为 2
      {
         TS = 2;
      }
      if(key_stop == 0)                  //停车按下,关闭定时中断
      {
         EA = 0;
         PWM0  =  0;
         PWM1  =  0;
      }
   }
}
/ ********************************** /
/ *        定时中断                  * /
/ ********************************** /
void tim(void) interrupt 1 using 1
{
   static unsigned char count;           //
   TH0 = (65536 - 500)/256;
   TL0 = (65536 - 5000) % 256;           //定时 0.5ms
   if(count  ==  PWM_ON)
      {
          if(ZZ == 1)
          {
            PWM0  =  1;                  //开始正转
            PWM1  =  0;
                 }
          if(FZ == 1)                    //开始反转
          {
            PWM0  =  0;
            PWM1  =  1;
               }
      }
   if(count  ==  CYCLE)
   {
         count = 0;
         if(PWM_ON!= 0)                  //如果左右时间是 0 保持原来状态
         {
           PWM0  =  0;
           PWM1  =  0;
```

```
        }
    }
    count++;
}
```

## 11.4　应用实例——99s 表的设计

### 11.4.1　99s 表设计任务

利用 51 单片机定时器/计数器模块，设计一个 99s 表，即从 0 开始计时，利用数码管显示时间，计到 99s，重新开始，反复循环。此过程中，设置按键 SP1，实现：

(1) 开始时，显示“00”，第 1 次按下 SP1 后开始计时；

(2) 第 2 次按下 SP1 后，计时暂停；

(3) 第 3 次按下 SP1 后，计时归零。

数码管采用静态连接方式，电路如图 11.26 所示。

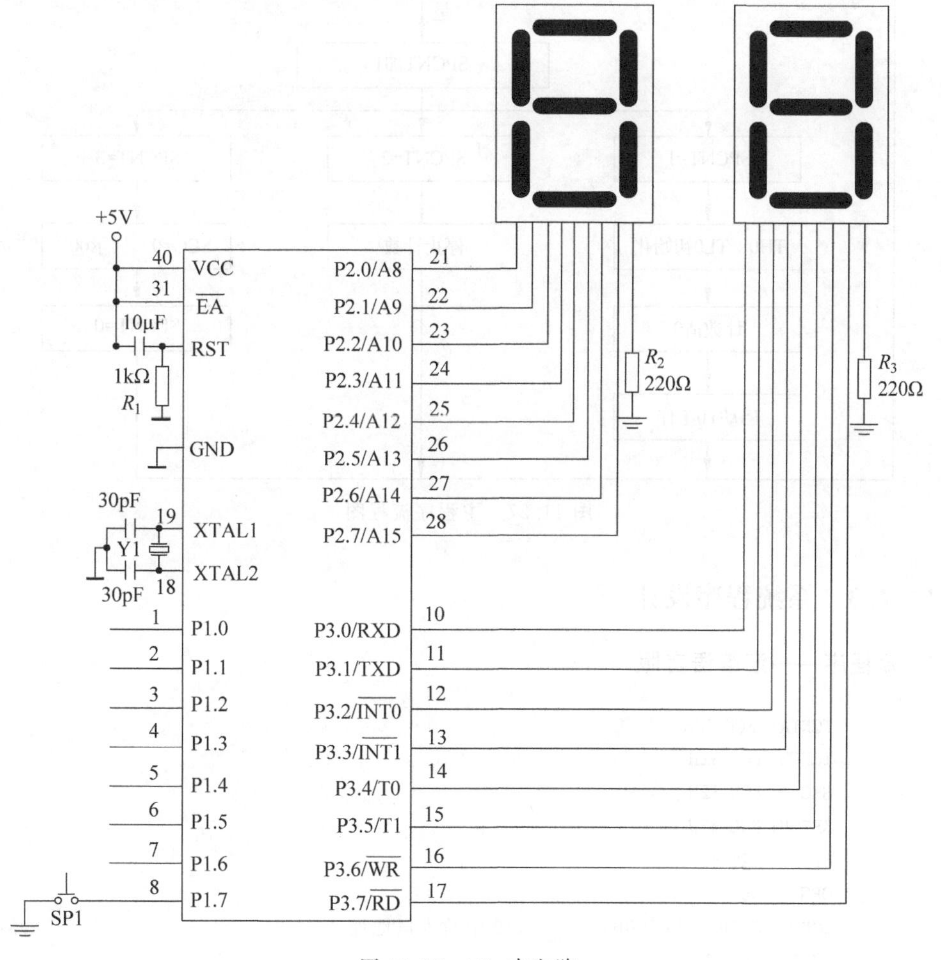


图 11.26　99s 表电路

### 11.4.2 系统设计流程

该程序设计采用定时器 T0,工作于方式 2,控制 GATE 和 TR0 实现软件启动。通过循环次数控制实现 1s 定时。主程序流程如图 11.27 所示,T0 中断服务程序流程如图 11.28 所示。

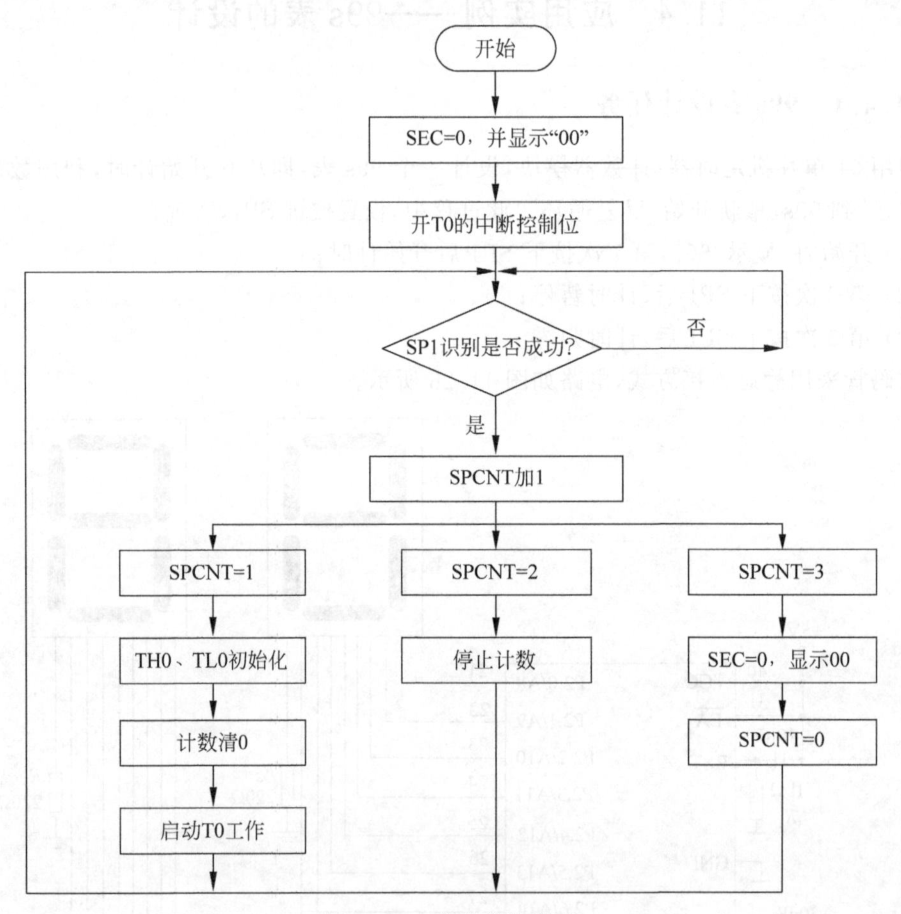


图 11.27　主程序流程图

### 11.4.3 系统程序设计

1. 源程序——汇编语言版

```
        TCNTA   EQU 30H
        TCNTB  EQU 31H
        SEC     EQU 32H
        KEYCNT EQU 33H
        SP1     BIT P3.5
        ORG     0000H
        LJMP    START ORG 000BH          ;T0 中断入口地址
        LJMP    INT_T0
START:  MOV     KEYCNT, ＃00H            ;初始化
```

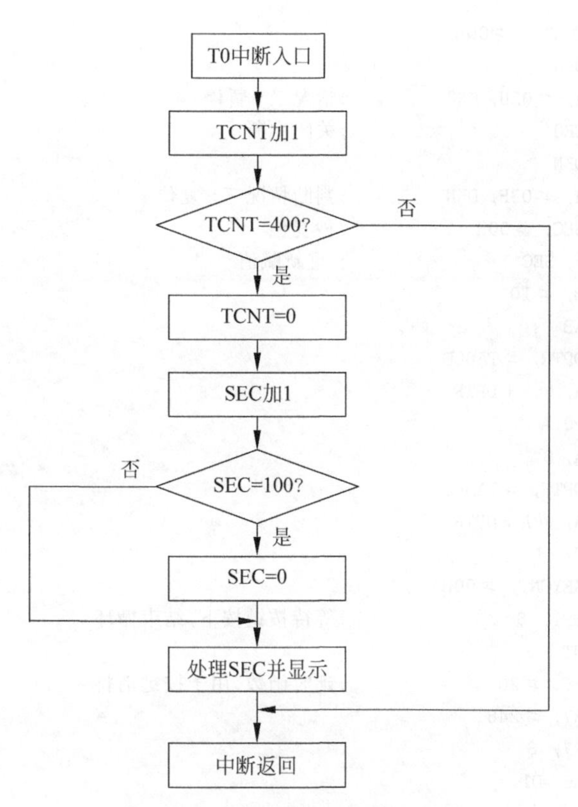


图 11.28　T0 中断服务程序流程图

```
        MOV     SEC, #00H
        MOV     A, SEC
        MOV     B, #10
        DIV     AB                  ;A = A/B,B = A MOD B
        MOV     DPTR, #TABLE
        MOVC    A, @A + DPTR        ;对于高位,取段码
        MOV     P0, A               ;输出数据
        MOV     A, B                ;对低位进行操作
        MOV     DPTR, #TABLE
        MOVC    A, @A + DPTR
        MOV     P2, A               ;输出数据
        MOV     TMOD, #02H          ;设置定时器为 8 位自动重置定时器/计数器
        SETB    ET0                 ;开中断
        SETB    EA
WT:     JB      SP1, WT             ;判断按键按下
        LCALL   DELY10MS
        JB      SP1, WT
        INC     KEYCNT              ;计数增一
        MOV     A, KEYCNT
        CJNE    A, #01H,KN1         ;情况一：用于 99s 计时
        SETB    TR0                 ;启动中断 T0
        MOV     TH0, #06H           ;设置重装的值为 6
        MOV     TL0, #06H
        MOV     TCNTA, #00H
```

```
          MOV   TCNTB, #00H
          LJMP  DKN
KN1:      CJNE  A, #02H, KN2           ;情况二：暂停
          CLR   TR0                    ;关闭中断
          LJMP  DKN
KN2:      CJNE  A, #03H, DKN           ;判断情况三：复位
          MOV   SEC, #00H              ;秒复位
          MOV   A, SEC                 ; 重新赋值
          MOV   B, #10
          DIV   AB
          MOV   DPTR, #TABLE
          MOVC  A, @A + DPTR
          MOV   P0,A
          MOV   A, B
          MOV   DPTR, #TABLE
          MOVC  A, @A + DPTR
          MOV   P2, A
          MOV   KEYCNT, #00H
DKN:      JNB   SP1, $                 ;等待按键按下,结束循环
          LJMP  WT
DELY10MS: MOV   R6, #20                ;延时函数,用于按键消抖
D1:       MOV   R7, #248
          DJNZ  R7, $
          DJNZ  R6, D1
          RET
INT_T0:   INC   TCNTA                  ; 秒计数增 1
          MOV   A, TCNTA
          CJNE  A, #100, NEXT          ;查看是否计时是否满 250×100 = 25ms
          MOV   TCNTA, #00H            ;复位
          INC   TCNTB                  ;增 1
          MOV   A, TCNTB
          CJNE  A, #4, NEXT            ;共执行 4 次,总计 25×4 = 100ms = 0.1s
          MOV   TCNTB, #00H            ;复位
          INC   SEC                    ;秒增 1,每隔 0.1s,数据更新一次
          MOV   A, SEC
          CJNE  A, #100, DONE
          MOV   SEC, #00H
DONE:     MOV   A, SEC                 ;复位,重新赋值
          MOV   B, #10
          DIV   AB
          MOV   DPTR, #TABLE
          MOVC  A, @A + DPTR
          MOV   P0, A
          MOV   A, B
          MOV   DPTR, #TABLE
          MOVC  A, @A + DPTR
          MOV   P2, A
NEXT:     RETI
TABLE:    DB 3FH,06H,5BH,4FH,66H,6DH,7DH,07H,7FH,6FH
          END
```

## 2. C语言程序

```
#include <AT89X51.H>
unsigned char code dispcode[ ] = {0x3f,0x06,0x5b,0x4f,0x66,0x6d,0x7d,0x07,0x7f,0x6f,0x77,
0x7c,0x39,0x5e,0x79,0x71,0x00};
unsigned char second;                          //存储秒
unsigned char keycnt;                          //记录按键次数
unsigned int tcnt;                             //记录中断次数
void main(void)
{
  unsigned char i,j;
  TMOD = 0x02;                                 //采用 T0 的方式 2 定时
  ET0 = 1;                                     //允许寄存器 T0 中断
  EA = 1;                                      //允许总中断
  second = 0;                                  //设初始值
  P2 = dispcode[second/10];                    //显示秒位
  P3 = dispcode[second % 10];                  //显示 1s
  while(1)
    {
      if(P1_7 == 0)                            //当按键按下时
        {
          for(i = 20;i > 0;i -- )
          for(j = 248;j > 0;j -- );
          if(P1_7 == 0)                        //当按键按下时
            {
              keycnt++;                        //按键次数加 1
              switch(keycnt)                   //根据按键次数分 3 种情况
                {
                  case 1:                      //第一次按下为启动秒表计时
                    TH0 = 0x06;                //向 TH0 写入初值的高 8 位
                    TL0 = 0x06;                //向 TL0 写入初值的高 8 位
                    TR0 = 1;                   //启动定时器 T0
                    break;
                  case 2:                      //按下两次暂时秒表
                    TR0 = 0;                   //关闭定时器 T0
                    break;
                  case 3:                      //按下 3 次秒表清 0
                    keycnt = 0;                //按键次数清 0
                    second = 0;                //秒表清 0
                    P2 = dispcode[second/10];  //显示秒位
                    P3 = dispcode[second % 10]; //显示 1s
                    break;
                }
              while(P1_7 == 0);                //如果按键时间过长在此循环
            }
        }
    }
}

void t0(void) interrupt 1 using 0              //定时器 T0 中断函数
{
```

```
        tcnt++;                                   //记录中断次数
        if(tcnt == 4000)                          //中断 4000 次
          {
            tcnt = 0;                             //中断次数清 0
            second++;                             //加 1 秒
            if(second == 100)                     //当计时到 99 秒时
              {
                second = 0;                       //秒清 0
              }
            P2 = dispcode[second/10];
            P3 = dispcode[second % 10];
          }
    }
```

# 11.5 应用实例——超声测距播报系统

## 11.5.1 HC-SR04 超声波测距模块

HC-SR04 超声波测距集成模块是集成超声波发射探头、超声波接收探头、CX20106A 芯片电路和 74LS04 芯片放大电路的一个超声波集成模块。模块性能稳定,测度距离精确,精度高,盲区小,可用于机器人避障、物体测距、液位检测、公共安防、停车场检测等。

实物如图 11.29 所示,包括 5V 电源 $V_{CC}$、地线 Gnd、触发控制信号输入 Trig 和回响信号输出 Echo 等 4 个接口。

图 11.29 HC-SR04 超声波集成模块

### 1. 电气参数

模块的电气参数如表 11.4 所示。

**表 11.4 HC-SR04 超声波模块电气参数**

| 电 气 参 数 | HC-SR04 超声波模块 |
|---|---|
| 工作电压 | 5V |
| 工作电流 | 15mA |
| 工作频率 | 40kHz |
| 最远射程 | 4m |
| 最近射程 | 2cm |
| 测量角度 | 15° |
| 输入触发信号 | 10μs 的 TTL 脉冲 |
| 输出回响信号输出 TTL | 输出电平信号,与射程成比例 |

### 2. 超声波测距原理

模块使用中不宜带电连接,若要带电连接,须先连接模块的 Gnd 端,否则会影响模块的正常工作。测距时，被测物体的面积不少于 0.5m²，且平面尽量要求平整，否则影响测量结果。模块工作时序如图 11.30 所示。

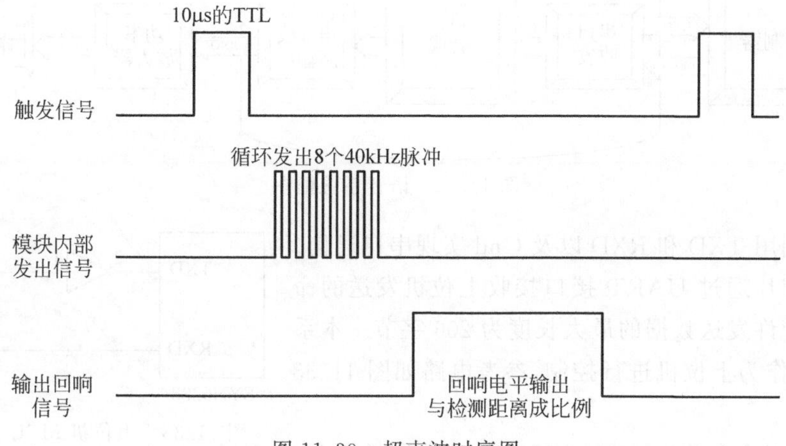


图 11.30　超声波时序图

时序图表明 HC-SR04 超声波集成模块采用的是 I/O 触发测距，给至少 10μs 的高电平信号。另外，此模块可以自动发送 8 个 40kHz 的方波脉冲，并能够自动检测是否有信号返回。如果检测到有信号返回，则通过 I/O 接口输出高电平，高电平的持续时间就是超声波从发射到返回所用的时间，则

测试距离＝(高电平时间×声速(340m/s))/2

一个控制口发出一个 10μs 以上的高电平，就可以在接收口等待高电平输出。一旦有输出就可以开始计时。当此口变为低电平时，就可以读定时器的值，即为此次测距的时间，同时可以算出距离。这样不断地循环测试，就可以在不停移动的过程中测量距离。但是，为防止发射信号对回收信号的影响，本超声波集成模块的测量周期最好定在 60ms 以上，所以设计中将测量周期定在 80ms。综上所述，可设计超声波模块与 AT8951 连线如图 11.31 所示。

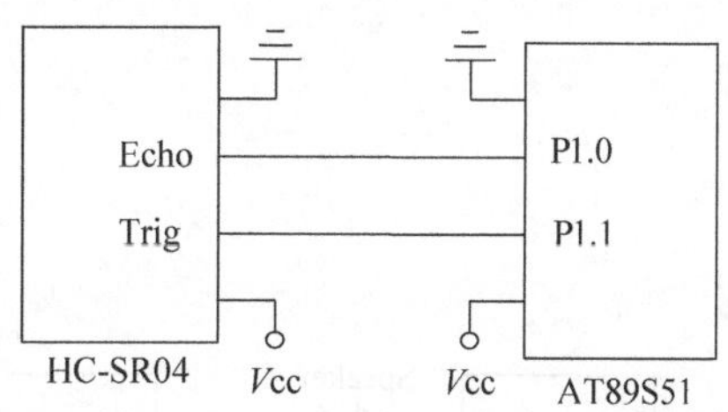


图 11.31　超声波模块与 AT8951 连线示意图

### 11.5.2　语音模块设计

#### 1. 语音合成芯片

语音合成芯片 SYN6288 通过 UART 通信方式，接收待合成的文本数据，实现文本到语音(或 TTS 语音)的转换。

#### 2. 语音模块电路

单片机和 SYN6288 语音合成芯片之间通过 UART 接口连接，控制器通过通信接口向 SYN6288 芯片发送控制命令和文本，SYN6288 芯片把接收到的文本合成为语音信号输出，输出的信号经功率放大器进行放大后连接到喇叭进行播放，如图 11.32 所示。

SYN6288 芯片提供一组全双工的异步串行通信接口，实现与微处理器的数据传输。

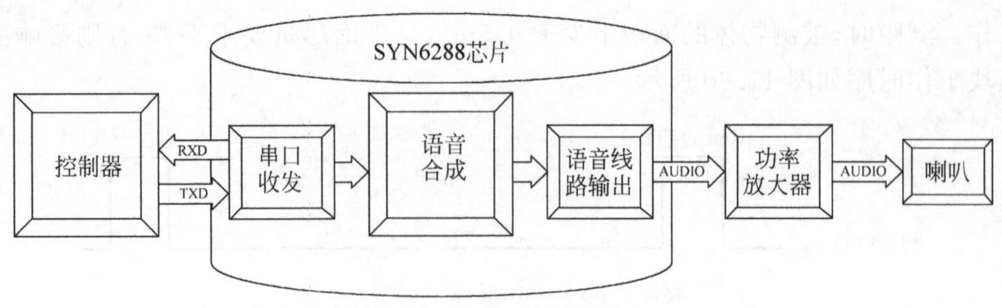


图 11.32　语音系统框图

SYN6288 利用 TXD 和 RXD 以及 Gnd 实现串口通信。SYN6288 芯片通过 UART 接口接收上位机发送的命令和数据，允许发送数据的最大长度为 206 字节。本系统用单片机作为上位机进行控制，参考电路如图 11.33 所示。

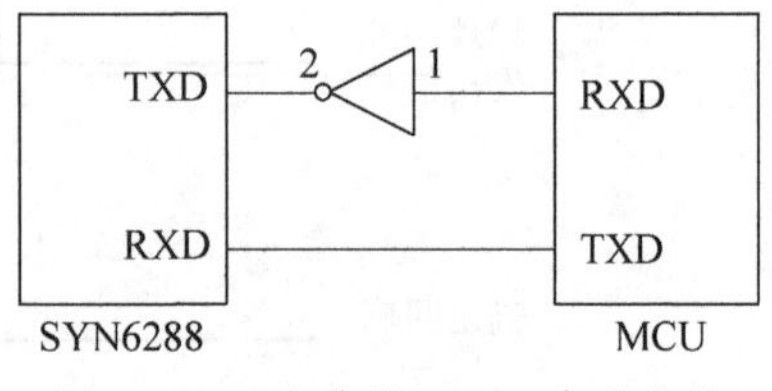


图 11.33　上位机 MCU 参考电路

上位机以命令帧格式向 SYN6288 芯片发送命令。SYN6288 芯片根据命令帧进行相应操作，并向上位机返回命令操作结果。综上所述，可设计如图 11.34 所示的电路图。

采用模块化思路来进行设计和编写程序，程序主要由系统主程序、中断程序、测距子程序以及语音播报子程序等。系统程序设计的主要功能是发射超声波、接受超声波、计算测量距离、数据计算及语音播报等。综上分析可得系统主程序流程图，如图 11.35 所示。

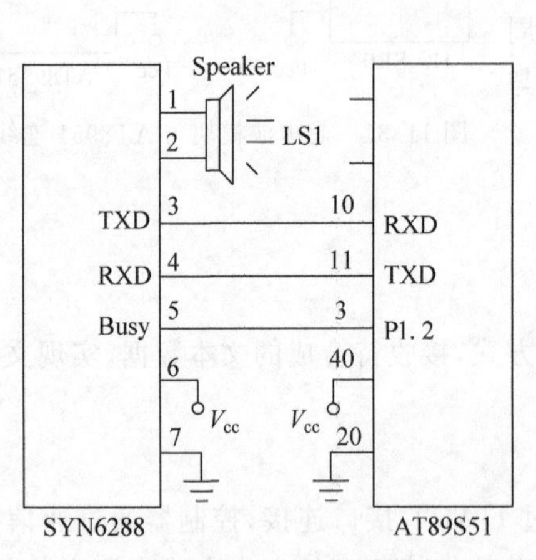


图 11.34　语音模块 SYN6288 模块与 AT8951 连线示意图

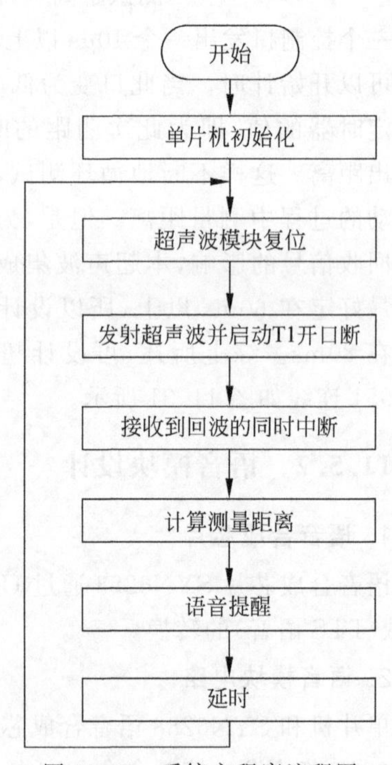


图 11.35　系统主程序流程图

### 11.5.3　系统程序设计——C 语言程序

```
#include <reg51.h>
#include <string.h>
#include <intrins.h>
sbit TTS_BUSY = P1^2;
sbit T = P1^0;                                        //超声波模块1发射
sbit E = P1^1;                                        //超声波模块1接收
void speak(unsigned char * text,unsigned char length,unsigned char bkm);
void delay_1s(unsigned char sec);
unsigned char ds_txt[30];
char code text[ ] = {"欢迎使用语音避障系统"};
void delay_20us() {
   unsigned char bt ;
   for(bt = 0;bt < 100;bt++);
   }
void test_ds(void)
  {
    unsigned char count;
    unsigned int ds;
    TH0 = 0;
    TL0 = 0;
    count = 0;
    ds_txt[count++] = 0xc7;                           //前方 GBK 内码(每两行为一个字)
    ds_txt[count++] = 0xb0;
    ds_txt[count++] = 0xb7;
    ds_txt[count++] = 0xbd;
    T = 1; //启动超声波测距
    delay_20us();
      T = 0;
      while(E == 0);                                  //等待测距完成
      TR0 = 1;
      while(E == 1);
      TR0 = 0;
      ds = TH0 * 256 +  TL0;                          //计算距离,转换成厘米
     ds = ds/51;
     if(ds % 1000/100){
      ds_txt[count++] = ds % 1000/100  +  '0';        //测得的距离 转换为 ASCII
      ds_txt[count++] = ds % 100/10  +  '0';
      ds_txt[count++] = ds % 10  +  '0';
     }else if(ds % 100/10){
      ds_txt[count++] = ds % 100/10  +  '0';
      ds_txt[count++] = ds % 10  +  '0';
     }else {
       ds_txt[count++] = ds % 10  +  '0';
     }
     ds_txt[count++] = 0xc0;                          //厘米
     ds_txt[count++] = 0xe5;
     ds_txt[count++] = 0xc3;
```

```
        ds_txt[count++] = 0xd7;
        ds_txt[count++] = 0xd3;                         //有障碍物
        ds_txt[count++] = 0xd0;
        ds_txt[count++] = 0xd5;
        ds_txt[count++] = 0xcf;
        ds_txt[count++] = 0xb0;
        ds_txt[count++] = 0xad;
        ds_txt[count++] = 0xce;
        ds_txt[count++] = 0xef;
        ds_txt[count++] = '\0';                         //字符串结束标志
        speak(ds_txt,strlen(ds_txt),4);                 //调用语音播报子程序
}
//延时
void delay(unsigned int n)
{
    unsigned char i = 112;
    while(n--)
        while(i--);
}
void speak(unsigned char * text,unsigned char length,unsigned char bkm){   //字符串和字符串长度
     unsigned  char  headOfFrame[5];
     unsigned  char  i;
     unsigned  char  ecc  = 0 ;                         //定义校验字节
     ecc = 0;
     headOfFrame[0]  =  0xFD ;                          //构造帧头 FD
     headOfFrame[1]  =  0x00 ;                          //构造数据区长度的高字节
     headOfFrame[2]  =  length + 3;                     //构造数据区长度的低字节
     headOfFrame[3]  =  0x01 ;                          //构造命令字:合成播放命令
     headOfFrame[4]  =  0x01 ;                          //构造命令参数:编码格式为 GBK
     headOfFrame[4]  =  ( (bkm % 16) << 3 ) | headOfFrame[4];
     for(i  =  0; i < 5; i++)                           //依次发送构造好的 5 个帧头字节
       {
           ecc = ecc^(headOfFrame[i]);                  //对发送的字节进行异或校验
           SBUF  =  headOfFrame[i];
           while (TI == 0) {;}                          //等待发送中断标志位置位
           TI  =  0;                                    //发送中断标志位清零
       }
       for(i  =  0; i < length; i++)                    //依次发送待合成的文本数据
       {
           ecc = ecc^(text[i]);                         //对发送的字节进行异或校验
           SBUF  =  text[i];
           while (TI == 0) {;}
           TI  =  0;
       }
      SBUF = ecc;                                       //最后发送校验字节
      while (TI == 0) {;}
      TI = 0;
    delay(10);
    while(TTS_BUSY);                                    //等待语音结束
}
void delay_1s(unsigned char sec){
```

```
    unsigned char i,j;
    unsigned int k;
      for(j = 0;j < sec;j++)
          for(i = 0;i < 127;i++)
           for(k = 0;k < 1000;k++){ _nop_(); }
      }
  void main(void)
  {
    /************** 需要发送的文本 ************************************ /
      /***************** 串口的初始化 **************************************** /
          TL1 = 0xFA;                           //设置波特率 9600b/s,工作方式 2
          TH1 = 0xFA;
         // TMOD = 0x20;
           TMOD = 0x21;
          SCON = 0x50;                          // 串口工作方式 1,允许接收
          PCON = 0x80;
          EA = 0;
          REN = 1;
          TI = 0;                               //发送中断标志位置零
          RI = 0;                               //接收中断标志位置零
          TR1 = 1;                              //定时器 1 用作波特率发生
          T = 0;                                //I/O 接口初始化
          E = 0;
  /****************** 发送过程 ************************************** /
          speak(text,strlen(text),4);           //欢迎语
          while(1)
          {
            test_ds();                          //调用测距
            delay_1s(2);                        //延时两秒
        }
  }
```

# 附录A 常用单片机芯片引脚图

本附录给出单片机及接口电路扩展中常用的芯片引脚图。

## A.1 单 片 机

### 1. MCS-51 系列单片机芯片引脚

图 A.1 所示 MCS-51 系列单片机是美国 Intel 公司开发的 8 位单片机，又可以分为多个子系列。MCS-51 系列单片机共有 40 条引脚，包括 32 条 I/O 接口引脚、4 条控制引脚、2 条电源引脚、2 条时钟引脚。

| 引脚名 | 引脚号 | 8031 / 8051 / 8751 | 引脚号 | 引脚名 |
|---|---|---|---|---|
| P1.0 | 1 | | 40 | $V_{CC}$ |
| P1.1 | 2 | | 39 | P0.0/AD0 |
| P1.2 | 3 | | 38 | P0.1/AD1 |
| P1.3 | 4 | | 37 | P0.2/AD2 |
| P1.4 | 5 | | 36 | P0.3/AD3 |
| P1.5 | 6 | | 35 | P0.4/AD4 |
| P1.6 | 7 | 8031 | 34 | P0.5/AD5 |
| P1.7 | 8 | | 33 | P0.6/AD6 |
| RST | 9 | 8051 | 32 | P0.7/AD7 |
| RXD/P3.0 | 10 | | 31 | $\overline{EA}/V_{PP}$ |
| TXD/P3.1 | 11 | 8751 | 30 | ALE/$\overline{PROG}$ |
| $\overline{INT0}$/P3.2 | 12 | | 29 | $\overline{PSEN}$ |
| $\overline{INT1}$/P3.3 | 13 | | 28 | P2.7/$A_{15}$ |
| T0/P3.4 | 14 | | 27 | P2.6/$A_{14}$ |
| T1/P3.5 | 15 | | 26 | P2.5/$A_{13}$ |
| $\overline{WR}$/P3.6 | 16 | | 25 | P2.4/$A_{12}$ |
| $\overline{RD}$/P3.7 | 17 | | 24 | P2.3/$A_{11}$ |
| XTAL2 | 18 | | 23 | P2.2/$A_{10}$ |
| XTAL1 | 19 | | 22 | P2.1/$A_9$ |
| $V_{SS}$ | 20 | | 21 | P2.0/$A_8$ |

图 A.1 MCS-51 系列单片机引脚

**引脚说明如下。**

P0.0～P0.7：P0 口 8 位口线，第一功能作为通用 I/O 接口，第二功能作为存储器扩展时的地址/数据复用口；

P1.0～P1.7：P1 口 8 位口线，通用 I/O 接口无第二功能；

P2.0～P2.7：P2 口 8 位口线，第一功能作为通用 I/O 接口，第二功能作为存储器扩展时传送高 8 位地址；

P3.0～P3.7：P3 口 8 位口线，第一功能作为通用 I/O 接口，第二功能作为单片机的控制信号；

ALE/$\overline{PROG}$：地址锁存允许/编程脉冲输入信号线(输出信号)；

$\overline{PSEN}$：片外程序存储器开发信号引脚(输出信号)；

$\overline{EA}$/Vpp：片外程序存储器使用信号引脚/编程电源输入引脚；

RST/VPD：复位/备用电源引脚。

2．MCS-96

图 A.2 所示 MCS-96 系列单片机是美国 Intel 公司继 MCS-51 系列单片机之后推出的 16 位单片机系列。它含有比较丰富的软、硬件资源，适用于要求较高的实时控制场合。它分为 48 引脚和 68 引脚两种，以 48 引脚居多。

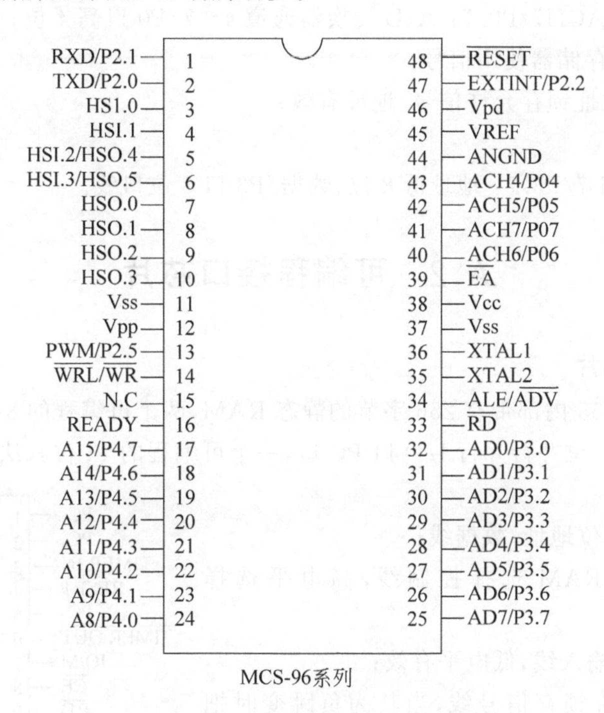


图 A.2　MCS-96 系列单片机引脚

**引脚说明如下。**

RXD/P2.1 TXD/P2.0：串行数据传出分发送和接受引脚，同时也作为 P2 口的两条口线；

HS1.0～HS1.3：高速输入器的输入端；

HS0.0～HS0.5：高速输出器的输出端(有两个和 HS1 共用)；

Vcc：主电源引脚(+5V)；

Vss：数字电路地引脚(0V)；

Vpd：内部 RAM 备用电源引脚(+5V)；

$V_{REF}$：A/D 转换器基准电源引脚(+5V)；

AGND：A/D 转换器参考地引脚；

XTAL1、XTAL2：晶振引脚；

CLKOUT：内部时钟发生器的输出引脚，提供频率位晶振频率的 1/3 的脉冲供外部使用；

PWM/P2.5：脉宽调制信号输出端/P2 口的一位口线；

$\overline{WR}$：写信号；

N.C：未用；

READY：片外存储器就绪信号；

A8/P4.0～A15/P4.7：高 8 位地址线/P4 口口线；

RST：复位引脚；

EXTINT/P2.2：外部中断/P2 口口线；

ACH4/P0.4～ACH7/P0.7：A/D 转换器通道 4～7/P0 口高 4 位；

$\overline{\text{EA}}$：片外程序存储器使用信号；

ALE/$\overline{\text{ADV}}$：地址锁存允许信号/地址有效；

$\overline{\text{RD}}$：读信号；

AD0/P3.0～AD7/P3.7：地址低 8 位、数据/P3 口 8 位口线。

## A.2 可编程接口芯片

### 1. 8155 接口芯片

图 A.3 所示 8155 内部带有 256 字节的静态 RAM，两个可编程的 8 位并行 I/O 口 PA、PB 口，一个可编程 6 位并行并行 I/O 口 PC 口，一个可编程的 14 位减法计数器 TC，其引脚说明如下。

AD0～AD7：8 位地址/数据线；

IO/$\overline{\text{M}}$：IO 和 RAM 选择控制线，高电平选择 I/O 口；

$\overline{\text{CE}}$：片选信号输入线，低电平有效；

ALE：地址允许锁存信号线，当其为负跳变时把 AD0～AD7 的地址以及 CE、IO/M 的状态锁入片内锁存器；

$\overline{\text{RD}}$：读选通信号输入线，低电平有效；

$\overline{\text{WR}}$：写选通信号输入线，低电平有效；

TI：计数器的计数脉冲输入线；

TO：计数器的输出信号线；

RESET：复位控制信号线，高电平有效；

PA0～PA7：8 位并行 I/O 接口；

PB0～PB7：8 位并行 I/O 接口；

PC0～PC7：6 位并行 I/O 接口；

Vcc：电源线，+5V；

Vss：线路地。

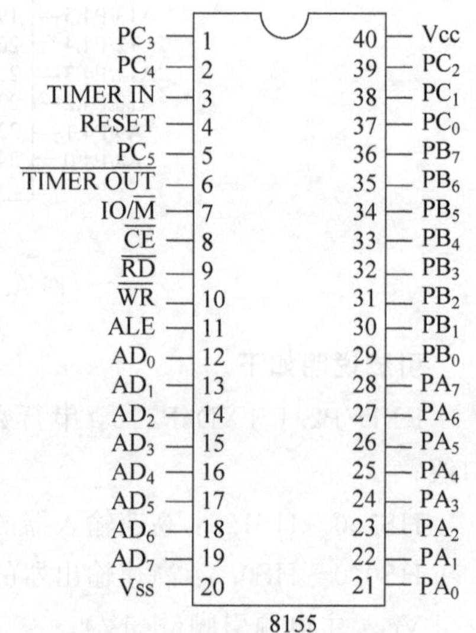


图 A.3 8155 引脚

### 2. 8255A 接口芯片

图 A.4 所示的 8255A 是 Intel 公司生产的可编程输入/输出接口芯片，它具有 3 个 8 位的并行 I/O 口，具有 3 种工作方式，可通过程序改变其功能，因而使用灵活，通用性强，可作为单片机与多种外围设备连接时的中间接口电路。8255 的 3 种工作方式由工作方式控制

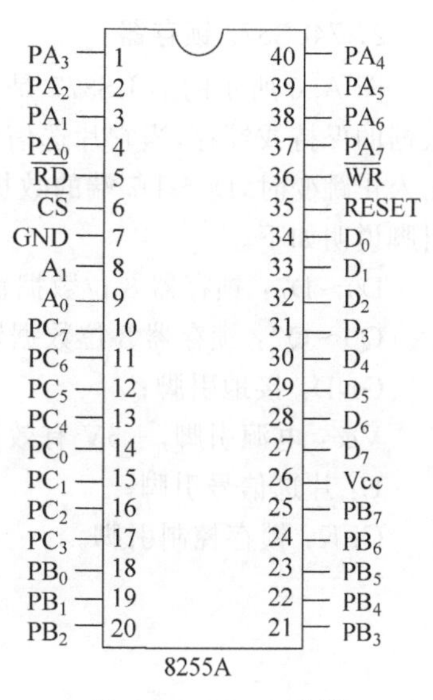


图 A.4 8255A 引脚

字决定，方式控制字由 CPU 通过输入/输出指令来提供。3 个端口中 PC 口被分为两个部分，上半部分随 PA 口称为 A 组，下半部分随 PB 口称为 B 组.其中 PA 口可工作与方式 0、1 和 2，而 PB 口只能工作在方式 0 和 1。8255 共有 40 个引脚，采用双列直插式封装。

D0～D7：三态双向数据线，与单片机数据总线连接，用来传送数据信息；

CS：片选信号线，低电平有效，表示芯片被选中；

RD：读出信号线，低电平有效，控制数据的读出；

WR：写入信号线，低电平有效，控制数据的写入；

Vcc：＋5V 电源；

PA0～PA7：A 口输入/输出线；

PB0～PB7：B 口输入/输出线；

PC0～PC7：C 口输入/输出线；

RESET：复位信号线；

A1、A0：地址线，用来选择 8255 内部端口；

GND：地线。

## A.3 锁 存 器

### 1. 74LS373 锁存器

图 A.5 所示的 74LS373 是带有三态门的锁存器，当使能信号线 OE 为低电平时，三态门处于导通状态，允许 1Q～8Q 输出到 OUT1～OUT8，当 OE 端为高电平时，输出三态门断开，输出线 OUT1～OUT8 处于浮空状态。G 称为数据打入线，当 74LS373 用作地址锁存器时，首先应使三态门的使能信号 OE 为低电平，这时，当 G 端输入端为高电平时，锁存器输出(1Q～8Q)状态和输入端(1D～8D)状态相同；当 G 端从高电平返回到低电平(下降沿)时，输入端(1D～8D)的数据锁入 1Q～8Q 的八位锁存器中。当用 74LS373 作为地址锁存器时，它们的 G 端可直接与单片机的锁存控制信号端 ALE 相连，在 ALE 下降沿进行地址锁存。

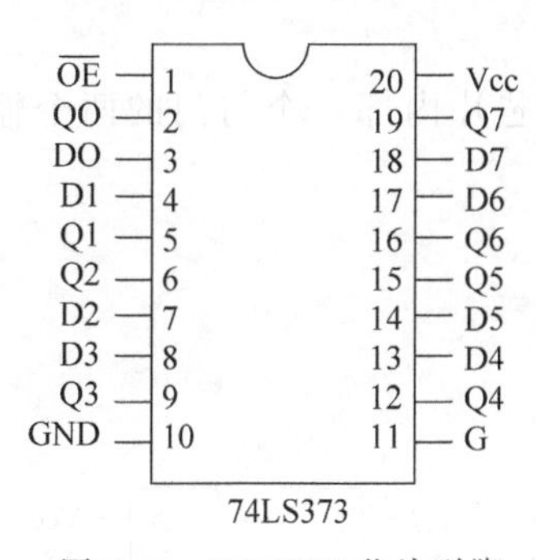


图 A.5 74LS373 芯片引脚

引脚说明如下。

D0～D7：锁存器 8 位数据输入线；

Q0～Q7：锁存器 8 位数据输出线；

GND：接地引脚；

Vcc：电源引脚，＋5V 有效；

OE：片选信号引脚；

G：锁存控制信号输入引脚。

2. 74LS377 锁存器

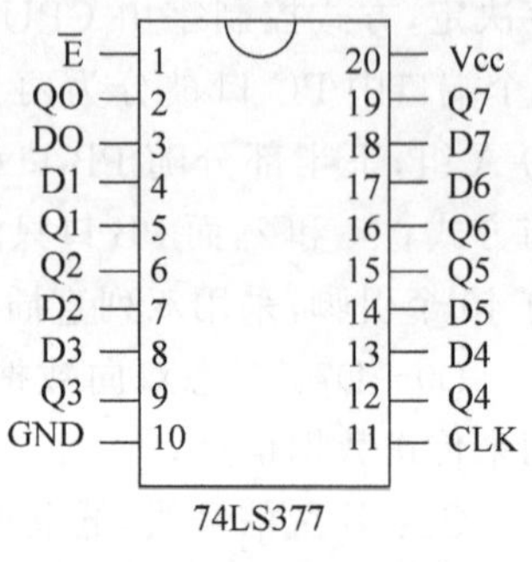

图 A.6　74LS377 引脚

图 A.6 所示的 74LS377 是一种 8D 触发器,它可以实现数据的保持或锁存,当它片选信号 E 为低电平且时钟 CLK 端输入正跳变时,D0～D7 端的数据被锁存到 8D 触发器中。其引脚说明如下。

D0～D7：锁存器 8 位数据输入线；

Q0～Q7：锁存器 8 位数据输出线；

GND：接地引脚；

Vcc：电源引脚,＋5V 有效；

E：片选信号引脚；

CLK：锁存控制引脚。

## A.4　移位寄存器

图 A.7 所示的 74LS164 是一款 8 位移位寄存器,串行输入并行输出,常用于端口扩展,当 CLR 为低电平时 QA～QH 输出均为低电平,当数据输入端任意一引脚为低电平时,禁止数据输入并在 CLK 上升沿作用下决定 Q0 的状态。当任意一引脚为高电平的时候,允许另一引脚输入数据,并且在 CLK 上升沿的作用下决定 Q0 的状态。使用时候常把其中的一个设置永久高电平。

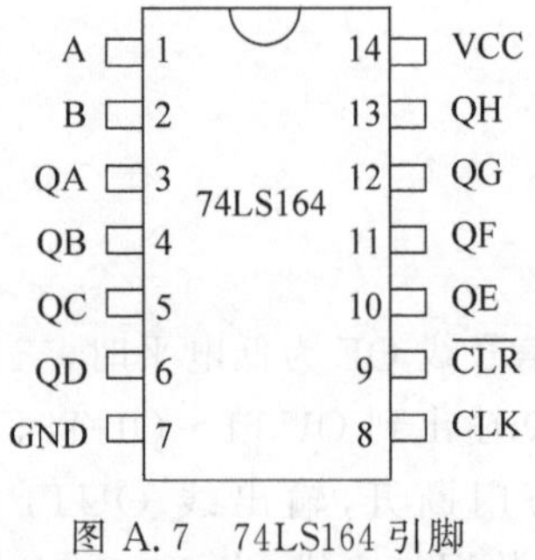

图 A.7　74LS164 引脚

引脚排列及功能如下：

VCC：电源；

GND：地；

CLK：时钟输入；

CLR：清除端；

A、B：数据输入端,AB 是芯片内部一个与门的两个输入端。

## A.5　存　储　器

1. 6116 随机存储器芯片

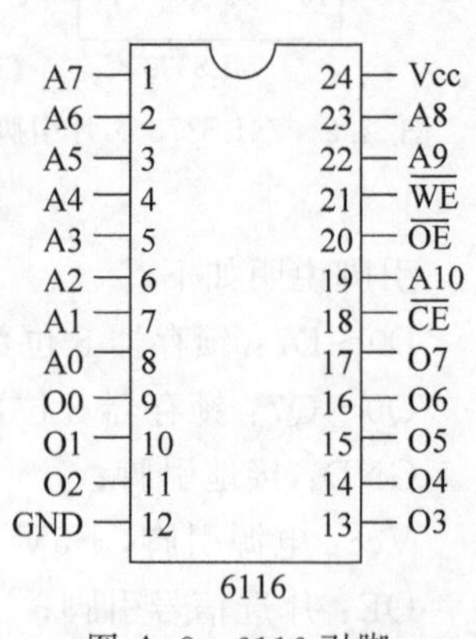

图 A.8　6116 引脚

图 A.8 所示的 6116 是 2K×8b 静态随机存储器芯片,采用 CMOS 工艺制造,单一＋5V 供电,额定功耗 160mW,典型存取时间 200ns,24 线双列直插式封装,其引脚功能说明如下。

A0～A10：地址输入线；

O0～O7：双向三态数据线,有时用 D0～D7 表示；

$\overline{CE}$：片选信号输入端,低电平有效；

$\overline{OE}$：读选通信号输入线,低电平有效；

$\overline{WE}$：写选通信号输入线,低电平有效；

Vcc：工作电源＋5V；

GND：接地线。

2. 6264 随机存储器芯片

图 A.9 所示的 6264 是 8K×8B 静态随机存储器芯片，采用 CMOS 工艺制造，单一＋5V 供电，额定功耗 200mW，典型存取时间 200ns，28 线双列直插式封装。其引脚功能说明如下。

A0～A12：地址输入线；

O0～O7：双向三态数据线，有时用 D0～D7 表示；

$\overline{CE}$：片选信号输入端，低电平有效；

$\overline{OE}$：读选通信号输入线，低电平有效；

$\overline{WE}$：写选通信号输入线，低电平有效；

Vcc：工作电源输入引脚，＋5V；

NC：为空引脚；

CS：第二选片信号引脚，高电平有效；

GND：线路地。

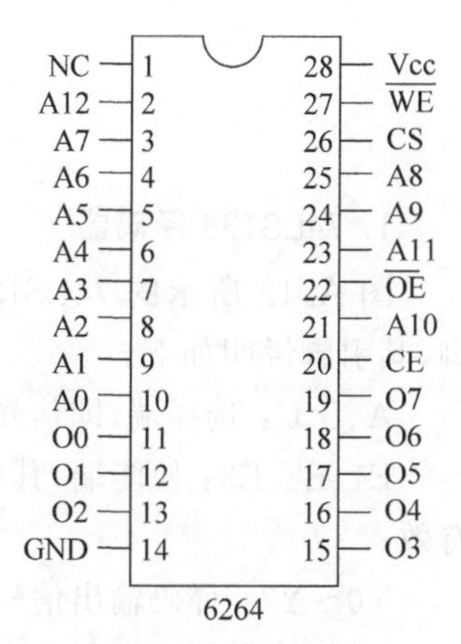


图 A.9 6264 引脚

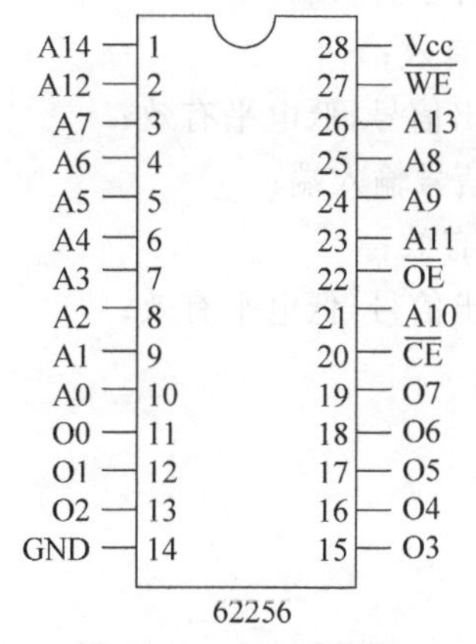


图 A.10 62256 引脚

3. 62256 随机存储器芯片

图 A.10 所示的 6264 是 32K×8B 静态随机存储器芯片，采用 CMOS 工艺制造，单一＋5V 供电，额定功耗 300mW，典型存取时间 200ns，28 线双列直插式封装。其引脚功能如下。

A0～A14：地址输入线；

O0～O7：双向三态数据线，有时用 D0～D7 表示；

$\overline{CE}$：片选信号输入端，低电平有效；

$\overline{OE}$：读选通信号输入线，低电平有效；

$\overline{WE}$：写选通信号输入线，低电平有效；

Vcc：工作电源输入引脚，＋5V；

GND：线路地。

4. 2716 程序存储器

图 A.11 所示的 2716 是 2K×8B 的紫外线擦除、电可编程只读存储器，单一＋5V 供电，工作电流为 75mA，维持电流为 35mA，读出时间最大为 250nS，24 脚双列直插式封装。各引脚功能如下。

$\overline{OE}$：为数据输出选通线；

PGM：为编程脉冲输入端；

Vpp：编程电源；

Vcc：主电源；

A0～A10：13 根地址线，可寻址 8K 字节；

O0～O7：数据输出线；

$\overline{CE}$：片选线。

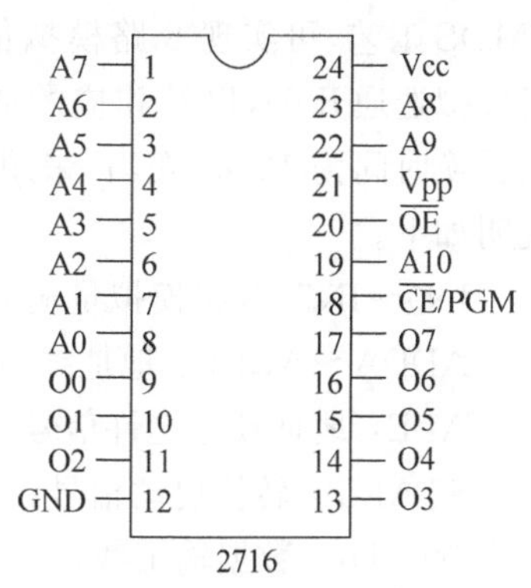


图 A.11 2716 引脚

## A.6 译 码 器

### 1. 74LS138 译码器

图 A.12 所示的 74LS138 是一个 3-8 译码器，共 16 个引脚，其引脚说明如下。

A、B、C：选择端，即信号输入端；

E1、E2、E3：使能端，其中 E1、E2 低电平有效，E3 高电平有效；

Y0～Y7：译码输出信号，始终只有一个为低电平；

Vcc：电源端；

GND：线路地。

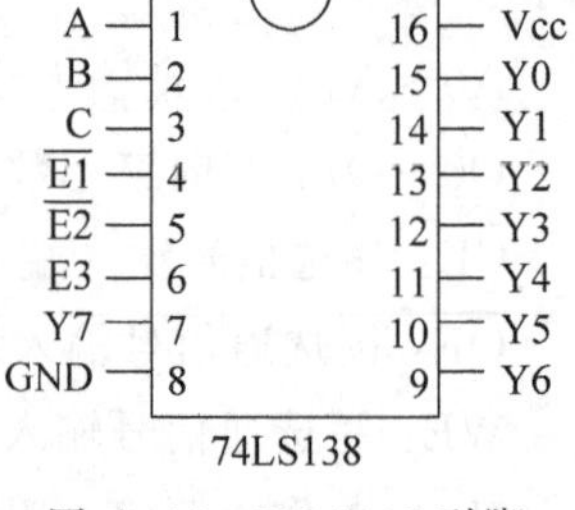

图 A.12　74LS138 引脚

### 2. 74LS139 译码器

图 A.13 所示的 74LS139 片内有两个 2-4 译码器，共 16 个引脚，其引脚说明如下。

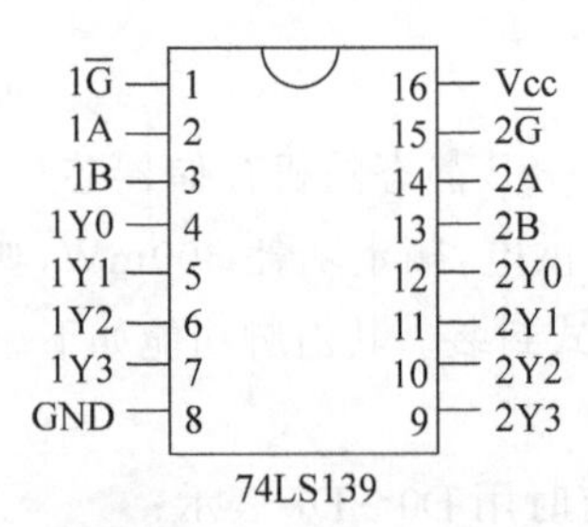

图 A.13　74LS139 引脚

1A、1B：译码器 1 选择端，即信号输入端；

1G：译码器 1 使能端，低电平有效；

1Y0～1Y3：译码器 1 译码输出信号，低电平有效；

2A、2B：译码器 2 选择端，即信号输入端；

2G：译码器 2 使能端，低电平有效；

2Y0～2Y3：译码器 2 译码输出信号，低电平有效；

Vcc：电源端，+5V；

GND：线路地。

## A.7 ADC 和 DAC

### 1. ADC0809

图 A.14 所示的 ADC0809 是一种比较典型的 8 位 8 通道逐次逼近式 AD 转换器，CMOS 工艺，可实现 8 路模拟信号的分时采集，片内有 8 路模拟选通开关，以及相应的通道地址锁存用译码电路，其转换时间为 100μs 左右，采用双排 28 引脚封装，其引脚说明如下。

IN0～IN7：8 路模拟量输入通道；

ADDA～ADDC：地址线，选择输入通道；

ALE：地址锁存允许信号；

START：转换启动信号；

D0～D7：数据输出线；

OE：输出低电平允许转换结果输出；

CLOCK：时钟信号输入引脚，通常使用 500kHz；

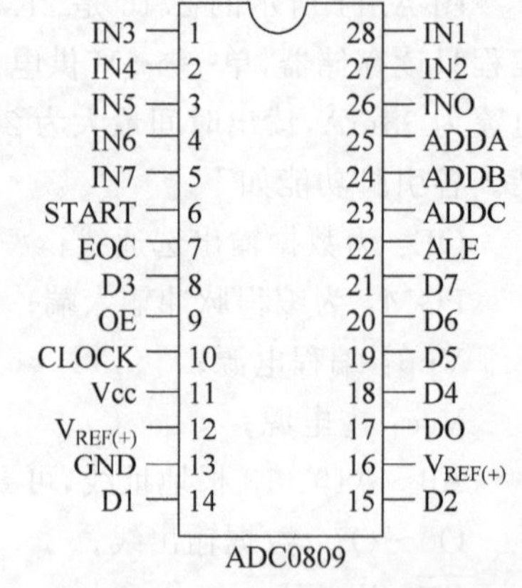

图 A.14　ADC0809 引脚

EOC：转换结束信号，为 0 代表正在转换，1 代表转换结束；

Vcc：+5V 电压；

$V_{REF(+)}$、$V_{REF(-)}$：参考电压。

2. MC14433

图 A.15 所示的 MC14433 是一种三位半双积分式 ADC。其最大输出电压为 199.9mV 和.999V 两挡（由基准电压 $V_R$ 决定），抗干扰能力强，转换精度高，但转换速度慢（约每秒 1～10 次）。采用双排 24 以引脚封装形式，其引脚说明如下。

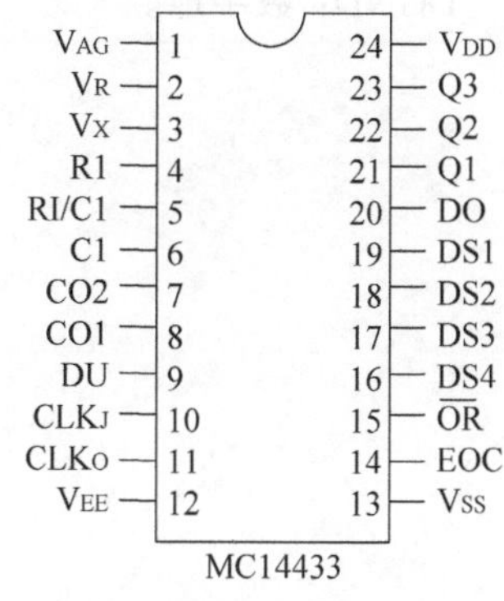

图 A.15　MC4433 引脚

$V_{DD}$：主电源 +5V；

$V_{EE}$：模拟部分的负电源，−5V；

$V_{SS}$：数字地；

$V_R$：基准电压输入线（200mV 或 2V）；

$V_X$：被测电压输入线；

$V_{AG}$：$V_R$ 和 $V_X$ 的地（模拟地）；

R1：积分电阻输入线；

C1：积分电容输入线。

R1/C1：R1、C1 的公共连接端；

C01、C02：接失调补偿电容，约为 0.1μF；

CLK1、CLK0：外接振荡器时钟频率调节电阻 Rc，典型值为 300KΩ，值越大时钟频率越小；

EOC：转换结束信号；

DU：更新转换控制信号输入线，若与 EOC 相连则每次转换结束后自动启动新的转换；

OR：过量程信号输出线，低电平有效；

DS4～DS1：分别是个、十、百、千位的选通脉冲输出线；

Q3～Q0：BCD 码数据输出线，动态的输出千、百、十、个位值。

3. DAC0832D/A 转换器

图 A.16 所示的 DAC0832 是美国数据公司的 8 位 DAC，片内带数据锁存器，电流输出，输出电流稳定时间为 1μm，功耗为 20mW，其引脚说明如下。

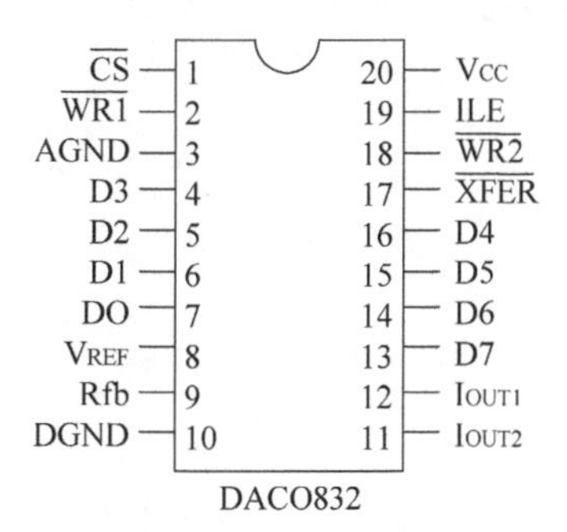

图 A.16　DAC0832 引脚图

D0～D7：数据输入线，TTL 电平；

ILE：数据锁存允许控制信号线；

CS：片选信号线，低电平有效；

WR1：数据锁存器写选通输入线，负脉冲有效；

XFER：数据传输控制信号输入线，低电平有效；

WR2：DAC 寄存器写选通输入线，低电平有效；

$I_{OUT1}$：电流输出线，当 DAC 寄存器为全 1 时电流最大；

$I_{OUT2}$：电流输出线，其值与 $I_{OUT1}$ 之和为一常数；

Rfb：反馈信号输入线，调整 Rfb 端外接电阻值可以调整转换满量程精度；

Vcc：电源电压线，为＋5V～＋15 范围；

$V_{REF}$：基准电压输入线，范围为：－10V～＋10V；

AGND：模拟地；

DGND：数字地。

# 附录 B　Keil C 环境下项目的创建过程

Keil $\mu$Vision 为单片机常用编程软件，功能强大，可实现 51 单片机等常用芯片的程序软件编译、仿真，支持单步、全速、断点设置、变量查看等。为便于大家使用，下面给出在该软件环境下，项目建立的一般过程。

安装 Keil 软件后，双击进入 Keil 编程环境，屏幕如图 B.1 所示，随后会出现编辑界面，如图 B.2 所示。

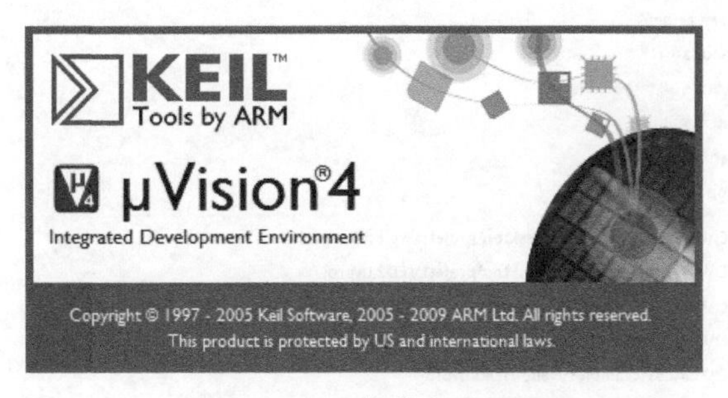


图 B.1　Keil 软件启动界面

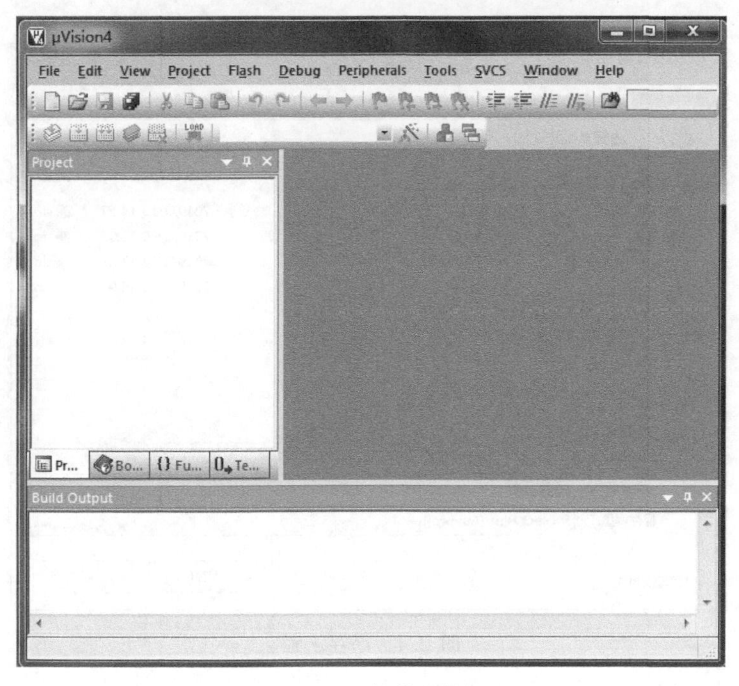


图 B.2　Keil 软件编辑界面

建立一个新工程，选择 Project 菜单中的 New $\mu$Vision Project 选项，如图 B.3 所示。

选择工程要保存的路径，输入工程文件名。一个 Keil 工程中通常含有多个文件，一般将一个工程放在独立文件夹下，比如保存到 Project_1 文件夹下，工程名为 Project_1，如图 B.4，然后单击“保存”按钮。

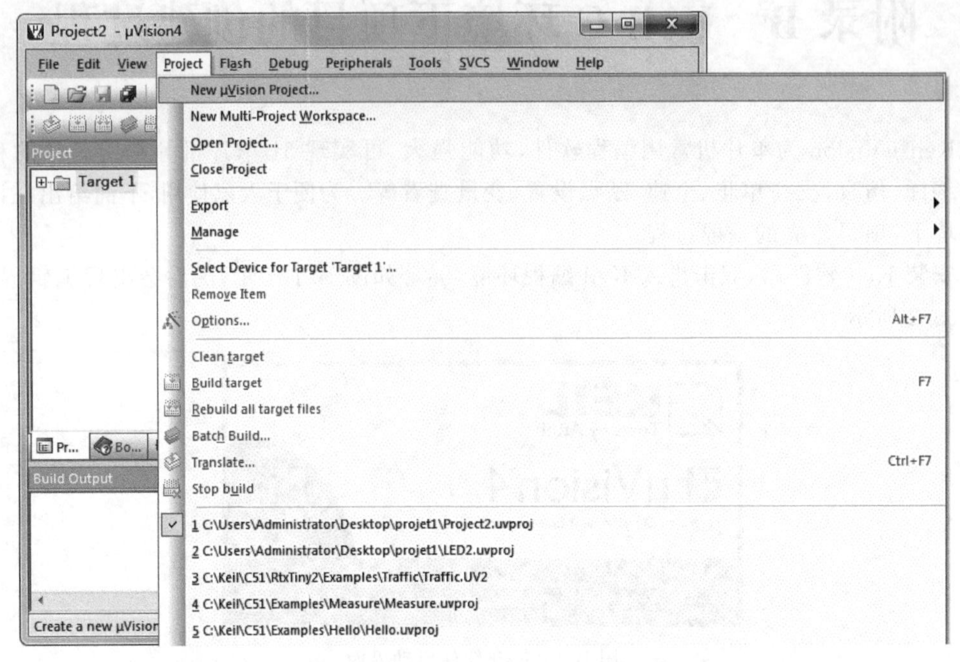


图 B.3　新建工程界面

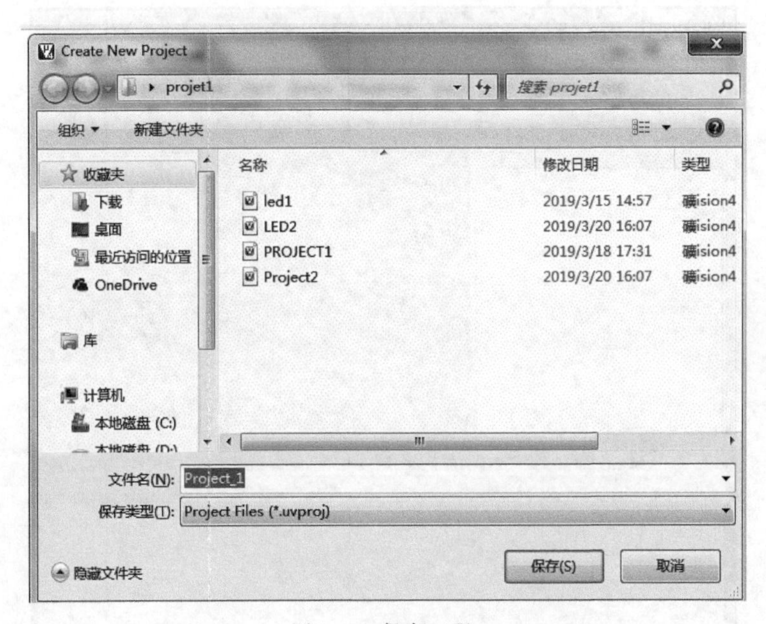


图 B.4　保存工程

工程建立后，此工程名变为 Project_1.uvproj。这时会出现一个对话框，要求选择单片机的型号。Keil 支持几乎所有的 51 内核的单片机。因为 51 内核单片机具有通用性，所以任选择一款 89C51 即可。选择 Atmel 目录下的 89C51，如图 B.5 所示。

随后弹出对话框询问是否将启动文件添加到工程目录，单击“否”按钮，如图 B.6 所示。完成上一步后，窗口界面如图 B.7 所示。

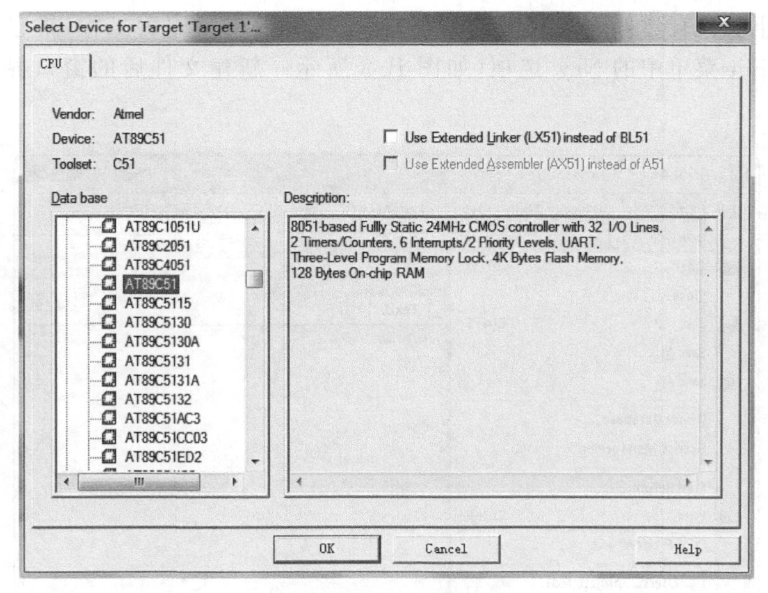


图 B.5　选择单片机型号

图 B.6　是否添加启动文件

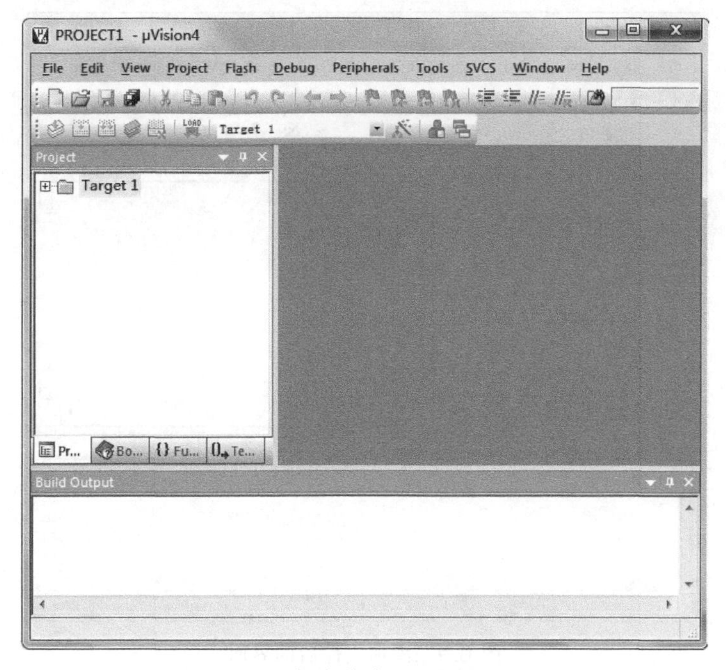


图 B.7　添加完单片机型号后的界面

到此为止还没有建好一个完整的工程，接下来需要继续完善工程，给它添加文件及代码。选择 File 菜单中的 New 选项，如图 B. 8 所示。新建文件后的窗口界面如图 B. 9 所示。

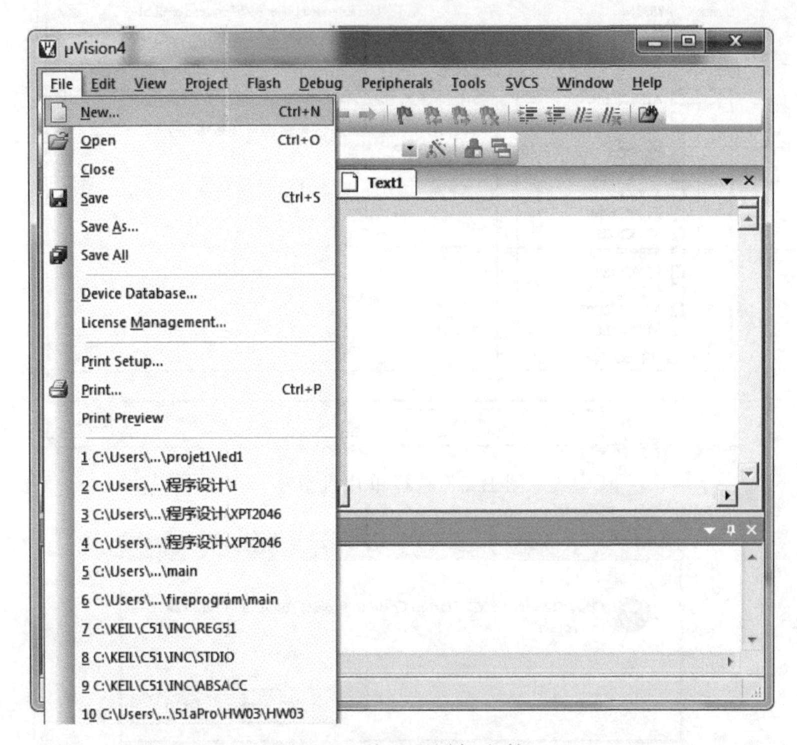


图 B. 8　给工程添加文件

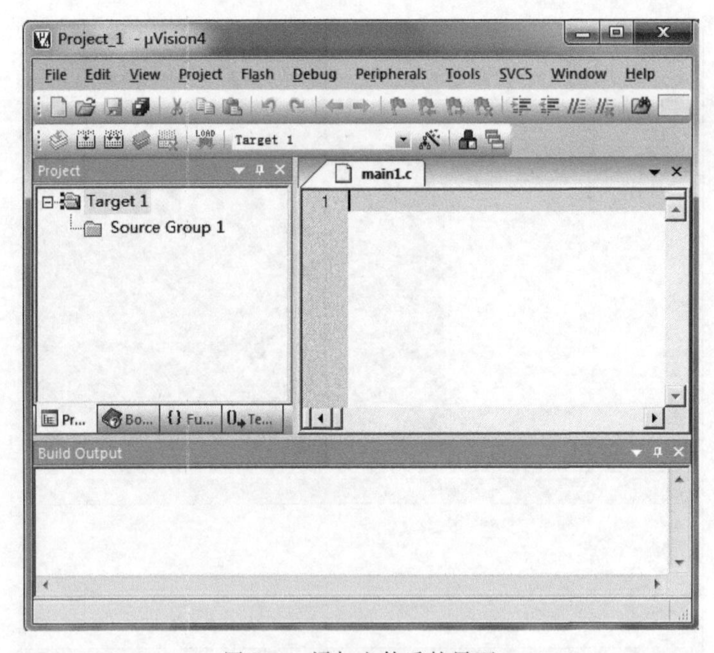


图 B. 9　添加文件后的界面

此时光标在编辑窗口中闪烁，可以输入用户程序，但此时这个新建文件与刚才建立的工程还没有产生直接的联系，单击图标，在"文件名"文本框中，输入要保存的文件名，同时必须输入正确的扩展名。如果用C语言编写程序，则扩展名为.c；如果用汇编语言编写程序，则扩展名为.asm。文件名不一定和工程名相同，可根据需要填写，然后单击"保存"按钮。

回到编辑界面，单击Target 1前的"+"。然后在Source Group 1选项上右击，弹出如图B.10所示的快捷菜单，然后选择Add Files to Group 1选项，对话框如图B.11所示。

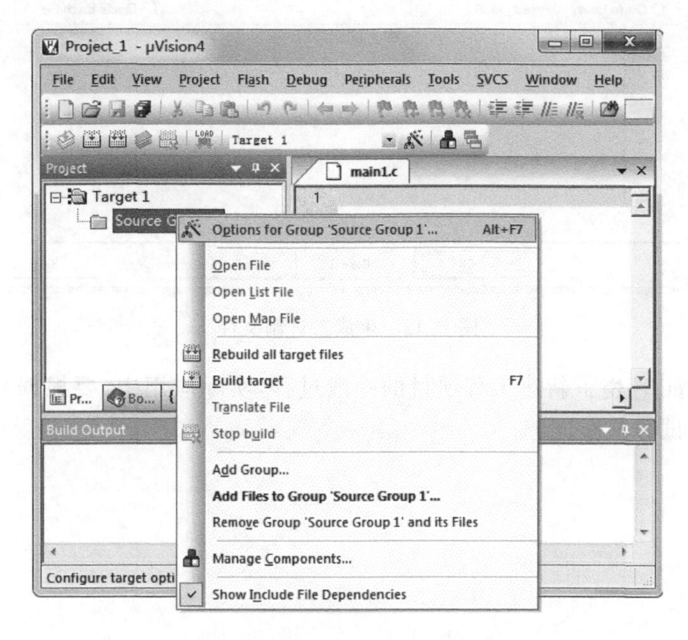


图B.10　将文件加入工程的菜单

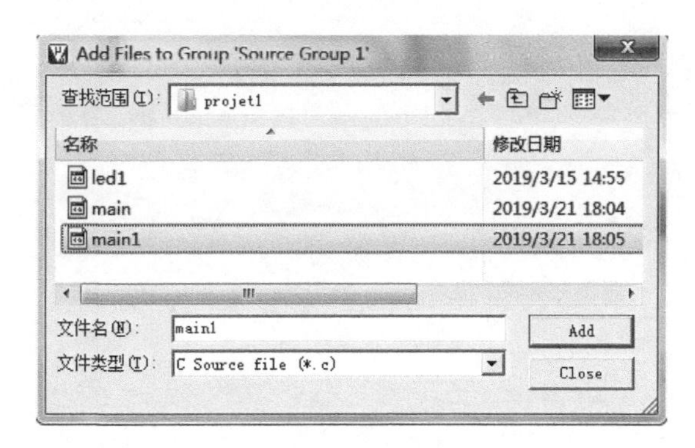


图B.11　将文件加入工程

选中main1.c，单击Add按钮，再单击Close按钮，然后再单击左侧Source Group 1前面的"+"。

单击图标，将对话框中Xtal选项中的值改为与实际电路中晶振所用的值的大小相同。再选择Output选项，勾选Crate HEX File复选框，如图B.12所示。这样编译后就可以产生二进制文件。单击OK按钮，完成工程创建。

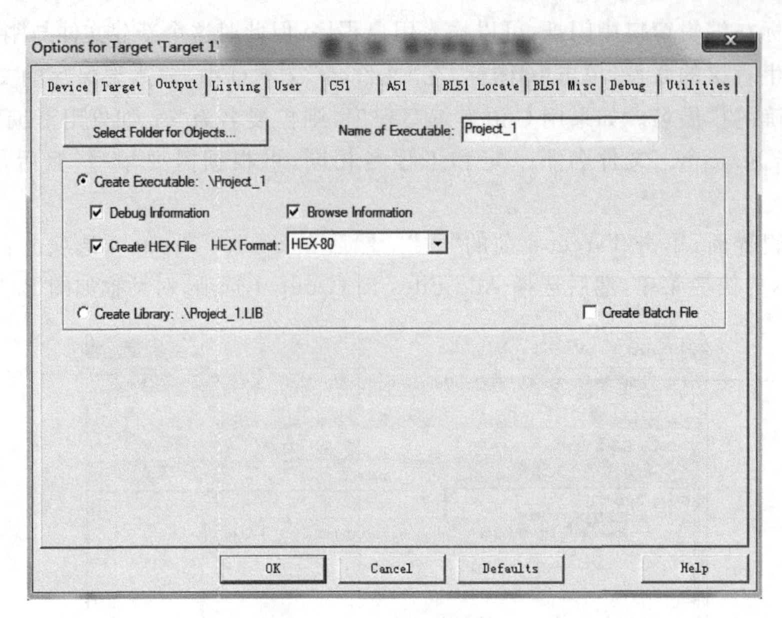


图 B.12　生成二进制文件

以上是在Keil环境下新建工程项目的一般过程，实际应用中，要根据具体任务完成程序设计及编译调试等工作。

# 参考文献


[1] 魏庆涛,徐盟.单片机原理及设计应用[M].北京：机械工业出版社,2015.

[2] 李群芳,肖看,张士军.单片微型计算机与接口技术[M].北京：电子工业出版社,2014.

[3] 庄乾成.单片机应用技术(C51 版).北京：机械工业出版社,2021.

[4] 林立,张俊亮.单片机原理及应用——基于 Proteus 和 Keil C[M].3 版.北京：电子工业出版社,2015.

[5] 赵德安,孙月平.单片机原理与应用.北京：机械工业出版社,2022.

[6] 赵全利.单片机原理及应用教程[M].北京：机械工业出版社,2013.

[7] 张毅刚.单片机原理与应用设社(C51 编程+Proteus 仿真)[M].北京：电子工业出版社,2015.

[8] 喻宗全,喻晗,李建民.单片机原理与应用技术[M].西安：西安电子科技大学出版社,2015.

[9] 张毅刚.单片机原理及应用[M].北京：高等教育出版社,2006.

[10] 郭天祥.新概念 51 单片机 C 语言教程[M].北京：电子工业出版社,2009.

[11] 谢维成,杨加国.单片机原理与应用及 C51 程序设计[M].北京：清华大学出版社,2009.

[12] 林立.单片机原理及应用(C51 语言版)[M].北京：电子工业出版社,2018.

# 参考文献


[illegible]